附录 B　最新科技应用简介

B-1

附图 1　俄罗斯“丁戈”水陆两栖轻型飞机

附图 2　美国气垫登陆艇

附图 3　美国 LCAC 气垫登陆艇

附图 4　72211 气垫登陆艇

B-2

附图 5　L76-75 Dilatometer 热膨胀仪
测量随温度改变产生的样品长度变化
度量环境压力最大达 100bar
温度范围 -100 ~ 2000℃
全过程监控、Windows 软件包

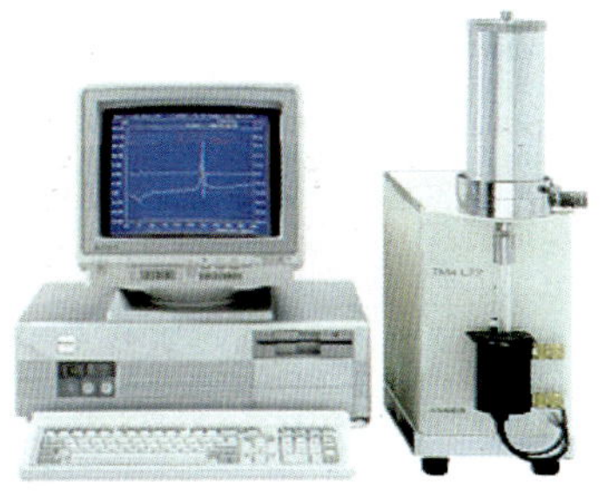

附图 6　L77 热机械分析仪
温度范围 -80 ~ 500℃
20 ~ 1000℃通过膨胀方式
可以测定材料的线膨胀系数

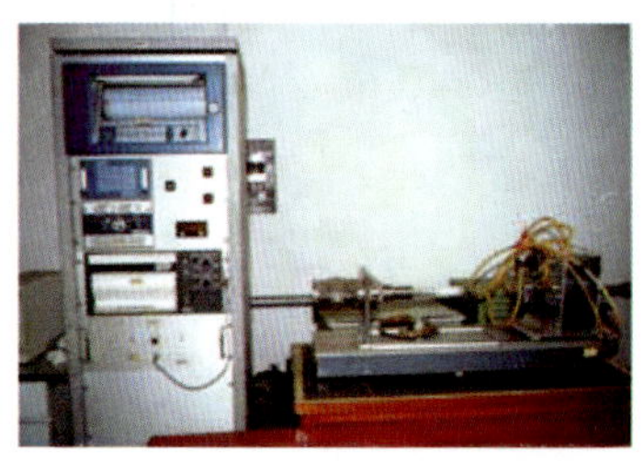

附图 7 热膨胀仪
Electronic Dilatometer（Sadamel 18-Ⅱ）
测定材料的膨胀系数以及材料的相变温度

B-3

两种导热系数测定仪（conductivity factor testing meter）

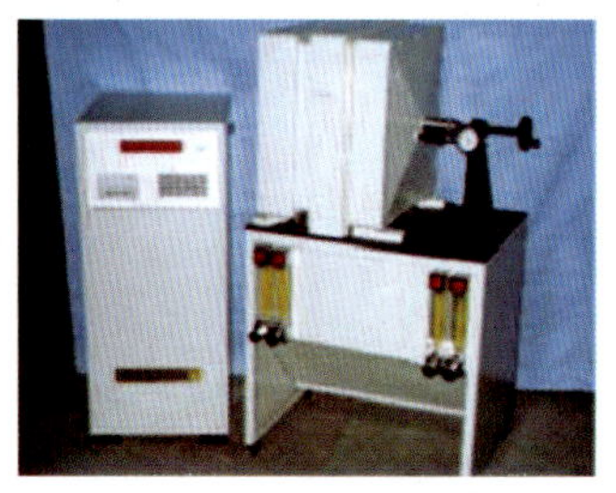

附图 8 测量各种成型及复合型保温材料、非良导热材料的导热系数

附图 9 TC Probe 导热系数仪

B-4

1. 各种电阻测量仪

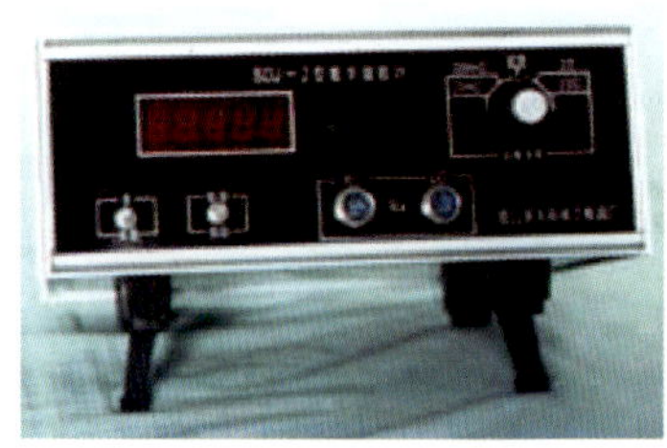

附图 10 SOJ—2 型数字微欧计
该数字微欧计是替代传统的 QJ44 型双臂电桥的新产品。测量范围：1μΩ ~ 20Ω；精度：0. 1 级；分辨率：1μΩ

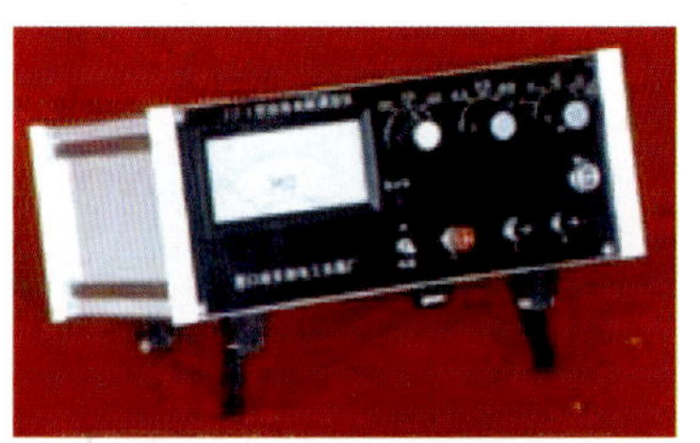

附图 11 JZ—1 型绝缘电阻测量仪
测量范围：106 ~ 1013Ω
测试电压：100V、250V、500V、1000V

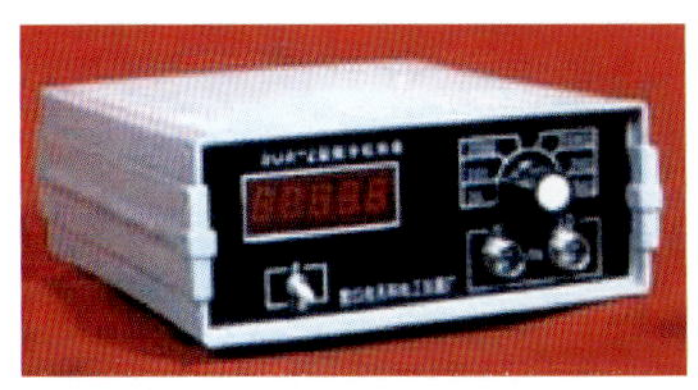

附图 12　SOX—2 型数字欧姆表
传统的 QJ23 型等单臂电桥的换代产品。测量范围：0.1mΩ～20MΩ；精度：0.05 级；分辨率：0.1mΩ

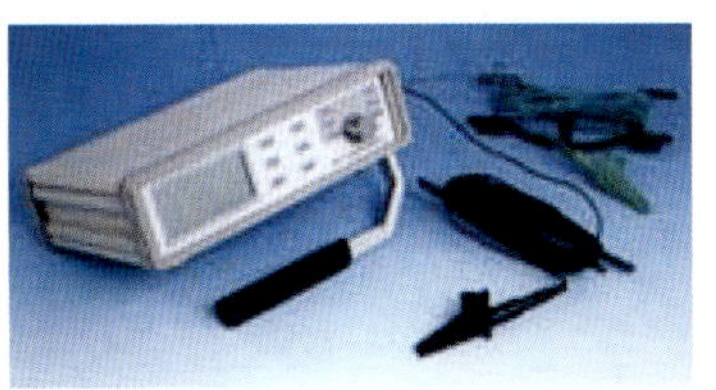

附图 13　SGT—10A 接地电阻测试仪
适合通信系统、大楼建筑、铁塔等接地电阻量测。电阻测量量程：0～2000Ω，分辨率 0.1Ω，精度 ±(2% +2)

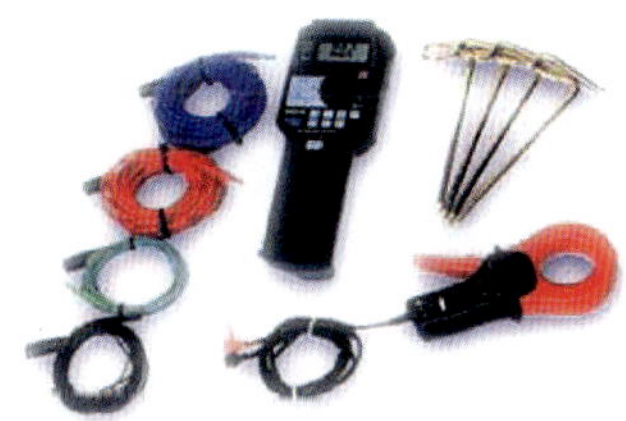

附图 14　荷兰 NS 公司便携式地阻仪
电阻测量量程：0～9MΩ，精度 ±(2% +2)

2. 各种电桥

附图 15　YY2810 智能电桥
适合通信系统、大楼建筑、军事设施等接地电阻量测。电阻测量量程：0～2000Ω；分辨率 0.1Ω；精度 ±(2% +2)

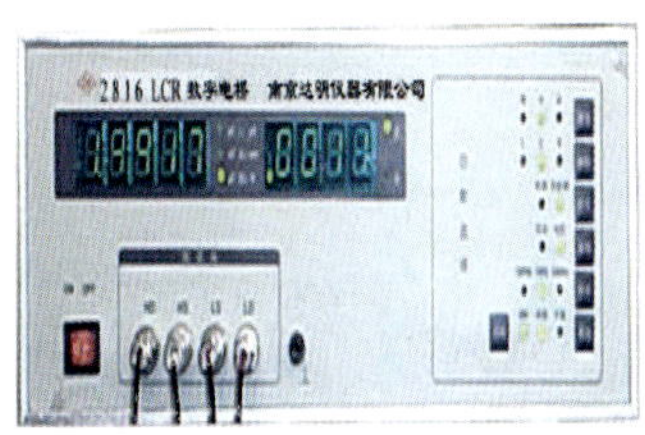

附图 16　DM2816 系列 LCR 数字电桥
自动测量电感、电容、电阻、品质因数 Q、损耗角正切值 D 的智能化参数测量仪器，其基本精度和分辨率为 0.1%

附图 17　F18 精密测温电桥

附图 18　TH2820 实用简易型 *LCR* 电桥

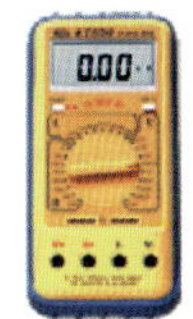

附图 19　*LCR* 数字电桥

3. 最新消息

德国科学家制成世界最小的电桥

德国波鸿鲁尔大学不久前宣布，这所大学的电子技术人员最近制成了世界上最小的电桥。它只有12nm长，即120亿分之一米，相当于原子间距的50倍。

以乌尔里希·孔策为首的课题小组建成的这一世界上最小的电桥，有助于推进微型计算机芯片的开发工作。

电桥是具有四个或四个以上支路的电气仪器。它可以用来测量电气参数，也可用作自动调节和自动控制部件。电桥对微芯片中的电子特性起着一定的影响。如果芯片特别小，电子就能显出其双重特性，既有粒子的特性，又有波的特征。

德国科学家新制成的电桥达到了纳米级，使得人们可以对电子的特性区别对待，对不利的部分予以遏制，对有利的部分加以利用。

B-5

1. 关于显示器

显示器的发展也可以说是显像管的发展。早在30多年前就已经有三种显示器件：阴极射线管（CRT）、液晶体（LCD）和等离子体（PDP = Plasma Display Panel，又称电浆显示器）。其中，历史最悠久的是阴极射线管。

（1）CRT荫罩式（Shadow Mask）显像管　其主要特色是以三支电子枪射出三条电子束。控制电子束的装置是一块金属板，称为荫罩。荫罩上有大量的圆孔，以三个为一组，让三原色的电子束分别穿过，轰击红、绿、蓝（RGB）三色荧光粉。因此，这种显像管就称为荫罩式显像管，亦称三枪显像管。

（2）液晶显示器　液晶显示器的原理是利用液晶的物理特性，通电时导通，排列变得有秩序，使光线容易通过；不通电时排列混乱，阻止光线通过。通过和不通过和组合就可以在屏幕上显示出来。由于LCD本身的工作原理，也就决定了液晶显示具有厚度薄、适于大规模集成电路直接驱动、易于实现全彩色显示的特点，目前已经被广泛地用在便携式电脑、数字摄（录）像机、PDA移动通信工具等众多领域。与传统的显示技术相比，液晶显示器具有很多重要的优越性。首先它不使用电子枪轰击方式来成像，因此完全没有辐射危害，对人体安全；同时它不闪烁、颜色失真近乎于零；而且其工作电压低、功耗小、重量轻、体积小等，这些优点都是CRT显示器所无法实现的。

（3）等离子体显示器（PDP）　其工作原理是利用电流通过气体产生带电离子。放电时发出的紫外线投射到涂有荧光材料的面板背面。荧光材料被激发后光线透过屏幕，到达使用者的眼睛。荧光材料按照红、绿、蓝柱状排列。等离子体显示器的响应时间很短，能够用于电视和电影的播放。这种显示器能够在很薄很轻（重量不超过 100lb）的情况下做到 50in，这种技术的发光原理也是发射性的，所以可以做到和 CRT 相近的可视角度。

附图 20　PDP—503MXE—S 等离子显示器
全新特深密封式蜂窝结构及纯色滤光片，
亮度可达 900cd 每平方米

附图 21　夏普附带触摸屏功能
的 15in 彩色液晶显示器
“LL—T1502T”

附图 22　SONY—GDM—F500R
多重扫描 FD 特丽珑显示器采用最先进的 CRT 显示器技术；这种纯平 CRT 显示器降低了几何变形，减少了引起眼睛疲劳的反射闪烁，专为满足 CAD 和图形专业应用设计

2. 质谱仪介绍

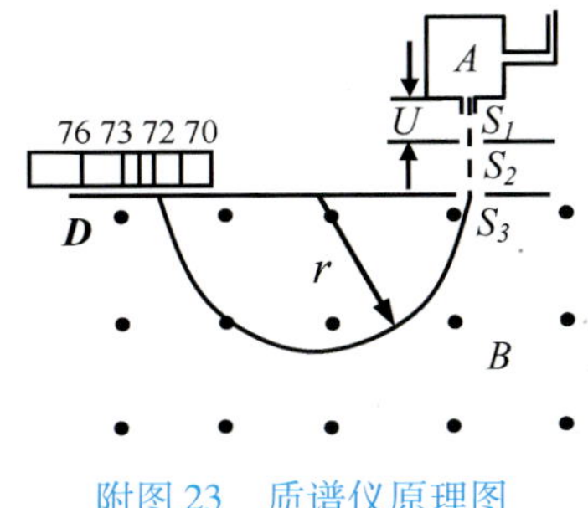

附图 23　质谱仪原理图

附图 24　QP5000 质谱仪
该仪器内存有 75000 张标准质谱图，可广泛应用于各种样品中有机物质的定性定量分析测定

质量为 m，电量为 q 的粒子经 A 下方小孔 S_1 后，经电压 U 进行加速，然后

垂直射入磁感应强度为 B 的匀强磁场中做半径为 r 的匀速圆周运动，最后打在照像底片 D 上，在底片上形成若干条谱线状的细线，叫做质谱线，每条谱线对应一定的质量，由谱线的位置可确定圆的半径 r（谱线在底片上的位置也确定了）。

利用质谱仪可准确地测出各种同位素的原子量（或确定它们的荷质比）。是测量带电粒子的质量、分析同位素的重要工具。

3. 磁约束

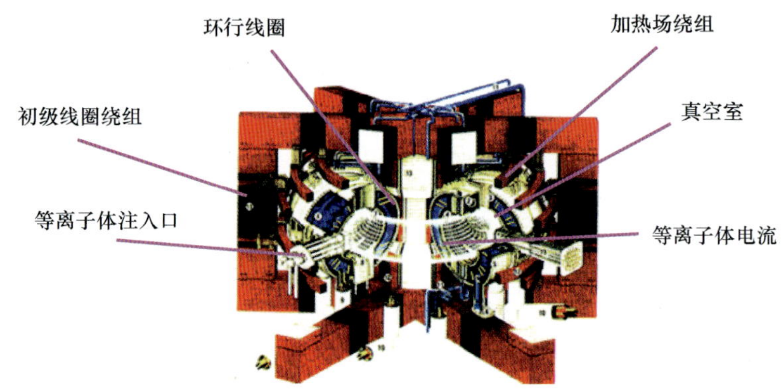

附图 25 Tore Supra EUR-CEA（欧洲原子能协会，圣保罗-莱迪朗斯，法国）
环向磁场由环行线圈中的电流产生，圈内磁场由等离子体中的感生电流产生，
它们合起来构成螺旋形的总磁场，用以稳定等离子体，起到磁约束作用

附图 26 HT-7 ASIPP
（等离子体物理所，合肥，中国）

B-6

1. 如何选择一台合适的示波器

首先要知道用示波器观察什么？换句话说，就是要捕捉并观察的信号其典型标志是什么？你的信号是否有复杂的特性？你的信号是重复性的呢还是一次性触发的？……你打算同时显示多少种信号？这些问题的答案将决定你所需要的示波器的类型。

今天你将会发现越来越多特殊用途的示波器。比如具有性能简化和连接性能独特组合的 TDS7000 型，具有通讯选件的 TDS700D 型，具有视频能力的 TDS3000B 型，以及频宽达 50GHz 和对高速通信通道和标准测试的彻底分析的彩色分级显示的 CSA8000 型和 TDS8000 型。

2. 模拟示波器的缺陷

1）难以清晰地显示周期信号中的窄脉冲，例如占空比为 0.01% 以下的脉冲。

2）不能捕捉单次和偶然出现的脉冲信号。

3）难以进行屏幕冻结，不能实现波形存储。

4）不能将波形数据传到计算机进行更进一步的分析。

5）示波器不能自动地对波形进行多种参数测量，例如平均值、方均根值、FFT 等。

6）难以捕捉在时间轴上抖动的纹波或干扰。

3. 几种示波器

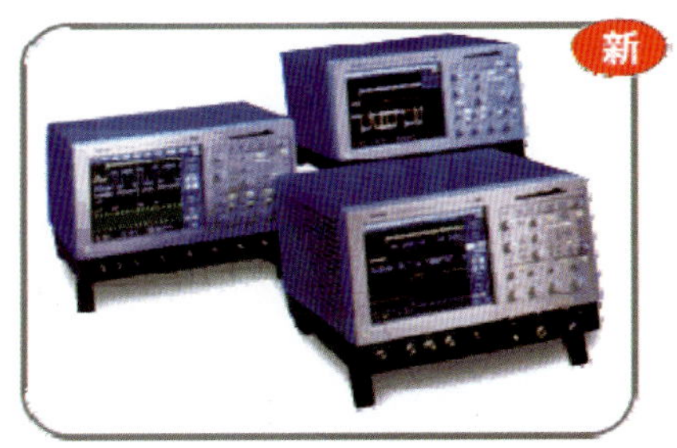

附图 27　TDS7000 系列

带宽型号包括 4GHz、1GHz 和 500MHz；实时采集速率达 20 Gs/s；存储深度达 32M；最大波形捕获速度 >400.000 波形/s；抖动测量达 1PSRMS；图形操作界面；可通过传统式直接控制旋钮、彩色触摸屏或鼠标进行操作控制；开放式 Windows 平分环境；标配联网功能

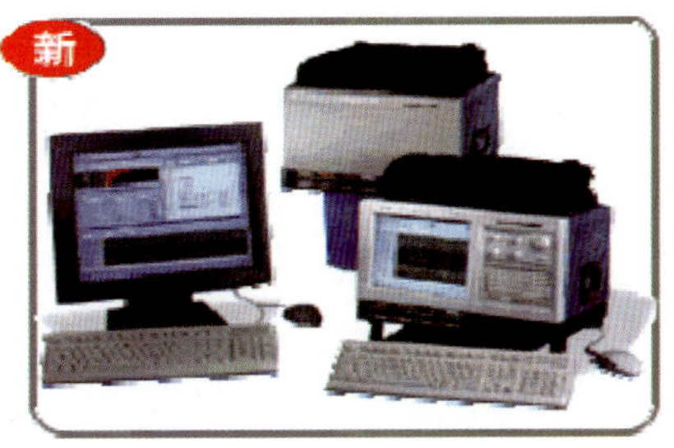

附图 28　TLA600

2GHz MagniVu 采集（500ps 定时精度）；多达 136 个通道和 200MHz 的状态采集满足了嵌入式处理器的调试需要，对于先进的总线有高达 400MHz 的最大数据率；每通道多达 2MB 存储器深度；支持多处理器类型；Windows 2000 操作系统保证快速的学习和方便的对打印机和网络的连接性

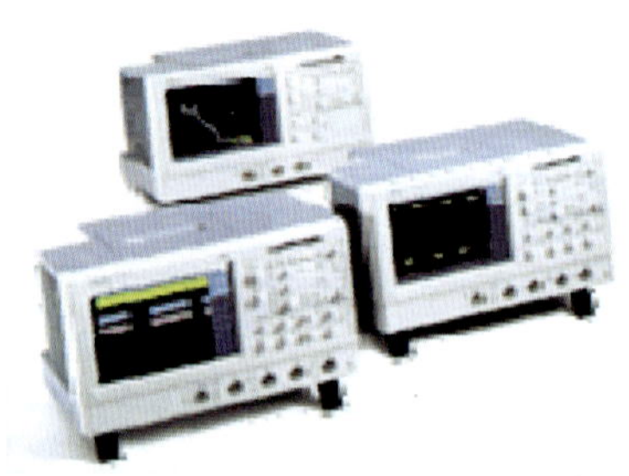

附图 29 TDS5000 系列
最高到 1GHz 的带宽，2～4 通道，5Gs/s 采样速率，
最长 8MB 记录长度；100.000WFMs/s 波形捕捉率；
泰克独有的 DPXTM 捕捉技术；直观的使用界面；
升级的 WINDOWNS 平台；紧密的机箱和 10.4″
的高亮显示屏；内置打印机、CDRW 驱动

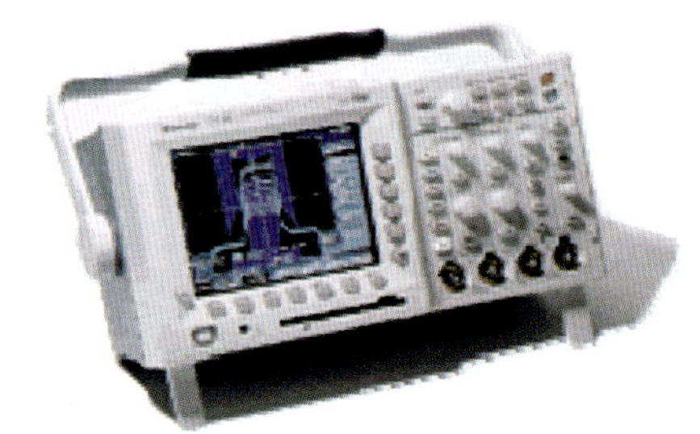

附图 30 TDS3000 系列
500M 四通道 5Gs/s 数字荧光示波器，内存 10KB
500M 四通道 5Gs/s 数字荧光示波器，内存 10KB
100M 二通道 1.25Gs/s 数字荧光示波器，内存 10KB
100M 四通道 1.25Gs/s 数字荧光示波器，内存 10KB

B-7

集成霍尔传感器的分类及其应用：

1. 几种霍尔传感器

（1） GAA—083 电流传感器

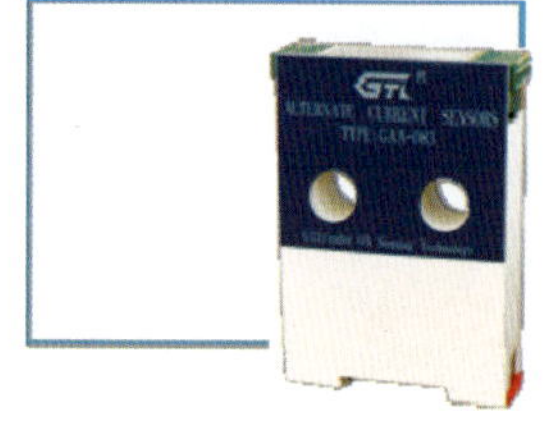

附图 31

采用电磁感应隔离原理，准确测量电网或电路中的交流电流，将其变换为直接可用的跟踪电压、直流电压或直流电流，输出值与被测电流成线性比例。可用作检测计量，或作控制、调节装置中的反馈取样元件

（2）GAFA—02 频率传感器

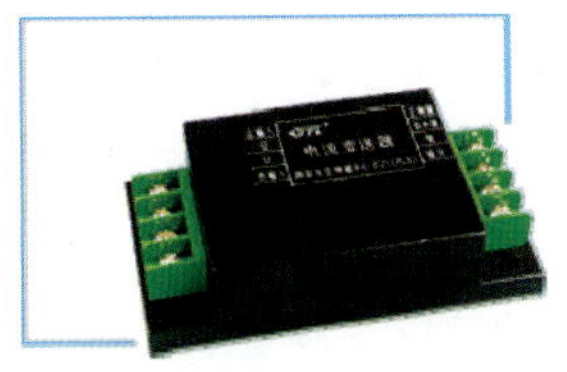

附图　32

可测量电流频率、脉冲及各种不规则电流频率，可把 0～100kHz 范围内各种电流频率变换成标准的电压、电流信号。输出值与被测频率成线性比例，输入输出间高精度隔离

（3）HAL-1000—霍尔效应开关

附图　33

带有数字信号处理器、可编程，封装在 3 引脚的 TO-92UT 中

2. 应用

（1）测转速或转数

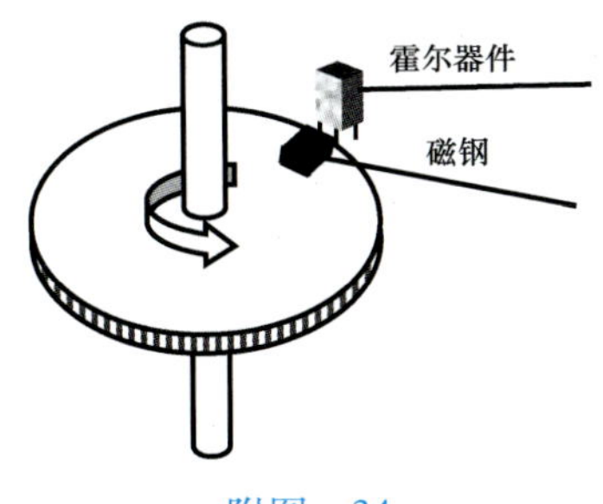

附图　34

在非磁性材料的圆盘边缘粘一块磁钢，将霍尔开关型传感器放置在该圆盘边缘附近，且感应面对着磁钢。当圆盘转一周时，霍尔传感器就输出一个脉冲，并将此信号送至周期测定仪或计数器，即可测量周期和转数，此原理已大量用于长度仪、产品计数器、汽车计程表、流量计等

（2）液位控制和测量

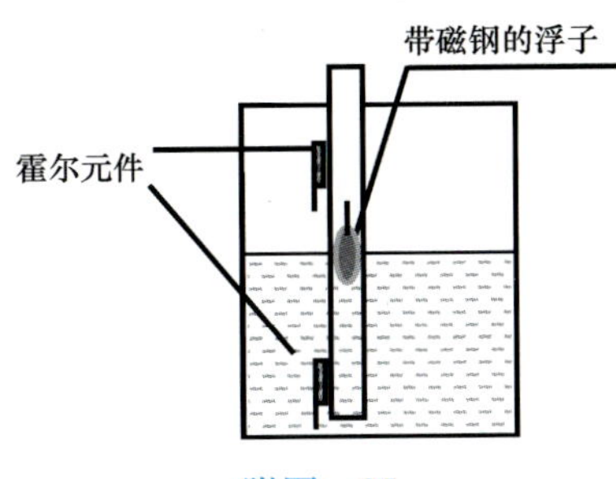

附图　35

在浮子上装一块小磁钢，在待测位置装集成霍尔开关，当液面升或降到指定位置时，集成霍尔开关便输出信号，达到测量或控制液位的目的

（3）霍尔电动机

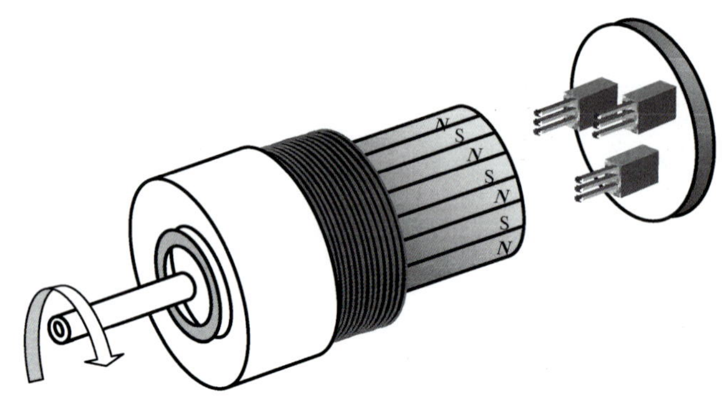

附图　36

录音机、录像机、影像设备、CD、VCD、DVD等家用电器，仪器（XY记录仪、打印机、仪器风扇），电动自行车等，都需要采用无火花、转速稳定、噪声小、效率高、寿命长的直流电动机，而霍尔电动机正是满足上述条件的理想电动机。图中为霍尔电动机的工作原理图

（4）汽车电子点火器　电子点火是在电盘上装上几个磁钢（磁钢数与汽缸数相对应），在靠近磁钢位置上装上IC霍尔开关，每当磁钢转到IC霍尔开关时，霍尔开关就输出一个脉冲，该脉冲经放大送入点火线圈，使线圈不间断地对汽油点火。如附图37所示。

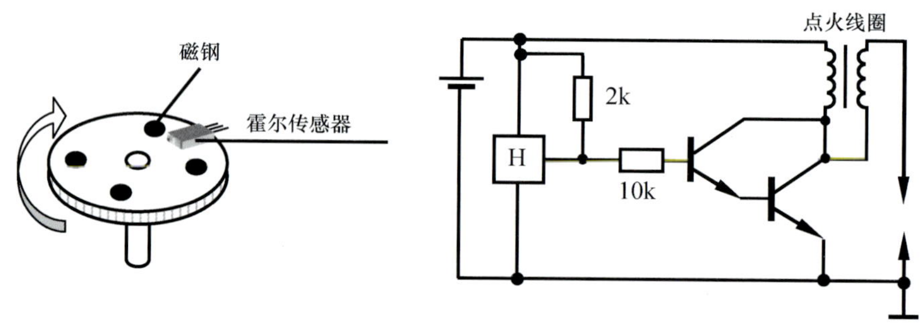

附图　37

（5）自动化汽车中的测量和控制系统　集成霍尔传感器在汽车、电气火车、电梯等载人工具的自动检测和控制中有广泛的应用。如汽车中的点火器、计程器、油箱液位控制、自动门、自动窗、反射镜旋转、自动开顶板等，几乎有20~30个霍尔传感器在工作。汽车中霍尔传感器进行自动控制的应用如附图38所示。

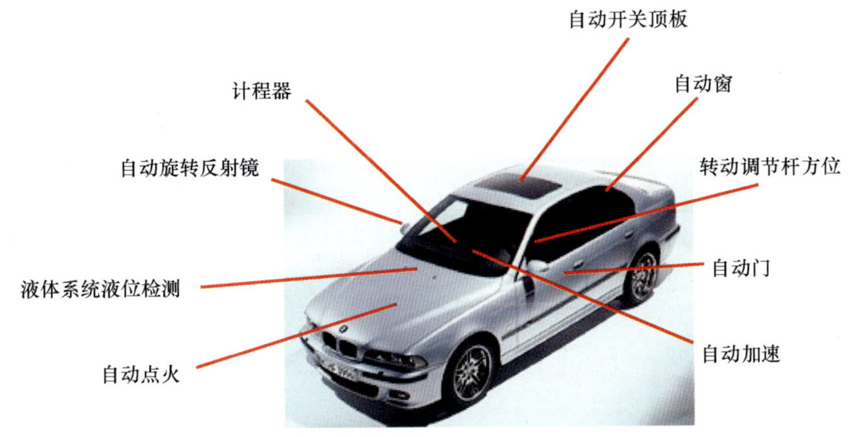

附图 38　霍尔传感器在高级轿车上的应用

B-8　电磁测量技术应用

磁场测量是电磁测量技术的一个重要分支。在工业生产和科学研究的许多领域都要涉及磁场测量问题。例如磁探矿、磁悬浮列车、地质勘探、磁导航、导弹磁导、同位素分离、质谱仪、电子束和离子束加工装置、受控热核反应以及人造地球卫星等。甚至在医学和生物学方面也有应用。例如，磁场疗法治病，用“心磁图”、“脑磁图”来诊断疾病，环境磁场对生物和人体的作用，以及磁现象与生命现象的研究等等都需要磁场测量技术和测磁仪器的研制。近数十年来，磁场测量技术发展很快，目前常用的磁场测量方法不下十余种。例如，电磁感应法、磁共振法（核磁共振、顺磁共振、光磁共振）、霍耳效应法、磁通门法、磁光效应法、磁膜测磁法以及超导量子干涉法等等。在实际工作中将根据待测磁场的类型和强弱来确定采用何种方法。

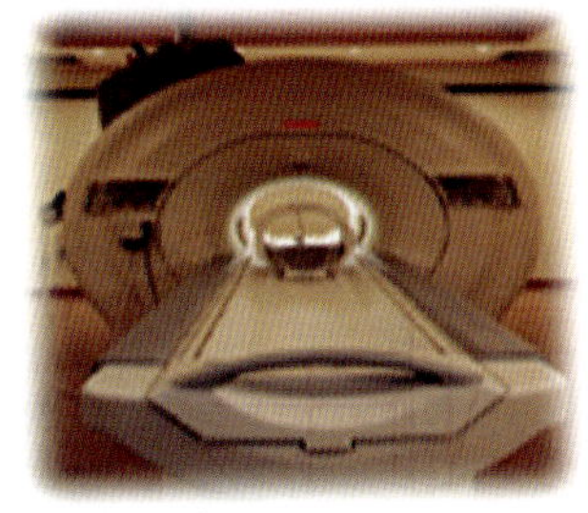

附图 39　核磁共振—计算机断层照相装置

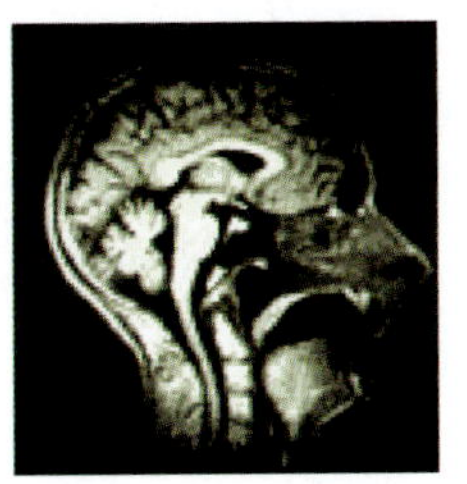

附图 40　核磁共振拍摄的活人的头和颈部照片

从本质上讲，磁场的测量原理是同各种磁效应联系在一起的。例如利用霍尔元件作为磁场探测元件制成了各种型号的霍耳效应特斯拉计（旧称高斯计），分别用来测量直流的、交变的或者脉冲的磁场，测量范围从 10^{-4}T 到 10T 的数量级，这些商品化的仪器已经得到了广泛的应用。还有的研究用环形激光测量弱磁场（如《用环形激光测量弱磁场的理论与系统的研究》，张俊江、金国藩，1988.3 博士论文）等等。

1. 电脑、CT 技术和磁共振频谱学的结晶——医用核磁共振技术

核磁共振成像术（简称 MRI）是一种可使人体免受 X 射线损害的崭新的扫描技术，它是电子计算机技术，CT 技术以及磁共振频谱学等先进科学的结晶。世上万物均由分子组成，而分子是由原子组成，原子是由原子核和围着核旋转的电子组成，原子核又是由带正电荷的质子和不带电荷的中子组成。许多原子核的运动则类似“自旋体”，不停地以一定的频率自旋。如设法使它进入一个恒定的磁场，它就会沿着这磁场方向回旋。这时用特定的射频电磁波去照射这些含有原子核的物体，物体就会显著地将电磁波吸收，这就是磁共振现象。MRI 就是利用人体中的氢（H）原子在强磁场内受到脉冲激发后产生的磁共振现象，经过空间编码技术，把在磁共振过程中所散发的电磁波以及与这些电磁波有关的质子密度、弛豫时间、流动效应等参数，接收转换，通过电子计算机的处理，最后形成图像，做出诊断。MRI 比 CT 能更灵敏地分辨出正常或异常的组织，对肿瘤的早期检测及鉴别有很大的帮助。

2. 磁带录音机

录音机有录音和放音两种功能。

录音是使用一个叫磁头的电磁铁，它是一个有隙缝绕有线圈的环形铁心。录音时，声波通过话筒（又叫传声器）变成变化的电流，经过放大器放大后，再送到录音磁头的线圈中，铁心就产生了随声音而变化的磁场。当磁带紧贴着磁头的隙缝通过时，磁头上这个变化的磁场能磁化磁带，磁带上就记录了与声音相应变化的磁信号。

把录好音的磁带卷在它的卷盘上，按照录音时的速度通过放音磁头。放音磁头的铁心受到磁带上有变化的磁信号的作用，铁心上的线圈就产生相应变化的电流。这电流就是原来话筒中电流的复制品。经过放大及加工后送到扬声器上，即能将原来录制的声音重放出来。

3. 脑磁图

拥有上千亿神经细胞的人脑是世界上最复杂的有机组织，脑电神经活动联系着人体体内复杂的信息处理系统，支配着从运动、体感、听觉、视觉等基本功能到语言、情感、思维等高级功能。脑磁信号极其微弱，大约为地磁场的十亿分之一。这些微弱的电（磁）信号又有波形、幅度、能量、频率、相位、频谱等特征，与特定的正常和异常生理活动过程相对应。脑磁图正是用来获取这些信号的尖端技术。简言之，脑磁图 MEG（Magnetoencephalography）测量的是体内神经电流源引发的瞬间磁场，是与细胞内电流（intracellularcurrents）相关的磁场分布。

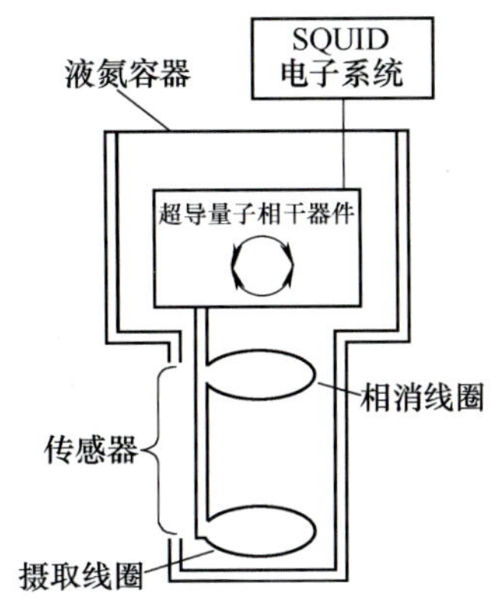

附图 41

CTF 制造的直流型超导量子干涉仪（SQUID）是由超导材料铌金属合金（$Nb-AL_2O_3-Nb$），使用直流约瑟夫逊效应技术制作而成的。它是将铌（niobium）金属磁通转换器偶合线圈和反馈线圈集成在一个平面上，偶合线圈将超导电流引到一个内部接片上，然后通过这个接片连接到外部的脑磁信号采集线圈（被称为一阶磁场梯度计 gradiometer）上（见附图 41）。金属铌制成的 SQUID 与梯度计和磁场强度计（Magnetometer）耦合在一起，成为一个能把磁场变为电流，电流变为电压信号的低噪声、高增益转换器。这些元件排列安装在充满液态氦的头盔样的杜瓦（Dewar）容器里，在低达 -269℃的温度下工作。

＊**约瑟夫逊效应**（超导隧道效应）

1962 年，当时是剑桥大学研究生的约瑟夫逊将一层极薄的非超导材料融合在两层超导材料中间，预言通过调节两块超导体间的绝缘层的厚薄，可以使其电压比某一特定值大时才有电流通过，电流穿过绝缘层时（隧道效应）将不产生电压。这些预言于 1963 年在美国的贝尔实验室被罗威尔等人用试验证实了，而这一超导物理现象则被称为“约瑟夫逊效应”。

附图 42　275—信道脑磁图测量系统
CTF 提供的 151 和 275—信道脑磁图测量系统是高密度全头覆盖型脑磁图测量系统。可根据视觉，听觉等刺激测定脑的反应。被测试者可舒适地坐在靠背椅上或横躺在诊断床上接受检查

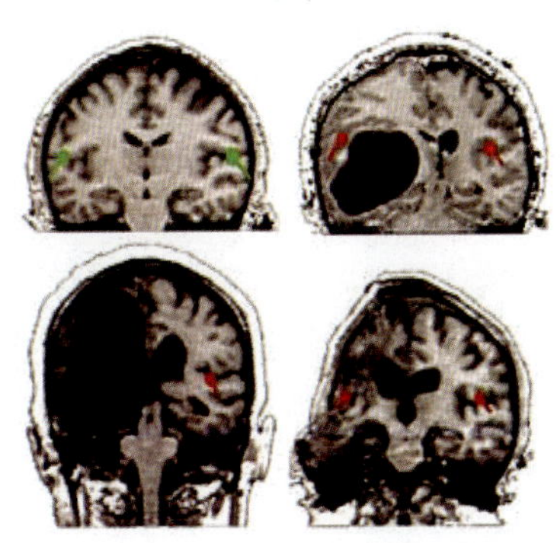

附图 43　正常人和临床患者的比较
（AEF—声觉诱发脑磁图）：
左上为正常人的脑磁图；
右上为肿瘤患者的脑磁图；
左下为脑缺血患者的脑磁图；
右下为脑外伤患者的脑磁图

理论和实验都证明，当绝缘层厚度在 10nm 左右时，库柏对（Cooper's pairs）由于隧道效应穿过势垒后仍保持配对状态，即绝缘层中出现少量超导电子，具有了弱超导特性。宏观上表现为在绝缘层中可以无阻地通过几十微安到几十毫安的电流而在 S-I-S 结两端并无电压降落。这个现象叫做直流约瑟夫逊效应。

＊SQUID（Superconducting Quantum Interface Device，超导量子干涉仪）

SQUID 是利用超导量子隧道效应制造的最灵敏的电磁信号检验元件。目前用最好的低温超导体制造的 SQUID 可检测的能量分辨率已接近了量子力学测不准原理的水平。脑磁图（MEG）即是根据超导量子隧道效应这一原理制成的超导量子干涉器件（SQUID）在医学中的应用。

附图 44 SQUID 传感器内部结构的电子显微镜放大图

约瑟夫逊结对所施加的磁场的灵敏度是随着约瑟夫逊结的面积增大而增加的，但是约瑟夫逊结的开关速度却是随着约瑟夫逊结的面积增大而减小的。因此，SQUID 一般用一个超导体圆环连接两个约瑟夫逊结构成，圆环两端的输出电压与圆环内穿过的磁场强度有关。MEG 中所用的 SQUID 传感器是由 SQUID、检测线圈及微电子电路组合而成。

B-9 牛顿环的应用

1. 角膜地形图仪

众所周知，角膜形态具有特殊性，即中央区约呈球形，越到周边越平坦，成一非球面形式。

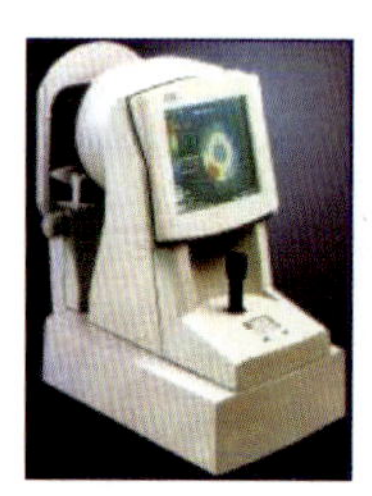

附图 45 HCT—992 角膜地形图仪

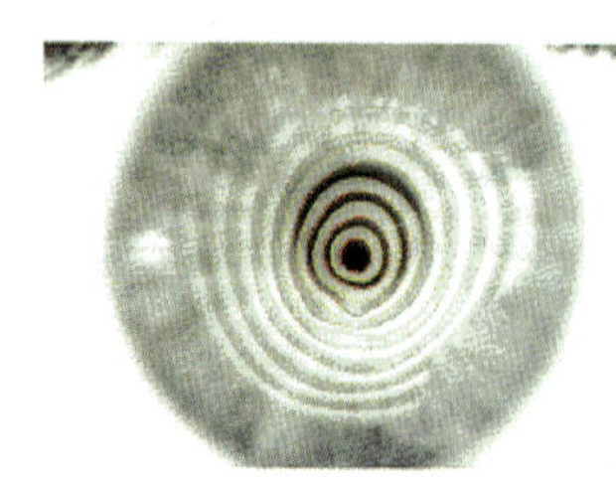

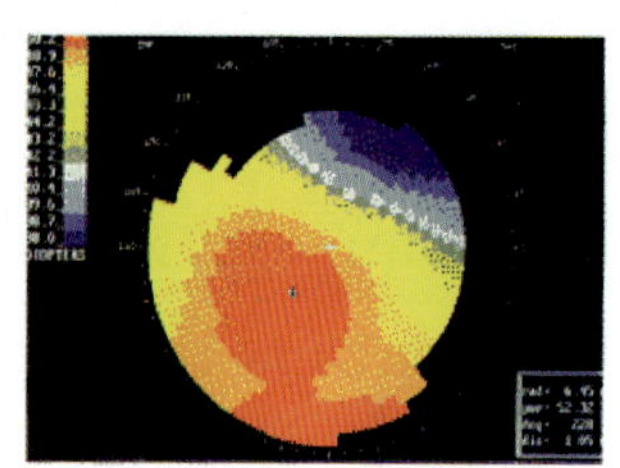

附图 46 严重期限（第四期）圆锥角膜的角膜地形图表现

2. 零件的内应力分布

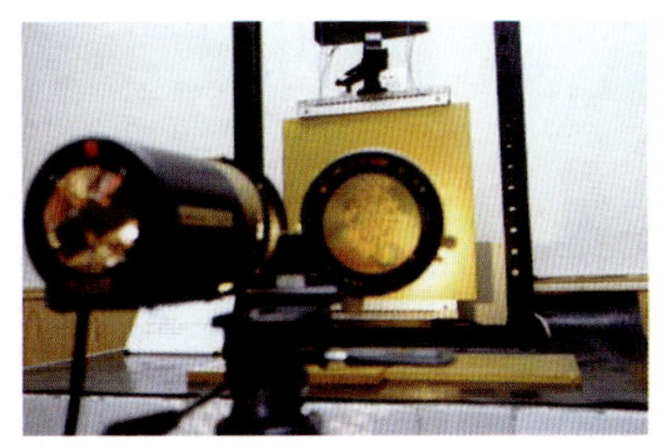

附图 47　Model031 光弹测试仪

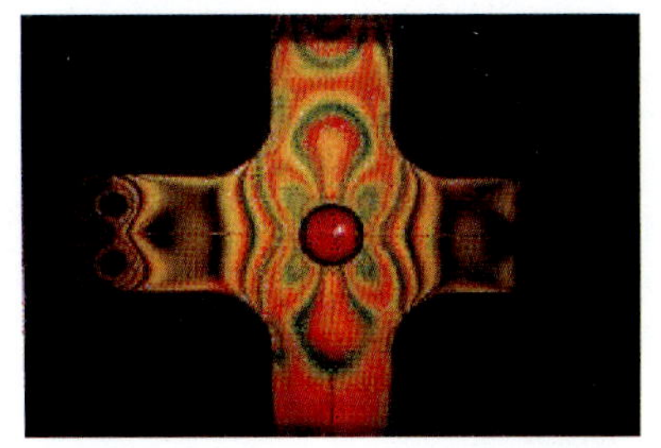

附图 48　不锈钢腐蚀和氢致开裂的压缩载荷上的光弹照片（证明这类试样缺口前端是压应力）

3. 其他应用

高精度的光学表面加工；检验零件表面光洁度和平直度；精密测量薄膜厚度和微小角度；曲面的曲率半径。

4. 有害的牛顿环

扫描仪等仪器上出现了牛顿环，影响了扫描效果，是有害的。现在人们正在试图用各种办法在消除它。

B-10

1. 分光计

分光计是精确测定光线偏转角的仪器，也称测角仪。光学中的许多基本量如波长、折射率等都可以直接或间接地表现为光线的偏转角，因而利用它可测量波长、折射率，此外还能精确的测量光学平面间的夹角，许多光学仪器（如棱镜光谱仪、光栅光谱仪、分光光度计、单色仪等）的基本结构也是以它为基础的。

2. 几种相关的光学仪器

附图 49　WFJ7200 型可见分光光度计
单光束，1200 条/mm 衍射光栅光谱带宽：5nm；波长范围：325～1000nm
波长精度：±2.0nm

附图 50　NOVA400 多参数分光光度计
可对饮用水及废水进行分析和过程控制
波长光源：330～850nm±1nm 全波段波长，波长精度：±0.3nm；可测量：吸光率、浓度、透光率

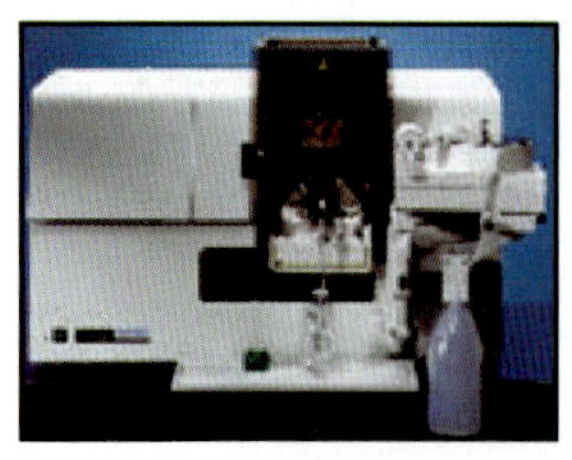
附图 51　AA800 原子吸收光谱仪

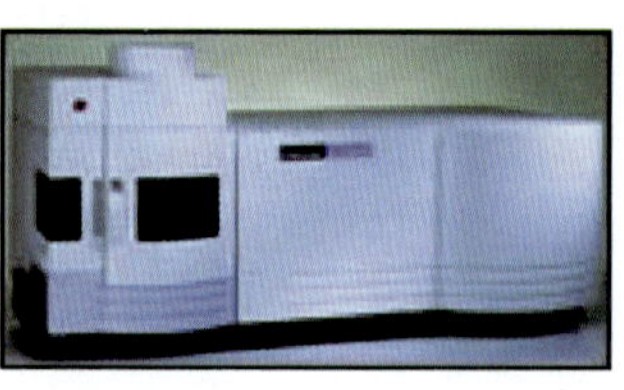
附图 52　Optima4000 等离子体发射光谱仪

附图 53　SpectrumONE 傅里叶红外光谱仪

附图 54　Lambda 系列紫外光度计

附图 55　341/343 旋光仪

附图 56　LS45/55 荧光光谱仪

3. 分光光度法

分光光度法是通过测定被测物质在特定波长处或一定波长范围内光的吸收度，对该物质进行定性和定量分析的方法。常用的波长范围为：（1）200 ~ 400nm 的紫外光区，（2）400 ~ 760nm 的可见光区，（3）2.5 ~ 25μm（按波数计为 4000cm < －1 > ~400cm < －1 >）的红外光区。所用仪器为紫外分光光度计、可见光分光光度计（或比色计）、红外分光光度计或原子吸收分光光度计。

B-11

1. 激光全息防伪技术

激光全息技术在安全防伪中是遥遥领先的，并不断发展。多维全息图、计

附图 57　防伪商标 1（点阵型）

附图 58　防伪商标 2（点阵型）

附图 59　防伪商标 3（普通型）

算机全息图、密码全息图在国际上主要应用于产品防伪、身份证件、钞票、信用卡等。它们可大量制作，难以仿冒，并易于与其他防伪技术融合，形成综合防伪技术产品。以下是彩虹全息的几个例子。

2. 大型多功能非球面激光全息干涉仪

全息光弹法（polo-photoelasticity method）是将全息照相和光弹性法相结合而成的一种实验应力分析方法，已广泛应用于各种工程结构强度研究中。

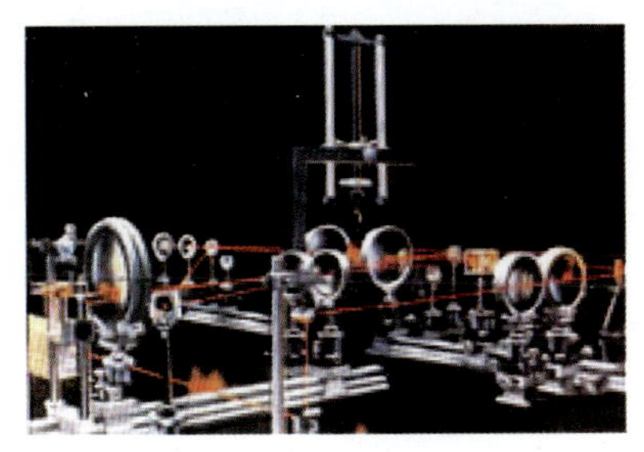

附图 60　大型多功能非球面激光全息干涉仪

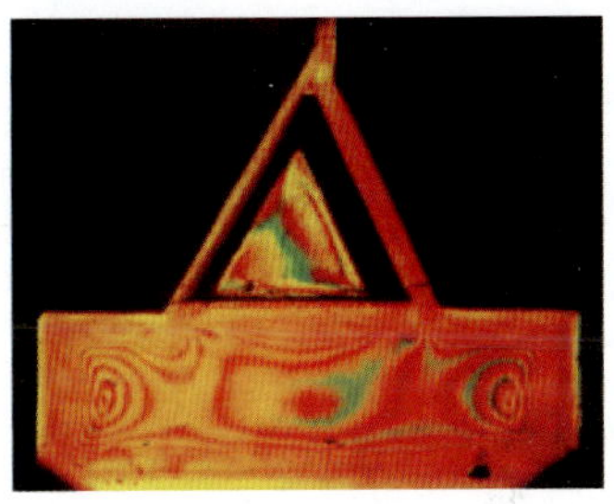

附图 61　大坝等色线条纹

3. 全息存储

朗讯科技公司旗下的 InPhase 科技公司计划使用 InPhase 公司的 Tapestry 技术，该项技术通过将一道激光束分离处理，使多幅全息图叠加存储，可在单面 CD 大小的光盘上存储 100GB 的数据。数据以一连串 1.3MB 全息图的形式记录，足够容纳 20 部完整的电影或 30min 的高解析度视频录像，从而实现光盘存储容量的飞跃。采用此项技术后，单面光碟不但可存储两倍于 DVD 光盘最大理论存储容量的数据，而且系统的可靠性也高于普通存储技术。

4. 加拿大全息币

加拿大全息币的制作是一项独特的、具有高技术含量的工艺，它不像其他国家那样将激光全息工艺单独生产，然后再表现于硬币之上，而是直接地在币上应用激光全息技术。

为了向世界展现加拿大这种激光全息技术以及其在交通运输上所取得的伟大成就，2001 年加拿大铸币局推出了激光全息技术的陆路、海路、铁路纪念币。

附图 62 D—10“十轮型”机车
在 1905 年制造的多功能 D—10“十轮型”机车是 20 世纪最理想的载人及货物运输交通工具。如今它被陈列在加拿大国家科技博物馆内

附图 63 W. D. 劳伦斯号船
W. D. 劳伦斯号船在 1874 年被建造，它重约 2458t，高 262ft（1ft = 0. 3048m），曾经是加拿大最大的船

附图 64 格雷多尔 25—SM 型汽车
格雷多尔 25—SM 型汽车，是由加拿大的 Gray Dort Motor 汽车公司制造，该车在 20 世纪初因其独特的设计与制造以及优惠的价格而享有良好的品质、极高的声誉

附图 65 伊丽莎白女王二世的肖像
（以上三个币的正面）

B-12

1. 弹性模量测量方法简介

弹性模量是各种材料的一个重要力学参数。测量方法通常采用静态拉伸法，一般在万能材料试验机上进行，但不适宜测量脆性材料以及弹性模量的温度特

性。20世纪90年代，动力学弹性模量测量方法——悬丝耦合弯曲共振法已作为国家技术标准推荐执行。这种方法在较大的高低温范围内可测量各种材料的弹性模量，测量精度较高。

静态法有静态拉伸法、扭转法和弯曲法；动态法有横向共振法、纵向共振法以及扭转共振法等。另外还有波速测量法，它是利用连续波或脉冲波测量弹性模量。

在静态测量法中，微小位移是个关键的待测量。已有许多人研究出了很多新的方法和手段，例如电涡流传感器法、光的等厚干涉法、迈克尔逊干涉仪法、光纤位移测量法以及惠斯通电桥法等。

2. 一些测量仪器

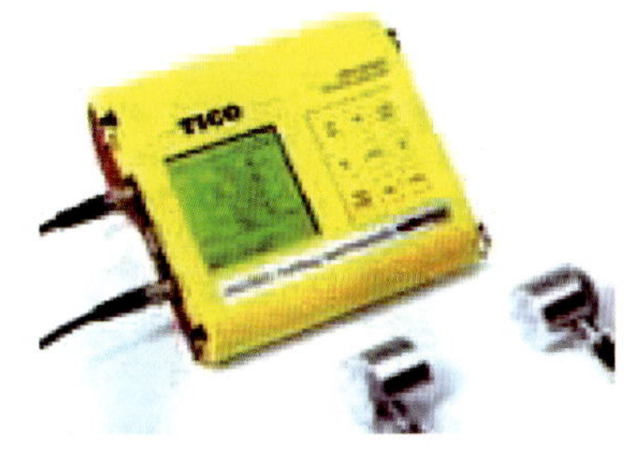

附图66　TICO超声波测量仪
测量混凝土的抗压强度、均匀性、空洞以及弹性模量

附图67　V-METER MARKII混凝土超声波测量仪
配有手持终端设备及电脑可自动计算出材料的泊松比和弹性模量。该方法符合美国ASTM C—597规定

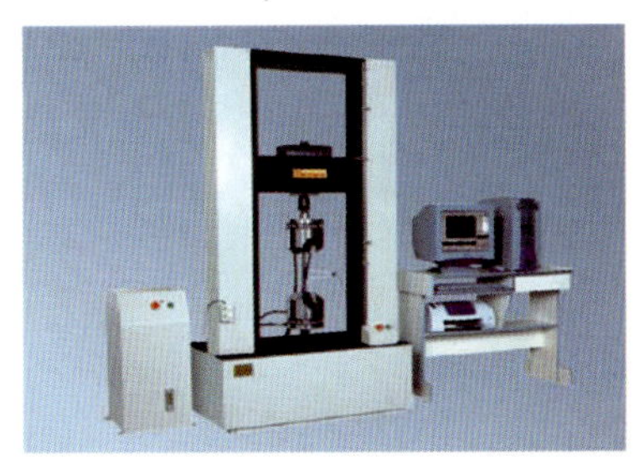

附图68　RGM全数字化电子万能材料试验机
可对各种金属、非金属及复合材料进行力学性能测试和分析研究，自动求出最大试验力值、断裂力值、屈服强度、上下屈服点、抗拉强度、各种伸长应力、各种伸长率、抗压强度、弯曲挠度、弹性模量、定伸长应力、定应力伸长等参数

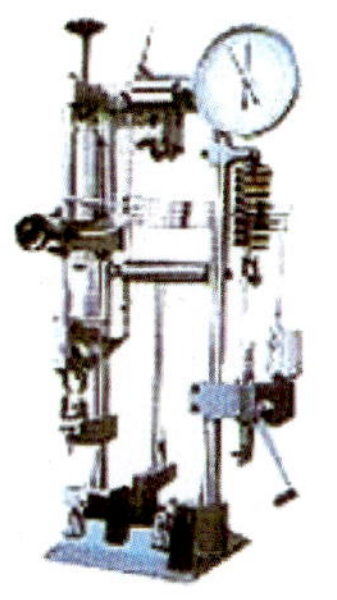

附图69　MWE—40A型木材万能试验机
可用于木材的静载荷弯曲、横纹拉伸、压缩劈裂试验、动载荷冲击、冲击压力等试验，增加特殊附件后，可以完成切断、剪切、抗压、布氏硬度、木材硬度、抗弯、弹性模量、木材每厘米年轮数、晚材率、体积等试验

B-13 超声波及其应用

人耳所能听到的声音频率范围约是 16 ~ 20000Hz，声音的频率低于 20Hz 的声波称为次声波，声音的频率高于 20000Hz 的声波称为超声波。

1. B 超声检查原理

常用的 B 超检测仪如图所示，超声检查是通过人体各种组织的声学特性的差异来区分不同类别的组织。超声在人体传播时，在不同组织的交界面产生反射和折射，在同一组织内部则发生散射，通过仪器接收这些信号，显示脏器的界面和组织内部的细微结构来进行诊断。

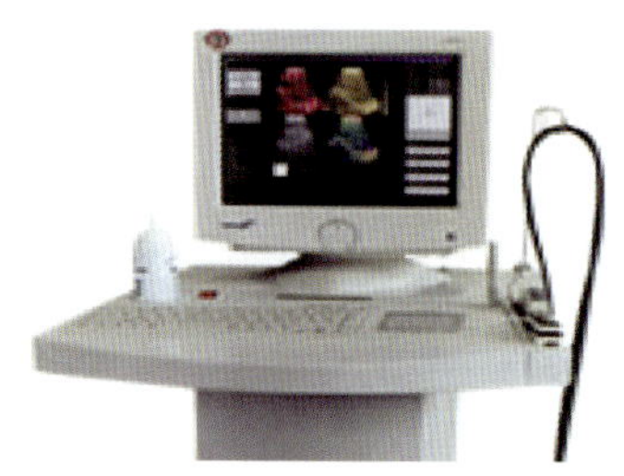
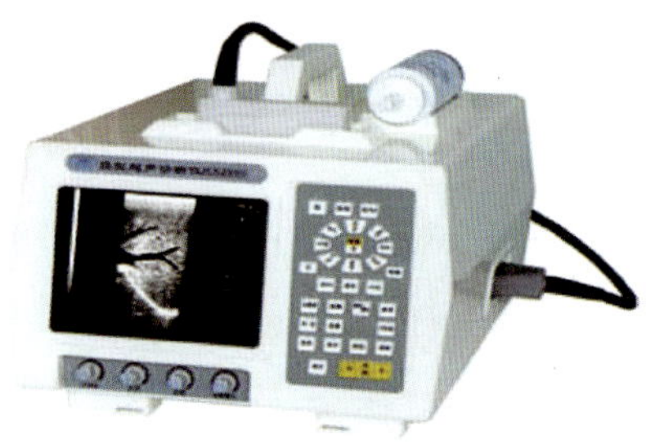

附图 70 B 型超声检测仪

2. 超声马达的应用和发展动向

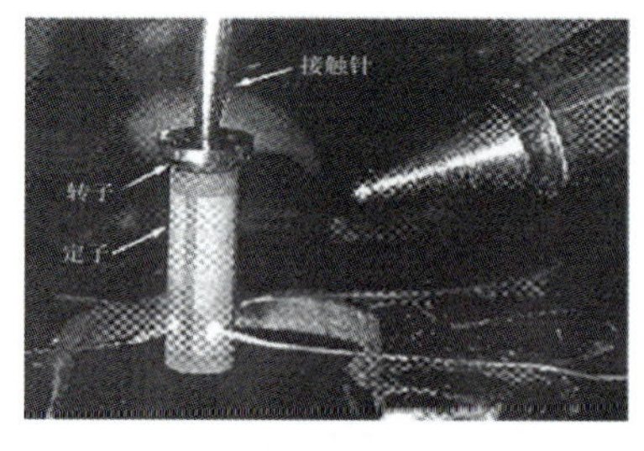

附图 71 日本研制的圆柱形微型马达

附图 72 精工公司超声微马达的外观

超声马达（Ultrasonic Motor，USM）是国际上特别关注的一种全新概念的马达。它不同于传统电磁型马达的结构，没有电磁绕组和磁路，不以电磁的相互作用来传递能量，而是利用压电陶瓷的逆压电效应将电能转换成超声波范围内的机械振动来获得驱动力，通过摩擦耦合将驱动力转换成转子或滑块的运动。按照指田年生的定义［1］：超声马达是一种利用在超声波频率范围内的机械振动作为驱动源的驱动器。鉴于高频机械振动是通过压电材料所产生的，故又称为压电马达（Piezoe lectric Motor）。

3. 便携式五轴手动超声扫描系统

附图 73 是泛美公司最新研制的开发超声扫描系统。扫描用的是手动五轴的扫描系统见图 73a；软件采用 SCANVIEW PLUS，用以显示铝层和钢层的粘接缺陷，见图 73b；超声数据采集是用 EPOCH4 数字式探伤仪。扫描器的相关轴能够使操作者方便地将探头在五个轴的范围内移动到任何位置，机械臂节点内部的可视编码可以准确跟踪探头的空间位置，以便提供所有平面或曲面 C-扫描的位置编码。

a)

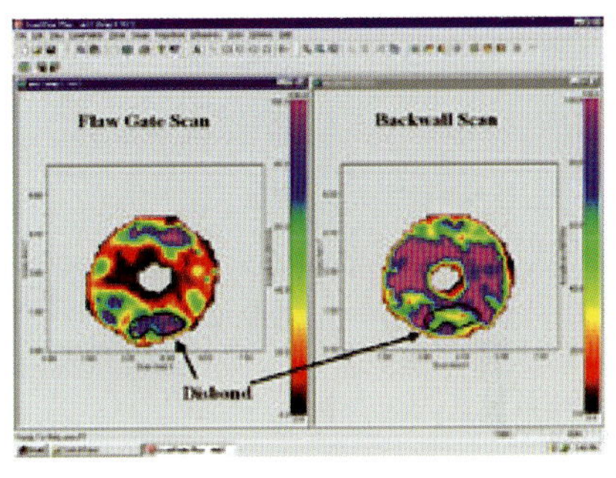

b)

附图　73

B-14　光谱应用

1666 年牛顿用三棱镜将太阳光分解成红橙黄绿青蓝紫，就发现了光谱的存在，但直到 1814 年夫朗和费才设计完成了一个较为完整的光谱仪，并用它在太阳光谱中找到了著名的夫朗和费吸收线。第一台完整的光谱仪器是由克希霍夫和本生在 1859 年为研究金属的发射光谱而制造的。

光谱技术发展到今天已经历了三百多年，特别是近 100 多年来，光谱技术对科学技术的发展起到了不可低估的作用。目前我们对于大到宏观宇宙世界、小到微观分子和原子世界的认识主要是从光谱技术上得到的。今天已知的元素中有近 20% 是依靠光谱技术发现的，人们利用光谱技术弄清了原子和分子的秘密。根据原子光谱的结构，得知了原子核和核外电子的运动形态、原子能量的变化方式、电子的自旋运动等一系列原子内部的运动规律。分子中原子是如何排列的也是依靠分子的光谱信息来判断的。光谱技术也是人类探索宇宙的强有力工具，人们通过探测星体的光谱来了解星体的物质成分、星体的年龄、温度、星体到地球的距离及运动速度等。今天光谱技术这门古老的技术已成为生产和科研中经常使用的工具，在一些情况下它甚至是必不可少的。

1. 光谱的一般类型（见附图 74、75）

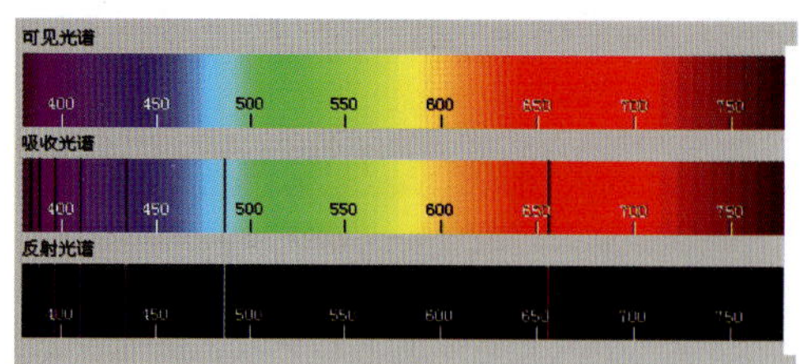

附图 74 不同类型的光谱

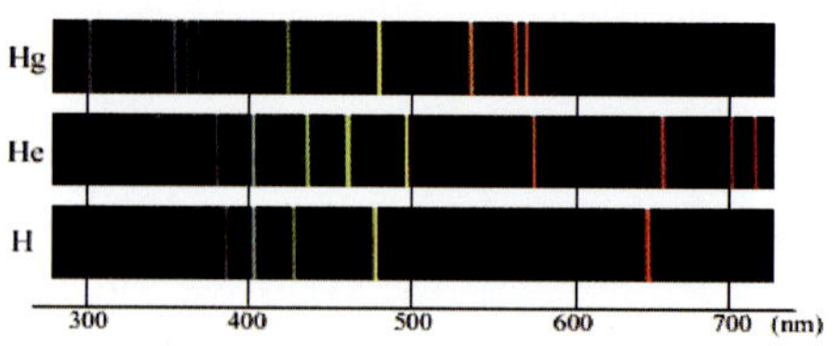

附图 75 氢、氦和汞的光谱

2. 氢、氦和汞的光谱图（见附图 76 可见光部分，摄谱仪摄得）

此图显示了远处物体发出的光是如何变红的。顶端的光谱来自最远处，底端的光谱来自最近的恒星。

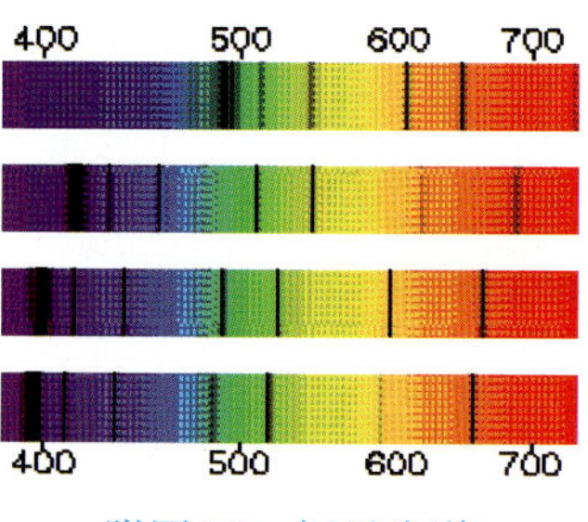

附图 76 恒星光谱

B-15

迈克尔逊干涉仪的主要应用：1. 微小位移测量；2. 测折射率；3. OCT。

OCT 技术介绍

一种新的断层扫描成像技术——光学相干 CT（optical coherence tomography，简称 OCT）在生物、医学方面有广泛的应用前景。它的光学部分是由**低相干光源**和类似迈克尔逊干涉仪原理的光路组成。国内首台 OCT 装置由清华大学研制成功，并利用这台装置获得了清晰的生物样品 OCT 图像（见附图 77）。

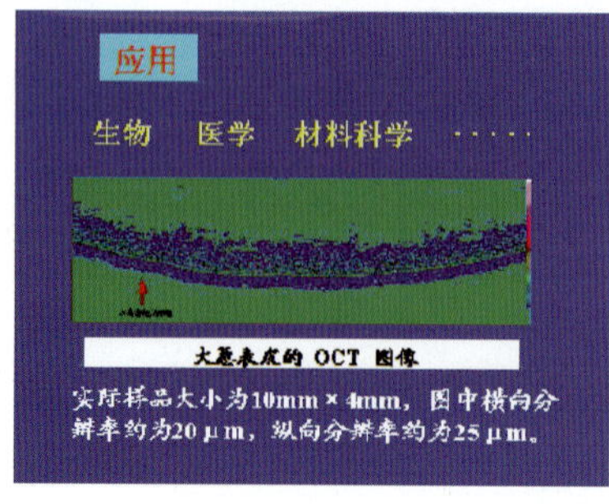

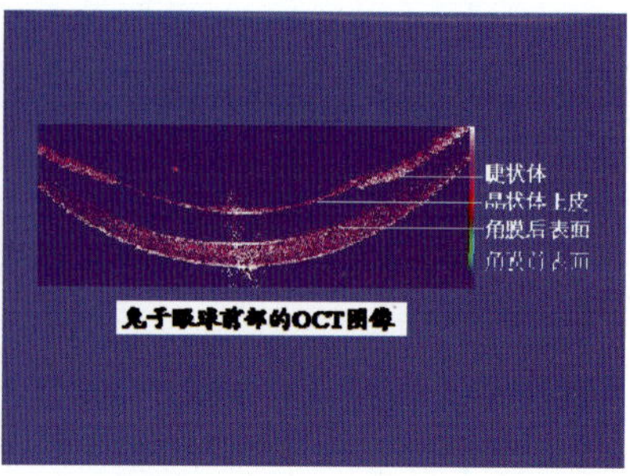

附图 77 OCT 结构图

该系统的结构大致如附图 78 所示，从光源（超亮发光二极管或飞秒超快激光器）发出的低相干光（即相干长度短）经过一个 2×2 的光纤耦合器之后，被均匀地分成两束，分别进入放有反射镜的参考臂和放有被测样品的样品臂。反射镜反射回来的参考光 I1 与样品的背向散射信号光 I2，经光纤耦合器汇合产生干涉信号，被探测器探测，信号的强度反映样品的散（反）射强度。由于来自样品不同深度的散射信号具有不同的相位延迟，对应参考臂某一位置，只有来自样品某一特定深度的散射信号才能与参考光相干。纵向扫描参考臂，便可获得样品的深度层析图像。与参考臂光程相差一个相干长度的信号光不能与参考光发生干涉，于是就没有信号。可以看出，层析分辨率直接由光源的相干长度确定。该系统选用的光源的工作波长为 850 nm，带宽约为 15 nm，计算出对应的相干长度为 25 μm，与 OCT 系统实际纵向分辨率基本相符。

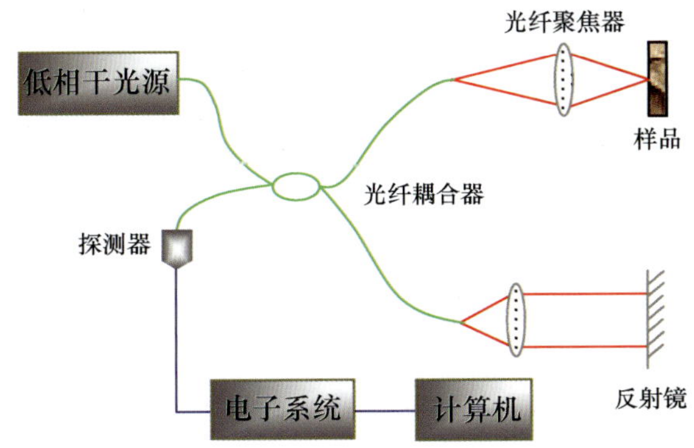

附图 78 OCT 结构图

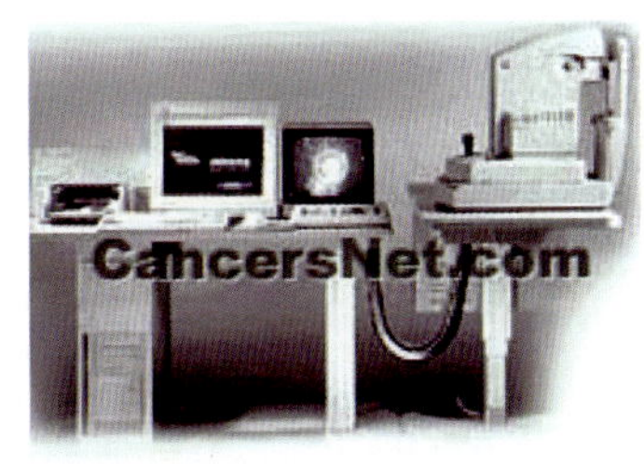

附图 79 俄亥俄州克里夫兰的 Imalux 公司的 OCT 仪器

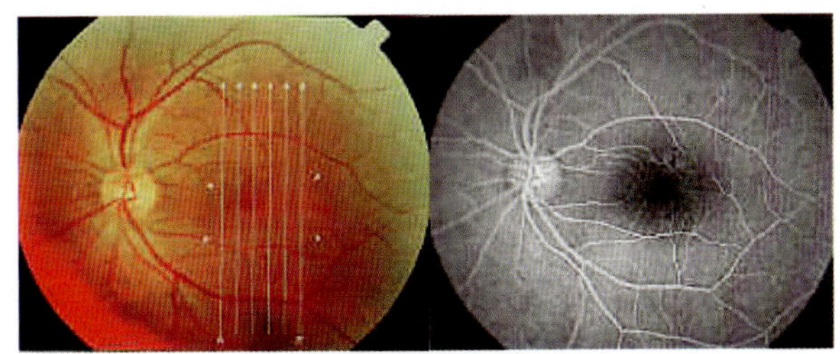

附图 80 由 OCT 仪器提供的病变视网膜三维信息

B-16

CCD 电子显示系统

CCD 是英文 Charge Coupled Device 的缩写，意为电荷耦合器件，它是一种以电荷量反映光量大小，用耦合方式传输电荷量的新型器件。这种半导体光电器件用作摄像器件具有体积小、重量轻、工作电压低，功耗小、自动扫描、实时转移、光谱范围宽和寿命长等一系列优点。

CCD 的结构与 MOS（金属-氧化物-半导体）器件基本类似。半导体硅片作为衬底，在硅表面上氧化一层二氧化硅（SiO_2）薄膜，再上面是一层金属膜，作为电极，如附图 81 所示。

用于图像显示的 CCD 器件的工作过程大致如下：用光学成像系统（如相机镜头等）将景物成像在 CCD 的像敏面上，像敏面再将照在每一像敏单元上的照度信号转变为少数载流子密度信号，在驱动脉冲的作用下顺序地移出器件，如附图 82 所示，成为视频信号输入监视器，在荧光屏上将原来实物图像显示出来。

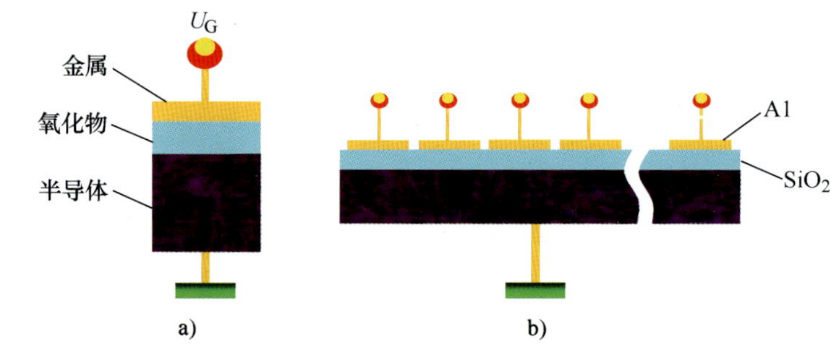

附图 81　CCD 单元与线阵列结构的示意图

a）CCD 单元　b）CCD 线阵列

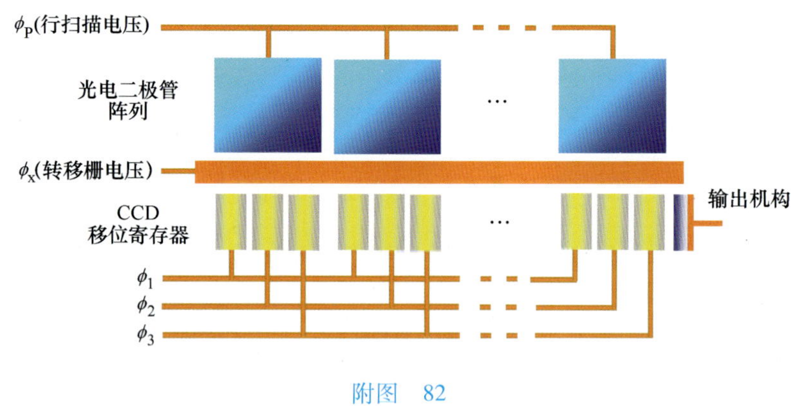

附图　82

B-17

（1）附图 83 为一种用于测量弹丸转动惯量的高精度测量仪器，该仪器利用双悬丝扭摆机构、光电计时系统提取摆动周期信息，由 MCS—51 系列单片机组成的测量系统进行数据处理，并由 LED 显示器显示测量结果。

（2）台式扭摆极转动惯量测试仪是一种智能化力学参数测试仪器，见附图 84。它由台式扭摆系列与计算显示部分组成，可以为坦克、坦克部件、火炮、

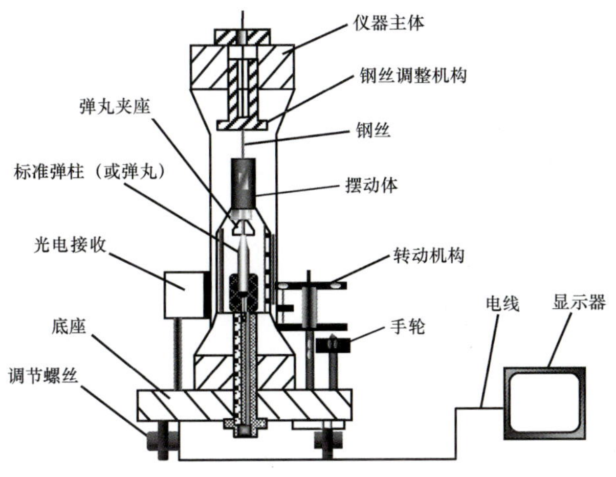

附图　83

弹丸、火箭、导弹、飞机零件、飞机、电动机转子、缝纫机零件、人体及其他各种转动物体的动力学特性研究提供可靠的转动惯量数据。

该仪器广泛用于航天、航空、兵器、机械、电动机、轻工及生物力学等科研、生产领域。目前它已被全国几十家工厂、研究所、试验场用作测量转动惯量的基本仪器。

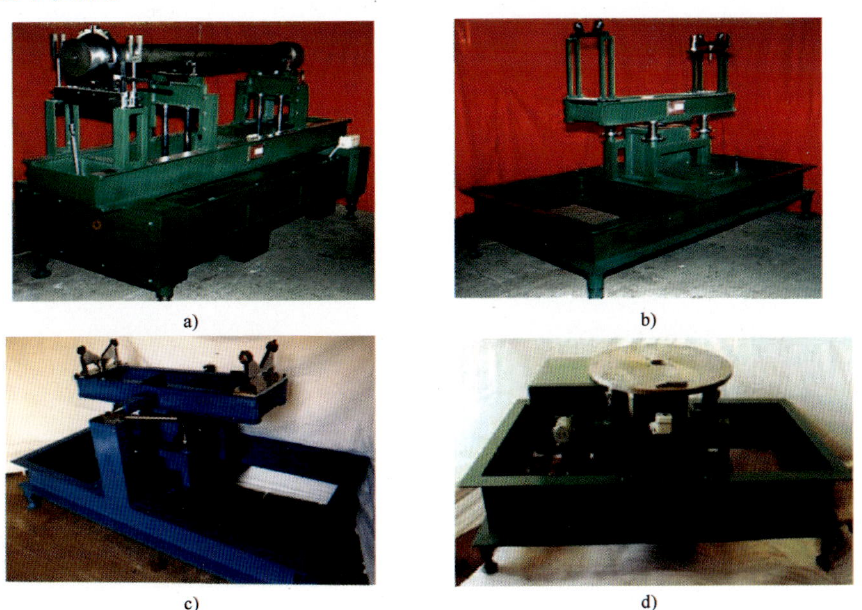

附图 84　台式扭摆极转动惯量测试仪

a）卧式极转动惯量　b）赤道转动惯量　c）赤道转动惯量　d）极、赤道转动惯量

普通高等教育“十一五”国家级规划教材

大 学 物 理 实 验

第 2 版

主　编　何焰蓝　杨俊才

副主编　丁道一

参　编　邓正才　杨卫新　黄松筠

黎　全　黄水花　胡小景

沈　志　杨红运　杨晓飞

郑浩斌　吕治辉　刘一星

王　月

机 械 工 业 出 版 社

本书为教育部评定的普通高等教育“十一五”国家级规划教材。

本书参照教育部最新《理工科大学物理课程教学基本要求》，借鉴国内外面向 21 世纪物理实验教学内容和课程体系改革与研究的成果，并结合多年的教学实践经验，在原教材（2004 年版）的基础上重新编写而成。

本书在课程体系的设计上，试图寻求一种优化的模式。全书共分为六章。第 1 章介绍物理实验基本知识；第 2 章为模块化的基本实验，是物理实验知识、能力、素质的基本训练阶段。书中采用单元实验的形式，每个单元按照实验内容或方法来突出一条主线，每个实验体现一个重点；第 3 章为综合设计性实验，此阶段为提高性阶段。首先介绍一些关于科学实验的基本方法和思维方式，旨在培养学生综合运用实验方法和实验仪器，来解决实际问题的能力；第 4 章为小课题实验，提出一些新技术、新物理效应或综合性的小课题，由学生自主完成实验。学生也可以自提课题，由实验室提供条件；第 5 章为军事系列物理实验，在物理实验中提炼或开发了一些与军事应用背景有关的实验；第 6 章为计算机模拟实验，它以军队院校网上物理虚拟实验室为平台，介绍其操作使用。学生可以在网上进行实验预习和模拟实验，也可以在完成实验室实验后，再在网上进行深入学习和复习，特别是可以在网上自行设计实验和进行探索性实验，以及开展学科竞赛等。

此外，书中还给出了一些实验的简要历史介绍，并提供了一些与现代科技前沿接轨的最新应用彩图，以使大学物理实验课程成为一个开放性的展示现代科技发展的窗口。

本教材为高等院校工科各专业的教科书或参考书，尤其是军事院校，适合不同层次的教学需要。

图书在版编目（CIP）数据

大学物理实验/何焰蓝，杨俊才主编 .—2 版 .—北京：机械工业出版社，2009. 8（2024. 1 重印）
普通高等教育“十一五”国家级规划教材
ISBN 978-7-111-27755-2

Ⅰ. 大… Ⅱ. ①何…②杨… Ⅲ. 物理学 – 实验 – 高等学校 – 教材
Ⅳ. O4-33

中国版本图书馆 CIP 数据核字（2009）第 117532 号

机械工业出版社（北京市百万庄大街 22 号 邮政编码 100037）
责任编辑：李永联 版式设计：霍永明 责任校对：李秋荣
封面设计：马精明 责任印制：常天培
北京机工印刷厂有限公司印刷
2024 年 1 月第 2 版第 17 次印刷
169mm × 239mm · 21 印张 · 14 插页 · 407 千字
标准书号：ISBN 978-7-111-27755-2
定价：49. 10 元

电话服务
客服电话：010 – 88361066
010 – 88379833
010 – 68326294

网络服务
机 工 官 网：www. cmpbook. com
机 工 官 博：weibo. com/cmp1952
金 书 网：www. golden-book. com
机工教育服务网：www. cmpedu. com

前　　言

本教材是在借鉴国内外面向21世纪物理实验教学内容和课程体系改革与研究的成果，结合国防科技大学多年来教学改革和课程建设的实践经验，并在原教材（2004年版）的基础上重新编写而成的。

本教材在课程体系的设计上，试图寻求一种优化的模式。由于实验课程往往受到条件限制，教学中学生必须循环进行实验，很难按照教材上的顺序来实施教学。因此，有必要研究和设计与教学实际相适应的最佳的内容组合形式。实际上，掌握正确的实验思想、建立最佳的实验模型、学会典型的实验方法、培养良好的实验技能和素养都是相通的，通过课程体系的设计，来追求整体的综合效果，以更好地实现教学目标。

在教学内容的安排上，大力加强基础，同时力求实现现代化。20世纪以来科学技术的巨大成就，应该使我们的实验教学面貌一新，应当把一个生机勃勃的、不断发展的实验内容教给学生，以培养和激发他们的创新精神。另一方面，无论科学技术发展多么迅速，新的知识、新的技术总是在原有科学技术的基础上产生的，掌握了基础，就有了根基，就能不断的自我发展。当然，随着时代的进步，基础也在不断的发生变化，我们必须不断地用现代的观点来选择内容载体，用新的视野来确定实验基础，从新的角度来描述经典内容，用新的技术来改造传统实验。本书还引入了与现代军事技术相结合的物理实验，是军队人才培养至关重要的一环，并使物理实验成为学员学习军事高技术的创新实践基地。

在教学方法的考虑上，力求突出创新精神和创新能力的培养。很多创造性思维方法在物理实验课中都有生动的体现。如观察思维方法、比较思维方法、假设思维方法、目标思维方法、批判思维方法等。实验教学不能满足于从现有理论出发，去验证、模拟理论结果，仅仅追求与理论结果或教师期望值相吻合的实验结果。从实验学出发，通过观察、测量、分析去总结变化规律，再上升到理论，对于培养学生的创新能力更为重要。教师的主要作用在于引导，要鼓励学生大胆想象、独立思考、勇于提出自己的见解，实验课尤其要发挥学生的积极性和主动性。实践证明，综合设计性实验是培养学生实验能力和创新能力的有效途径。

基于以上考虑，本教材共分为六章。第1章介绍物理实验基本知识；第2章为模块化的基本实验，是物理实验知识、能力、素质的基本训练阶段。书中采用单元实验的形式，每个单元按照实验内容或方法来突出一条主线，每个实验体现一个重点，实际教学时可按照单元进行循环，以便由浅入深、循序渐进，增强实验内容之间的联系性；第3章为综合设计性实验，此阶段为提高性阶段。首先介绍一些关于科学实验的基本方法和思维方式，比如，如何选择课题、如何选择实验方法、如何选配实验仪器等，目的是培养学生综合运用实验方法和实验仪器来解决实际问题的能力；第4章为小课题实验，提出一些新技术、新物理效应或综合性的小课题，由学生自主完成实验。学生也可以自提课题，由实验室提供条件。通过小科研课题式的设计性实验的训练，可进一步培养学生的实验设计能力和创新素质，为提高科研能力奠定基础。第5章为军事系列物理实验，在物理实验中提炼或开发了一些与军事应用背景有关的实验；第6章为计算机模拟实验，目的是作为实验室操作实验的补充和完善。书中以军队院校网上物理虚拟实验室为平台，介绍其操作使用。学生可以在网上进行实验预习和模拟实验，也可以在完成实验室实验后，再在网上进行深入学习和复习，特别是学生还可以在网上自行设计实验、进行探索性实验、开展学科竞赛等。

本教材在许多实验之后，给出了一些关于该实验的简要历史介绍，并在书前提供了一些与现代科技前沿接轨的最新应用彩图，努力使大学物理实验课程成为一个开放性的展示现代科技发展的窗口，以激发学生的学习热情和兴趣。

实验课程建设是一项集体的事业，需要长期不懈的努力，日积月累、与时俱进、不断改革、潜心建设。多年来，所有在物理实验室工作过的人员，都为该课程的建设做出了贡献，时值本教材出版之际，在此一并致谢。

参加此次教材编写的教师，都具有多年从事物理实验教学的丰富经验，编写方案几经集体讨论，个人分工撰写，反复修改而成。有的教师虽然没有具体执笔编写，但也吸收了他们的意见和经验，使得该教材成为集体智慧的结晶。杨俊才同志对整个教材体系的调整给出了指导性的意见，本书的统稿和全部图的绘制均由何焰蓝同志完成。

本教材在编写过程中，参考了许多兄弟院校的教材和会议资料，吸收了国内外物理实验教学改革的经验，在此一并表示衷心的感谢。由于我们的水平有限，书中难免存在不妥之处，敬请读者批评指正。

编 者

目　　录

第 1 章　物理实验基本知识

1.1　绪论

本章主要介绍的测量误差理论、实验数据处理、实验结果表述等初步知识，是进入大学物理实验前必备的基础，也是今后从事科学实验工作所要了解和掌握的。由于这部分内容涉及面广，对它们进行更深入的讨论将超出本课程的范围，如深入讨论测量误差理论，就应属于数理统计学或计量学的范围。因此，本章仅侧重于介绍一些基本概念，引用一些结论和计算公式，以满足本课程教学的需要。在以后的实验过程中，还将适当安排一些内容，通过实际运用加深理解，逐步掌握。

1.1.1　测量误差

1. 测量及其误差

(1) 测量及其分类　物理实验是以测量为基础的。不论是研究物理现象、验证物理原理，还是研究物质特性等，都要进行测量。所谓测量，就是用一定的量具或仪器，通过一定的方法，直接或间接地与被测对象进行定量比较。测量的结果应包括数值、单位以及用不确定度表示的可信赖程度。

测量可分为直接测量和间接测量。如果待测量的大小可以直接从测量仪器或量具上读出，称为直接测量；如果待测量是由若干个直接测量量经过一定的函数关系运算后获得，称为间接测量。例如，用米尺测量物体的长度、用秒表计时等都是直接测量；而测量物体的密度，需先测出物体的体积和质量，再用公式 $\rho = m/V$ 计算得出密度值，因此是间接测量。

测量方式又可分为等精度测量与非等精度测量。如同一测量者，用同样的方法，使用同样的仪器并在相同的条件下对同一物理量进行的多次测量，称作等精度测量。尽管各次测量值可能不相等，但没有理由认为哪一次（或几次）的测量值更可靠或更不可靠。实际上，一切物质都在运动中，没有绝对不变的人和事物，只要其变化对实验的影响很小乃至可以忽略，就可认为是等精度测量。以上所述各项，如有一项发生变化，导致明显影响实验结果，即为非等精度测量。本章提到的多次测量，都是指等精度测量。

(2) 误差的概念　测量的目的是为了知道待测物理量的数值大小。在一定条件下，任何物理量的大小都有一个客观存在的真实值，称为真值。被测量的真值是一个理想的概念，一般说来是不知道的，在某些特殊情况下，用约定真值来代替真值。在实际测量中，通常只能根据对测量数据进行全面分析和适当处理的结果，得到一个可能最接近真值的测量值，这个测量值被称为测量的最佳值。

每个具体测量都是依据一定的理论或方法，在一定的环境中使用一定的仪器，由一定的人进行的。由于理论及测量方法的局限性或近似性、环境的不稳定性、实验仪器灵敏度和精度的局限性、人的测量技能和判断能力等的影响，测量得到的结果不可能与客观存在的真值完全相同，它们之间或多或少地总是存在一定的偏差，这种包含偏差的测量结果被称为测量值，而测量值与真值之差称为测量值的误差。实践证明，误差存在于一切测量之中，而且贯穿于测量过程的始终。因此，分析测量中产生的各种误差，尽量减小或消除其影响，并对测量结果中未能消除的误差做出估计，给出测量结果的不确定度是物理实验和任何科学实验中必不可少的工作。为此，必须了解误差的概念、特性、产生的原因及测量结果的不确定度的概念与估算方法等有关知识。

测量误差就是测量结果与待测量的真值（或约定真值）之差值。测量误差的大小反映了测量结果的准确程度。测量误差可以用绝对误差 ε 表示，也可以用相对误差 E 或百分误差 E_0 表示。

$$\varepsilon = \text{测量值}\, x - \text{被测量的真值}\, a$$

$$E = \frac{\text{绝对误差}\,\varepsilon}{\text{测量最佳值}\,\overline{X}} \times 100\% \tag{1-1}$$

$$E_0 = \frac{|\text{测量最佳值} - \text{约定真值}|}{\text{约定真值}} \times 100\%$$

绝对误差反映了测量值偏离真值的大小和方向；相对误差或百分误差则表示误差对测量结果影响的严重程度，因它的表示不仅需要考虑误差的大小，还需要考虑被测量本身的大小，所以它能全面评价测量的优劣。

在上述传统的误差定义中，由于真值一般不可能准确知道，测量误差也就不可能确切获知，因此测量结果的误差无法真正表示出，也无从计算。在大学物理实验教学中，一般只能计算或估计误差分布的数值特征，用以表示测量结果的不确定性。与误差的定义并不一致，它不指具体的误差值，而是用来表示和一定置信概率相联系的误差分布范围即误差限。为此，本课程采用国际通用的“不确定度”新概念来量化评定测量质量。

不确定度是指由于测量误差的存在，被测量量的真值以一定概率落于其中的量值范围评定，其实质是对误差的一种具体的估计。

应当注意的是，不确定度和误差是两个完全不同的概念，它们之间既有联系，又有本质区别。在物理实验教学中，用不确定度来评价测量质量，进行定量计算，但在实验的设计、分析处理中，常常需要通过误差分析来指导修正、完善实验方案，使理论设计过渡到实际可行的测量方案中，这都要涉及到误差的基本概念。从易学考虑，将不确定度放在后边具体讨论。

2. 误差的分类

如前所述，误差存在于一切测量的始终。产生误差的原因是多方面的，其表现亦各不相同。根据误差的性质，可将其划分为两类：

（1）系统误差　在等精度条件下对同一被测量多次测量时，误差的数值与符号保持恒定或以可预知方式变化的测量误差分量，称为系统误差，其特征是它具有确定性。

（2）随机误差　在等精度条件下对同一被测量多次测量时，误差的数值与符号以不可预知、无法控制的方式变化的测量误差分量，称为随机误差，其特征是它具有随机性。

3. 评价测量结果的“三度”

评价测量结果，常用到精密度、准确度和精确度三个概念。

（1）精密度　是指测量结果随机误差的大小。它是描述测量的重复程度的尺度，如测量结果彼此相近，则精密度高。

（2）准确度　是指测量结果系统误差的大小。它是描述测量结果接近真值程度的尺度，测量数据的平均值偏离真值较少，说明测量的准确度高。

（3）精确度　是对测量的系统误差和随机误差的综合评定。它反映各次测量重复性好坏及测量结果与真值接近的程度。测量的精确度高，是指测量数据比较集中在真值附近，即测量的系统误差和随机误差都比较小。

以打靶时弹着点的弥散情况为例，示意“三度”的涵义，如图 1-1 所示：

图 1-1a 表示射击的精密度较高但准确度较低；

图 1-1b 表示射击的准确度较高但精密度低；

图 1-1c 表示精密度和准确度均较高，即射击的精确度高。

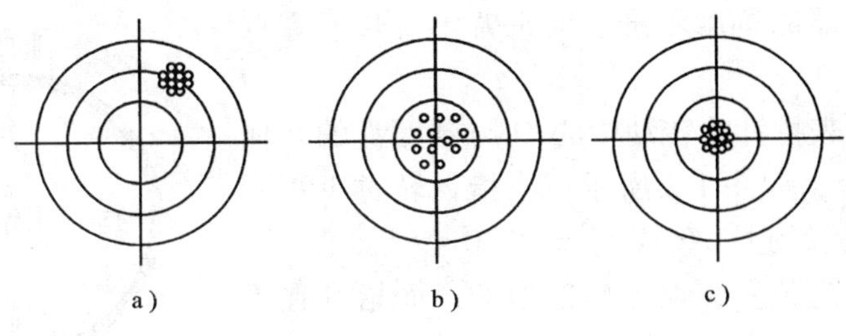

图 1-1　射击弥散情况

4. 测量仪器的误差

测量结果的精密度和准确度是与测量仪器的精确度等级密切相关的，通常用精度和级别来描述仪器的这种性质。

仪器的精度通常是指它能分辨的物理量的最小值。仪器的精度越高，即它的分度越细，允许的偏差就越小。在正确使用仪器的条件下，用某种级别的仪器进行测量时，测量所得结果的最大允许偏差称作仪器的极限误差，用 $\Delta_{仪}$ 来表示。

仪器的级别和最大允许偏差有关。如指针式电表级别分为 5.0、2.0、1.5、1.0、0.5、0.2、0.1 等。每一量程的量大允许偏差

$$\Delta_{仪} = 量程 \times 级别\%$$

它表示在该量程下正确使用仪器进行测量结果可能出现的最大误差。

物理实验中所遇到的多数仪器，都由生产厂家或计量机构参照国家标准给出了精度等级或允许误差范围，一般 $\Delta_{仪}$ 可直接在产品说明书或仪器手册中查找到，或根据仪器级别、量程等算出。为了简化和实用，本课程约定：仪器误差 $\Delta_{仪}$ 一般取仪表、器具的基本误差限；未明确给出基本误差限的仪器，则取其示值误差限。关于常用仪器 $\Delta_{仪}$ 的取值，在以后的章节中还要作介绍。

1.1.2 误差处理

1. 系统误差

根据系统误差的特性，可将系统误差分为定值系统误差和变值系统误差。在整个测量过程中，误差的大小和符号始终保持不变的为定值系统误差；在测量条件变化时，误差按一定规律变化的为变值系统误差。另外，从实验者对系统误差掌握的程度来分，又可分为可定系统误差与未定系统误差。在实验过程中，能确定其大小和方向的为可定系统误差，不能确定其大小和方向的为未定系统误差。

系统误差来源于以下几个方面：

（1）仪器误差　由于仪器本身的固有缺陷或没有按照规定条件使用而引起的误差。如仪器的刻度不准、天平臂不等长、零点没有校准等。

又如，秒表指针的转动中心 O 与刻度盘的几何中心 O'不重合，如图 1-2 所示。当指针转过 1/4 圈时指 14.8 秒，转过 1/2 圈时指 30.0 秒等。显然，对于指针的一定位置，误差是定值的；而指针在不同位置时，误差的数值不同。这是一个周期性变化的系统误差。

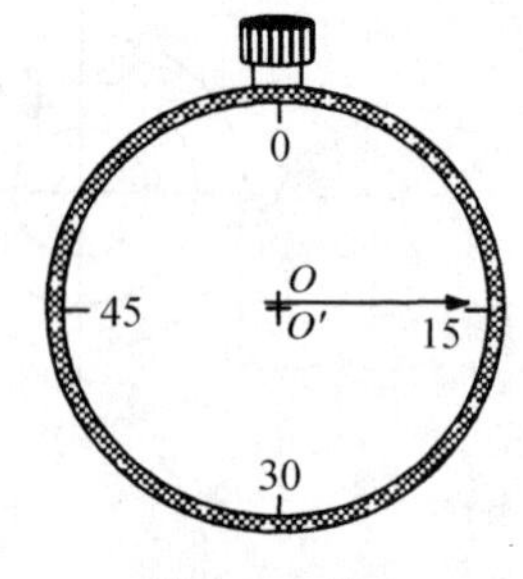

图 1-2　秒表

（2）方法、理论误差 由于理论公式本身的近似性，或实验的装置和方法不能完全满足理论公式所规定的要求而引起的误差。如单摆周期公式 $T = 2\pi\sqrt{l/g}$的成立条件是摆角趋于零，而测量中又必须具有一定的摆角；又如用落球法测重力加速度时没有考虑空气的阻力影响等等。

（3）个人误差 由于实验者个人的心理或生理特点而引起的恒定的误差。如有的人对准目标时总是偏左或偏右，致使读数偏大或偏小，有的人反应速度迟缓、固有习惯不正确等。

（4）环境误差 外界环境因素造成的误差。如在20℃标定的标准电阻、标准电池在较高或较低的温度下使用等。

发现系统误差的方法：

一般情况下，多次测量并不能发现系统误差，必须对整个实验原理、方法、测量步骤、仪器等可能引起误差的因素进行仔细分析。常用的方法有：

（1）对比分析法 对同一个物理量，采用不同的方法，或用不同的仪器，或改变实验中的某些参量，或改变某些测量条件，或不同的实验者等进行对比测量，看结果是否一致，如不一致，就可能存在系统误差。

（2）理论分析法 分析测量所依据的理论公式、所要求的条件是否与实际情况相符；分析仪器所要求的条件是否满足。

（3）数据分析法 等精度测量的一列数据应服从统计分布，如果分析发现偏差的大小有规律地变化，则可能有系统误差。

系统误差的消除或减小：

系统误差的处理是一个非常重要的问题。一个实验结果的优劣，往往就在于系统误差是否已被发现并被尽可能消除。应预见和分析一切可能产生系统误差的因素，并设法减小它们。能否及时发现并正确处理系统误差，对实验结果的准确度有着极为重要的影响，也是实验者科学实验素质高低的重要表现。对于初学者来说，从一开始就应注意积累这方面的经验。

消除或减小系统误差是一件复杂而困难的事情，需要根据具体情况处理，但主要取决于实验者的经验、技巧和分析能力。常用的方法有：

（1）测量结果引入修正量（可定系统误差消除法） 由于仪器、仪表不准确产生的误差通常可通过与更准确（级别更高）的仪表作比较来得到修正量；由于理论、公式的不完善产生的误差可通过理论分析得出修正量。

（2）采用合适的测量方法（未定系统误差补偿和消除法）

① 交换法：交换被测物与参考物的位置。如用于“不等臂天平”、“电桥比率臂”等；

② 替代法：用标准参考物替代被测物。如用于“电位差计”、“电桥”等；

③ 异号抵消法：改变测量条件使两次测量中系统误差的符号相反从而可在

求平均值时被抵消。如用于“霍尔效应”、“载流螺线管测 **B** 时抵消地磁场”等；

④ 半周期间测法：用相隔半个周期的测量结果取平均，可有效地消除周期性变值系统误差等。如用于“测角仪器中转轴偏心、分光计”等。

2. 随机误差

讨论随机误差问题，是假定在消除了系统误差或系统误差已减小到可以忽略的前提下进行的。

随机误差是在实验过程中由各种随机的或不确定因素的微小变动引起的。例如，实验装置和测量机构在各次调整操作上的变动性，测量仪器指示数值的变动性，实验环境中的温度、湿度、电源电压、杂散电磁场等的起伏变动性，以及观察者在判断和估计读数上的变动性等等。这些因素的共同影响使测量值围绕着测量的平均值发生有涨有落的变化，这变化量就是各次测量的随机误差。它的显著特点是在任意一次测量之前无法事先预知误差的大小和方向。

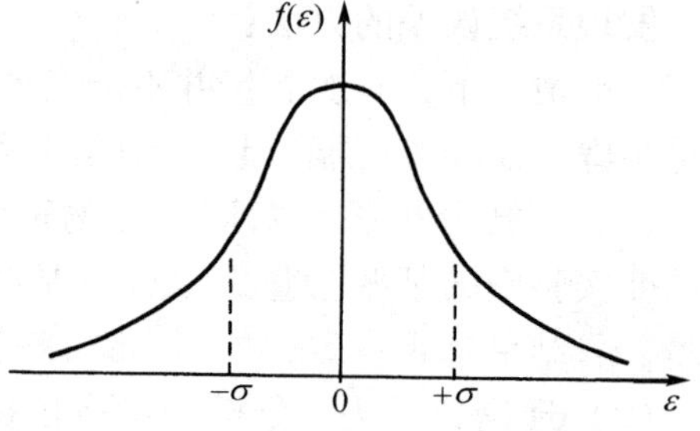

图 1-3 随机误差的正态分布曲线

（1）测量列的标准误差和高斯分布（随机误差的高斯分布规律） 随机误差的出现，对某一测量值来说是没有规律的，其大小和方向都不能预知。但在等精度条件下，对一个量进行足够多的测量，则会发现它们的随机误差是按一定的统计规律分布的。其中最典型的一种是高斯分布，又称为正态分布。标准化的正态分布曲线如图 1-3 所示：当测量次数 n 趋于∞时，其分布为一连续曲线，像一个倒扣的钟罩。图中 ε 为绝对误差，σ 称为标准误差，$f(\varepsilon)$ 为概率密度函数，$f(\varepsilon)\mathrm{d}\varepsilon$ 则表示误差落在（$\varepsilon,\varepsilon+\mathrm{d}\varepsilon$）范围内的概率，对应于曲线下某一区间的面积。

由概率论的数学方法可以证明

$$f(\varepsilon)=\frac{1}{\sigma\sqrt{2\pi}}\mathrm{e}^{-\varepsilon^2/2\sigma^2} \tag{1-2}$$

式中，σ 定义为测量列的标准误差（又称均方差）

$$\sigma=\lim_{n\to\infty}\sqrt{\frac{\sum_{i=1}^{n}\varepsilon_i^2}{n}} \tag{1-3}$$

在实际测量中，测量次数 n 总是有限的，而且真值也不可知，因此标准误差只有理论上的价值。对标准误差 σ 的实际处理只能进行估算。估算标准误差的方法很多，最常用的是贝塞尔法，它用实验标准偏差近似代替标准误差，其表达

式为

$$\sigma = \sqrt{\frac{\sum_{i=1}^{n}(x_i - \bar{x})^2}{n-1}}$$

其统计意义是指当测量次数足够多时，测量列中任一测量值与平均值的偏离落在（$-\sigma$，$+\sigma$）区间的概率为68.3%，这一公式称为贝塞尔公式。

测量列的平均值是指对物理量 x 作 n 次等精度测量，得到包含 n 个测量值 x_1，x_2，…，x_n 的一个测量列。由于是等精度测量，我们无法断定哪个值更可靠，由概率论可以证明，其平均值

$$\bar{x} = \frac{1}{n}\sum_{i=1}^{n} x_i \tag{1-4}$$

为最佳值，也称期望值，是最可以信赖的。即当 $n\to\infty$ 时，算术平均值趋于真值

$$\lim_{n\to\infty}\frac{1}{n}\sum_{i=1}^{n} x_i = a \tag{1-5}$$

因此，可取算术平均值 $\bar{x}$ 作为测量结果的最佳值。

正态分布具有以下特点：

1）单峰性　绝对值小的误差比绝对值大的误差出现的概率大。

2）对称性　绝对值相等的正负误差出现的概率相同。

3）有界性　绝对值很大的误差出现的概率趋近于零，即误差的绝对值不超过一定限度。

4）抵偿性　随机误差的算术平均值随着测量次数的增加越来越趋近于零。即

$$\lim_{n\to\infty}\frac{1}{n}\sum_{i=1}^{n}\varepsilon_i = \lim_{n\to\infty}\frac{1}{n}\sum_{i=1}^{n}(x_i - a) = 0 \tag{1-6}$$

由上可知，增加测量次数对提高算术平均值的可靠性、减小测量结果的随机误差是有利的。但在实际工作中，并不是测量次数越多越好。因为增加测量次数必定要延长测量时间，这将给保持稳定（等精度）的测量条件带来困难，同时也引起观测者的疲劳，又可能带来较大的观测误差。另外，增加测量次数只能对降低随机误差有利而与系统误差的大小无关。误差理论指出，随着测量次数的不断增加，随机误差的降低越来越缓慢。图1-4表示算术平均值的标准差 $\sigma_{\bar{x}}$ 随测量次数 n 的变化情况。可以看

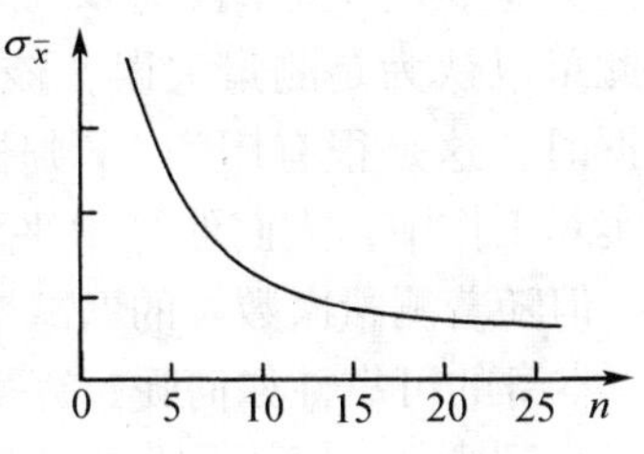

图1-4　$\sigma_{\bar{x}}$随 n 变化图

出，当测量次数 $n>10$ 后，$\sigma_{\bar{x}}$ 的减小极慢。所以，在实际测量中次数不必过多。在科学研究中，一般取 10～20 次，而在物理实验教学中，一般取 5～10 次。

在整个测量过程中，除上述两种性质的误差以外，还可能发生读数、记录上的错误，仪器损坏、操作不当等造成的测量上的错误等。错误不是误差，它是不允许存在的。含有错误的测量数据称为坏值，在处理实验数据时应当剔除。

（2）直接测量的随机误差估计　当某个直接测量量 x 的等精度测量列（x_1，x_2，…，x_n）的随机误差服从正态分布时，概率密度函数 $f(\varepsilon)$ 由式（1-2）表示。当测量次数 n 较大时，由贝塞尔公式（1-3）可以准确计算该测量列的标准误差 σ。

从正态函数积分表得到

$$\int_{-\infty}^{+\infty} f(\varepsilon)\mathrm{d}\varepsilon = 1$$

$$\int_{-\sigma}^{+\sigma} \frac{1}{\sigma\sqrt{2\pi}} \mathrm{e}^{-\varepsilon^2/2\sigma^2}\mathrm{d}\varepsilon = p(\sigma) = 0.683$$

$$\int_{-2\sigma}^{+2\sigma} \frac{1}{\sigma\sqrt{2\pi}} \mathrm{e}^{-\varepsilon^2/2\sigma^2}\mathrm{d}\varepsilon = p(2\sigma) = 0.954$$

$$\int_{-3\sigma}^{+3\sigma} \frac{1}{\sigma\sqrt{2\pi}} \mathrm{e}^{-\varepsilon^2/2\sigma^2}\mathrm{d}\varepsilon = p(3\sigma) = 0.997$$

以上各式表明，当 $n\to\infty$ 时，任何一次测量值与平均值之差落在 $(-\infty,\infty)$ 区间的概率为1，满足归一化条件；而落在 $(-\sigma,\sigma)$ 区间的概率为0.683，即表示置信概率或置信水平为68.3%，记为 $p_1=68.3\%$；落在（-2σ，2σ）区间的概率为0.954，置信概率 $p_2=95.4\%$；落在（-3σ，3σ）区间的概率为0.997，置信概率 $p_3=99.7\%$。参见图1-3，不同的置信概率 p 对应不同区间内 $f(\varepsilon)$ 曲线下的面积，这就是标准误差 σ 的统计意义。它表示在一定条件下等精度测量列随机误差的概率分布情况，是一个统计特征值。当测量次数无限多时，测量误差的绝对值大于 3σ 的概率仅为0.3%，对于有限次测量，这种可能性是微乎其微的，因此可以认为是测量失误，该测量值是“坏值”，应予剔除。在分析多次测量的数据时，这是很有用的 3σ 判据。

在实际工作中，人们取算术平均值 $\bar{x}$ 作为测量结果的最佳值，来表示真值的期望值。但随着测量次数 n 的增减变化，可以发现 $\bar{x}$ 也是一个随机变量，那么算术平均值 $\bar{x}$ 本身的可靠性如何呢？算术平均值的标准误差用 $\sigma_{\bar{x}}$ 表示，它具有什么样的性质呢？显然，$\bar{x}$ 肯定要比测量列中的任一测量值 x_i 更可靠，其算术平均值的标准误差 $\sigma_{\bar{x}}$ 肯定小于 σ。由概率论可以证明算术平均值 $\bar{x}$ 的标准误差 $\sigma_{\bar{x}}$ 为

$$\sigma_{\bar{x}} = \sqrt{\frac{\sum_{i=1}^{n}(x_i-\bar{x})^2}{n(n-1)}} = \frac{\sigma}{\sqrt{n}} \tag{1-7}$$

$\sigma_{\bar{x}}$ 的统计意义为：待测量的真值落在（$\bar{x}-\sigma_{\bar{x}},\bar{x}+\sigma_{\bar{x}}$）区间内的概率为 68.3%，落在（$\bar{x}-2\sigma_{\bar{x}},\bar{x}+2\sigma_{\bar{x}}$）区间内的概率为 95.4%，落在（$\bar{x}-3\sigma_{\bar{x}},\bar{x}+3\sigma_{\bar{x}}$）区间内的概率为 99.7%。它反映了和一定置信概率相联系的误差分布范围，即误差限。该测量列的平均值的标准差 $\sigma_{\bar{x}}$，也称做该测量列的 A 类不确定度。

有限次测量的情况和 t 因子：

以上是当测量次数 n 趋于无限多次，随机误差严格服从正态分布的情况下推出的。但是，测量次数趋于无穷只是一种理论情况，当次数减少时，测量结果不是严格遵从正态分布，概率密度曲线变得平坦（图 1-5 中虚线），成为 t 分布，也叫学生分布。当测量次数趋于无限时，t 分布过渡到正态分布。对有限次测量的结果，要保持同样的置信概率，显然要扩大置信区间，将 $\sigma_{\bar{x}}$ 乘以一个大于 1 的因子 t。在 t 分布下，常用 S_x 来估计测量列平均值的偏差：

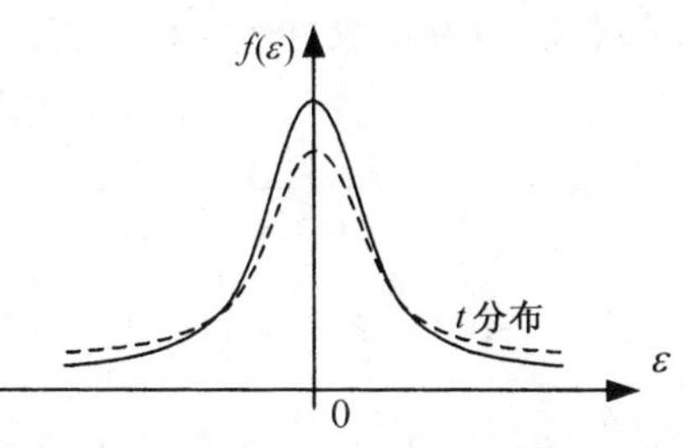

图 1-5　$f(\varepsilon)$-ε 分布图

$$S_x = t\sigma_{\bar{x}} = t\sqrt{\frac{\sum_{i=1}^{n}(x_i-\bar{x})^2}{n(n-1)}} \tag{1-8}$$

t 值与测量次数 n 有关，也与置信概率 p 有关。在物理实验教学中，约定取置信概率 $p=95\%$。表 1-1 给出了 $p=95\%$ 时的 n-t 对应值，供实验时查用。

表 1-1　n-t 对应值

n/次	2	3	4	5	6	7	8	9	10	20	60	∞
$t_{p=0.95}$	12.71	4.30	3.18	2.78	2.57	2.45	2.36	2.31	2.26	2.09	2.00	1.96

至此，在已经消除系统误差的情况下，对一个直接测量的物理量进行 n 次等精度测量的随机误差可用 S_x 表示。其意义是指待测量 x 的真值落在（$\bar{x}-S_x$，$\bar{x}+S_x$）范围内的概率为 95%。

（3）间接测量的随机误差传递　物理实验中的测量几乎都是间接测量。间接测量的结果由直接测量结果根据相应的数学公式计算得到。显然，由于直接测量结果存在误差，间接测量结果也必然存在误差，这就是误差的传递。表达各直接测量值误差与间接测量值误差之间的关系式，称为误差传递公式。

设间接测量量 N 与各直接测量量 x_1，x_2，…，x_m 有下列函数关系

$$N = f(x_1,x_2,\cdots,x_m) \tag{1-9}$$

式中，x_1，x_2，…，x_m 为彼此独立的直接测量量。

1）误差传递的基本公式　对式（1-9）求全微分有

$$dN = \frac{\partial f}{\partial x_1}dx_1 + \frac{\partial f}{\partial x_2}dx_2 + \cdots + \frac{\partial f}{\partial x_m}dx_m \tag{1-10}$$

上式表示，当 x_1，x_2，…，x_m 有微小改变 dx_1，dx_2，…，dx_m 时，N 也有微小改变 dN。通常误差远小于测量值，故可把 dx_1，dx_2，…，dx_m 看做误差，式（1-10）即为误差传递公式。

对式（1-9）取自然对数，再求全微分，可得

$$\ln N = \ln f(x_1, x_2, \cdots, x_m)$$

$$\frac{dN}{N} = \frac{\partial \ln f}{\partial x_1}dx_1 + \frac{\partial \ln f}{\partial x_2}dx_2 + \cdots + \frac{\partial \ln f}{\partial x_m}dx_m \tag{1-11}$$

式（1-10）、式（1-11）均为误差传递基本公式。其中每项称为分误差，$\frac{\partial f}{\partial x_i}$ 和 $\frac{\partial \ln f}{\partial x_i}$（$i=1$，2，…，$m$）称为误差传递系数。由此可见，一个直接测量量的误差对于间接测量量误差的影响，不仅取决于其本身误差大小，而且还取决于误差传递系数。

2）标准偏差的传递公式　设实验中对 m 个直接测量量各作了 n 次测量，则由式（1-10）有

$$dN_j = \frac{\partial f}{\partial x_1}dx_{1j} + \frac{\partial f}{\partial x_2}dx_{2j} + \cdots + \frac{\partial f}{\partial x_m}dx_{mj} \quad (j = 1, 2, \cdots, n)$$

将上式两边各项各自平方后求和，再除以 n 得到

$$\frac{1}{n}\sum dN_j^2 = \frac{1}{n}\left(\frac{\partial f}{\partial x_1}\right)^2 \sum dx_{1j}^2 + \frac{1}{n}\left(\frac{\partial f}{\partial x_2}\right)^2 \sum dx_{2j}^2 + \cdots$$
$$+ \frac{1}{n}\left(\frac{\partial f}{\partial x_m}\right)^2 \sum dx_{mj}^2 + \frac{2}{n}\left(\frac{\partial f}{\partial x_1}\right)\left(\frac{\partial f}{\partial x_2}\right)\sum dx_{1j}dx_{2j} + \cdots$$

由于各直接测量量彼此独立，则各次测量中的 dx_{1j}，dx_{2j}，…，dx_{mj} 各自互不相关地时正时负，时大时小，因而上式中各交叉乘积项的和在 n 逐渐增加时将趋于零，故

$$\frac{1}{n}\sum dN_j^2 = \frac{1}{n}\left(\frac{\partial f}{\partial x_1}\right)^2 \sum dx_{1j}^2 + \frac{1}{n}\left(\frac{\partial f}{\partial x_2}\right)^2 \sum dx_{2j}^2 + \cdots + \frac{1}{n}\left(\frac{\partial f}{\partial x_m}\right)^2 \sum dx_{mj}^2$$

按照标准偏差的定义，即

$$\sigma_N^2 = \left(\frac{\partial f}{\partial x_1}\right)^2 \sigma_{x_1}^2 + \left(\frac{\partial f}{\partial x_2}\right)^2 \sigma_{x_2}^2 + \cdots + \left(\frac{\partial f}{\partial x_m}\right)^2 \sigma_{x_m}^2 \tag{1-12}$$

同样由式（1-11）得到

$$\left(\frac{\sigma_N}{N}\right)^2 = \left(\frac{\partial \ln f}{\partial x_1}\right)^2 \sigma_{x_1}^2 + \left(\frac{\partial \ln f}{\partial x_2}\right)^2 \sigma_{x_2}^2 + \cdots + \left(\frac{\partial \ln f}{\partial x_m}\right)^2 \sigma_{x_m}^2 \tag{1-13}$$

式（1-12）和式（1-13）就是标准偏差的传递公式。可进一步写为

$$\sigma_N = \sqrt{\left(\frac{\partial f}{\partial x_1}\right)^2 \sigma_{x_1}^2 + \left(\frac{\partial f}{\partial x_2}\right)^2 \sigma_{x_2}^2 + \cdots + \left(\frac{\partial f}{\partial x_m}\right)^2 \sigma_{x_m}^2} \tag{1-14}$$

$$\frac{\sigma_N}{N} = \sqrt{\left(\frac{\partial \ln f}{\partial x_1}\right)^2 \sigma_{x_1}^2 + \left(\frac{\partial \ln f}{\partial x_2}\right)^2 \sigma_{x_2}^2 + \cdots + \left(\frac{\partial \ln f}{\partial x_m}\right)^2 \sigma_{x_m}^2} \tag{1-15}$$

以上两式在实际中可视函数的形式适当选用。一般来说，对于和差关系的函数选用式（1-14）较简便，对于积商关系的函数选用式（1-15）较简便。另外，上面两式还可以用来分析各直接测量量的误差对间接测量量误差影响的大小，为改进实验指明了方向，对设计实验也提供了必要的依据。

一般情况下，各直接测量量的误差对间接测量量的误差的影响起主要作用的，往往是其中一、二项或少数几项。当分误差对总误差的影响很小时，如某项只占总误差的1/10以下，则可把该项略去不计，这称为微小误差准则。因此，在用式（1-14）和（1-15）进行较繁琐的计算时，由于各分项平方后再求和，所以，通常若某一分项值小于最大分项值的1/3时，就可以略去不计，以此简化计算。对于初学者，建议估算出每一分量值，以便能一目了然地判别出各分量对于总量所起作用的大小，这对正确分析误差，不断积累实验经验大有好处。

1.1.3 测量的不确定度

在1.1.1节中定义误差为测量值与真值之差，其值确定，用来表征测量结果的可信程度。但真值不能得到，误差也就无法知道。而误差加前缀构成专用词组，如标准误差、极限误差等值是可以估算的，它们表示的是测量结果的不确定性，与误差的定义并不一致，不指具体的误差值，而表示和一定置信概率相联系的误差分布范围即误差限。显然，直接用误差定义来评定测量值的可信程度是不准确的。为了寻求一种用来评价测量质量的量化方法，1992年国际计量大会以及四个国际组织制定了协调的具有国际指导性的《测量不确定度表达指南》，1993年此《指南》经国际理化等组织批准实施。我国计量标准部门也明确指出采用“不确定度”新概念来量化地评价测量质量，用以表征测量值可信赖的程度。本教材也将以《指南》为基础，结合高校物理实验教学的实际情况，讲述测量不确定度的基本原理和具体应用。

1. 测量的不确定度

测量的不确定度是测量结果带有的一个参数，用以表征合理赋予被测量值的分散性，它是被测量真值在某一个量值范围内的一个评定。其实质是对误差的一种量化估计，是对测量结果可信赖程度的具体评定。测量不确定度分为A类标准不确定度和B类标准不确定度。前者由观测列统计方法分析评定，也称为统计不确定度Δ_A；后者不按统计方法分析评定，也称为非统计不确定度Δ_B。

两类分量通常用方和根合成方法得出总不确定度 Δ，即

$$\Delta = \sqrt{\Delta_A^2 + \Delta_B^2} \tag{1-16}$$

表示由于测量误差的存在而对被测量值不能确定的程度（也可以理解为一定置信概率的误差限值的绝对值，因为不确定度总为正值）。

（1）测量列的 A 类标准不确定度 Δ_A　由直接测量量平均值的标准误差表示式 $\sigma_{\bar{x}}$，当测量次数 $5 < n \leqslant 10$ 时，可直接把有限次测量列的随机偏差 S_x 作为用统计方法评定的 A 类标准不确定度

$$\Delta_A = S_x = t\sigma_{\bar{x}} = t\sqrt{\frac{\sum_{i=1}^{n}(x_i - \bar{x})^2}{n(n-1)}} \tag{1-17}$$

Δ_A 的估计方案很多，在普通物理实验中用 S_x 去近似 Δ_A，作为直接测量列的 A 类标准不确定度，这是一种方便、实用的简化处理方法。

（2）测量列的 B 类标准不确定度 Δ_B　测量中凡是不符合统计规律的不确定度统称为 B 类不确定度 Δ_B。物理实验中 B 类不确定度通常以测量仪器的最大允差 $\Delta_{仪}$ 和测量的估计误差 $\Delta_{估}$ 组成，这也是一种方便、简化的处理方法。由于 $\Delta_{仪}$ 和 $\Delta_{估}$ 是相互独立的，都不满足统计规律，所以有

$$\Delta_B = \sqrt{\Delta_{仪}^2 + \Delta_{估}^2}$$

若一个分量小于另一分量的三分之一，则上式可以忽略较小的分量。在物理实验教学中，为简便起见，非统计方法估计的 B 类不确定度 Δ_B 直接用 $\Delta_{仪}$ 表示，即

$$\Delta_B = \Delta_{仪} \tag{1-18}$$

于是，由式（1-16）可得到总不确定度 Δ 的具体计算式

$$\Delta = \sqrt{S_x^2 + \Delta_{仪}^2} \tag{1-19}$$

在物理实验中，经常遇到一些不能多次重复测量的情况，如半导体热敏电阻的电阻值与温度关系的动态测量；有时由于仪器精度较低，多次测量结果可能完全相同，如用千分尺测量量块，随机性反映不出，这时用统计方法计算出的 S_x 远远小于仪器误差 $\Delta_{仪}$，多次测量失去意义。以上情况只能、只需进行一次测量，所以通常以 $\Delta_{仪}$ 表示一次测量结果的 B 类不确定度。此时总不确定度 Δ 可简单地用仪器误差 $\Delta_{仪}$ 来表示，即

$$\Delta = \Delta_{仪} \tag{1-20}$$

注意，这并不说明只测一次时的总不确定度 Δ 反而比测多次的 Δ 值小，只说明 $\Delta_{仪}$ 与多次测量用的公式 $\sqrt{S_x^2 + \Delta_{仪}^2}$ 估计出的结果相差不大。如果经过分析或根据经验已知 $S_x \ll \Delta_{仪}$，也可只进行一次测量，并取 $\Delta = \Delta_{仪}$，这并不说明不存在随机误差，只说明仪器的分辨率太低而不足以反映微小差异，显然取 $\Delta =$

$\Delta_{仪}$ 是合理的。总之，不管什么原因，如果只进行了一次测量，我们约定测量的总不确定度 Δ 就简单地取为仪器误差 $\Delta_{仪}$。

（3）对于直接测量结果的表述可归纳如下：

测量结果 $x = \bar{x} \pm \Delta_x$（单位）

其中，

$$\left.\begin{aligned} \bar{x} &= \frac{1}{n}\sum_{i=1}^{n} x_i \\ \Delta_x &= \sqrt{S_x^2 + \Delta_{仪}^2} \\ S_x &= t\sigma_{\bar{x}} = t\sqrt{\frac{\sum_{i=1}^{n}(x_i - \bar{x})^2}{n(n-1)}} \\ E_x &= \frac{\Delta_x}{\bar{x}} \times 100\% \\ E_0 &= \frac{|\bar{x} - x_0|}{x_0} \times 100\% \end{aligned}\right\} \tag{1-21}$$

x_0 为被测量 x 的约定真值（公认值或理论值），表示被测量的真值有相当高的概率落在（$\bar{x} - \Delta_x, \bar{x} + \Delta_x$）范围之内。可以证明，这样处理的结果，在测量次数 $n>5$ 的条件下，测量结果的置信概率 $p \geqslant 95\%$。

若存在可修正的系统误差，应对测量的最佳值加以修正。设被测量 x 的可定系统误差为 Δ_s，则其最佳值应修正为

$$\bar{x} = \frac{1}{n}\sum_{i=1}^{n} x_i - \Delta_s \tag{1-22}$$

2. 间接测量的不确定度合成和结果的表述

设间接测量量 N 与直接测量量 $x_i (i = 1,2,\cdots,m)$ 的函数关系为

$$N = f(x_1, x_2, \cdots, x_m)$$

在直接测量中，以算术平均值修正可定系统误差后的结果 $\bar{x}$ 作为最佳值。在间接测量中，既然 $\bar{x}_i (i = 1,2,\cdots,m)$ 为各直接测量量的最佳值，则可证明

$$\overline{N} = f(\overline{x_1}, \overline{x_2}, \cdots, \overline{x_m}) \tag{1-23}$$

为间接测量量的最佳值，即间接测量量的最佳值由各直接测量量的最佳值代入函数关系而求得。

间接测量结果的表述与直接测量结果的表述形式相同，即写成 $N = \overline{N} \pm \Delta_N$ 的形式，必要时给出 E_N 及百分误差 E_0。根据式（1-14）和式（1-15），用不确定度 Δ_{xi} 代替标准误差 σ_{xi}，便得到物理实验教学中简化计算的间接测量量不确定度 Δ_N 的公式

$$\Delta_N = \sqrt{\left(\frac{\partial f}{\partial x_1}\right)^2 \Delta_{x_1}^2 + \left(\frac{\partial f}{\partial x_2}\right)^2 \Delta_{x_2}^2 + \cdots + \left(\frac{\partial f}{\partial x_m}\right)^2 \Delta_{x_m}^2} \tag{1-24}$$

$$\frac{\Delta_N}{\overline{N}} = \sqrt{\left(\frac{\partial \ln f}{\partial x_1}\right)^2 \Delta_{x_1}^2 + \left(\frac{\partial \ln f}{\partial x_2}\right)^2 \Delta_{x_2}^2 + \cdots + \left(\frac{\partial \ln f}{\partial x_m}\right)^2 \Delta_{x_m}^2} \tag{1-25}$$

【例 1.1】 已知圆柱体质量 $m = 14.06 \pm 0.01$（g），高度 $H = 6.715 \pm 0.005$（cm），用千分尺（仪器误差 $\Delta_{仪} = 0.004\text{mm}$）测得直径 D 的数据如下表，求圆柱体的密度 ρ 及不确定度 Δ_ρ。

次数 i	1	2	3	4	5	6
直径 D_i/cm	0.5642	0.5648	0.5643	0.5640	0.5649	0.5646

【解】 先计算直径 D 的测量结果。D 的最佳值

$$\overline{D} = \frac{1}{n}\sum_{i=1}^{6} D_i = 0.56447\text{cm}$$

当测量次数 $n = 6$ 时，查表 1-1 得 $t = 2.57$，于是有

$$S_D = t\sqrt{\frac{\sum_{i=1}^{6}(D_i - \overline{D})^2}{n(n-1)}} = 2.57\sqrt{\frac{63.34 \times 10^{-8}}{6 \times 5}}\text{cm}$$

$$= 0.00037\text{cm} \approx 0.0004\text{cm}$$

已知仪器误差为

$$\Delta_{仪} = 0.0004\text{cm}$$

可算出 D 的不确定度 Δ_D 为

$$\Delta_D = \sqrt{S_D^2 + \Delta_{仪}^2} = 0.00056\text{cm} \approx 0.0006\text{cm}$$

所以

$$D = \overline{D} \pm \Delta_D = (0.5645 \pm 0.0006)\text{cm}$$

圆柱体的密度 ρ 的公式为

$$\rho = \frac{4m}{\pi D^2 H}$$

其最佳值为

$$\bar{\rho} = \frac{4\overline{m}}{\pi\,\overline{D}^2\,\overline{H}} = \frac{4 \times 14.06}{3.1416 \times 0.5645^2 \times 6.715}\text{g/cm}^3 = 8.366\text{g/cm}^3$$

函数关系为积商关系，先计算 Δ_ρ/ρ 较方便。

$$\ln\rho = \ln\frac{4}{\pi} + \ln m - 2\ln D - \ln H$$

$$\frac{\Delta_\rho}{\bar{\rho}} = \sqrt{\left(\frac{\Delta_m}{m}\right)^2 + \left(\frac{2\Delta_D}{D}\right)^2 + \left(\frac{\Delta_H}{H}\right)^2}$$

$$= \sqrt{\left(\frac{0.01}{14.06}\right)^2 + \left(\frac{2 \times 0.0006}{0.5645}\right)^2 + \left(\frac{0.005}{6.715}\right)^2}$$

$$= 2.36 \times 10^{-3} \approx 0.24\%$$

$$\Delta_\rho = \bar{\rho} \times \frac{\Delta_\rho}{\bar{\rho}} = 8.366 \times 0.24\% \mathrm{g/cm^3} = 0.0197 \mathrm{g/cm^3} \approx 0.02 \mathrm{g/cm^3}$$

密度ρ的测量结果为

$$\rho = \bar{\rho} \pm \Delta_\rho = (8.37 \pm 0.02) \mathrm{g/cm^3}$$

1.1.4　测量的有效数字

实验中所测的物理量都是含有误差的数值，对这些数值不能任意取舍，应反映出测量值的准确度，所以在记录数据、计算以及书写测量结果时，究竟写出几位数字，应有严格要求，要根据测量误差或实验结果的不确定度来确定。

例如，用米尺测量一物体的长度，测量结果记为 13.5cm、13.4cm 或 13.6cm 都行，如图 1-6 所示，头两位是准确数字，后一位估读值是因人而异、欠准确的，即为测量值的估计误差。如果认为最后一位可疑，可以不记，只记准确数字 13cm 行不行呢？不行。因为物体确实比 13cm 长，比 14cm 短，记上最后一位就比较客观地反映出实际情况。那么记 13.45cm 行不行呢？也不行。因为小数点后第一位已不可靠，它以下的数字写出来便没有多大意义了，况且，它是毫无根据的估计。因此，在记录实验数据时，不能少记也不可多记，要正确记录和计算，必须使用有效数字。

图 1-6　米尺刻度图

1. 有效数字的一般概念

通常把测量结果中可靠的几位数字加上可疑的一位数字统称为测量结果的有效数字。有效数字的最后一位是可疑的，即有误差，但它还是在一定程度上反映了客观实际，因此，它也是有效的。例如 1.35 是三位有效数字，1.350 是四位有效数字。必须注意几点：

1）物理量的数值和数学上的一个数有着不同的意义。在数学上，1.35 = 1.350 = 1.3500 = …。但在物理量表示上，1.35 ≠ 1.350 ≠ 1.3500 ≠ …，因为它们有着不同的有效数位、不同的误差。

2）有效数字的位数与小数点的位置无关，即与数值单位的变换无关。因此，用以表示小数点位置的“0”不是有效数字。例如 13.5mm = 1.35cm = 0.0135m 这三种表示法完全等效，均为三位有效数字。当“0”不是用作表示小数点的位置时，0 与其他字码 1，2，……，9 具有同等地位。如 1.0035 是五位有效数字；4.00 是三位有效数字等。显然，数据最后的零既不能随便加上，也不能随便去掉。

3）有效数字位数的多少，直接反映实验测量的准确度。有效数字位数越多，测量的准确度就越高。位数的多少能反映出测量时所用的仪器、测量的方法等情况。例如，用不同精度的量具测量同一物体的长度 L 时会有以下几种情况：

用米尺测量，$L=6.2\text{mm}$，仪器误差 $\Delta_{仪}=0.3\text{mm}$，$E=0.3/6.2=4.8\%$。

用50分度游标卡尺测量，$L=6.36\text{mm}$，$\Delta_{仪}=0.02\text{mm}$，$E=0.02/6.36=0.31\%$。

用千分尺测量，$L=6.347\text{mm}$，$\Delta_{仪}=0.004\text{mm}$，$E=0.004/6.347=0.063\%$。

由此可见，有效数字多一位，相对误差 E 差不多要小一个数量级。因此取几位有效数字是件慎重的事，不能任意取舍。

4）采用数值科学表达形式记录有效数字。为表示方便，特别是对较大或较小的数值，常用 $\times 10^{\pm n}$ 的形式（n 为一正整数）书写，这样可避免有效数字写错，也便于识别和记忆，这种表示方法叫科学记数法。用这种方法记数值时，通常在小数点前只写一位数字，例如地球的平均半径6371km可写作 $6.371\times 10^6\text{m}$，表明有四位有效数字。这种写法不仅简洁明了，而且使有效数字的定位和运算变得非常简便。

2. 确定测量结果有效数字的方法

不确定度取位：在物理实验中，一般约定不确定度只取一位有效数字。但为了保证较高的置信水平，不确定度的尾数一律只进不舍，而测量值的尾数采用四舍五入法。例如计算得长度 $L=32.23\text{cm}$，$\Delta=0.14\text{cm}$，则应表示为 $L=(32.2\pm0.2)\text{cm}$。为了便于比较不同测量中误差的严重程度，不确定度的相对值 Δ_L/L 则一般保留二位有效数字。

测量记录：要以仪器精度来确定最后一位欠准数位。对于标刻度的量具和仪器，必须估读到测量仪器最小刻度的下一位，即几分之一（如1/10、1/5、1/2）。这最小刻度的几分之一，即为测量的估计误差 $\Delta_{估}$。如最小分度值为0.1mA的电流表，指针正好指在10mA刻度线的位置时，应记为 $I=10.00\text{mA}$，表示读数误差在百分位上，即所记录数据的最后一位是估计的，有读数误差的。若用数字式仪表进行测量，凡是能稳定显示的数字都应记录下来，如果测量值的末位或末两位数字变化不定，应当记录稳定的数值加下一位正在显示的值，或者根据其变化规律，四舍五入到读数稳定的那一位。如果两位以上的数字都变化不定，应考虑选择更合适的量程或更合适的仪器。

测量结果表示：以不确定度所在位来确定测量值最后结果的有效数字尾数，即测量结果的最后一位要与不确定度所在位取齐，尾数服从四舍五入。如测量结果表示成 $H=(1.00\pm0.02)\text{cm}$ 是正确的；$I=(360\pm0.5)\text{A}$ 或 $U=(78.32\pm$

0.5)V 都是错误的。

3. 有效数字运算规则

测量结果的有效数字位数由不确定度确定。但是，在作不确定度计算以前的测量值运算过程中，可用有效数字的运算规则进行初步的取舍，以简化运算过程。在运算时，参加运算的分量可能很多，有效数字位数也不一致，而且数字相乘位数会增加，除不尽时位数也无止境。一般可按以下规则进行取舍，其原则是结果的最后一位是误差所在位。

1）几个数相加减时，结果的末位与各数的末位数中数量级最大的那一位对齐。

2）几个数相乘除时，结果的有效数字位数与各数中有效数字位数最少的一个相同。

3）对于中间运算结果一般多保留几位，对于 π，$\sqrt{2}$，e 等常数值在计算时应根据需要多取一位有效数字，或直接按计算器上的按键取用，以免因过多的舍入而带来较大的附加误差。

4）五个以上数据求平均时，其结果可先多取一位有效数字。

必须注意，测量结果有效数字位数的多少，取决于测量仪器的精度，而不取决于运算过程。因此，在运算时，特别是使用计算器时，不要随意增加或减少有效数字的位数，更不要认为，算出的结果位数越多越好！

【例 1.2】 用单摆测重力加速度 g 的公式为 $g=4\pi^2 l/T^2$。测得摆长 $l=(100.1\pm0.2)$ cm，周期 $T=2.008\pm0.002$（s），求重力加速度 g 及不确定度 Δ_g。

【解】 g 的最佳值为

$$\overline{g} = 4\times3.1416^2\times\frac{100.1}{2.008^2}\text{cm/s}^2 = 980.1\text{cm/s}^2$$

$$\frac{\Delta_g}{\overline{g}} = \sqrt{\left(\frac{\Delta_l}{l}\right)^2+\left(\frac{2\Delta_T}{T}\right)^2} = \sqrt{\left(\frac{0.2}{100.1}\right)^2+\left(\frac{2\times0.002}{2.008}\right)^2}$$

$$=2.8\times10^{-3} = 0.28\%$$

$$\Delta_g = 980.1\times0.28\%\,\text{cm/s}^2 = 2.77\text{cm/s}^2 \approx 3\text{cm/s}^2$$

测量结果为

$$g = (980\pm3)\text{cm/s}^2$$

1.1.5 常用的数据处理方法

前面从测量误差的概念出发，讨论了测量结果的最佳值和不确定度的估算。在很多情况下，物理实验的目的是为了通过实验探索两种物理量之间的关系，即把一种物理量当成自变量 x，测量不同的自变量 x_i 所对应的另一种物理量 y_i

的值，这样便得到了两列测量值：x_1，x_2，…，x_n 和 y_1，y_2，…，y_n，n 是测量次数，也可以说得到了 n 组测量值：(x_1, y_1)，(x_2, y_2)，…，(x_n, y_n)。要正确处理这些数据，以便找出 x、y 之间内在联系的规律性，就必须对实验得到的数据进行正确的分析和处理。这说明，数据处理方法是实验方法不可分割的一部分，本节就来讨论常用的数据处理方法。

1. 列表法

在记录和处理数据时，应采用“横平竖直”的列表，以便清晰明了地反映出规律性的东西，也易于及时发现问题和分析问题。对列表的要求是：

1）栏目的顺序应充分注意数据间的联系和计算的程序，力求简单明了，便于看出有关量之间的对应关系，便于计算处理。

2）各栏目必须标明物理量名称和单位，单位写在标题栏中，不要重复地记在各个数据后。

3）记录原始数据时要忠于实验结果，并要正确地反映出测量结果的有效数字。

4）如果记录两组相关物理量，一般把作为自变量的数据列在上方，把作为因变量的数据对应列在下方，便于反映出物理量之间的内在关联。

2. 作图法

作图法就是将测量所得数据按其对应关系在坐标纸上用图线直观地表示出来。它是研究物理量之间相依变化规律，找出对应的函数关系，求出经验公式的最常用的方法之一。而作好一张正确、实用、美观的图也是科学实验工作者必备的技能。

作图法分为“图示法”和“图解法”。

（1）图示法　选取合适的坐标纸，把两组互相关联的物理量的每一对测量值标记成坐标纸上的一个点，用“+”等符号表示，叫做数据点。然后根据实验的性质，把这些点连成折线，或拟合成直线或曲线，这就是图示法。其作图规则如下：

1）选用坐标纸：当决定了图线所要表示的内容及函数的形式以后，应根据情况选用直角坐标纸、单对数坐标纸、双对数坐标纸或其他坐标纸。

2）确定坐标轴的比例与标度：坐标纸的大小及坐标轴的比例，应根据测量数据的有效数字位数及结果的需要来决定。原则上，数据中可靠的数字在图中亦是可靠的，数据中有误差的一位，在图中应是估计的。即坐标纸中的一小格对应数值中可靠数字的最后一位。

一般以横轴代表自变量，纵轴代表因变量。在轴的末端要标明所代表的物理量及其单位，在轴上每隔一定距离标明该物理量的数值，在图纸的明显位置写明图的名称。

确定坐标轴的比例和起点要适当，应合理布局，使图线比较对称地充满整个图纸，不要缩在一边或一角。除特殊需要外，坐标轴的起点一般不一定取为零值，否则，坐标纸上可能将出现大片的空白区。例如图 1-7 的坐标原点取在 $l=50.0\text{cm}$，$T^2=2.00\text{s}^2$ 处，这样，图线的布局就比较合理。

3）标点与连线：依据测量数据，用尖笔在坐标纸上以小“+”号标出各数据点，要使各测量数据对应的坐标准确地落在小“+”号的正交点上。当一张坐标纸要划几条曲线时，每条曲线可采用不同的标记“×”、“⊙”、“Δ”等以示区别。连线时，一定要用直尺或曲线尺等作图工具。根据不同情况，把数据点连成直线或光滑曲线。由于测量存在误差，所以并不要求曲线通过所有的点，而偏离点应在曲线两旁有较均匀的分布。有些点不在曲线上，是测量误差的表现，属正常现象。在画曲线时，发现个别偏离过大的数据点应当舍去并进行分析或重新测量核对。而校准曲线要通过校正点连成折线。

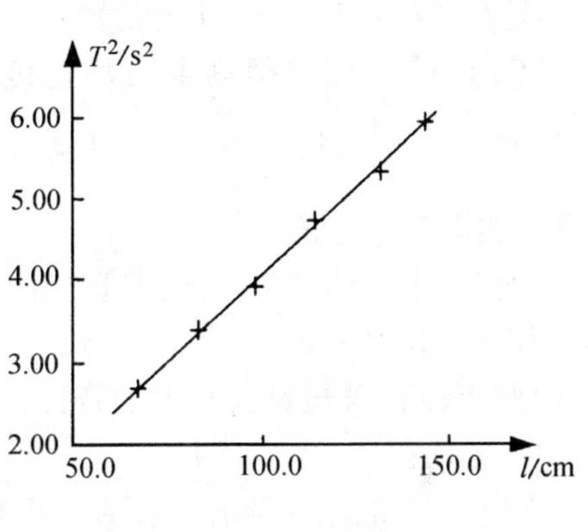

图 1-7 T^2 l 关系图

（2）图解法

1）直线图解法：若数据点拟合成一条直线，则可以进一步求出反映该实验物理规律的解析方程——线性方程。线性方程的一般形式为

$$y = kx + b$$

参数 k 为直线的斜率，b 为直线在 y 轴上的截距。可在直角坐标纸上选取所作直线上的两点 $P_1(x_1,y_1)$ 和 $P_2(x_2,y_2)$，代入上式求得斜率为

$$k = \frac{y_2 - y_1}{x_2 - x_1} \tag{1-26}$$

P_1 和 P_2 两点一般不选取原来测量的数据点，且不要相距太近，以减小误差。为了便于计算，可取 x_1 和 x_2 两数值为整数，截距 b 为 $x=0$ 时的 y 值。

2）曲线的改直：对一些不是线性关系的物理规律，拟合曲线有点麻烦。另外，由曲线求解实验方程的参数也比较困难。有时可以通过坐标变换，把曲线改成直线，这样就容易处理了。常用的可以线性化的函数举例如下：

① 幂函数：$y=ax^b$，a、b 为常量，则 $\lg y=b\lg x+\lg a$，$\lg y$ 为 $\lg x$ 的线性函数，$\lg y$-$\lg x$ 图的斜率为 b，截距为 $\lg a$。

② 指数函数：$y=ab^x$，a、b 为常量，则 $\lg y=x\lg b+\lg a$，$\lg y$-x 图线为直线，斜率为 $\lg b$，截距为 $\lg a$。

③ 二次函数：$y=v_0t+\frac{1}{2}at^2$，把它改成$\frac{y}{t}=v_0+\frac{1}{2}at$，则$\frac{y}{t}$-$t$ 图线为一直线，斜率为$\frac{1}{2}a$，截距为 v_0。

④ 双曲线：$I\omega=a$，a 为常数；I-$1/\omega$ 图为直线，斜率为 a。

【例 1.3】 用单摆测重力加速度 g。摆长 l 与周期 T 之间的关系为 $T^2=\frac{4\pi^2}{g}l$, T^2-l 为一线性函数，斜率为 $4\pi^2/g$，如图 1-7 所示，由直线的斜率即可求出重力加速度 g 之值。

【例 1.4】 热敏电阻随温度变化经验公式 $R_T=Ae^{B/T}$；取对数后，曲线方程转换为直线方程 $\ln R_T=\ln A+B/T$，$\ln R_T$-$1/T$ 图线为直线，截距为 $\ln A$，斜率为 B。由此直线，求与材料有关的特性常数 A、B 的值就简单多了。

3. 逐差法

当自变量等间隔变化，而两物理量之间又呈线性关系时，可采用逐差法处理数据。比如测金属丝弹性模量时，每次加载质量相等的砝码，测得光杠杆标尺读数 r_i；若求每加（减）一个砝码引起读数变化的平均值，则有

$$\Delta r=\frac{1}{n}\sum_{i=1}^{n-1}(r_{i+1}-r_i)=\frac{1}{n}[(r_2-r_1)+(r_3-r_2)+\cdots+(r_n-r_{n-1})]$$
$$=\frac{1}{n}(r_n-r_1)$$

从上式看到，中间测量值全部被抵消，只有始末两次读数对结果有贡献，这样处理就相当于一次加 n 个砝码的单次测量，失去了多次测量的好处，这两次读数误差将对测量结果的准确度有很大影响。为了避免这种情况，在用逐差法求系数时，不能逐项逐差，而必须把数据平均分成两部分，前、后两部分对应项逐差，平等地运用各次测量数据。即把它们按顺序分成相等数量的两组（r_1，…，r_l）和（r_{l+1}，…，r_{2l}），取两组对应项之差 $\Delta r_j=(r_{l+j}-r_j)$，($j=1,2,\cdots,l$)，再求平均值，即

$$\overline{\Delta r}=\frac{1}{l}\sum_{j=1}^{l}\Delta r_j=\frac{1}{l}[(r_{l+1}-r_1)+\cdots+(r_{2l}-r_l)]$$

相应地，它们对应砝码质量为 $m_{l+j}-m_j$（$j=1$，2，…，l）。这样处理既保持了多次测量的优越性，又具有对数据取平均的效果。

（1）逐差法应用条件　函数可以写成多项式形式 $y=a_0+a_1x+a_2x^2+a_3x^3+\cdots$，自变量等间隔变化。

（2）用逐差法求线性函数多项式中 x 的各次项系数　其公式推导如下

$$y=a_0+a_1x \tag{1-27}$$

把 a_1x_0 归入 a_0 中，X 是自变量每次变化值，如有 $2l$ 组数据，则

$$y_i = a_0 + a_1(iX) \qquad (i = 1,2,\cdots,2l) \tag{1-28}$$

隔 l 项逐差有

$$\delta y_i = y_{l+i} - y_i = a_1 lX \quad (i = 1,2,\cdots,l) \tag{1-29}$$

一共有 l 个 δy_i，可得到 l 个 a_1 值，取平均值有

$$\overline{a_1} = \frac{\overline{\delta y_i}}{lX} = \frac{1}{l^2 X}\sum_{i=1}^{l}\delta y_i \tag{1-30}$$

将$\overline{a_1}$代入式（1-28）中，可得到 $2l$ 个 a_0 值，取平均值有

$$\overline{a_0} = \frac{1}{2l}\sum_{i=1}^{2l}[y_i - a_1(iX)] = \frac{1}{2l}\left(\sum_{i=1}^{2l}y_i - \overline{a_1}X\sum_{i=1}^{2l}i\right)$$

$$= \bar{y} - \frac{1}{2}(2l+1)\overline{a_1}X \tag{1-31}$$

对于高次多项式，同样可推导出相应公式。关于逐差法的应用及其相关问题，以后在实验中还要介绍。

4. 回归法

把实验的结果画成图表，固然可以表示出物理规律，但是，图表的表示往往不如用函数表示来得准确方便。所以，希望从实验数据求出经验公式，这样就提出了方程的回归问题。这里只介绍用最小二乘法确定经验公式的基本方法。

方程的回归首先要确定函数的形式。函数形式的确定一般是根据理论的推断或者是从实验数据的变化趋势推测出来。例如，若推断函数为线性关系，则函数形式写成

$$y = a_0 + a_1 x$$

如果推断函数为指数关系，则写成

$$y = a_0 e^{a_1 x} + a_2$$

等等。函数关系实在不清楚的，常常用多项式表示成

$$y = a_0 + a_1 x + a_2 x^2 + \cdots + a_n x^n$$

式中的 a_i（i=0，1，2，…，n）均为常数。所以回归问题可认为就是用实验数据来确定上列方程中待定常数 a_i 的问题。

非线性函数的处理是一项相当困难的工作，在实际应用中常常通过变量替换将其转化为线性函数进行处理。因此这部分只讨论线性方程的回归问题，并将重点放在一元线性函数上。对二元线性回归、多项式回归，请参阅本节后面的补充说明 1-2。

最小二乘法应用于一元线性回归：

以直线方程为例，确定了斜率和截距也就确定了直线 $y = a_0 + a_1 x$，所以线性回归（线性拟合）就是由实验数据（x_i，y_i）确定 a_0 和 a_1 的过程。最小二乘法认为：若最佳拟合的直线为 $Y = f(x)$，则所测各 y_i 值与拟合直线上相应的点

$Y_i=f(x_i)$ 之间偏离的平方和为最小，即

$$s=\sum(y_i-Y_i)^2 \tag{1-32}$$

最小。为讨论简便，不妨假设 x_i 值是准确的，所有的误差都体现在 y_i 上。将直线方程代入上式，得

$$s(a_1,a_0)=\sum[y_i-(a_1x_i+a_0)]^2 \tag{1-33}$$

最小，所以 a_0 和 a_1 应是下列方程的解：

$$\left.\begin{aligned}\frac{\partial s}{\partial a_0}&=-2\sum(y_i-a_1x_i-a_0)=0\\ \frac{\partial s}{\partial a_1}&=-2\sum(y_i-a_1x_i-a_0)x_i=0\end{aligned}\right\}$$

即

$$\left.\begin{aligned}&\sum y_i-a_1\sum x_i-na_0=0\\ &\sum(y_ix_i)-a_1\sum x_i^2-a_0\sum x_i=0\end{aligned}\right\}$$

以 $\bar{x}$、$\bar{y}$、$\overline{x^2}$、$\overline{xy}$分别表示各量的算术平均值（如$\overline{xy}=\dfrac{1}{n}\sum x_iy_i$），整理后可得

$$\left.\begin{aligned}\bar{x}a_1+a_0&=\bar{y}\\ \overline{x^2}a_1+\bar{x}a_0&=\overline{xy}\end{aligned}\right\} \tag{1-34}$$

解之得

$$a_1=\frac{\bar{x}\cdot\bar{y}-\overline{xy}}{\bar{x}^2-\overline{x^2}} \tag{1-35}$$

$$a_0=\bar{y}-a_1\bar{x} \tag{1-36}$$

还可以进一步证明，$s=\sum(y_i-Y_i)^2$ 的二阶偏导数大于零，即按式（1-35）和式（1-36）算出的 a_1 和 a_0 值确实可以使 $s=\sum(y_i-Y_i)^2$ 取得最小值。于是，通过严谨的数学计算得到了与实验数据符合得最好的拟合直线的回归方程。如果函数形式正确无误，该方程是惟一确定的，也是最佳的。这就是回归法突出的优点。

为了检验线性拟合的好坏，用线性相关系数 r 来表示拟合直线与实验数据的符合程度。r 的定义式直接反映了偏离平方和的大小，其表达式为

$$r^2=1-\frac{\sum(y_i-Y_i)^2}{\sum(y_i-\bar{y})^2} \tag{1-37}$$

显而易见，r^2 的值介于0到1之间，偏离的平方和越小，r^2 的值就越接近于1，只有当 $s=\sum(y_i-Y_i)^2=0$，即所有实验点全部位于拟合直线上时，r^2 的值才可能等于1。而 r 值越接近1，x 和 y 的线性关系则越好。

由式（1-37）定义的线性相关系数 r 的物理意义非常明显，但其值计算却相当繁琐。为简化计算过程，可将式（1-33）、式（1-35）、式（1-36）代入式（1-

37)，经整理得

$$r = \frac{\overline{xy} - \bar{x} \cdot \bar{y}}{\sqrt{(\overline{x^2} - \bar{x}^2)(\overline{y^2} - \bar{y}^2)}} \tag{1-38}$$

这就是一元线性回归中实际使用的线性相关系数的计算式。

如果经验公式的函数形式是根据物理理论已知的，则 r 值可用于判断实验中随机误差的大小。如果经验公式的函数形式是根据实验数据的变化趋势推测得出的，则可能需要取几种不同的函数形式进行试探，并依据线性相关系数作出判断，选择 $|r|$ 值最接近于 1 的一种函数作为回归拟合的结果。

对于指数函数、对数函数和幂函数的最小二乘法拟合，可通过变量替换，使之成为线性关系，再进行拟合；也可用计算器进行相应的回归操作，直接求解实验方程，得到有关参数及其误差。现在市场上很多函数计算器具有函数回归功能，操作很方便。需要注意的是，虽然用计算器进行线性拟合非常方便，但不如图示法直观，如果有个别数据是坏值，用图示法可以看得很清楚并可剔除它。而用最小二乘法就会带来很大偏差。两全的办法是先作图，拟合直线，然后再用最小二乘法求解实验方程的参数并计算其误差（计算误差的方法见补充说明 1-1）。

练　习　题

1. 举例说明系统误差和随机误差产生的原因。如有系统误差存在，测量值有什么特点？由于随机误差的存在，测量值有什么特点？

2. 指出由下列情况导致的测量误差是属于系统误差还是随机误差。

（1）千分尺零点不准。

（2）水银温度计毛细管不均匀。

（3）非不良习惯而引起的读数误差。

（4）电源电压不稳定引起的测量值起伏。

（5）电表的接入误差。

（6）忽略空气浮力对测量的影响。

3. 有人用千分尺（仪器误差 $\Delta_{仪}=0.004\text{mm}$）测量小钢球的直径 D，得到如下一组数据：

i	1	2	3	4	5	6
D/mm	12.836	12.838	12.834	12.837	12.835	12.836

试求直径 D 的最佳值及测量的不确定度，并写出测量结果。

4. 一个铅圆柱体，测得其直径 $d=(2.040\pm0.001)\text{cm}$，高度为 $h=(4.12\pm0.01)\text{cm}$，质量为 $m=(149.18\pm0.05)\text{g}$。试计算其密度 ρ 的测量结果。

5. 有三人分别用游标卡尺测量一铜棒的直径，每个人所得结果表达如下：

（1）$d=(2.384\pm0.002)\text{cm}$。

（2）$d=(2.38\pm0.002)\text{cm}$。

（3）$d=(2.3\pm0.002)\text{cm}$。

问哪个人的测量结果表达得正确？为什么？

6. 计算下列结果：

（1）$v=h_1/(h_1-h_2)$　已知　$h_1=(45.51\pm0.02)\text{cm}$　$h_2=(12.20\pm0.02)\text{cm}$

（2）$y=b\sin\theta/a$　已知

$a=(0.24\pm0.01)\text{cm}$　$b=(12.13\pm0.03)\text{cm}$　$\theta=18°26'\pm1'$

（3）$y=\lg x$　已知 $x=1221\pm2$

7. 改正下列错误

（1）$m=0.00025\text{kg}$ 的有效数字是小数点后面第四位

（2）$d=(10.428\pm0.05)\text{cm}$　　（3）$t=(8.50\pm0.452)\text{s}$

（4）$L=12.0\text{km}\pm100\text{m}$　　（5）$(8.54\pm0.02)\text{m}=(8540\pm20)\text{mm}$

（6）$0.221\times0.0221=0.0048841$　　（7）$\dfrac{400\times1500}{12.60-11.6}=600000$

8. 一个正方形的边长 a 大约为10cm，测量其面积 S，要求 $\Delta_S/S\leqslant0.1\%$，问应选用什么仪器测量其边长？

9. 一圆管体积 $V=\pi H(D_1^2-D_2^2)/4$，外径和内径分别为 $D_1\approx4\text{cm}$，$D_2\approx2\text{cm}$，管高 $H\approx10\text{cm}$，如要求 $\Delta_V/V\leqslant0.3\%$，问应如何选择测量器具？

【补充说明1-1】 一元线性回归方程系数的标准偏差

可以证明：斜率的标准偏差为

$$s_{a_1} = \sqrt{\left(\frac{1}{r^2} - 1\right)/(n-2)} \cdot a_1 \tag{1}$$

截距 a_0 的标准偏差为

$$s_{a_0} = \sqrt{\overline{x^2}} \cdot s_{a_1} \tag{2}$$

式（1-35）、式（1-36）、式（1-38）的简洁表示为

$$\left.\begin{aligned} a_1 &= \frac{l_{xy}}{l_{xx}} \\ a_0 &= \bar{y} - a_1\bar{x} \\ r &= \frac{l_{xy}}{\sqrt{l_{xx}l_{yy}}} \end{aligned}\right\} \tag{3}$$

式中，

$$\left.\begin{aligned} l_{xy} &= \sum_{i=1}^{n}(x_i - \bar{x})(y_i - \bar{y}) = n(\overline{xy} - \bar{x}\cdot\bar{y}) \\ l_{xx} &= \sum_{i=1}^{n}(x_i - \bar{x})^2 = n(\overline{x^2} - \bar{x}^2) \\ l_{yy} &= \sum_{i=1}^{n}(y_i - \bar{y})^2 = n(\overline{y^2} - \bar{y}^2) \end{aligned}\right\} \tag{4}$$

对于多元线性回归，可以用同样方法推导得出结果。

【补充说明1-2】 二元、多元回归法理论简介

1. 二元线性回归

设已知函数形式为

$$y = a_0 + a_1x_1 + a_2x_2 \tag{1}$$

这里的 x_1 和 x_2 为独立变量，函数形式也是线性的，故称为二元线性回归。

实验获得的数据为 x_{1i}，x_{2i}，y_i（$i=1$，2，…，n），仿照一元线性回归有

$$\sum_{i=1}^{n}\varepsilon_i^2 = \sum_{i=1}^{n}(y_i - a_0 - a_1x_{1i} - a_2x_{2i})^2 \tag{2}$$

令其对 a_0，a_1，a_2 的一阶偏导数等于零，可得到

$$\left.\begin{aligned} a_0 + \overline{x_1}a_1 + \overline{x_2}a_2 &= \bar{y} \\ \overline{x_1}a_0 + \overline{x_1^2}a_1 + \overline{x_1x_2}a_2 &= \overline{x_1y} \\ \overline{x_2}a_0 + \overline{x_1x_2}a_1 + \overline{x_2^2}a_2 &= \overline{x_2y} \end{aligned}\right\} \tag{3}$$

仿照一元线性回归的处理方法，令

$$\left.\begin{aligned}
l_{11} &= \sum_{i=1}^{n}(x_{1i}-\overline{x_1})^2 = n(\overline{x_1^2}-\overline{x_1}^2)\\
l_{12} = l_{21} &= \sum_{i=1}^{n}(x_{1i}-\overline{x_1})(x_{2i}-\overline{x_2}) = n(\overline{x_1x_2}-\overline{x_1}\cdot\overline{x_2})\\
l_{22} &= \sum_{i=1}^{n}(x_{2i}-\overline{x_2})^2 = n(\overline{x_2^2}-\overline{x_2}^2)\\
l_{1y} &= \sum_{i=1}^{n}(x_{1i}-\overline{x_1})(y_i-\overline{y}) = n(\overline{x_1y}-\overline{x_1}\cdot\overline{y})\\
l_{2y} &= \sum_{i=1}^{n}(x_{2i}-\overline{x_2})(y_i-\overline{y}) = n(\overline{x_2y}-\overline{x_2}\cdot\overline{y})\\
l_{yy} &= \sum_{i=1}^{n}(y_i-\overline{y})^2 = n(\overline{y^2}-\overline{y}^2)
\end{aligned}\right\}\tag{4}$$

可解出

$$\left.\begin{aligned}
a_0 &= \overline{y}-\overline{x_1}a_1-\overline{x_2}a_2\\
a_1 &= \frac{l_{1y}l_{22}-l_{2y}l_{12}}{l_{11}l_{22}-l_{12}^2}\\
a_2 &= \frac{l_{2y}l_{11}-l_{1y}l_{21}}{l_{11}l_{22}-l_{12}^2}
\end{aligned}\right\}\tag{5}$$

与一元线性回归类似，有全相关系数

$$R = \sqrt{\frac{a_1l_{1y}+a_2l_{2y}}{l_{yy}}}\tag{6}$$

R 的值介于0到1之间（$0\leqslant R\leqslant 1$），表示回归方程线性程度的好坏。

对于多元线性回归，可以用同样方法推导得出结果。

2. 多项式回归

在函数形式难于确定时，常用多项式回归来进行拟合，即设

$$y = a_0 + a_1x + a_2x^2 + \cdots + a_nx^n\tag{7}$$

一般情况下取 $n\leqslant 5$ 就可得到较好的拟合效果。实际应用中究竟取到哪一级，可以根据其系数的误差来判断。

令　　$x_i = x^i\quad(i = 1,2,\cdots,n)$

则可将多项式回归转化为多元线性回归来处理。

根据实验数据确定经验公式需要经历以下三个步骤：

1）根据实验数据变化趋势推测可能满足的函数形式（在大部分实际应用中可依据物理理论得到）。

2）根据实验数据与按经验公式计算所得预期值之间偏差的平方和最小的原则确定经验公式中的待定系数（因此称为最小二乘法）。

3）检验经验公式与实验数据符合的程度。回归法是科学实验中应用最广泛的数据处理方法，其理论探讨也较为完善和深入。关于回归方程的稳定性、方差分析及显著性检验等，已超出本课程教学范围，有兴趣者请参阅有关专著。

1.2　基本测量仪器

仪器设备是物理实验的物质基础，仪器的设计蕴含着许多设计者的巧妙构思，是科学原理和方法的具体体现。一名实验者要做好物理实验，必须熟悉所用仪器设备的结构、原理、性能并掌握其使用方法。这是大学物理实验教学基本要求之一，也是熟悉实验方法与测量方法的前提。

1.2.1　力学基本仪器

1. 长度测量仪器

（1）米尺　米尺上刻线间距为1mm，钢卷尺属于米尺范畴。紧贴、对准和正视是测量的要领和关键。米尺测量时读数应读到1/10mm或1/5mm。

（2）游标卡尺

1）原理：为了提高测量的准确度，在尺身上附带一可沿尺身移动的游标，构成游标尺。用于测量长度的游标称为直游标；用于测量角度的游标称为弯游标。

① 直游标：假设尺身上每一分格长度为 a（称为尺身分度值），游标上共有 n 个等分格（n 称为游标分度数），每格长度为 b（称为游标分度值）。制造游标时，将游标的总长度与尺身（$n-1$）个格的总长度对齐，则有

$$nb=(n-1)a$$
$$b=\frac{(n-1)a}{n} \tag{1-39}$$

尺身每格的长度 a 与游标每格长度 b 间的差值，即

$$\Delta x=a-b=\frac{a}{n} \tag{1-40}$$

称为游标卡尺的精度，也就是游标卡尺的最小读数值。

② 弯游标：利用游标原理测量角度时，制成弯游标。在分光计上使用弯游标来测量角度就是一个典型的例子。弯游标的精度值可用如下式子表示

$$\Delta\theta=\frac{\theta}{n}=\frac{\text{尺身上最小分度值}}{\text{弯游标上刻度数}} \tag{1-41}$$

2）结构：实验室中常用游标卡尺有两种，其尺身分度值均为1mm。但由于游标分度数 n 的不同，游标的分度值 b 和读数均不相同，其游标分度数分别为

20格和50格，游标卡尺的分度值分别为0.95mm和0.98mm，游标卡尺的精度分别为0.05mm和0.02mm，即游标卡尺的示值误差为$\Delta x=0.05\text{mm}$和$\Delta x=0.02\text{mm}$。

游标卡尺的结构如图1-8所示。与尺身相连的量爪CC′和与游标相连的量爪DD′可用来测量外径、内径与厚度，与游标固定在一起的深度尺G可用来测深度，K为固定螺钉。使用游标卡尺测量物体时，应小心保护量爪，避免磨损，故不能让物体在量爪内滑动。读数时，已知游标分度值为b，尺身分度值为a，若游标零线处于尺身第P和$(P+1)$线之间，游标上第m线与尺身某刻度线对齐，则被测长度应为$L=Pa+m\Delta x$。

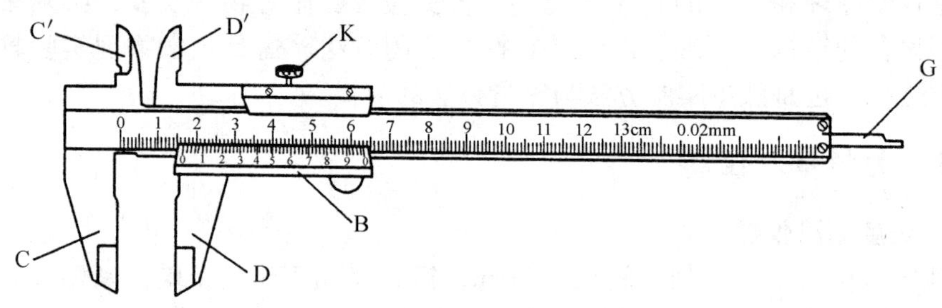

图1-8　游标卡尺

(3) 外径千分尺（螺旋测微计）　外径千分尺是比游标卡尺更精密的长度测量仪器。它是利用螺旋进退来测量长度的，其最小分度值是0.01mm。通常千分尺测量结果可估读到1/1000mm。光学测微目镜、读数显微镜等精密测长仪器的设计也是基于同样的原理。

外径千分尺主要由一个固定套筒（微动螺旋杆）和一个与活动套筒相连的测量轴组成，如图1-9所示。固定套筒的尺身上刻有两排线，即毫米刻线和半毫米刻线。活动套筒圆周上刻有N个分度，螺距为a（mm），则每旋转一周，螺杆前进（或后退）一个螺距a，而每转动一个分度，螺杆移动的距离为a/N。常用千分尺的螺距为$a=0.5\text{mm}$，$N=50$个分度，所以，通常外径千分尺的分度值为$0.5/50\text{mm}=0.01\text{mm}$。

使用注意事项：

1）测量前须进行零点校准。转动棘轮，使测量轴与砧台刚好接触，并听到“卡、卡、卡”三声即停止（棘轮的作用是防止测杆对被测物产生过大压力而导致变形，影响测量值的准确性，同时也可避免测量杆受到损坏），读取此时的示值，即作为零点校准值（如图1-10所示，注意零点校准值的正负）。

2）在读取测量值后，应对测量值进行零点修正，即得出测量结果

$$L=\text{末读数}-\text{初读数} \tag{1-42}$$

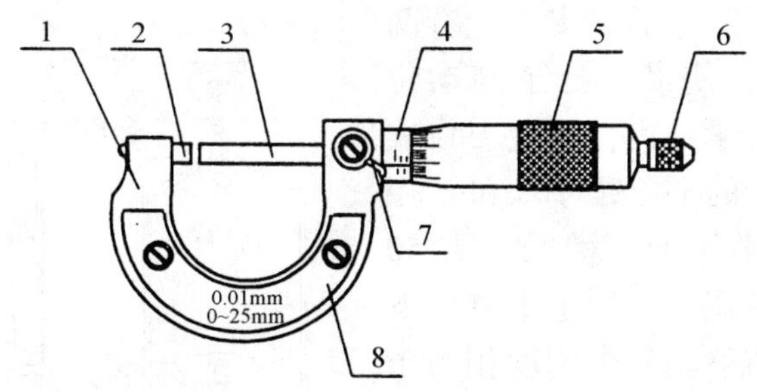

图 1-9　外径千分尺

1—尺架　2—砧台　3—测量轴　4—固定套筒

5—活动套筒　6—棘轮　7—锁紧装置　8—绝热板

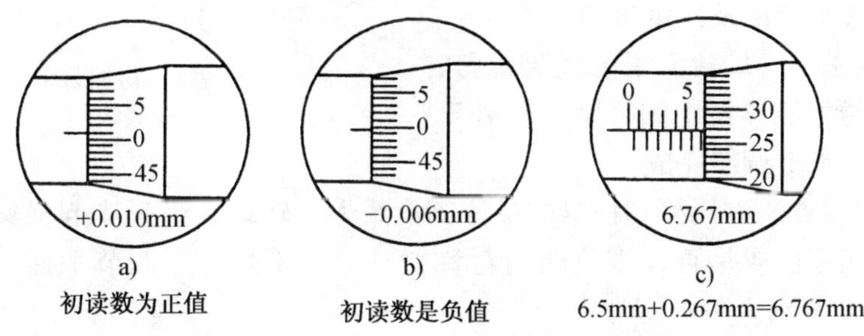

图 1-10　外径千分尺读数

读数时由尺身读整刻度值，0.5mm 以下由活动套筒读出分格值，并应估读到 0.001mm 位。

3）用毕还原仪器：应将螺杆退回几转，留出空隙，以免热胀使螺杆变形。

外径千分尺示值误差：外径千分尺分零级和一级两类，通常实验室使用为一级，其示值误差一级为 ±0.004mm，零级为 ±0.002mm。

2. 质量称衡仪器——天平

天平是利用等臂杠杆原理和零位法，采取比较测量进行质量测定的仪器。通常根据天平的精度将其分为物理天平（普通天平）和分析天平（精密天平）两类。称衡时物体放入天平左盘，右盘放入砝码，当天平平衡时，物体的质量就等于砝码的质量。

最大称量和分度值是天平的两个重要技术指标。物理实验室常用的物理天平（见图 1-11）其最大称量为 500g，分度值为 0.02g。

（1）物理天平　这是一种双盘悬挂等臂式天平。在横梁 bb' 的中点 O 和两端 B，B' 共装有三个钢质刀口，中间刀口 O 向下，安置在支柱 H 顶端的玛瑙刀承上，等臂两侧 B，B' 处刀口朝上，各悬挂一个秤盘 P，P′。一指针 J 固定于横梁上，当横梁摆动时，指针下端在支柱标牌前摆动。支柱 H 上止动旋钮 K 可以使

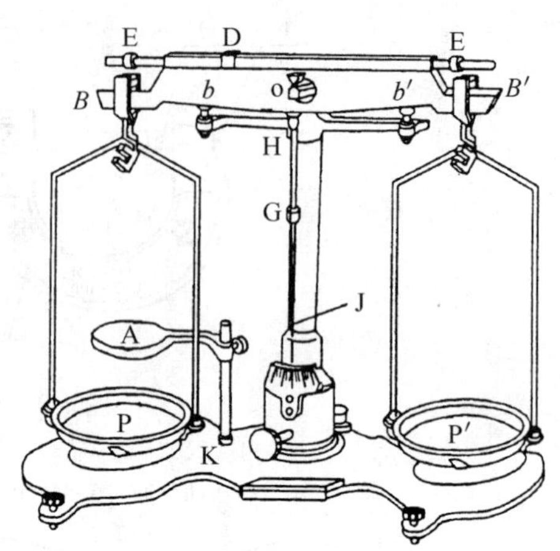

图1-11 物理天平

横梁升降，当横梁降下后，支架上有两个支销托住横梁，使横梁处于制动位置，中间刀口与刀承分离，避免刀口磕碰磨损。横梁两端的平衡螺母E和E′用于天平空载时调节平衡。横梁上有50个刻度和可移动游码D，用于1克以下的称量。游码向右移动一个刻度相当于在右盘中加0.02g的砝码。支柱左边装有一个托盘A，用来托放不需称量的物体（如烧杯等）。

物理天平使用及注意事项：

1）调水平。旋转天平的底脚螺钉，使立柱后的气泡移至中间，则立柱处于铅直状态，水平调节完成。

2）调零点。游码移到横梁左端零刻度线上，转动旋钮K支起横梁，观察指针是否停在零位或是否在零位两边对称摆动。如不是，可调节平衡调节螺母E和E′，直至调到天平平衡为止。

3）称量质量。首先调整右盘中砝码，使之与左盘中重物接近平衡，再用游码细调至完全平衡。取放物体、砝码和移动游码都应先使横梁处于制动位置。拿取砝码，必须用镊子，严禁用手。

4）灵敏度调整。指针上所附配重G（称为感量铊）的位置变化，能够改变天平的灵敏度。配重上升，灵敏度提高；配重下降，灵敏度降低。

（2）分析天平 分析天平的构造原理与物理天平基本相同。从称衡精度来说，分析天平有更精密的结构，一般的分析天平可称准1/10000g或2/10000g，最大称量为100g或200g。分析天平有摆动式，空气阻尼式和光学式三种，其装置本篇不作详细介绍，请参考有关仪器说明书。

1.2.2 电磁学基本仪器及测量

了解电磁学实验常用仪器的原理和性能，掌握实验时仪器布局和线路连接的要领，对做好电磁学实验有十分重要的意义。电磁学实验仪器种类很多，但所有实验常常都离不开电源、电表、电阻和开关等基本仪器。由于实验仪器设备不断更新，或同一性能仪器仪表就有多个品种，所以在此仅简要介绍通用基本仪器的结构、原理、性能及使用注意事项，其他需用仪器将在各实验中详细介绍。

1. 电源

电源是输出电能的装置，用于提供能量（标准电池例外，见后面说明）。电源通常分为交流电源与直流电源两大类。

（1）交流电源

符号 AC 或 —⊝—

电压（市电）：220V、380V；频率：50Hz。

实验室常用的交流电为市电，它有单相和三相之分，可通过调压变压器（亦称自耦变压器）获得连续可调的交流电压。调压变压器如图 1-12 所示：从①，②两接线柱输入 220V 交流电压，转动手柄 A 从③、④两接线柱可输出 0 ~ 250V 连续可调的交流电，其主要指标有容量（用 kV 表示）和最大允许电流。使用时必须分清输入与输出端，严防接错，否则会造成电源短路或烧坏仪器等事故。

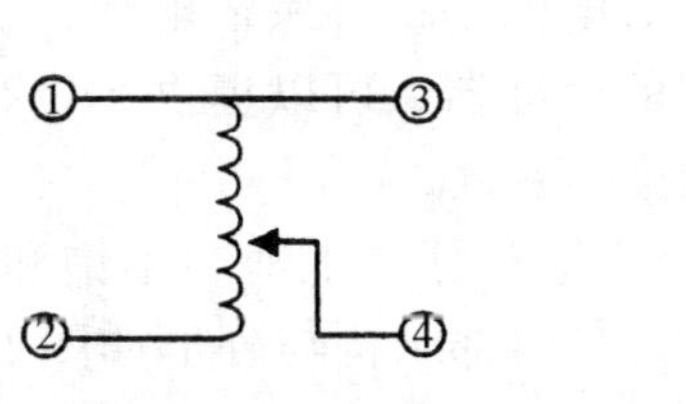

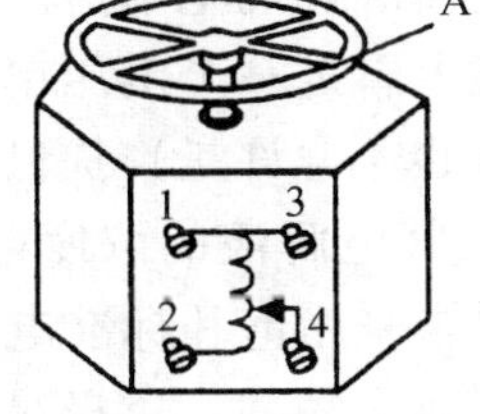

图 1-12 调压变压器

使用注意：

1）人体触及 220V 交流电会有生命危险，需格外谨慎操作。

2）交流电有零线（地线）与相线（火线）之分，绝对不能把电源的相线接到其他仪器的零线上去，否则将造成电源短路。

3）接线使用前调压器输出应调为零（指针指零），使用完毕，应将指针再次调回零位，并切断输入电源后再拆线。

（2）直流电源

符号 DC 或 ⊣⊢

常用的直流电源可分为化学电源与直流稳压电源。

1）化学电源：化学电源是将化学能转变为电能的装置，也称化学电池，由正负电极、电解质和去极剂等组成。化学电池有原电池与蓄电池之分。原电池在使用过后，其化学物质被消耗后不能再恢复，电源电动势下降，内阻明显升高。干电池就是一种原电池。而蓄电池用后可充电重新使用。

2）直流稳压电源：直流稳压电源是将交流电转为直流电的装置。实验室普遍采用晶体管直流稳压电源，将交流变直流。其工作原理是由电子控制电路自动调节因电源电压或负载变化而引起的电压变化，从而输出一个稳定的直流电压。该电压在一定范围内不随负载、输入的交流电压的变化而变化。直流稳压电源具有电压稳定性好、内阻小、输出连续可调、输出功率较大、使用方便等特点。

一般直流稳压电源的输出电压都是可调的，电源面板上都配有：用波段开关进行电压粗调的旋钮；用电位器进行电压连续调节的旋钮；显示输出电压与电流的电压表头与电流表头；为了安全与防电磁干扰专设的接地旋钮。

使用注意：

① 防止电源短路。因短路时电流很大，远远超过电源允许输出的电流，常常因此而烧毁电源。

② 接地旋钮不是电源的输出负极。

③ 使用时注意它所能输出的电压值和允许的最大电流，严禁超载。

（3）标准电池　标准电池的名称常给人以错觉，被误认为是一个好的可提供能量的电池。其实，标准电池是直流电动势的标准器，它的特点是当温度一定时，具有稳定而准确的电动势。标准电池是一种汞镉电池，从结构上看是化学电池，从功能上看是一个电压单位的标准器，可以提供 6 位有效数字的标准电压值，不是（也不允许是）提供能量的装置。

标准电池依其电解液的浓度可分为饱和标准电池与不饱和标准电池两种。普通物理实验室常采用饱和标准电池，其内部结构与外形如图 1-13 所示，它的正极是汞与硫酸亚汞糊体，负极是镉汞齐，电解液是含有微量硫酸的硫酸镉和硫酸亚汞的饱和溶液，两极均保留适量的硫酸镉晶体。标准电池能在长时间内保持一定的电动势，0.01 级的标准电池在 20℃时的电动势为

$$E_{20} = 1.01855 \sim 1.01868\text{V} \tag{1-43}$$

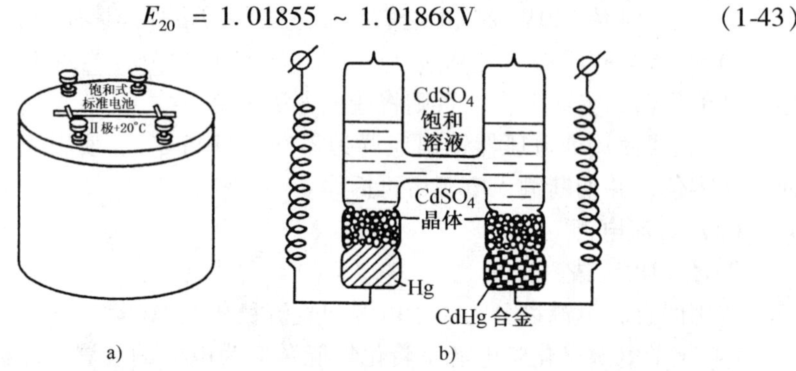

图 1-13　标准电池

a）外形　b）内部结构

当温度变化时，电动势也随之变化。当使用温度在 0 ~ 40℃时，E_t 的温度修正公式为

$$E_t = E_{20} - [39.9(t-20) + 0.94(t-20)^2 + 0.009(t-20)^3] \times 10^{-6} \tag{1-44}$$

式中，E_{20}为 20℃时的电动势值；E_t 为 t 时的电动势值。

与干电池、蓄电池比较，标准电池内阻很大，而且随着时间的延长，内阻

会明显上升，0.01 级饱和标准电池的内阻约为 700～1000Ω。

使用标准电池必须注意以下三点：

1）标准电池不能作为供电电源。在使用过程中，0.005 级或 0.01 级的标准电池一分钟内最大允许充放电电流为 1μA，0.02 级的为 10μA，否则，电极上发生的化学反应将明显地改变极板附近化学物质的成分，导致电动势发生显著变化而失去标准性质。

2）绝不能使标准电池短路，也不允许用电压表或三用表去测量其两端的电压值。在任何时候标准电池不能振动摇晃、倒置或倾斜。

3）在使用前必须根据环境温度，利用温度修正公式对其电动势值进行修正。使用温度范围为 0～40℃。

2. 电表

电表按照测量机构工作原理的不同可分为磁电式、电磁式、电动式、热电式、感应式等多种类型，而每一种类型的电表又有其各自的特性，因而具有不同的用途。大学物理实验中，常用的电表是磁电式，因此本节仅简要介绍这类电表。

磁电式电表测量机构（亦称磁电式表头测量机构）如图 1-14 所示，它是利用通电流的线圈在永久磁铁和铁心之间的均匀辐射磁场中受到磁力矩作用而发生偏转的原理制成的。由于磁场强度，线圈的面积、匝数一定，偏转角度与通过线圈的电流强度成正比，即当线圈通以电流时，线圈受磁力矩作用而偏转，直至与游丝产生的反扭力矩作用相平衡，指针停止在确定的位置上，由表盘刻度可读出其值。

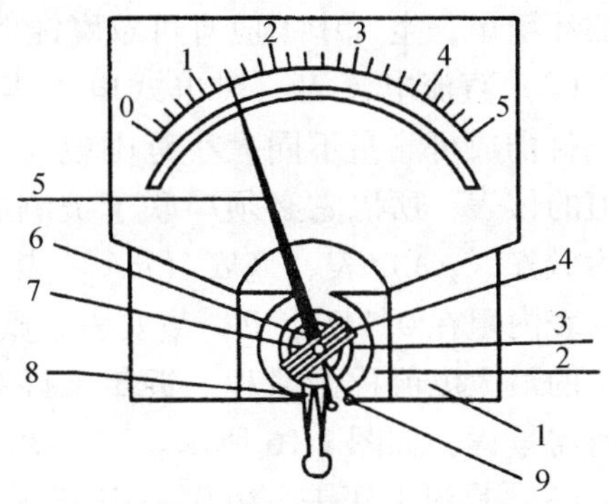

图 1-14　磁电式电表测量机构图

1—永久磁铁　2—极掌　3—圆柱形铁心　4—线圈　5—指针　6—游丝　7—半轴　8—调零螺杆　9—平衡锤

磁电式电表测量机构所能允许流入的电流是有限的。对于较小的电流可直接接入进行测量，而对于大电流、大电压的测量则必须采用分流分压的方法将磁电式表头组装成不同的电流表、电压表，它们的测量原理都是一致的。

（1）指针式检流计　磁电式检流计通常用作指零的仪表，即确定电路中有无电流通过，有时也可用作测量微小电流。检流计所允许通过的电流非常小，一般约为 10^{-6}A，内阻约数百欧姆。当检流计作为指零仪表使用时，平衡位置（零点）在标尺中央，指针可以向左右两个方向偏转，便于检测流过电流的方向。使用前应调节零点，如图 1-15 所示，机械零点的调节用于通电前调整。安全制动旋钮平时处于锁定位置，以防止因震动造成机心损坏，只有在使用时才打开。

使用方法及注意事项：

1）使用时首先将检流计接线柱端钮按其“+”、“-”标记接入电路内。

2）将安全制动旋钮移向白色圆点位置，并用零位调节钮调整指针零位。

3）按下电计按钮，检流计即被接入电路，如需将检流计长期接入电路时，可将电计按钮按下，并转一角度即可。

4）使用中若指针不停地摆，按一下短路按钮，指针便立即停止。

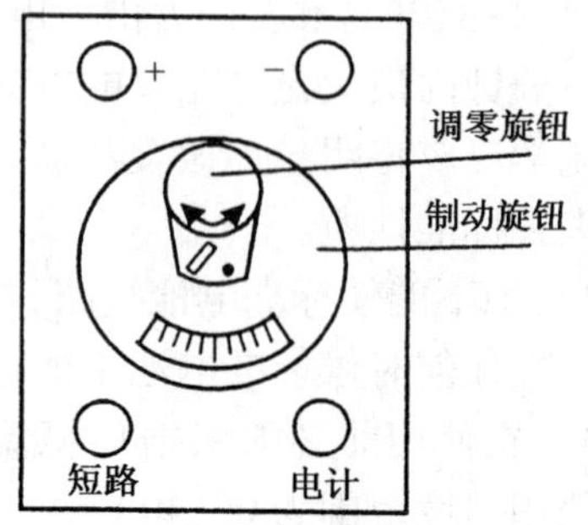

图1-15　磁电式检流计外观图

5）检流计使用完毕后，必须将安全制动旋钮移向红色圆点位置，此时电计及短路按钮放松。

6）检流计应保管在周围空气温度10～35℃、相对湿度80%以下且通风良好的环境里，空气中不应有可致腐蚀性的有害杂质。

（2）直流电流表　磁电式电表表头上并联不同分流低电阻，如图1-17所示，就构成可测量不同大小范围电流的电流表。因电流表是用于测量电路中电流值的仪表，所以它必须串联于被测的电路中。直流电流表按所测电流大小可分为微安（μA）表、毫安（mA）表、安培（A）表。不同表内阻不同，一般安培表内阻在0.1Ω以下，毫安表、微安表内阻可达数百到数千欧。电流表所能测量的最大电流称为量程。近年来许多表都做成多量程安培表，用插塞可以选择所需量程，如图1-16所示。

（3）直流电压表　电压表用于测量电路中两点间的电压，测量时应并联在被测的两点之间。从结构原理上看，它与电流表并无区别，只是在磁电式表头上串联不同的分压高电阻，如图1-18所示，就可得到不同量程的电压表。直流电压表按所测电压大小分为毫伏表、伏特表、千伏表。常用的多量程电压表也是用插塞控制量程选择，其外形结构与图1-16类似。

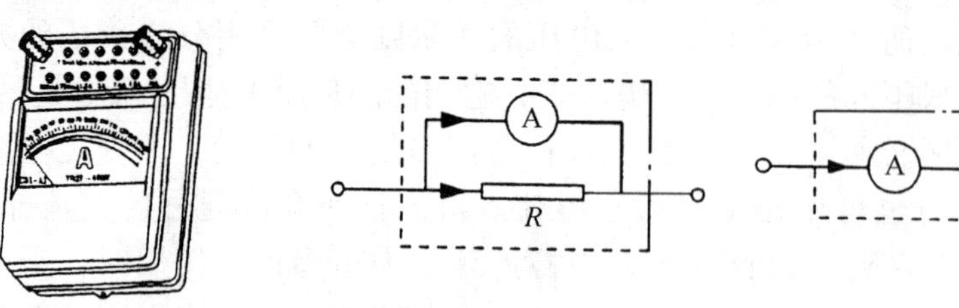

图1-16　多量程安培表　　图1-17　电流表的构造　　图1-18　电压表的构造

(4) 电表的误差

1) 仪器基本误差：电表的误差是磁电式电表的主要技术特性，可分为基本误差和附加误差两部分。在电表规定的标准工作条件下，由于电表本身的内部特性与加工质量不够完美等原因引起的误差称为基本误差。不符合标准工作条件引起的误差称为附加误差。在大学物理实验教学中一般把仪器的基本误差取作仪器误差限，不计算附加误差（因附加误差在大学物理实验中考虑起来比较困难)。

电表的基本误差 r_m 用它的最大绝对误差 Δx 和量程 x_m 之比来表示，即

$$r_m = \frac{\Delta x}{x_m} \times 100\% \tag{1-45}$$

电表精度级别 a（或称准确度等级）与电表基本误差的关系是

$$a\% \geqslant \frac{\Delta x}{x_m} \times 100\% \tag{1-46}$$

国家标准规定，电表一般分 7 个准确度等级，即 0.1，0.2，0.5，1.0，1.5，2.5，5.0。电表出厂时一般已将级别标在表盘上。由电表的准确度等级和所用量程可以推算出仪器的误差限（极限误差）

$$\Delta x = x_m \times a\% \tag{1-47}$$

由式（1-47）可知，当电表的准确度等级给定、量程选定时，测量的最大绝对误差 Δx 是一个固定值，而测量的相对误差 $\Delta x/x$ 却随待测量 x 而变。当所选电表的量程 x_m 愈接近被测量 x 的值时，测量结果的准确度就有可能接近或等于仪表准确度等级的百分数。

所以，实验中选择电表时，不仅要考虑仪表的准确度等级，还要考虑量程大小。一般应使被测量值接近量程或大于量程的三分之二。

2) 仪器误差与不确定度：仪器误差（限）是按国家标准通过对仪器检定给出的，这种不确定度不是对测量值直接进行统计计算得来，属于 B 类不确定度。

在本课程中，评价测量结果的置信概率取为 0.95，为了简化处理，约定教学实验中的不确定度 B 类分量可简单地取为仪器误差限，即可直接取

$$\Delta_B = \Delta x \tag{1-48}$$

例如：准确度 0.5 级、量程 3A 的电流表，最大极限误差 $\Delta x = 3 \times 0.5/100\text{A} = 0.015\text{A}$，则用该电表测量对应的不确定度分量是

$$\Delta_B = \Delta x = x_m \times a\% = 0.015\text{A}$$

由上述计算可见，测量不确定度与电表的准确度等级、量程有关，与待测量的大小无关，也不随电流的示值而变。量程越大，不确定程度越高。

3) 电表的正确使用及注意事项：

① 注意电表极性——使用直流电表，必须注意电表的正负极。接线柱旁标

有“+”、“-”极性，“+”表示电流流入端，“-”表示电流流出端，接线时切不可把极性接错，以免损坏电表。

② 正确连接电表——电流表必须串联在待测电路中，电压表必须与待测电压的电路并联。

③ 合理选择量程——根据待测电流或电压的大小，选择合适的量程。若量程太小，过大的电流或电压会将电表损坏；量程过大，则指针偏转太小，测量的相对误差较大。

④ 避免读数视差——为了减小视差，读数时必须使视线垂直于刻度面，精密电表刻度槽下装有反光镜，读数时应使指针与它在镜中的像重合。

⑤ 正确读出有效数字——由表头标明的准确度等级及所选量程大小，依据式（1-47）可确定仪器的误差限

$$\Delta I(\Delta U) = 量程 \times a\%$$

则读数时数值应读到有误差的一位上。例如：0.5 级量程 150mA 的电流表，仪器的误差限为 $\Delta I = 150 \times 0.5\%\ \text{mA} = 0.75\text{mA} \approx 0.8\text{mA}$，即读数时要读到小数点后面一位。

电表表盘上常用一些符号表明电表的技术性能和规格，请参见表 1-2。

表 1-2 常用电气仪表面板上的标记

名 称	符 号	名 称	符 号
指示测量仪表的一般符号	○	磁电系仪表	⋂
检流计	P	静电系仪表	⫩
电流表	A	直流	—
电压表	V	直流和交流	≃
微安表	μA	以标度尺量限百分数表示的准确度等级	1.5
毫伏表	mV	以指示值的百分数表示的准确度等级	1.5
千伏表	kV	标度尺位置为垂直的	⊥
欧姆表	Ω	标度尺位置为水平的	⊓
兆欧表	MΩ	绝缘强度试验电压为2kV	☆
毫安表	mA	接地用的端钮	⏚
负端钮	-	调零器	⌒
正端钮	+	Ⅱ级防外磁场及电场	Ⅱ Ⅱ
公共端钮	*		

3. 变阻器

电阻分为固定和可变两类。实验中常用的可变电阻有：电阻箱、滑线式变阻器、电位器等，用来改变电路中的电阻、电流和电压。

（1）电阻箱　电阻箱一般是由电阻温度系数较小的锰铜线绕制的精密电阻串联而成，通过十进位旋钮可使阻值改变。电阻箱主要指标是总电阻、额定电流（额定功率）和准确度等级等。

图1-19是常用的Zx21型六位十进位式电阻箱面板及内部的电路示意图。它的六个旋钮下的电阻全部使用后，其总电阻为99999.9Ω，由“0”与“99999.9”两接线柱引出。若电阻中仅需“0～9.9”或“0～0.9”的阻值变化，则分别由“0”与“9.9”或“0”与“0.9”两接线柱引出。这样可避免电阻箱其余部分的接触电阻和导线电阻对低电阻所带来的不可忽略的误差。使用电阻箱时，为确保其准确度，不得超过其额定功率或最大允许电流（参见表1-3）。

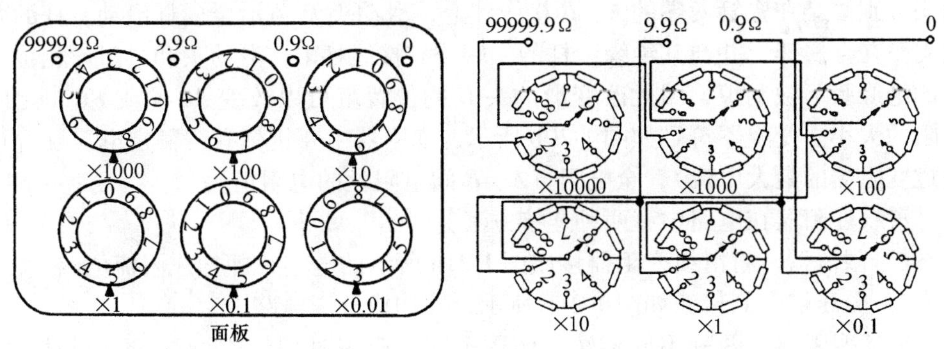

图1-19　电阻箱

表1-3　常用Zx21型电阻箱各档阻值允许通过的电流值

旋钮倍率	×0.1	×1	×10	×100	×1000	×10000
最大允许电流/A	1.0	0.5	0.15	0.05	0.015	0.005

注：有些电阻箱上只标明额定功率 P，其额定电流可用公式 $I=(P/R)^{1/2}$ 算出。

电阻箱根据其误差大小可分为若干个准确度等级：0.02、0.05、0.1、0.2等。电阻箱的误差主要包括电阻箱的基本误差和零电阻误差两个部分。零电阻值包括电阻箱本身的接线、焊接、接触等产生的电阻值。通常由下式计算电阻箱的仪器误差

$$\Delta_R = a\% R + b(N+1)$$

$$\frac{\Delta_R}{R} = a\% + \frac{b}{R}(N+1) \tag{1-49}$$

式中，a 为电阻箱的准确度等级；R 为电阻箱读数；b 为与准确度有关系数，当 $a \leqslant 0.05$ 级时，$b=0.002\Omega$，当 $a \geqslant 0.1$ 级时，$b=0.005\Omega$；N 为实际所用二引线

端钮间的电阻箱旋钮数。

当电阻较大时，基本误差主要取决于 $a\% R$；当电阻较小时，零电阻影响较大。例如0.1级电阻箱，$R=0.5\Omega$，零电阻总阻值为 $R_0 = b(N+1) = 0.005\times 7\Omega = 0.035\Omega$，所带来的相对误差为 $0.035/0.5=7\%$。可见这部分误差很可观，此时零电阻值影响不可不计。为了减小零电阻引起的误差，Zx21 型增设了“0.9”，“9.9”两个低电阻接线柱，即把零电阻限制在 2×0.005 以下，当电阻小于 1Ω 时，只用“0.9”，“0”接线柱，R_0 等于 0.010Ω。

本教材约定：在通常的教学实验条件下，电阻箱的仪器误差简化地表示为

$$\Delta_R = a\% R;\frac{\Delta_R}{R} = a\% \tag{1-50}$$

（2）滑线变阻器　滑线变阻器的用途是控制电路中的电压和电流，其结构如图1-20a所示，它由涂有绝缘膜的电阻丝均匀绕在绝缘瓷管上制成。电阻丝的两头分别固结在瓷管两端的 A、B 接线柱上，滑动头 D 可沿金属杆滑动，杆的两端支撑在金属架上并与其绝缘，杆的一端连有接线柱 C，滑动头和电阻丝相接触处的绝缘膜已被刮掉，因此改变滑动头 D 的位置就可以改变 AC（或 BC）之间电阻的大小。变阻器符号如图1-20b所示，变阻器主要指标有：额定电流（允许通过变阻器的最大电流）；全电阻（A、B 间电阻丝的电阻值）。

滑线变阻器在电路中有两种连接方法：

1）限流器。将滑线变阻器接成图1-21a所示的电路，即构成限流电路。

2）分压器。其接法如图1-21b所示，即构成分压电路。

上述变阻器的两种不同接法，作用不同，应用时切切不可混淆！同时，还应注意实验前连接电路时，限流接法的变阻器活动端应放在电阻最大位置；分压接法的变阻器滑动端应放在所取分压最小的位置。

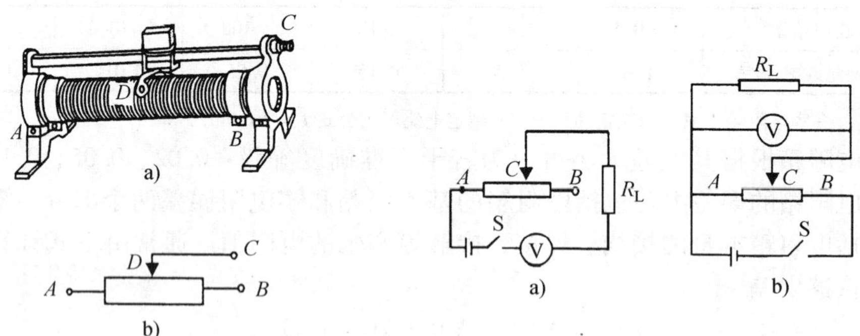

图1-20　滑线变阻器　　　　图1-21　滑线变阻器接法

（3）电位器　小型滑线变阻器通常称为电位器，其外形如图1-22所示。它的额定功率只有零点几瓦到数瓦，视体积大小而定。电阻值较小的电位器多数

用电阻丝绕成，称为线绕电位器。线绕电位器中有一种多圈精密电阻器，可对电阻作精细调节。电阻值较大的电位器(约从千欧到兆欧)，用碳质薄膜作电阻，故称碳膜电位器。

选择变阻器作为限流器或分压器时，要特别注意其阻值与额定电流，另外还要根据测量的需要注意阻值与负载的配比关系。

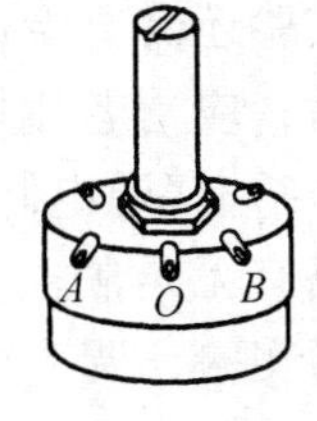

图 1-22 电位器结构图

4. 刀开关（电键）

电路中常用刀开关接通和切断电源,或变换电路。实验中常用的刀开关有单刀单向、单刀双向、双刀双向和双刀换向等,分别由图 1-23 所示的各种符号表示。

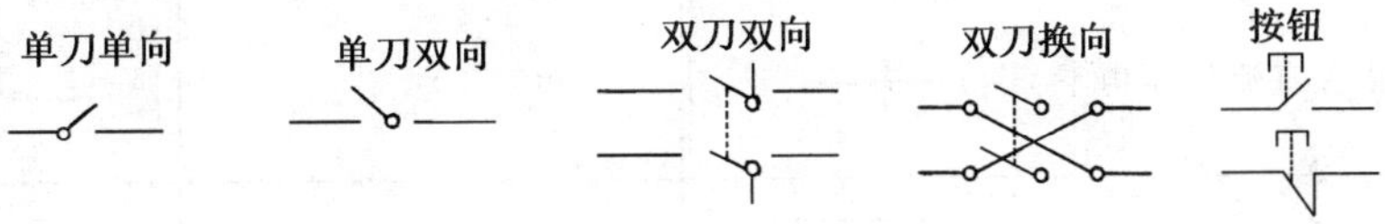

单刀单向　单刀双向　双刀双向　双刀换向　按钮

图 1-23 刀井关种类

双刀双向及双刀换向刀开关常用来改换不同电源（或负载），如图 1-24a 所示，或改变电路中电流的流向，如图 1-24b 所示。

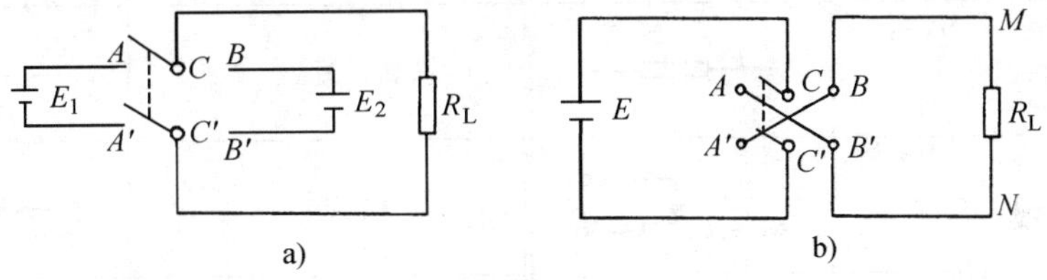

图 1-24 双刀开关的用途

5. 电磁学实验接线规则

1）合理安排仪器。参照正确的线路图，通常把需要经常操作的仪器放在近处，需要读数的仪表放在眼前，根据走线合理、操作方便、实验安全的原则布置仪器。

2）按回路接线法接线和查线。按线路图，从电源正极开始，经过一个回路，回到电源负极，再从已接好的回路中某段分压的高电位点出发接下一个回路，然后回到低电位点。这样一个回路一个回路地接线，查线时也这样按回路查线。这是电磁学实验接线和查线的基本方法，接线时还要注意走线美观整齐。

3）预置安全位置。在接通电源前，应检查变阻器滑动端（或电位器旋钮）是否已放在安全位置，也就是使电路中电流最小、电压最低的位置。有些电磁学实验还需要检查电阻是否已设置到预估阻值等。自己检查线路和预置安全位置后，应请老师复查，然后才能接通电源。

4）接通电源时要作瞬态试验。先试通电源，及时根据仪表示值等现象判断线路有无异常。若有异常，应立即断电进行检查。若情况正常，就可以正式开始做实验，调节线路至实验的最佳状态。

5）拆线时应先切断电源再拆线，严防电源短路。最后将仪器还原，导线扎齐。

常用电器元件符号见表1-4。

表1-4 常用电器元件符号

名　称	符　号	名　称	符　号
直流电源（干电池、蓄电池、晶体管直流稳压电源）		单刀开关	
220V交流电源	~ 220V	双刀双向开关	
可变电阻		换向开关	
固定电阻		按钮开关	
滑线式变阻器		二极管	
电容器		稳压管	
电解电容器	+	导线交叉连接	
可变电容器		导线交叉不连接	
电感线圈		变压器	
有磁心电感线圈		调压变压器	

1.2.3 光学基本仪器

光学实验是普通物理实验的一个重要部分，它所使用的仪器、所运用的实验技能以及对仪器的维护等，均与其他物理实验不同，有其特殊的地方。这里先介绍光学实验中经常用到的基本知识和调节技术。初学者在做光学实验以前，应认真阅读这些内容，并且在实验中遵守有关规则，灵活运用有关知识。

光学仪器的种类很多，但就光学系统而言，主要有显微或放大、望远或增大视角、摄影或投影、色散分光等四类基本光路组合，对各类光学仪器的构造原理及调节技术的应用分别放在各实验中进行详细介绍。

1. 光学元件和仪器的维护

组成光学仪器的光学元件，主要有透镜（如各类目镜、物镜）、棱镜、反射镜（平面、球面）、光栅等等，它们大多数是用光学玻璃制成的，其光学表面都经过仔细研磨和抛光，有些还镀有一层或多层薄膜，是光学仪器中最容易损坏的部分。光学仪器的机械可动部分也都是经过精细加工制成的精密测量机构。因此在光学仪器的使用维护上应有特殊要求，这不仅是为了保证仪器的光学性能、精密度，同时也是对正确使用光学仪器的基本训练，是实验技能上很重要的基本功。

造成光学元件及精密测量机构损坏的原因很多，要求注意的事项也很多，在此仅给出最基本的操作要求，其余留在有关仪器介绍中详述。

（1）防破损

1）轻拿轻放，勿使仪器或光学元件受到冲击或震动。

2）暂时不用的元件要放回原处，以免在黑暗中把它碰落摔损。

3）光学表面（使光线反射或折射的表面）有灰尘时，应用实验室专备的吹气球或软毛刷清除，严禁用纸、布或手指擦拭，以防损伤抛光表面。

（2）防污染（生霉或附着物）

1）不能用手触及光学表面，只能拿磨砂面（阻止光线经过的面一般都磨成毛面，如透镜的侧面，棱镜的上下底等），如图1-25所示。

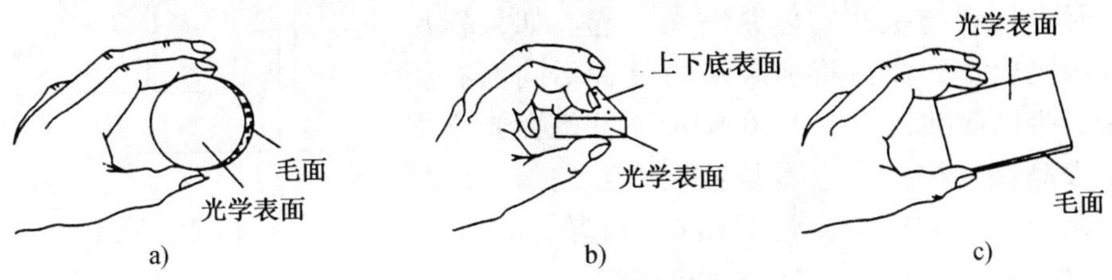

图1-25　光学元件的正确拿法

2）不要对着光学元件说话，更不要对着光学元件打喷涕、咳嗽，以防止唾液溅落在光学元件表面上。

3）若光学表面有较严重的污痕或指印，应由实验室人员用镜头纸、丙酮或酒精清洗。所有镀膜面均不能触碰或擦拭。

4）仪器用毕应放回箱或仪器罩内，防止灰尘沾污。

（3）爱护机械部分　调整光学仪器时，要耐心细致，一边观察一边调整，动作要轻、慢，严禁盲目及粗鲁操作。

2. 基本调节方法

实验时，仪器的调整应按有关操作规程进行，这样不仅可将系统误差减到最低限度，而且对提高实验结果的准确度有直接影响。本节仅介绍光学实验中最基本的调节技术。

（1）等高光轴调节　在多折射面的光学系统中，各光学元件的光轴重合即为同轴；若光学元件均在光具座上，光轴又平行于光具座导轨表面，则称光学元件等高；两者同时满足时称为同轴等高。在球形折射面光学系统中，各球面曲率中心位于同一直线上，则称该光学系统共轴。

在光学仪器的所有基本调节中，光学元件的共轴调节是最基本的。几乎所有的光学仪器都要求仪器内部的各个光学元件与主光轴相互重合。为此，要对各光学元件进行同轴等高的调整，一般可分粗调和细调两步来进行。

1）粗调：利用目测判断，将各光学元件和光源的中心调成等高，且使各元件所在平面基本上相互平行且铅直。若各元件可沿水平轨道滑动，可先将它们靠拢，再调等高共轴，可减小视觉判断的误差，达到使各光学元件的光轴大致重合的目的。

2）细调：利用光学系统本身或借助其他光学仪器成像规律来判断和调节，使得沿光轴移动光学元件时不发生像的偏移。这一步需要细致地调节，不同的装置可能有不同的具体调节方法。例如，在实验中，依据透镜的成像规律，由自准法和二次成像法调整时，移动光学元件，使像没有上下左右移动。

（2）消除视差　光学实验中经常要测量像的位置和大小。经验表明，要测准物体的大小，必须将量度标尺与被测物体紧贴在一起。如果标尺远离被测物体，读数将随眼睛的位置不同而有所改变，难以测准，如图 1-26 所示。可是在光学实验中被测物往往是一个看得见摸不着的像，怎样才能确定标尺和待测像是紧贴在一起的呢？利用“视差”现象有助于解决这个问题。

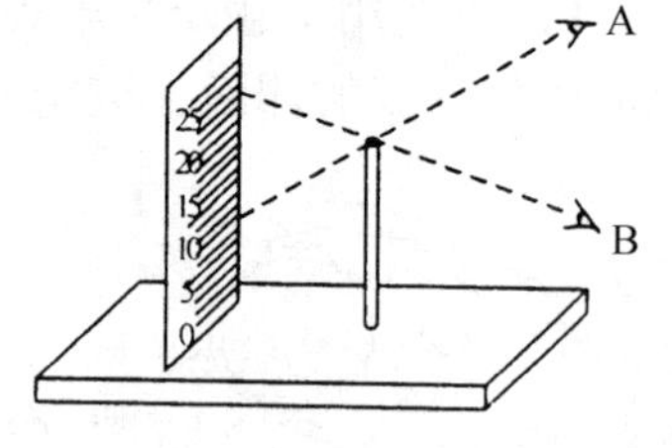

图 1-26　视差

为了认识“视差”现象，读者可作一简单实验：双手各伸出一只手指，并使一指在前另一指在后相隔一定距离，且两指互相平行。用一只眼睛观察，当左右（或上下）晃动眼睛时（眼睛移动方向应与被观察手指垂直），就会发现两指间有相对移动，这种现象称为“视差”。而且还会看到，离眼近者，其移动方向与眼睛移动方向相反；离眼远者则与眼睛移动方向相同。若将两指紧贴在一起，则无上述现象，即无“视差”。由此可以利用视差现象来判断待测像与标尺是否紧贴。若待测像和标尺间有视差，说明它们没有紧贴在一起，则应该稍稍调节像或标尺位置，并同时微微晃动眼睛观察，直到它们之间无视差后方可进行测量。这一调节步骤，称之为“消视差”。在光学实验中，“消视差”常常是测量读数前必不可少的操作步骤。

3. 常用光源简介

通常把自己能够发光的物体称为光源。实验室中常用的是将电能转换为光能的光源——电光源。常见的光源有热辐射光源、气体放电光源和激光光源三类。

（1）热辐射光源　依靠电流通过物体，使物体温度升高而发光的光源。

1）白炽灯：它是由钨丝装在充有惰性气体的玻璃泡内构成。电流通过钨丝，使钨丝炽热发光、其光谱是连续的。除可见光外还有大量的红外辐射和少量紫外辐射。

2）卤素灯：常作为强光源使用，如投影灯、汽车雾灯、放影灯等。在白炽灯中加入一定量的碘或溴等卤素元素，就成为碘钨灯或溴钨灯等卤素灯。目前使用的主要是碘钨灯和溴钨灯。由于卤素元素和钨的化合物极易挥发，因此当卤素原子和钨蒸发在玻璃壳壁处化合，生成卤化钨后，卤化钨很快挥发成气体又反过来向灯丝扩散。由于灯丝附近温度高，卤化钨分解，因而灯丝附近的钨浓度大于没有卤素原子时的浓度，使钨沉积在钨丝上。这种灯具有发光效率高、光效稳定、光色较好、泡壳不发黑、体积小等优点。

（2）气体放电光源　使电流通过气体（包括某些金属蒸气）而发光的光源。

1）钠灯和汞灯：实验室常用钠灯和汞灯（又称水银灯）作为单色光源，外形如图1-27所示。它们的工作原理都是以金属Na或Hg蒸气在强电场中发生的游离放电现象为基础的弧光发光灯。

在额定电压（如220V）下，钠光灯管壁温度升至约260℃时管内钠蒸气压约为3×10^{-3}托[㊀]，发出波长为589.0nm和589.6nm两种最强单色黄光，比例可达85%，而其他几种波长的光（如818.0nm和819.0nm）仅占15%。因此，在一般应用时，可以589.0nm和589.6nm的平均值589.3nm作为钠光灯的波长值。

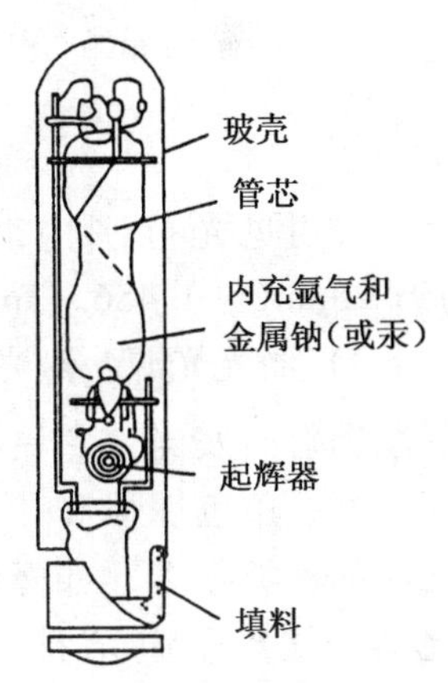

图1-27　气体放电光源

㊀ 托（Torr），非法定计量单位，1Torr = 133.322Pa。

汞灯可按蒸气压的高低，分为低压汞灯、高压汞灯和超高压汞灯。低压汞灯最为常用，其电源电压与管端工作电压分别为220V和20V，正常点燃时发出青紫色光，其中主要包括五种单色光，它们的波长分别是579.0nm（黄）、577.0nm（黄）、546.1nm（绿）、435.8nm（蓝）、404.7nm（紫）。

使用钠灯和汞灯时，灯管必须与一定规格的镇流器（限流器）串联后才能接到电源上去，以稳定工作电流。工作电路如图1-28所示。点燃后一般要预热3～4min才能正常工作，熄灭后也需冷却3～4min才可重新开启。

2）氢放电管（氢灯）：它是一种高压气体放电光源，结构如图1-29a所示。两个大玻璃管中间用弯曲的毛细管连通，管内充氢气，在管子两端加上高电压后，氢气放电发出粉红色的光。氢灯工作电流约为15mA，启辉电压在8kV左右，供电电源如图1-29b所示。220V交流电输入调压变压器，调压变压器输出的可变电压接到霓虹灯变压器的输入端，再由霓虹灯高压器输出端向氢灯供电。

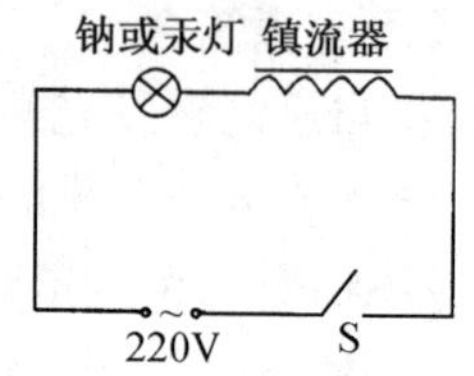

图1-28　气体放电光源工作电路

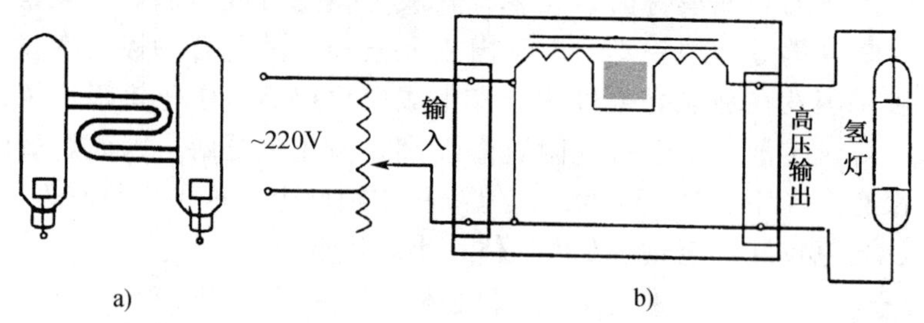

图1-29　高压气体放电光源结构图

在可见光范围内，氢灯发射的原子光谱线主要有三条，其波长分别为656.28nm（红）、486.13nm（青）、434.05nm（蓝紫）。

3）激光光源：激光是20世纪60年代出现的新光源，激光器的发光原理是受激辐射而发光，它具有发光强度大、方向性好、单色性强和相干性好等优点。激光器的种类很多，如氦氖激光器、氦镉激光器、氩离子激光器、二氧化碳激光器、红宝石激光器等。

实验室中常用的激光器是氦氖（He-Ne）激光器，它由激光工作物质（激光管中的氦氖混合气体）、激励装置和光学谐振

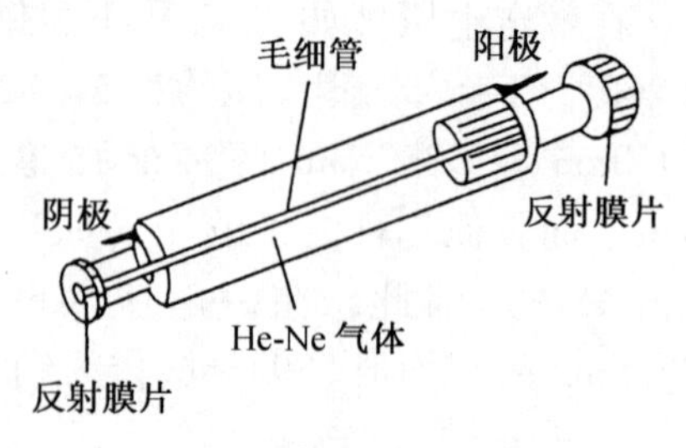

图1-30　氦氖激光器

腔三部分组成。氦氖激光器发出的光波波长为632.8nm，输出功率在几毫瓦到十几毫瓦之间。多数氦氖激光管的管长为200~300mm，其结构如图1-30所示，两端加有高压（约1500~8000V），操作应严防触及，以免造成触电事故。由于激光束的能量高度集中，应注意防护，切勿迎着激光束直接观看。

几种常用光源的主要技术数据示于表1-5~表1-7。

表1-5 钠灯和低压汞灯

名称	型 号	电源电压/V	管端工作电压/A	工作电流/A	功率/W	光谱特征/nm
钠灯	CP20Na	220	15±5	1~1.3	20	589.0 589.6
汞灯	CP20Hg	220	20	1.3	20	404.7，435.8 577.0，579.0，546.0

表1-6 氢放电管

型 号	功 率/W	起辉电压/V	工作电流/mA	主要尺寸/mm			外 壳	备 注
				长	宽度	毛细管		
GP10H	10	8000	15	200	130	外径7	玻璃	用霓虹灯变压器或漏磁变压器

表1-7 （He-Ne）激光器

型 号	输出波长/nm	输出功率/mW	光束发散角(10~3rad)	触发电压/V	工作电压/V	工作电流/mA
DN-1型	632.8	1~2	<3	>3500	1200	3~8

1.3 实验报告示例

实验6 金属丝弹性模量的测量

【实验目的】

（1）掌握不同长度测量器具的使用，掌握光杠杆测微原理和调节方法。

（2）学会用拉伸法测定弹性模量。

（3）学习用逐差法、作图法处理数据。

【预习思考题】

如何考虑减少和消除本实验的系统误差？

答：因为……

【实验原理】

根据胡克定律，弹性限度内，长为L，截面积为S（直径为d）的钢丝，受到力F作用时，将伸长ΔL，则有

$$\frac{F}{S} = E\frac{\Delta L}{L} \quad 得 \quad E = \frac{4F}{\pi d^2}\frac{L}{\Delta L}$$

式中，E称为弹性模量，其大小由材料性质而定。ΔL很小，故用光杠杆测微法进行测量。依据光杠杆测微原理有

$$\Delta L = \frac{K}{2D}\Delta n \quad 得 \quad E = \frac{4F}{\pi d^2}\frac{2DL}{K \cdot \Delta n}$$

式中，K为光杠杆短臂长；$2D$为长臂长（D为光杠镜至标尺间距离）；Δn为长臂末端的位移。

【实验仪器】

弹性模量测定仪、光杠杆系统、待测金属丝、卡尺（0.02mm）、千分尺（0.004mm）、直尺（0.5mm）、钢卷尺（0.5mm）、砝码（0.005kg）。

【实验步骤】

（1）调节弹性模量仪支架成铅直。

（2）调节光杠镜和望远镜：

粗调：先调节望远镜的高度，使之与光杠镜等高，并调节光杠镜的镜面使之垂直于平台面（放置光杠镜的平台）。移动望远镜，使标尺与望远镜几乎对称地位于反射镜的两侧。然后利用望远镜上面的瞄准器，使望远镜对准反射镜，调节镜面，以便能通过镜筒上方从反射镜中看到标尺像。

细调：从望远镜中观察，旋转目镜直至看清叉丝，然后调节镜筒中部的调焦螺旋，以改变组合物镜的焦距，直到能清晰地看到标尺像。仔细调节目镜和调焦螺旋，使标尺像与叉丝共面，此刻若眼睛略微上下移动，标尺像与叉丝没有相对移动。升降标尺高度，令标尺像的零刻线与望远镜叉丝的水平丝几乎重合。

（3）测量：

1）先在砝码盘上放1kg砝码，用以拉直钢丝。然后逐次增加1kg砝码，记下相应标尺像的读数，共6次，然后反向操作。

2）合理选择不同测长仪，测量各量长度。

【数据记录与处理】

（1）荷重钢丝微小长度变化的数据记录和计算（见表1）。

表 1

荷重 F 砝码质量 /kg	标尺读数			荷重砝码质量差 3kg 时的读数差 Δn/cm	约定：$\overline{\Delta n}$的绝对误差 $\Delta_{\overline{\Delta n}}$/cm
	F 增加时的 n/mm	F 减少时的 n/mm	平均值 /mm		
0	0.0	0.0	0.0		
1	1.0	1.5	1.25	$\Delta n_1=\bar{n}_4-\bar{n}_1=2.200$	$\Delta_{(\Delta n)1}=0.058$
2	8.5	9.0	8.75	$\Delta n_2=\bar{n}_5-\bar{n}_2=2.150$	$\Delta_{(\Delta n)2}=0.008$
3	16.0	16.5	16.25	$\Delta n_3=\bar{n}_6-\bar{n}_3=2.075$	$\Delta_{(\Delta n)3}=0.067$
4	23.0	23.5	23.25		$\Delta_{\overline{\Delta n}}=0.044\approx0.05$
5	30.0	30.5	30.25		
6	37.0	37.0	37.00	$\overline{\Delta n}=2.142$	

（2）光杠杆 D、K 和钢丝 L、d 的测量记录和计算（见表2）。

表 2

次数 i	1	2	3	4	5	平均	Δ/cm
d/mm	0.503	0.500	0.489	0.497	0.500	0.500	0.0005
K/cm	7.244	7.246	7.248	7.246	7.244	7.246	0.004
L/cm	80.70						0.05
D/cm	126.80						0.05

$$S_d=t\cdot\sqrt{\frac{\sum_{i=1}^{5}(d_i-\bar{d})^2}{5\times4}}=2.78\sqrt{\frac{1.9\times10^{-5}}{20}}\text{mm}$$

$$=2.71\times10^{-3}\text{mm}=0.003\text{mm}$$

$$\Delta_I=0.004\text{mm}\qquad \Delta_d=\sqrt{S_d^2+\Delta_I^2}=0.005\text{mm}$$

$$S_K=t\cdot\sqrt{\frac{\sum_{i=1}^{5}(K_i-\bar{K})^2}{5\times4}}=2.78\sqrt{\frac{1.2\times10^{-5}}{20}}\text{cm}$$

$$=0.0022\text{cm}\approx0.003\text{cm}$$

$$\Delta_I=0.002\text{cm}\qquad \Delta_K=\sqrt{S_K^2+\Delta_I^2}=0.0036\text{cm}\approx0.004\text{cm}$$

（3）钢丝弹性模量 E 的计算

$$\bar{E}=\frac{8\bar{L}\bar{D}\Delta F}{\pi d^2\bar{K}\,\overline{\Delta n}}=\frac{8\times80.70\times126.80\times3\times9.80}{\pi\times0.050^2\times7.246\times2.142}\text{N}\cdot\text{m}^{-2}$$

$$=1.97434\times10^{11}\text{N}\cdot\text{m}^{-2}$$

E 的最大相对误差为

$$\frac{\Delta_E}{E}=\sqrt{\left(\frac{\Delta_L}{L}\right)^2+\left(\frac{\Delta_D}{D}\right)^2+\left(\frac{\Delta_K}{K}\right)^2+\left(2\frac{\Delta_d}{d}\right)^2+\left(\frac{\Delta_{\Delta F}}{\Delta F}\right)^2+\left(\frac{\Delta_{\overline{\Delta n}}}{\overline{\Delta n}}\right)^2}$$

$$= \sqrt{\left(\frac{0.05}{80.70}\right)^2 + \left(\frac{0.05}{126.80}\right)^2 + \left(\frac{0.004}{7.246}\right)^2 + \left(2\frac{0.005}{0.500}\right)^2 + \left(\frac{0.005}{1.000}\right)^2 + \left(\frac{0.05}{2.142}\right)^2}$$

$$= 0.0312114 = 3.2\%$$

（从式中可知，钢丝直径的误差和标尺读数改变测量的误差对结果误差影响最大，故测量时要特别注意。）

E 的最大绝对误差为

$$\Delta_E = \bar{E} \times \left(\frac{\Delta_E}{\bar{E}}\right) = 1.97434 \times 10^{11} \times 3.2\%\ \mathrm{N \cdot m^{-2}}$$

$$= 0.0616219 \times 10^{11}\ \mathrm{N \cdot m^{-2}} \approx 0.07 \times 10^{11}\ \mathrm{N \cdot m^{-2}}$$

E 的测量结果为

$$E = (1.97 \pm 0.07) \times 10^{11}\ \mathrm{N \cdot m^{-2}}$$

【讨论分析】

……

【思考题】

试确定实验中光杠杆的放大倍数。

解：…

…

第2章　单 元 实 验

2.1　第一单元

实验1　单摆法测重力加速度

【实验目的】

(1) 学会用单摆测定重力加速度的方法。

(2) 学习用累计放大法提高测量精度。

(3) 学会用作图法处理数据。

【实验原理】

地球上各地区重力加速度的大小 g，与该地区的地理纬度和海拔有关，其数值略有差异。近两极的 g 值最大，赤道附近的 g 值最小，两者相差大约1/300。

设单摆的摆长为 L，摆球质量为 m。当单摆左右摆动时，摆球所受的合外力 $f=-mg\sin\theta$，其中 θ 为摆角，如图2-1所示。这时，摆球的线加速度 $a=-g\sin\theta$，角加速度

$$\beta=\frac{a}{L}=-\frac{g}{L}\sin\theta \tag{2-1}$$

当摆角较小时（一般 $\theta<5°$），可以认为 $\sin\theta\approx\theta$，这时

$$\beta=-g\theta/L \tag{2-2}$$

即振动的角加速度与角位移成比例，式中负号表示角加速度和角位移的方向总是相反。此时单摆的振动近似为简谐振动。比较简谐振动公式

$$\beta=-\omega^2\theta$$

可得

$$\omega=\sqrt{g/L} \tag{2-3}$$

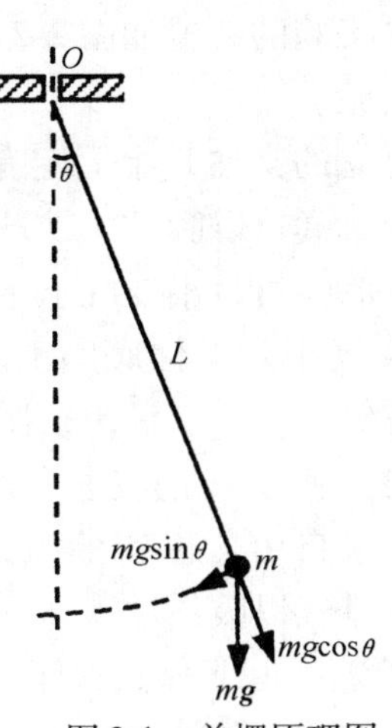

图2-1　单摆原理图

单摆的振动周期 T 为

$$T = 2\pi/\omega = 2\pi\sqrt{L/g} \tag{2-4}$$

式中，g 为当地的重力加速度；L 为摆长，是摆球重心到摆线悬点的距离。由此也证明了单摆的等时性原理。

上式是在假定摆角很小的情况下得到的。由理论分析可严格证明，单摆的振动周期 T 和摆角 θ 之间的关系为

$$T = 2\pi\sqrt{\frac{L}{g}}\left[1 + \left(\frac{1}{2}\right)^2\sin^2\frac{\theta}{2} + \left(\frac{1}{2}\times\frac{3}{4}\right)\sin^4\frac{\theta}{2} + \cdots\right] \tag{2-5}$$

由上式可以看出，式（2-4）只是式（2-5）的零级近似，但由式（2-4）即可测得较满意的结果。变换式（2-4）可得

$$g = 4\pi^2 L/T^2 \tag{2-6}$$

$$T^2 = \frac{4\pi^2}{g}L \tag{2-7}$$

以上两式即为本实验中所用的测量公式。若采用一固定摆长为 L 的单摆，精密地测出周期 T，代入式（2-6）即得当地的重力加速度 g。若测出不同摆长 L_i 下的周期 T_i 做出 T^2-L 关系曲线，所得结果为一直线，根据式（2-7），由直线的斜率可求出 g 值。

本实验采用以上两种方法进行测量。在作图法中，采用数字计数器计时；而固定摆长时，采用普通秒表计时。数字计数器是一种比较精密的仪器，而秒表比较简单。但是，用它同样可以获得精密的测量，方法是采用累计放大法，即测量多个振动周期 T，扩大测量范围，如测出 50 次全振动的时间 $t = 50T$，然后得出周期 T 值。

【实验装置】

本实验的装置如图 2-2 所示，它可以完成多个实验。

直立的支柱 D 上固定有标尺 R，支柱上端有一个气囊可以吸住小铁球，两个光电转换支架 E_1 和 E_2 可以沿支柱上下移动，其位置可由标尺 R 读出。支柱底座上有可以调节铅直的三个螺钉 S_1、S_2、S_3，以摆球作重锤，调节三个螺钉，使摆线与支柱平行，可保证支柱 D 垂直。做自由落体实验时，可以挤压 O 处的气囊来排气以吸住小铁球，待其缓慢漏气，小铁球便会自由下落；或者利用 O 处的电磁铁吸住小铁球，并通过关闭励磁电流让小铁球自

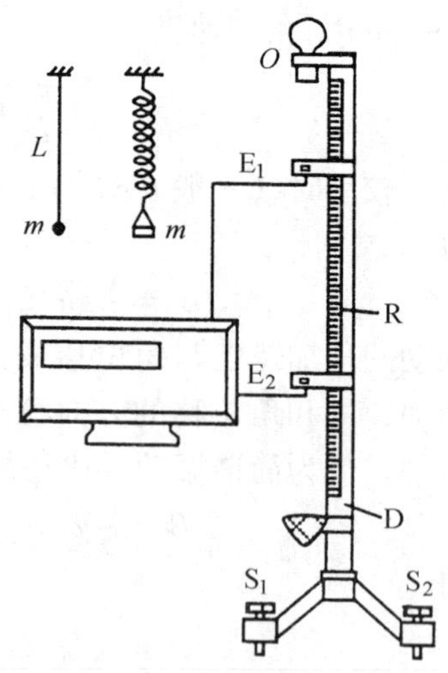

图 2-2　单摆实验装置图

由下落。

使用："MUJ-5B/5C 型计时计数测速仪"处理光电转换信号，其"T 周期"挡的用法为：

1）接通电源，按"功能键"，选择"T 周期"测量功能，对应指示灯亮。

2）"不设定周期数"模式：

① 摆锤在光电门上挡光，仪器显示单摆周期数。

② 按"转换"键，仪器停止计时，然后显示累计时间。按"取数"键，显示单个周期的时间。

③ 按"功能"键测量下一组。

3）"设定周期"模式：

① 按下"转换"键不放，显示数字递增，直至显示待测周期数。

② 摆锤在光电门上挡光，显示周期数递减，经过设定的周期后显示累计时间。按"取数"键，显示单个周期的时间。

③ 按"功能"键测量下一组。

4）关闭电源，结束测量。

【实验内容】

（1）用数字计数器计时，取 5 个不同摆长 L_i，每个摆长下单摆周期 T_i 重复测量 5 次，然后做出 T^2-L 图，用作图法求重力速度 g 的值。测量摆长时，要求用卷尺测出悬线长度，用卡尺测出小球直径。

（2）固定摆长 $L \approx 100\text{cm}$，用秒表计时，采用累计放大法，测出单摆 50 次全振动的时间 $t = 50T$，重复测量 4 次，计算出 $\bar{g}$ 值，求出测量 g 的不确定度 Δ_g。

（3）把上述两种方法的测量结果进行分析比较，说明优缺点，求出百分误差。已知长沙地区重力加速度的标准值为 $g_0 = 979.15\text{cm/s}^2$。

【预习思考题】

（1）为什么用秒表测单摆周期时，不直接测量往返一次摆动的周期 T，而测定 $50T$？试从误差分析说明。

（2）若摆长 $L = 100\text{cm}$，摆角 $\theta = 5°$，试估算摆幅的水平位移有多大？会对周期的测量产生多大影响？对 g 的测量产生多大影响？$\theta = 10°$时又怎样？

【思考题】

（1）如果实验做出的 T^2-L 曲线为一直线，说明什么问题？如果不为一直线呢？如果直线不通过坐标原点，说明什么？

（2）已知长沙地区重力加速度的标准值为 $g_0 = 979.15\text{cm/s}^2$，若要测量单摆

的等值摆长 L，即 $T=2\pi\sqrt{L/g_0}$，要求 $\Delta_l/L\leqslant 0.2\%$，如 $T\approx 2\text{s}$，不考虑系统误差，则用最小分度为 0.1s 的秒表测量时，应取多少个周期为宜？

实验2 自由落体法测定重力加速度

【实验目的】

（1）学会用自由落体法测定重力加速度。

（2）用误差分析的方法，学会选择最有利的测量条件减小测量误差。

【实验原理】

在重力作用下，物体的下落运动是匀加速直线运动，其运动方程为

$$s = v_0 t + \frac{1}{2}gt^2 \tag{2-8}$$

式中，s 是物体在 t 时间内下落的距离；v_0 是物体运动的初速度；g 是重力加速度。若测出 s，v_0，t，则可以求出 g 值。

很自然想到，如果使 $v_0=0$，即物体（实验中用小铁球）从静止开始下落，则可避免测量 v_0 的麻烦，而使测量公式简化。但是，实际测量 s 时总是存在一些困难。本实验装置中，光电转换架的通光孔总有一定的大小，当小铁球挡光到一定程度时，计时-计数-计频仪才开始工作，因此，不容易确定小铁球经光电转换架时的挡光位置。为了解决这个问题，采用以下测量方法。

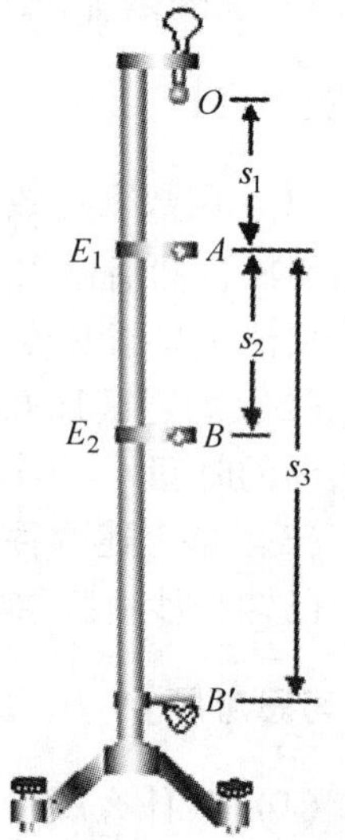

图2-3 自由落体装置

如图2-3所示，让小球从 O 点处开始下落，设它到达 A 处的速度为 v_0，再经过 t_1 时间到达 B 处，令 AB 间的距离为 s_1，则由式（2-8）有

$$s_1 = v_0 t_1 + \frac{1}{2}gt_1^2 \tag{2-9}$$

同样，设经过时间 t_2 后，小球由 A 处到达 B'处，令 AB'间的距离为 s_2，则有

$$s_2 = v_0 t_2 + \frac{1}{2}gt_2^2 \tag{2-10}$$

由式（2-9）和式（2-10）化简得

$$g = \frac{2(s_2 t_1 - s_1 t_2)}{t_2^2 t_1 - t_1^2 t_2} = \frac{2(s_2/t_2 - s_1/t_1)}{t_2 - t_1} \tag{2-11}$$

上式即为本实验的测量公式。将光电转换架 E_1 放在位置 A 不动，首先将光电转换架 E_2 放在 B 处进行测量，测出 s_1，t_1，再将光电转换架 E_2 放在 B'处进行测量，测出 s_2，t_2，即可求出 g 值。s_1 和 s_2 可由立柱上的标尺读出，t_1 和 t_2 由计时计数测速仪读出，这样就巧妙地避免了测量距离的困难。

测量结果的好坏与许多因素有关，但当测量方法和测量仪器选定后，选取合理的测量参数，可提高测量的精确度。由式（2-11）可知，g 与 s_1，s_2，t_1，t_2 有关，所以 g 的不确定度与光电转换架的位置有关。可根据不确定度的绝对值合成公式，采用求标值的方法来选择最有利的测量条件，求出最佳操作范围。

根据随机误差的算术合成公式有

$$\Delta_g = \left|\frac{\partial g}{\partial t_1}\right|\Delta_{t_1} + \left|\frac{\partial g}{\partial t_2}\right|\Delta_{t_2} + \left|\frac{\partial g}{\partial s_1}\right|\Delta_{s_1} + \left|\frac{\partial g}{\partial s_2}\right|\Delta_{s_2}$$

经过实际推导得

$$\Delta_g = \frac{2\Delta_s}{t_2 - t_1}\left(\frac{1}{t_1} + \frac{1}{t_2}\right) + 2\left[\frac{s_2 t_1^2 + s_1 t_2^2}{t_1^2 t_2^2 (t_2 - t_1)} + \frac{2(s_2 t_1 - s_1 t_2)}{t_1 t_2 (t_2 - t_1)^2}\right]\Delta_t \tag{2-12}$$

或化为

$$\Delta_g = \frac{2(\Delta_s + v_0\Delta_t)}{t_2 - t_1}\left(\frac{1}{t_1} + \frac{1}{t_2}\right) + \frac{4g\Delta_t}{t_2 - t_1} \tag{2-13}$$

式中，取 $\Delta_{s_1} = \Delta_{s_2} = \Delta_s$，$\Delta_{t_1} = \Delta_{t_2} = \Delta_t$（为什么?）分析上式，若要使 Δ_g 较小，则要求：

1）Δ_t、Δ_s 要小，这可以通过多次测量和选择高精度仪器来解决。

2）v_0 要小，即光电转换架 E_1 的位置 A 应尽量靠近顶部（s_0 要小，但要有利于方便操作）。

3）t_2 要大，即光电转换架 E_2 对应于 s_2 的位置 B'要尽量放在靠近立柱底部。

4）t_1 若小，则 $1/t_1$ 项变大；若 t_1 增大，则 $1/(t_2 - t_1)$ 项变大，故知 t_1 有一个最佳值，即光电门 E_1 对应于 s_1 的位置 B 有一个最佳位置。

【实验仪器】

本实验采用“MUJ-5B/5C 型计时计数测速仪”处理光电转换信号，其“g 重力加速度”挡的用法为：

（1）接通电源，按“功能”键，选择“g 重力加速度”功能，对应指示灯亮。

（2）按“电磁铁”键，键上方指示灯亮，电磁铁吸合，可吸住小球。再按“电磁铁”键，键上方指示灯灭，小球自由下落，仪器开始计时。

（3）小球经过第二个光电门之后，仪器停止计时。仪器先显示数字“1”，随后显示“小球从下落点到第一个光电门”的时间，接着显示数字“2”，最后显示“小球从下落点到第二个光电门”的时间。

(4) 按“功能”键或“电磁铁”键，显示清零，可重复上述步骤2、步骤3，测下一组数据。

(5) 关闭电源，结束测量。

【实验内容】

(1) 调整仪器，使其工作正常。数字计数仪计时用0.1ms挡，合理选取光电门E_1的位置A，光电门E_2分别放在B处和B'处，重复测量10次，求出重力加速度g值，并与标准值相比较，求出百分误差E_0。

(2) 根据式(2-13)的分析，选择有利的测量条件，重新测量，使不确定度$\Delta_g/g \leqslant 1\%$。实验中首先确定s_0，s_2，并进行测量实验，得知t_2值。取v_0为理论值，$g = 980\text{cm/s}^2$，代入式(2-13)中，要使$\Delta_g \leqslant 9.8\text{cm/s}^2$，则可估计出$t_1$值的取值范围，从而知$s_1$的取值范围。满足$\Delta_g/g \leqslant 1\%$的$s_1$有一个取值范围，实验中不要求找出最佳的$s_1$值，只是在定性分析结论的指导下从实验数据出发，计算出满足$\Delta_g/g \leqslant 1\%$的位置B。

【预习思考题】

(1) 实验中如何避免测不准距离的困难?

(2) 为什么要调节立柱使其铅直? 本实验中应如何调整才能满足实验要求?

【思考题】

(1) 怎样测量小球经过某一点(如$s = 40\text{cm}$)时的瞬时速度?

(2) 如果用体积相同而质量不同的空心小铁球来代替原来的小铁球，试问实验所得到的重力加速度g值是否相同?

实验3 拉伸法测量金属丝的弹性模量

弹性模量是描述固体材料抵抗形变能力的重要物理量，是工程技术设计中极为常用的参数。本实验主要采用光杠杆镜尺法测量金属丝的弹性模量。

【实验目的】

(1) 掌握用拉伸法测量金属丝弹性模量的原理和方法。

(2) 学习光杠杆测量微小长度变化的原理和方法。

(3) 进一步学习用逐差法、作图法处理数据。

(4) 多种长度测试方法和仪器的使用。

【实验原理】

（1）实验原理

在外力作用下，固体所发生的形状变化称为形变。它可以分为弹性形变和塑性形变两类。外力撤除后物体能完全恢复原状的形变称为弹性形变；如果加在物体上的外力过大，以致外力撤除后，物体不能完全恢复原状，而留下剩余形变就称之为塑性形变。本实验中只研究金属丝受力后发生的弹性形变。

设一金属钢丝长为 L，如图2-4所示，横截面积为 S。沿长度方向施力 F 后，钢丝的伸长（或缩短）为 ΔL。比值 F/S 是钢丝单位截面积上的作用力，称为正应力，它决定了钢丝的形变；比值 $\Delta L/L$ 是钢丝的相对伸长量，称为线应变，它表示钢丝形变的大小。根据胡克定律，在金属钢丝弹性限度内正应力与线应变成正比，比例系数

$$E = \frac{F/S}{\Delta L/L} \tag{2-14}$$

称为弹性模量，旧称杨氏模量，它表征材料本身的弹性性质。E 越大的材料，要使它发生一定的相对形变所需的单位横截面积上的作用力也越大。实验证明：弹性模量 E 与外力 F、物体的原长 L 和横截面积 S 的大小无关，而只决定于材料本身固有的性质。

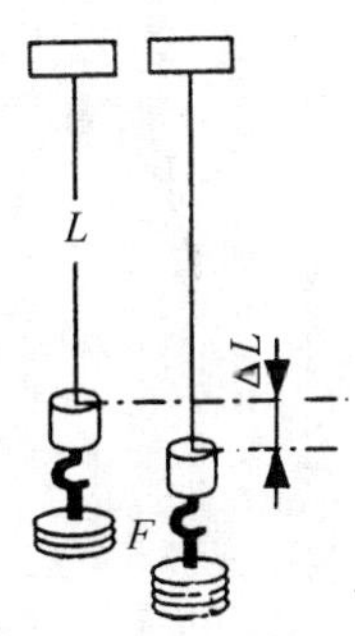

图2-4　金属丝拉伸图

在式（2-14）中，F、L、S 都可以用普通仪器及一般方法较容易测出，唯有 ΔL 是一个微小的长度变化量，约 10^{-1}mm 数量级，很难用普通长度测量仪测出。因此，本实验的核心问题是如何测准 ΔL。采用光杠杆测量原理就是为了解决这个微小长度改变量的精确测量。

（2）光杠杆装置

光杠杆镜尺法是一种应用光放大原理测量被测物微小长度变化的装置，它的特点是对测量对象实行非接触式的放大测量，直观、简便、精度高。

光杠杆装置结构包括两部分，如图2-5所示，一是光杠杆镜架，由平面全反射镜、主杠支脚和刀口组成。镜面倾角及主杠尖脚到刀口的间距可调。另一部分是镜尺装置，由一个与被测长度变化方向平行的标尺与尺旁的测量望远镜组成。测量微小长度变化量原理如图2-6所示。假定平面镜A的法线和望远镜光轴在同一直线上，且望远镜光轴和刻度尺垂直，刻度尺上 a 点发出的光线经平面镜反射进入望远镜，可将在望远镜中十字叉丝处读得的 a 的刻度设为 n_0。若主杠尖脚绕刀口位移 ΔL，平面镜A绕刀口转过角度 θ 时，平面镜法线也将转过角度 θ，据反射定律，反射线转过 2θ。此时在望远镜十字叉丝处可见刻度 b 处的

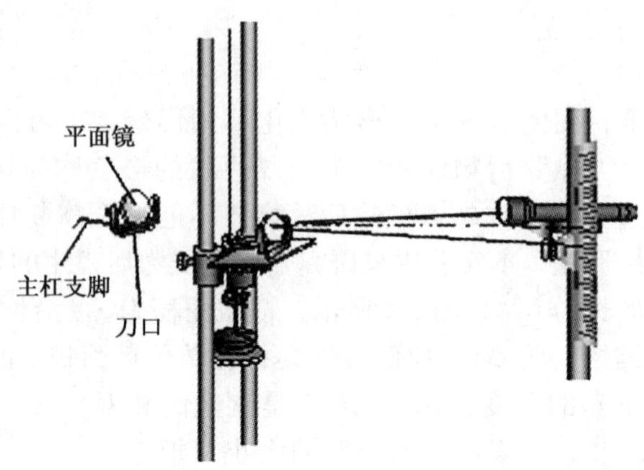

图2-5　光杠杆装置

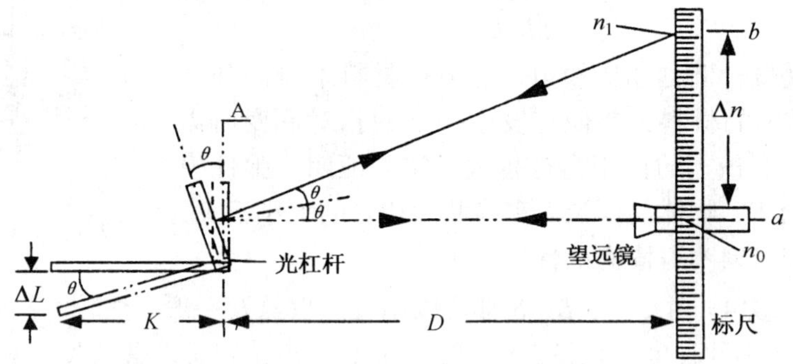

图2-6　光杠杆工作原理图

像，将其设为 n_1，因 ΔL 很小，且 $\Delta L << K$，如图2-6所示，θ 亦很小，故有

$$\frac{\Delta L}{K} = \tan\theta \approx \theta \tag{2-15}$$

又因（$n_1 - n_0$）$<< D$，故有

$$\frac{n_1 - n_0}{D} = \tan 2\theta \approx 2\theta \tag{2-16}$$

由式（2-15），式（2-16）消去 θ，得

$$\frac{2\Delta L}{K} = \frac{n_1 - n_0}{D} = \frac{\Delta n}{D} \tag{2-17}$$

得出被测微小长度变化量为

$$\Delta L = \frac{K}{2D}\Delta n \tag{2-18}$$

可见，利用光杠杆装置测量微小长度变化量的实质是：将微小长度的变化量 ΔL 经光杠杆装置转变为微小角度的变化 θ，再经尺读望远镜转变为刻度尺上较大范围的读数变化量 Δn，通过测量 Δn，实现对微小长度变化量 ΔL 的测量。这样不但可以提高测量的准确度，而且可以实现非接触测量。$2D/K$ 称为光杠杆放大倍数，增大 D，减小 K，光杠杆放大倍数增大。但预置过大的 D、过小的 K 会使系统抗干扰性能变差。实际测量时一般选取 $D = 1.5 \sim 2.0\text{m}$，$K = 6.5 \sim 9.0\text{cm}$。这样光杠杆放大倍数可达 30 ~ 60 倍，将式（2-18）代入式（2-14），有

$$E = \frac{2FLD}{SK\Delta n} = \frac{8FLD}{\pi d^2 K\Delta n} \tag{2-19}$$

式中，$S = \frac{1}{4}\pi d^2$；d 为金属丝的直径。

【仪器装置】

弹性模量测定仪、光杠杆系统、游标卡尺、千分尺、直尺、待测金属丝。

（1）弹性模量测定装置　如图 2-7 所示：金属丝上端固定在支架夹头处，下端用一圆柱形夹具 B 夹紧，B 可在平台 G 中间的圆孔内上下自由移动，夹具下端挂有砝码。光杠杆刀口放在平台 G 的凹槽内，光杠杆主尖脚放在 B 上，调整支架底部三颗调整螺钉可使平台水平。当增加或减少砝码时，金属丝将伸长或缩短 ΔL，光杠杆的主杆尖脚也将随夹具 B 一起下降或上升 ΔL，使平面镜转过一角度 θ，望远镜中可观察记录到由 ΔL 变化而引起的刻度尺的变化量 Δn，由此则可算出 ΔL。

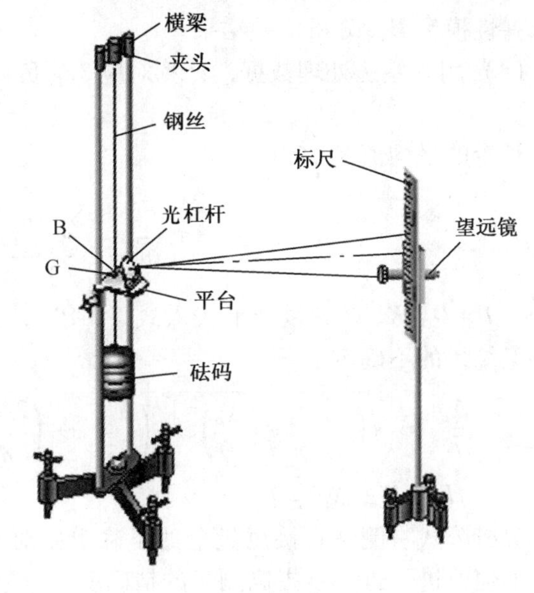

图 2-7　实验装置图

（2）操作要点　仪器调节的程序：如图2-7，放好光杠杆，使镜面与金属丝平行，将望远镜置于光杠杆前 1.5 ~2.0m 远处。

1）调节底脚螺钉使 B 位于 G 台圆孔中间，能上下自由移动。

2）使直尺和金属丝平行，望远镜和平面镜位于同一高度；移动望远镜使标

尺与望远镜几乎对称地分居于反射镜两侧。然后利用望远镜上面的瞄准器，使望远镜对准反射镜，调节镜面使通过镜筒上方能从反射镜中看到标尺像。

3）调节目镜看清叉丝；调节物镜，使从望远镜中能看到叉丝和直尺的刻线，仔细调节物镜，消除叉丝横线与直尺刻线间的视差。

【实验内容】

（1）按逐差法处理数据的要求测量弹性模量 建议：依次在砝码钩上加挂砝码（每次1kg，并注意砝码应交错放置整齐）。待系统稳定后，记下相应十字叉丝处读数 n_i（$i=1$，2，…，6）。依次减小砝码（每次1kg），待稳定后，记下十字叉丝处相应读数 n_i'（$i=1$，2，…，6）。取同一负荷刻度尺读数平均值$\overline{n_i}$

$$\overline{n_i} = \frac{n_i + n_i'}{2} \quad (i = 1,2,3,4,5,6)$$

（2）仪器配套选择 根据待测长度的特征，应综合运用多种测量长度的方法，正确选择实验室提供的测长仪器（米尺、游标卡尺、千分尺），准确地测出 L，D，K，d 值，并确定各量的不确定度。

（3）以 F 为横坐标轴，$\Delta n=\overline{n_i}-\overline{n_0}$（$i=1$，2，…，6）为纵坐标作图，由图求弹性模量 E，分析实验结果。

（4）用逐差法处理数据，计算对应3kg负荷时金属丝的伸长量

$$\Delta n_i = \overline{n_{i+3}} - \overline{n_i} \quad (i = 1,2,3)$$

及伸长量的平均值

$$\overline{\Delta n} = \frac{\sum\limits_{i=1}^{3} \Delta n_i}{3}$$

将$\overline{\Delta n}$、L、D、K、d 各量结果代入式（2-19），计算出待测金属丝的弹性模量 E 及测量结果的不确定度。

$$\frac{\Delta_E}{E} = \sqrt{\left(\frac{\Delta_L}{L}\right)^2 + \left(\frac{\Delta_D}{D}\right)^2 + \left(\frac{\Delta_K}{\bar{K}}\right)^2 + \left(\frac{2\Delta_d}{\bar{d}}\right)^2 + \left(\frac{\Delta_F}{F}\right)^2 + \left(\frac{\Delta_{(\Delta n)}}{\Delta n}\right)^2}$$

$$E = \bar{E} \pm \Delta_E = ?$$

分析公式右侧各直接测量量的不确定度对总不确定度的影响，考虑测量方法，如何改进可进一步提高测量的精确度？

（5）（选作）由作图法处理数据，其图线应是什么形状？图线是否通过零点？如果不通过零点，分析原因说明什么？

【预习思考题】

（1）光杠杆镜尺法测量微小长度变化量的原理是什么？有何优点？

（2）如一开始就在望远镜中寻找标尺像，很难找到，为什么？望远镜调节到什么程度才算调节好了？

（3）本实验是一个综合性的长度测量实验，对各个不同长度量，应考虑采用哪一种合适的量具？哪些量只需进行一次测量，哪些量必须进行多次测量？

【思考题】

（1）分析你的实验结果中哪一项误差对测量结果影响最大，如何减少？

（2）用逐差法处理数据的优点是什么？应注意什么问题？

（3）本实验中必须满足哪些实验条件？这些条件是如何提出的？你能否根据实验数据判断金属丝有无超过弹性限度？

（4）两根材料相同，而粗细、长度不同的钢丝，在相同的加载条件下，它们的伸长量是否一样？弹性模量是否相同？

实验4　牛顿第二定律的研究

【实验目的】

（1）观察运动现象，测量物体的速度、加速度。

（2）研究加速度与力学基本量的关系，从实验中归纳总结牛顿第二定律。

（3）学会气垫导轨和计时计数测速仪的使用。

【实验原理】

1. 速度和加速度的测定

若物体作直线运动，在 Δt 的时间内，物体的位移为 Δx，则该物体在 Δt 时间内的平均速度为

$$\bar{v} = \frac{\Delta x}{\Delta t} \tag{2-20}$$

某点的瞬时速度是平均速度的极限，即

$$v = \lim_{\Delta t \to 0} \frac{\Delta x}{\Delta t} \tag{2-21}$$

Δt 越小，平均速度 $\bar{v}$ 就越接近瞬时速度 v。

在实验中要测量物体在某点的瞬时速度，直接利用式（2-21）是极其困难的。因此，通常在一定误差范围内，可以用历时极短的 Δt 内的平均速度近似地代替瞬时速度。尽管 $\bar{v}$ 和 v 有一定差值，但只要物体运动速度不是很小，加速度又不是太大，利用式（2-20）测出的结果距真正的瞬时速度相差也就不远。

物体作匀变速直线运动时，由运动学公式可知

$$v_t^2 - v_0^2 = 2as \tag{2-22}$$

式中，v_0、v_t 为运动物体的初速度和末速度；a 为加速度；s 为两点之间的距离。若测出 v_0、v_t 和 s，则由上式可知物体的加速度 a 为

$$a = \frac{v_t^2 - v_0^2}{2s} \tag{2-23}$$

使物体获得加速度的方法有两种：一是给运动在水平气垫导轨（简称气轨）上的滑块（物体）加一个恒定外力（实验中用的小砝码盘+砝码），使之产生加速度；二是将气轨调成倾斜，使滑块在重力作用下产生加速度。不管用哪种方法测量加速度 a，其关键都在于瞬时速度 v_0 和 v_t 的测量。

2. 归纳总结牛顿第二定律

牛顿第二定律是对物体在外力作用下产生的加速度大小的定量描述，加速度是表征物体运动状态改变的物理量。在日常生活中我们已经积累了丰富的经验，知道物体运动状态改变的难易程度与物体的惯性（即质量）大小有关，也与作用在物体上的合外力大小有关。这就是说加速度 a 应是物体质量 m 和作用在物体上的合外力 F 的函数。那么加速度是否还与物体的位置、外力作用的时间等其他因素有关呢？如果众多的可变因素同时发生变化，则不易找出其规律性联系。实验研究的重要方法之一就是将相互独立的若干可变因素分解开来，分别研究其规律，最后再进行归纳总结。在现在研究的问题中，有三个独立的因素：物体的质量和作用在物体上的合外力是两个独立因素，但外力作用的时间和物体的位置只能算作一个独立因素（在一定的时间内物体将处于一定的位置）。因此，需要从三个方面来进行研究。

(1) 恒定质量的物体在恒力作用下加速度与位置（时间）的关系

水平气轨上质量为 m_1 的滑块，用一细线通过轻滑轮与砝码盘 m_2 相连，如图2-8所示。在略去滑块与导轨之间及滑轮轴上的摩擦力、不计滑轮和细线的质量、线不伸长的条件下，可知 m_1 与 m_2 具有相同的加速度，由 m_1 和 m_2 组成的系统的总质量及其所受合外力分别为

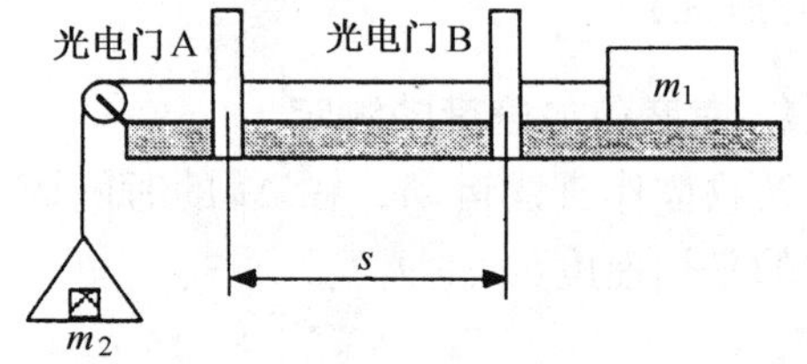

图2-8 光电门与滑块图

$$m = m_1 + m_2 \tag{2-24}$$

$$F = m_2 g \tag{2-25}$$

在气轨上安置两个光电门A和B，利用气轨上附带的米尺可测出A、B之间的距离 s；在滑块上安装两条挡光片，利用游标卡尺可测出两条挡光片前沿之间

的距离 Δx，利用计时-计数-测速计可测出两条挡光片前沿通过光电门 A 的时间间隔 Δt_A 和通过光电门 B 的时间间隔 Δt_B。于是可以利用式（2-21）和式（2-23）算出滑块在 A、B 之间运动的平均加速度 a。保持 m 及 F 不变，改变 s，若测出的平均加速度 a 不变，则可知加速度与位置（时间）无关。

（2）物体质量一定的情况下，加速度与外力的关系

依据式（2-24）和式（2-25），在保持 m 不变的前提下改变 m_1 和 m_2，可以改变 F 的大小。测出若干组不同 F 对应的 a 值，以 F 为横坐标，a 为纵坐标作图，若所得图线为一直线，则可知加速度 a 与物体所受合外力 F 成正比。

（3）合外力不变的情况下，加速度与物体质量的关系

保持 m_2 不变即可以保证 F 不变，通过改变 m_1 则可以改变 m 的大小。测出若干组不同 m 对应的 a 值，以 m 为横坐标，a 为纵坐标作图，得到的图线为一曲线，可知加速度与物体质量不为线性关系。由于非线性函数的处理较为复杂，可通过变量代换将其转化为线性函数处理。首先根据曲线形状猜测它可能属于哪一种函数形式，并作相应的变量代换处理，看变换后图线是否成为直线。必要时可以假设几种不同的函数形式进行试探，看哪种形式变换结果最接近于直线（用最小二乘法拟合时，选择线性相关系数 γ 的绝对值最接近于 1 的一种函数形式）。在本实验中得到 a 与 $1/m$ 的关系最接近于直线，则可知加速度 a 与物体的质量 m 成反比。

（4）归纳总结，得出牛顿第二定律的表达式

综合上述三方面结果，我们知道物体的加速度 a 与位置（时间）无关，与物体所受合外力 F 成正比，与物体的质量 m 成反比。这个结论可以用函数

$$a = k\frac{F}{m} \tag{2-26}$$

来表达，式中 k 为常数。选取适当的单位可以使 $k=1$，例如在 SI 单位制中规定 1N 是使质量为 1kg 的物体产生 1m/s^2 加速度的力。于是可将式（2-26）改写成

$$F = ma \tag{2-27}$$

至此，我们已经从实验中总结出牛顿第二定律，并得到了它的数学表达式(2-27)。

然而，当用物理天平测出滑块的质量 m_1 和砝码盘的质量 m_2 并将测量值代入式(2-24)和式(2-25)算出 m 和 F 后，根据式(2-26)计算却不能得出 $k=1$ 的结果。这里算出的 k 值会大于1 还是小于1？请实验者自行分析判断。

【实验仪器】

（1）气垫导轨面和滑块内表面有较高的光洁度，且二者配合良好，使用前应先用酒精棉球擦拭干净，不能用手擦拭。

（2）打开气源，给气轨通气，待气压稳定后，再将滑块放到气轨上，切忌

未通气就将滑块放到气轨上。

（3）气轨调平方法：可根据滑块在气轨上的运动状态来检验：

1）静态调平。将导轨通气，把滑块放到气轨上，调节支脚螺钉，直至滑块在气轨上任何位置都能保持静止不动，或稍有些滑动，但不总向一个方向滑动（方向随机，速度缓慢），即认为已基本调平。

2）动态调平。装上两光电门，接通计时计数测速仪电源，给气轨通气，使滑块从气轨一端向另一端运动，先后通过两光电门，在计时计数测速仪上记下通过两光电门所用时间 Δt_A 和 Δt_B，调节支点螺钉使 $\Delta t_A = \Delta t_B$，此时可视为导轨已经调平。实际上，由于存在空气的粘滞阻力，严格地说，水平时 Δt_A 不等于 Δt_B。实验中，若 Δt_A 和 Δt_B 的大小均在 100 ~ 150ms 之间，二者之差小于 3ms（后通过的光电门计数值稍大）时可认为气轨水平，判断的标准是，滑块沿左、右两方向运动时，若 Δt_A、Δt_B 基本相同，则两方向的差值 $|\Delta t_A$、$\Delta t_B|$ 应相同。

（4）调整水平后即可进行实验。使用完毕，应将导轨表面擦净，并用布盖好。

【注意事项】

（1）气轨是一种高精度仪器，它的几何精度直接影响实验效果。因此，在使用时严禁碰撞、重压、划伤，以免造成变形。

（2）使用时要先通气，后放滑块；使用完毕，应先取下滑块，再关气源。不得违章操作。

（3）挡光片要从光电门的空隙间通过，决不能碰到光电门上；在滑块上加骑码时，务必对称放置，保持滑块平衡。

（4）喷气孔直径只有 0.6mm，如小孔被污物堵塞，滑块在该处就不能浮起。实验中如发现此现象，应马上停止实验，排除故障，可用 ϕ0.5mm 钢丝将孔捅通。

【实验内容】

（1）保持滑块质量 m_1 和砝码盘质量 m_2 均不变，保持第一个光电门的位置不变，改变第二个光电门的位置以改变 s。在同一初始位置由静止释放滑块，测定对应不同 s 时的 v_0 和 v_t。以 s 为横坐标，$v_t^2 - v_0^2$ 为纵坐标作出图线。对所作图线进行分析，给出结论和理由。

（2）保持系统总质量 $m = m_1 + m_2$ 不变，改变砝码盘中的砝码以改变系统所受合外力 $F = m_2 g$ 的大小，测定对应不同 F 时的加速度 a 值。以 F 为横坐标，a 为纵坐标作出图线。对所作图线进行分析，给出结论和理由。

（3）保持系统所受合外力 $F = m_2 g$ 不变，通过在滑块上加骑码的方法以改变系统总质量 $m = m_1 + m_2$，测定对应不同 m 时的加速度 a 值。以 $1/m$ 为横坐标，a 为纵坐标作出图线。对所作图线进行分析，给出结论和理由。

（4）综合分析，归纳总结出牛顿第二定律的表达式。

【预习思考题】

（1）怎样调节气轨水平？如何判断气轨是否处于水平？

（2）测定瞬时速度的方法是怎样的？其依据是什么？必须保证哪些实验条件？

（3）由于瞬时速度测量方法的近似性，对于测量加速度 a 会带来怎样的后果？试估计其误差大小。

（4）如何向研究对象施加一个指定大小的恒定外力？

（5）如何在保证研究对象质量不变的前提下按指定大小改变向研究对象施加的外力？

【思考题】

（1）调节气轨水平时，若滑块由 A 向 B 运动时 $\Delta t_A = \Delta t_B$，而由 B 向 A 运动时 $\Delta t_A > \Delta t_B$，是何原因？应如何处理？

（2）实验中所得 a-F 图线是否一定经过坐标原点？若不经过原点可能是什么原因？对实验结论有何影响？

（3）根据实验数据算出式(2-26)中的比例系数 k 的值,并说明 $k \neq 1$ 的原因。

（4）比例系数 k 的值与滑块质量 m_1 有无某种相关关系？为什么？

（5）利用匀速直线运动的数据，粗略估算一下空气粘滞阻力的大小。

（6）如何利用气轨测定重力加速度 g 之值？怎样测量可以消除气流阻力的影响？

（7）如何测定滑块经过某一指定位置时真正意义上的瞬时速度？试设计实验方案。

【应用】（见本书后附录 B-1）

【补充说明 2-1】　SSM-5C 型计时-计数-测速仪

光电测量系统由光电门和 SSM-5C 计时-计数-测速仪组成。其结构和测量原理如图 2-9 所示。当滑块从光电门旁经过时，安装其上方的挡光片穿过光电门，从发射器射出的红外光被挡光片遮住而无法照到接收器上，此时接收器产生一个脉冲信号。在滑块经过光电门旁的整个过程中，挡光片两次挡光，则接收器共产生两个脉冲信号，计数器将测出这两个脉冲信号之间的时间间隔 t。如果预先确定了挡光片的宽度，即挡光片两翼的间距 l，则可求得滑块经过光电门时的

速度 $v = l/t$。

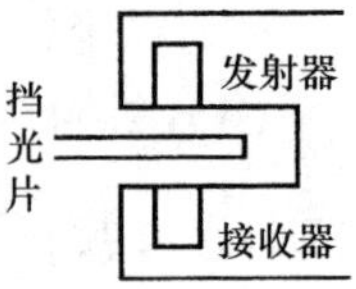

SSM-5C 计时-计数-测速仪的主要按键有：

（1）功能键：多次按下功能键，选择要使用的功能。例如，当使用“计时 2（S_2）”功能时，就可测量滑块经过两光电门时滑块上挡光片挡光的时间间隔 t 或滑块的速度 v（视设定的单位而定）。

图 2-9　挡光片

按下取数键，再按下功能键，仪器将清除此前所记录的测量结果。

（2）转换键：按下转换键大于 1s，选择所用挡光片的宽度（1cm、3cm、5cm 或 10cm），在显示的宽度值与所用挡光片的宽度相同时，放开此键即可。每次开机时挡光片的宽度自动设定为 1cm（测量速度前，请确认所用挡光片的宽度与设定挡光片的宽度相等）。

在选择好“计时 2”功能后，按下转换键（小于 1s），设定显示的测量结果是时间还是速度（相应的时间单位 s 或速度单位 cm/s 前的指示灯点亮）。

（3）取数键：本仪器会自动保留前 20 组测量结果（自上一次清零后开始记录），按下取数键，可依次显示存储的测量结果。当显示“E ×”时，提示将显示存入的第 × 组测量结果；每个测量结果将显示约 10s，然后再显示下一组测量结果。

【补充说明 2-2】　气垫导轨综合实验仪

气垫导轨综合实验仪面板如图 2-10 所示。通过设定面板的功能键和数字键，可以测量滑块到达各个光电门的时刻、滑块通过各个光电门的时间计时，输入滑块质量、挡光片宽度等参数、以及计算速度、加速度、阻尼力等物理量。

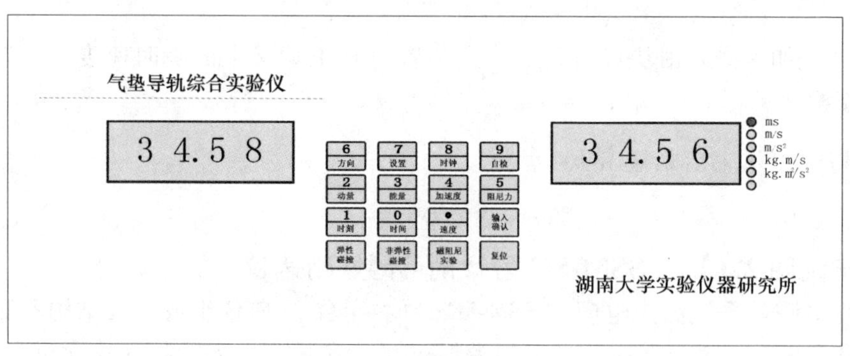

图 2-10　实验仪面板图

在导轨上等距离布置好八个光电门。将实验仪光电门连接好，接上电源并开启，整机进入待命状态，数码显示“P……”。

导轨调平：将一滑块骑在导轨中央，使其静止不动，再放开让其“自动”

运动，如滑块始终滑向导轨一端，则调导轨下的调平螺钉（Z_2、Z_3），直到滑块基本不动或很缓慢移动但无一定方向时为止。为保证导轨水平，再将滑块置于导轨一端，先按仪器面板上的“磁阻尼”键，再轻推一下使其滑动通过各个光电门，实验仪数码依次显示滑块通过八个光电门的时间（单位：ms），在挡光板计时距离 $L=3\text{cm}$，过光电门时间 $t=60\sim100\text{ms}$ 时，各时间相差要求不超过2ms。

1. 完全弹性碰撞

(1) 让两滑块上装有弹性碰簧的一端相对，滑块 A 置于导轨的一端，滑块 B 置于导轨中央使保持静止不动。

(2) 在数码显示“P……”的使用待命状态下，按面板上的“弹性碰撞”键，仪器进入完全弹性碰撞实验程序，数码显示“————————”。

(3) 推动滑块 A，使之与滑块 B 发生完全弹性碰撞。两个数码显示器分别显示滑块挡光片通过 1 号和 8 号光电门的时间。按“碰撞实验”键可重复实验。

(4) 如果两滑块质量不相等，碰撞后滑块 A 可能会跟随通过 8 号光电门或返回通过 1 号光电门，相应的数码显示器上显示最近一次滑块挡光片通过相应光电门的时间。待显示器出现 3 次闪烁后，可按面板上的“时间”键，再选择按不同的数字键查询各滑块通过各相应光电门的时间。此时，按数字键“1”查询滑块 A 正向通过 1 号光电门的时间；按数字键“2”查询滑块 A 返回通过 1 号光电门的时间；按数字键“7”查询滑块 B 正向通过 8 号光电门的时间；按数字键“8”查询滑块 A 跟随正向通过 8 号光电门的时间。

(5) 参数输入：上述实验停止时，按“输入”键，数码显示器会依次提示输入滑块 A 的质量 m_A（g）、滑块 B 的质量 m_B（g）、滑块 A 上挡光片的宽度 L_A（cm）、滑块 B 上挡光片的宽度 L_B（cm）。注意有效数字的规则，输入质量时，以 g 为单位，小数点后需保留一位。输入宽度 L 时，以 cm 为单位，小数点后须保留三位。每个参数输入完毕必须按“确认”键保存，有效数字不对时，数码显示“EAA - - - -”，提示重新输入。

(6) 动量计算及查询：参数输入完毕后，按“动量”键，再按数字键“1”可查询滑块 A 正向通过光电门 1 的动量；按数字键“5”查询滑块 A 返回通过 1 号光电门的动量；按数字键“3”查询滑块 B 正向通过光电门 8 的动量，按数字键“2”查询滑块 A 跟随通过光电门 8 的动量。

(7) 按“确认”键返回查询状态。如果要计算和查询滑块 A、B 通过光电门 1、8 的能量，则按“能量”键后重复（6）中的操作。单位为“$\text{kg}\cdot(\text{m/s})^2$”。

2. 完全非弹性碰撞

(1) 让两滑块上装有尼龙搭扣（或橡皮泥）的一端相对。滑块 A 置于导轨一端，滑块B置于导轨中央并保持静止不动。

(2) 在数码显示“P……”的使用待命状态下，按面板上的“弹性碰撞”键，仪器进入完全弹性碰撞实验程序，数码显示“————————”。

(3) 推动滑块A，使之与滑块B发生完全非弹性碰撞。两个数码显示器分别显示滑块挡光片通过1号和8号光电门的时间。按“非弹性碰撞”键可重复实验。

(4) 参数输入：同完全弹性碰撞（5）。

(5) 按“动量”键，然后按数字键“1”查询滑块A通过光电门1的动量，按数字键“2”查询滑块A通过光电门8的动量，按数字键“3”查询滑块B通过光电门“8”的动量，按数字键“4”计算和查询滑块A+B通过光电门“8”动量。单位为“kg·(m/s)”。

(6) 按“确认”键返回查询状态。按“能量”键后重复（5）中的操作，可查询滑块A、B通过光电门1、8的能量。单位为“kg·$(m/s)^2$”。

3. 非完全弹性碰撞

(1) 在数码显示“P……”的使用待命状态下，按面板上的“碰撞实验”键，仪器进入碰撞实验程序，数码显示“————————”。

(2) 推动滑块A，使之与滑块B发生非完全弹性碰撞。两个数码显示器分别显示滑块挡光片通过1号和8号光电门的时间。在数据表格中记录下时间。按“碰撞实验”键可重复实验。

(3) 如果碰撞后滑块A跟随滑块B通过8号光电门或返回通过1号光电门，则可先按面板上的“时间”键，按“1”查询滑块A正向通过1号光电门的时间；按“5”查询滑块A返回通过1号光电门的时间；按“3”查询滑块B正向通过8号光电门的时间；按“2”查询滑块A跟随正向通过8号光电门的时间。

(4) 参数输入：同完全弹性碰撞（5）。

(5) 按“动量”键，按“1”查询滑块A正向通过1号光电门的动量；按“5”查询滑块A返回通过1号光电门的动量；按“3”查询滑块B正向通过8号光电门的动量；按“2”查询滑块A跟随正向通过8号光电门的动量。

(6) 在待命状态按“能量”键，然后按“1”查询滑块A通过1号光电门的能量，按“4”查询滑块A+B通过8号光电门的动量。

4. 气垫导轨上的磁阻尼实验

(1) 将带磁铁的滑块置于气垫导轨的左端。

(2) 在数码显示“P……”的使用待命状态下，按面板上的“磁阻尼实验”键，数码显示“————————”。

(3) 推动带磁铁的滑块，使滑块运动通过8个光电门。数码显示器依次显示滑块的挡光片通过1~8号光电门的时间。

（4）按“时刻”键，再按“1” ~ “8”数字键，可以分别查询滑块到达1 ~8号光电门的时刻，按“确认”键返回查询状态。

（5）按“时间”键，再按“1” ~ “8”数字键，可以分别查询滑块通过1 ~8号光电门的时间；按“确认”键返回查询状态。

（6）按“速度”键，首先提示输入挡光片的宽度，再按数字键，可以分别查询滑块通过1 ~8号光电门时的速度，单位为“ m/s”。按“确认”键返回查询状态。

（7）按“加速度”键，会依次提示输入滑块上挡光片的宽度 L（cm）及滑块的质量 m（g），每个参数输入完毕必须按“确认”键保存，有效数字不对时，数码显示“EAA - - - -”，提示重新输入。再按“1” ~ “8”数字键，可以分别查询滑块通过1 ~8号光电门时的加速度。单位为“m/s^2”。

（8）按“阻尼力”键，会提示输入滑块上挡光片的宽度 L（cm）及滑块的质量 m（g），再按“1” ~ “8”数字键，可以分别查询滑块通过1 ~8号光电门时受到的阻力。单位为“ N ”，按“确认”键返回查询状态。

（9）对测得的速度取对数值，用坐标纸作相应的 $\ln V_i \sim t_i$ 图，并求得阻尼力 F 随速度的变化。

【补充说明2-3】　气垫导轨

气轨实验装置是由气轨、滑块和光电计时装置等组成的，如图2-11所示。

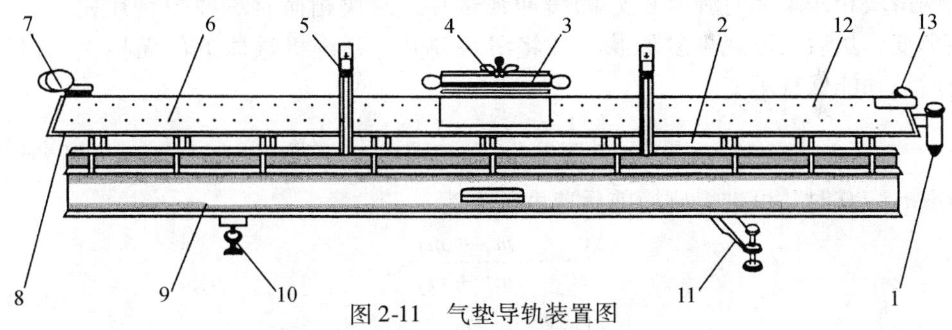

图2-11　气垫导轨装置图

1—进气口　2—标尺　3—滑块　4—挡光片　5—光电门　6—导轨　7—滑轮
8—测压口　9—底座　10—垫脚　11—支脚　12—发射架　13—端盖

气轨的主体是一根水平放置的空心三角形铝合金导轨。一端密封，另一端通入压缩空气。在气轨的两个上表面上钻有很多排列整齐的小孔，通入的压缩空气由小孔喷出，在滑块和气轨之间形成薄薄的空气层（气垫），滑块就漂浮在气垫上。滑块的下表面与气轨的上表面是经过精密加工严密吻合的。由于气垫的存在，滑块就可以在气轨上做近似无摩擦的运动。气轨底部装有底座螺钉，用以调节气轨水平。

实验5 碰撞过程研究

【实验目的】

(1) 观察碰撞现象，验证碰撞过程中动量守恒定律。

(2) 深入了解完全弹性碰撞和完全非弹性碰撞的特点。

【实验原理】

如果一个系统所受的合外力为零，则该系统总动量保持不变，这一结论称为动量守恒定律。本实验研究两滑块在气轨上作水平方向的对心碰撞，可以近似认为两滑块组成的系统在水平方向上所受合外力为零，故系统在水平方向上动量是守恒的。

设两滑块的质量分别为 m_1、m_2，碰撞前它们的速度分别为 v_{10} 和 v_{20}，碰撞后的速度分别为 v_1 和 v_2，由动量守恒定律有

$$m_1 v_{10} + m_2 v_{20} = m_1 v_1 + m_2 v_2 \tag{2-28}$$

验证动量守恒也可分两种情况进行研究。

(1) 完全弹性碰撞

完全弹性碰撞的特点是碰撞前后系统的动量守恒，机械能也守恒。实验时，在两滑块相碰端装有弹性极好的缓冲弹簧片，滑块相撞时缓冲弹簧片先发生弹性形变，然后又迅速恢复原状，并将滑块弹开，系统机械能近似无损失，碰撞前后总动能保持不变。

$$\frac{1}{2}m_1 v_{10}^2 + \frac{1}{2}m_2 v_{20}^2 = \frac{1}{2}m_1 v_1^2 + \frac{1}{2}m_2 v_2^2 \tag{2-29}$$

当取 $v_{20}=0$ 时，可推得碰撞前后速度关系为

$$\begin{aligned} v_1 &= \frac{m_1 - m_2}{m_1 + m_2} v_{10} \\ v_2 &= \frac{2m_1}{m_1 + m_2} v_{10} \end{aligned} \tag{2-30}$$

(2) 完全非弹性碰撞

完全非弹性碰撞的特点是两滑块碰撞后粘在一起以相同速度运动。两滑块在碰撞前后系统的动量是守恒的，但机械能却不守恒。

$$m_1 v_{10} + m_2 v_{20} = (m_1 + m_2)v \tag{2-31}$$

当取 $v_{20}=0$ 时，则有

$$v = \frac{m_1}{m_1 + m_2} v_{10} \tag{2-32}$$

(3) 恢复系数 e

相互碰撞的两物体，碰撞前的相对速度和碰撞后的相对速度之比，称为恢复系数，用符号 e 表示，即

$$e = \frac{v_2 - v_1}{v_{10} - v_{20}} \tag{2-33}$$

通常可以根据恢复系统对碰撞进行分类：

1) $e=0$，即 $v_2 = v_1$，为完全非弹性碰撞。

2) $e=1$，即 $v_2 - v_1 = v_{10} - v_{20}$，为完全弹性碰撞。

3) $0<e<1$，是一般的非完全弹性碰撞。

若取 $v_{20}=0$，则

$$e = \frac{v_2 - v_1}{v_{10}} \tag{2-34}$$

(4) 碰撞时动能的损耗

设碰撞后和碰撞前动能之比为 R，即

$$R = \frac{\frac{1}{2}m_1 v_1^2 + \frac{1}{2}m_2 v_2^2}{\frac{1}{2}m_1 v_{10}^2 + \frac{1}{2}m_2 v_{20}^2} \tag{2-35}$$

经过推导可得

$$R = \frac{m_1 + m_2 e^2}{m_1 + m_2} \tag{2-36}$$

由上式可见，只有当 $e=1$ 时，动能才守恒；当 $e=0$ 时，$R = m_1/(m_1+m_2)$。若取 $m_1=m_2$，$R=1/2$。由上式可知，当由实验求出恢复系数 e 后，就可以算出碰撞前后的能量比和碰撞中的能量损失。

【实验内容】

(1) 当 $m_1 \approx m_2$ 和 $v_{20}=0$ 时，自行设计实验方法和数据表格，完成以下内容：

1) 利用完全弹性碰撞验证动量守恒。计算实验结果的动量百分误差和动能比，会得出什么结论？

2) 利用完全非弹性碰撞验证动量守恒。计算实验结果的动量百分误差和动能比，会得出什么结论？

3) 分析误差主要来源，判断实验结果是否与理论相符。

(2)（选做）当 $m_1 \neq m_2$ 和 $v_{20} \neq 0$ 时，自行对两种情况进行实验验证。

【注意事项】

(1) 尽量保证碰撞为对心正碰，使碰撞前后均没有左右晃动现象。

（2）弹性碰撞时，滑块上要安装弹簧片。完全非弹性碰撞时滑块上要安装尼龙搭扣以保证碰后粘在一起运动。

【预习思考题】

（1）在验证动量守恒的实验中，应如何操作以保证实验条件，尽量减小测量误差？

（2）实验中空气的滞粘作用对动量守恒有什么影响？如何操作可减小其影响？

（3）验证完全弹性碰撞和完全非弹性碰撞时各需要测哪些物理量？设计好实验数据记录表格。

【思考题】

（1）如果碰撞后测得的动量总是小于碰撞前测得的动量，说明什么问题？能否出现碰撞后所测动量大于碰撞前动量的现象呢？

（2）做一做实验，并比较其结果：

1）把光电门放在靠近或远离碰撞的位置。

2）碰撞速度大或小。

3）正碰或不甚正碰。

4）调匀速或不调匀速。

5）导轨中气压大或小。

（3）恢复系数 e 是否和速度有关？在水平气轨与倾斜气轨上通过两滑块的碰撞测恢复系数，求出 e 值，并说明与速度大小的关系。

实验6 周期运动的研究

【实验目的】

（1）观察简谐振动，测出弹簧振子的简谐振动周期。

（2）验证弹簧振子周期公式 $T=2\pi\sqrt{\dfrac{m}{k}}$，并测定弹簧的有效质量。

（3）对阻尼振动进行初步研究，测定描述阻尼振动特征的参量。

【实验原理】

在物体的周期运动中，最简单、最基本和最有代表性的振动形式是简谐振动，而一切复杂的振动都可看作是由各种简谐振动组成。因此，研究简谐振动就具有特殊意义，它可以作为表示其他周期运动的一些重要特性的理想模型。

如图 2-12 所示，气轨上质量为 m'的滑块两端各连接一根劲度系数分别为 k_1、k_2 的弹簧，两弹簧的另一端分别固定在气轨两端，滑块在气轨上作往返运动。由于空气阻尼及其他能量损耗很小，可以看作是简谐振动。

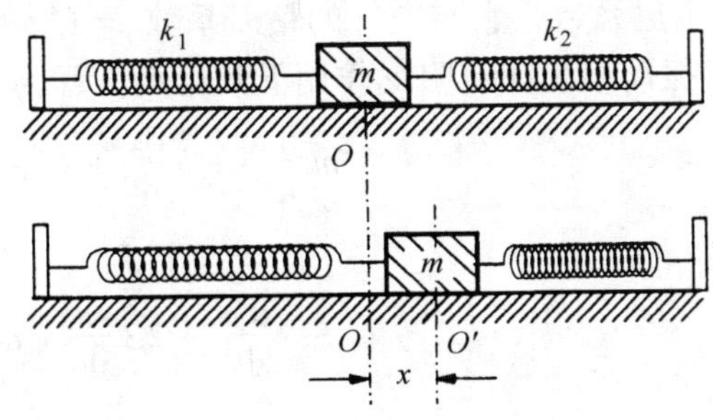

图 2-12　弹簧振子图

若滑块在 O 点时处于平衡位置，当产生位移 x 时，滑块受到来自两个弹簧的弹性恢复力为

$$F = -(k_1 + k_2)x \tag{2-37}$$

其运动方程为

$$m\frac{d^2x}{dt^2} = -(k_1 + k_2)x \tag{2-38}$$

方程（2-38）的解是

$$x = A\sin(\omega_0 t + \varphi_0)$$

表明滑块作简谐振动。其中，A 是振幅；ω_0 为圆频率；φ_0 为初位相。振动周期为

$$T = \frac{2\pi}{\omega_0} = 2\pi\sqrt{\frac{m_0 + m'}{k_1 + k_2}} \tag{2-39}$$

$m = m_0 + m'$是振动系统的有效质量；m_0 是弹簧的有效质量。因此，严格地说，简谐振动的周期仅与固有条件有关，而与振幅无关。

上面的推导仅适用于理想情况，即完全忽略了阻尼，而实际上纯粹的简谐振动并不存在。任何振动系统，阻尼作用使能量不断减少，振动的振幅将不断衰减，这就是阻尼振动。图 2-13 给出了振幅随时间增加而减小的变化趋势，只考虑空气粘滞力而忽略其他阻力来研究振子运动规律。当滑块速度不大时，粘滞阻尼力与滑块的速度成正比

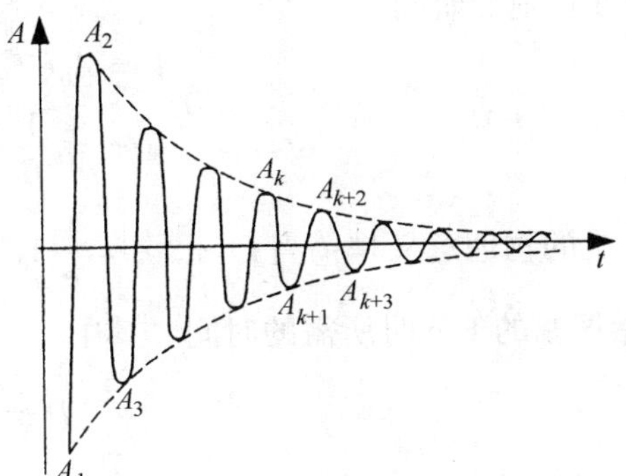

图 2-13　振幅衰减图

$$F = -b\frac{dx}{dt} \tag{2-40}$$

b 称阻尼系数，它与空气的粘滞系数、气层的厚度、滑块内表面的面积等因素有关。振动系统在有阻尼作用下其运动方程为

$$m\frac{d^2x}{dt^2}+b\frac{dx}{dt}+(k_1+k_2)x=0$$

或

$$\frac{d^2x}{dt^2}+2\beta\frac{dx}{dt}+\omega_0^2x=0 \tag{2-41}$$

其中，$\beta=\frac{b}{2m}$；$\omega_0^2=\frac{k_1+k_2}{m}$；$m$ 是振动系统有效质量。方程（2-41）的解为

$$x=A_0e^{-\beta t}\sin(\omega t+\varphi_0) \tag{2-42}$$

其中，$\omega=\sqrt{\omega_0^2-\beta^2}$，$\beta$ 称为阻尼因数，而阻尼振动振幅为

$$A=A_0e^{-\beta t} \tag{2-43}$$

由式（2-42）、式（2-43）可以看出阻尼振动具有以下显著特点：

1）振幅 A 随时间按指数规律衰减，阻尼越小，β 越小，振幅随时间衰减越慢，反之亦然。

2）由于阻尼的影响，阻尼振动周期为 $T=\frac{2\pi}{\sqrt{\omega_0^2-\beta^2}}$，大于无阻尼的简谐振动周期 $T=\frac{2\pi}{\omega_0}$。

为了能直观地反映阻尼振动的衰减特性，常引入弛豫时间 τ 和品质因数 Q 两个量，它们不但能反映振动系统振幅及能量衰减的快慢，而且提供了测量阻尼常数的方法。

1）弛豫时间 τ

$$A=A_0e^{-\beta t}=A_0e^{-t/\tau} \tag{2-44}$$

$$\tau=\frac{1}{\beta}=\frac{1}{D\omega_0} \tag{2-45}$$

τ 的物理意义是：当 $t=\tau$，$A=\frac{1}{e}A_0$（e 是自然对数的底），即当振幅减小到起始振幅的 1/e 时所需的时间。其中

$$D=\frac{\beta}{\omega_0} \tag{2-46}$$

称为阻尼常数。

2）品质因数 Q

阻尼振动的品质因数定义为

$$Q=2\pi\times\frac{\text{振动系统贮存的能量}}{\text{一个周期内损耗的能量}} \tag{2-47}$$

可以证明，当 D 很小时

$$Q \approx \frac{\omega_0}{2\beta} \approx \frac{1}{2D} \tag{2-48}$$

只要测出了 τ，就可以得到 β、D、Q。

【实验内容】

（1）观察简谐振动，测量滑块的振动周期；改变振幅观测周期 T（振幅较小时），说明测量结果，求百分误差以证明在一定误差范围内，简谐振动周期与振幅无关。

（2）考察简谐振动周期 T 与 $m(m = m_0 + m')$ 的关系，改变 m'，即在滑块上加砝码，测出不同 m_i 下的 T_i

$$T_1^2 = \frac{4\pi^2}{k}(m_1 + m_0)$$

$$T_2^2 = \frac{4\pi^2}{k}(m_2 + m_0) \qquad (k = k_1 + k_2)$$

……

用作图法处理数据，作 T^2-m 图来验证式（2-39），并由图求出 k 与 m_0 的值。

（3）观察阻尼振动，测量弛豫时间 τ，计算空气阻尼常数。

【预习思考题】

（1）怎样测振动周期？光电门应放在什么位置？相应地应选哪一种挡光片？

（2）在气轨上做简谐振动实验，是否必须把气轨调至水平？如果没调平，滑块是否还作简谐振动？

（3）测周期时是否要测多个周期的时间，并进行多次测量？

（4）观察阻尼振动时，是否振幅大些好？

【思考题】

（1）如果 T^2-m 图是一直线，说明什么？能否说这已经完全验证了公式(2-39)了？

（2）为什么同样的弹簧振子振动，既可被当作简谐振动，又可看成阻尼振动？

（3）若使导轨倾斜角度 α，考虑空气的粘滞摩擦力（摩擦力与速度成正比而反向），则有

$$m\frac{\mathrm{d}v}{\mathrm{d}t} = F - bv$$

若 $t=t_0$ 时，$x=0$，$v=v_0$，积分上式有

$$v - v_0 = \frac{F}{m}(t - t_0) - \frac{b}{m}x$$

如图2-14所示，$F = mg\sin\alpha$，如何用此法测定 b 值？试进行实验，并与前面实验结果比较。

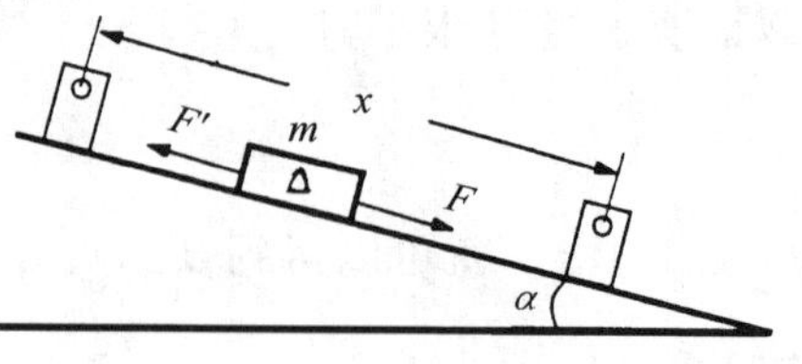

图2-14　导轨倾斜图

实验7　用谐振子测定重力加速度

【实验目的】

（1）学习用弹簧振子测重力加速度的方法。

（2）用逐差法处理数据。

【实验原理】

把一个劲度系数为 k 的弹簧上端固定在支柱的顶端，下端系一个质量为 m 的物体，则构成弹簧振子系统。如果弹簧的质量比物体质量 m 小很多，则可略去不计。把物体拉离平衡位置后松手，则物体将作简谐振动，这就是谐振子的理想模型，如图2-15所示。

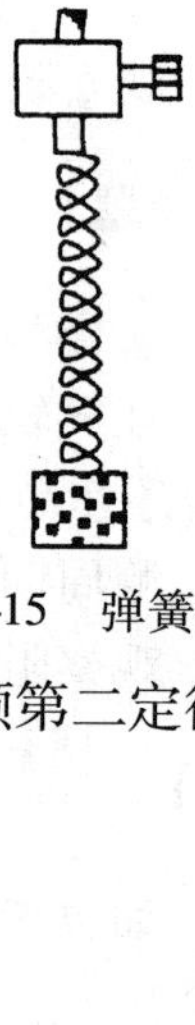

图2-15　弹簧振子图

在弹性限度内，作用在物体上的力的大小与物体偏离平衡位置的位移成正比，力的方向总是指向平衡位置。假定物体对平衡点的位移为 x，则力为

$$F = -kx \tag{2-49}$$

式中，负号表示回复力总是指向弹簧系统的平衡位置。根据牛顿第二定律有

$$m\frac{\mathrm{d}^2x}{\mathrm{d}t^2} = -kx \tag{2-50}$$

不难证明，方程的解为

$$x = x_0\sin(\omega t + \varphi_0) \tag{2-51}$$

式中，x_0 为振幅，由系统的起始状态决定；φ_0 为初位相；$\omega = \sqrt{k/m}$ 取决于系统的特性常数 m，k，与振幅无关。量 ωt 每增加 2π，运动便完成一周，故周期 T 为

$$T = \frac{2\pi}{\omega} = 2\pi\sqrt{\frac{m}{k}} \tag{2-52}$$

但是，任何实际的弹簧振子总是有一定的质量。如果考虑到弹簧的有效质量 m_0，

则谐振子的周期为

$$T = 2\pi \sqrt{\frac{m + m_0}{k}} \tag{2-53}$$

实验中测出弹簧在力 $F = mg$ 作用下的伸长量 x、振动周期 T、物体质量 m，即可由式（2-49）和式（2-53）求出重力加速度 g、劲度系数 k 和弹簧的有效质量 m_0。

本实验中主要学习用逐差法处理数据。实验时，依次在砝码盘中增加砝码，每次增量相同，共加 6 次，分别用秒表（采用累积放大法）测出振动周期 T_i $(i = 1,2,\cdots,6)$，用测高仪测出相应的弹簧伸长量 $x_i(i = 1,2,\cdots,6)$。设砝码盘质量为 $m_盘$，各次砝码质量为 $m_i(i = 1,2,\cdots,6)$，则由式(2-49)和式(2-53)可得

$$\left.\begin{aligned} T_i^2 &= \frac{4\pi^2}{k}(m_盘 + m_0 + m_i) \\ (m_i + m_盘)g &= -kx_i \end{aligned} \quad (i = 1,2,\cdots,6)\right\} \tag{2-54}$$

将数据分为两组，对应相减有

$$\left.\begin{aligned} T_{i+3}^2 - T_i^2 &= \frac{4\pi^2}{k}(m_{i+3} - m_i) = \frac{4\pi^2}{k}m_3 \\ (m_{i+3} - m_i)g &= m_3 g = -k(x_{i+3} - x_i) \end{aligned} \quad (i = 1,2,3)\right\} \tag{2-55}$$

由此可求出重力加速度 g 及劲度系数 k，并由式（2-54）第一式求出 m_0 值。

【实验内容】

（1）安装好弹簧振子系统，熟悉测高仪的使用方法。

（2）依次在砝码盘中加砝码，共改变 6 次，每次增量相同，分别用秒表测出 $t_i = 50T_i$，计算出周期 T_i，用测高仪测出相应的弹簧伸长量 $x_i(i=1,2,\cdots,6)$。

(3)用逐差法处理数据，求出重力加速度 g、弹簧的劲度系数 k 及有效质量 m_0，并求出 g 的百分误差。

(4)（选做）用作图法处理数据。

以 m_i 为横轴，T^2 为纵轴，作 T^2-m_i 曲线，由斜率和截距分别求出 k 值及有效质量 m_0 值，再做出 x-m 曲线求出 g 值。

【注意事项】

（1）实验时切勿用力拉弹簧，以免弹簧伸长超过其弹性限度而产生永久变形。

（2）实验时适当垂直下拉物体，物体应在垂直面内上下振动，待振动平稳后再开始测量。

【预习思考题】

（1）本实验如何用逐差法处理数据？对测量过程有什么要求？

（2）弹簧振子的运动与单摆的运动有什么联系？

【思考题】

（1）测量谐振子的振动周期 T 时，应取多少个周期测量为宜？如何考虑？

（2）弹簧的质量使振动周期增大还是减小？试根据实验结果，估算一下影响有多大？

（3）称一下弹簧的质量，与测量得到的有效质量 m_0 相比较，说明为什么实际质量要几倍于有效质量？

（4）假如把一个劲度系数为 k_0 的弹簧割去一半，所剩弹簧的劲度系数是多少？把两个这样的弹簧串接在一起，劲度系数变为多少？如果并联在一起呢？

（5）本实验如果用最小二乘法处理数据，应如何进行？

实验8 用复摆测定重力加速度

【实验目的】

（1）学习用复摆测量重力加速度的方法及实验设计思想。

（2）加深对刚体运动学和刚体动力学的理解。

【实验原理】

取一根质量均匀分布的刚体条，以刚体条上与质心 O 距离为 h 的点 O' 作为支点悬挂起来，即可构成一个复摆，如图2-16所示。当刚体质心与悬挂点连线偏离重力作用线的夹角 θ 很小时，作用在刚体上的外力矩（由重力产生）为

$$M = -mgh\sin\theta \approx -mgh\theta \tag{2-56}$$

式中，m 是刚体条的质量；g 是重力加速度，负号表示力矩 M 的方向与角位移 θ 的方向相反。在力矩 M 的作用下，刚体将产生一个指向平衡位置的角加速度 β，其值满足

$$M = J\beta \tag{2-57}$$

式中，J 代表刚体绕悬挂转轴旋转的转动惯量。由于角加速度 β 可以表示成角位移 θ 对时间 t 的二阶导数，即

$$\beta = \frac{d^2\theta}{dt^2} \tag{2-58}$$

故由式（2-56）、式（2-57）、式（2-58）可得

$$\frac{d^2\theta}{dt^2} + \frac{mgh}{J}\theta = 0 \tag{2-59}$$

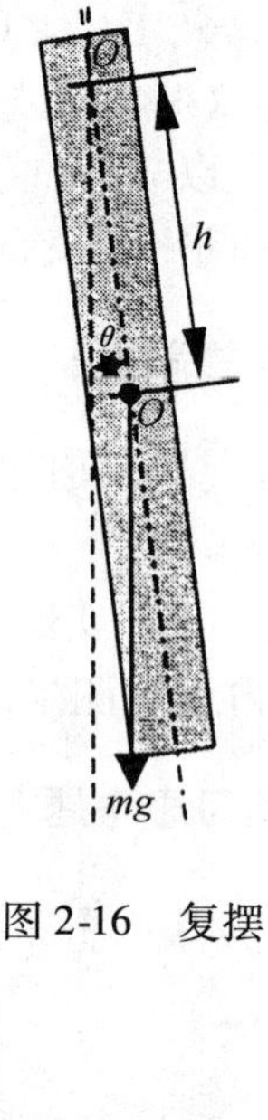

图2-16 复摆

式（2-59）是一个常见的二阶微分方程，其解的函数形式是大家熟知的正弦函数，即

$$\theta = A\sin(\omega t + \varphi) \tag{2-60}$$

式（2-60）中，A 称为摆幅，代表复摆摆动中的最大角位移；φ 称为初位相，其值由开始计时时复摆所处的位置决定，若选择 $\theta=0$ 处开始计时，则 $\varphi=0$；ω 称为角频率，是由复摆自身参数 m、h、J 和重力加速度 g 决定的一个特征物理量，$\omega^2=\dfrac{mgh}{J}$。由于式（2-60）中的正弦函数是一个周期函数，其周期为 $\omega t=2\pi$，故可知复摆的摆动是一个周期运动，其摆动周期应为

$$T = \frac{2\pi}{\omega} = 2\pi\sqrt{\frac{J}{mgh}} \tag{2-61}$$

式（2-61）给出了五个物理量 m、g、h、J 及 T 之间的数学关系。其中，m 可以很容易地用天平测出，h 用米尺测出，T 用秒表测出。因此，只要设法消去不易测定的 J，就可以计算出重力加速度 g 的值。

设刚体条绕过其质心且平行于悬挂转轴的轴线旋转的转动惯量为 J_0，依据转动惯量的平行轴定理，可以将 J 表示为

$$J = J_0 + mh^2 \tag{2-62}$$

于是可将式（2-61）改写成

$$T = 2\pi\sqrt{\frac{J_0 + mh^2}{mgh}} \tag{2-63}$$

由式（2-63）可知，若分别选择与质心距离为 h_1 和 h_2 的两条平行轴线作为悬挂转轴，测出各自对应的复摆周期 T_1 和 T_2，则可由联立方程组

$$\begin{cases} T_1 = 2\pi\sqrt{\dfrac{J_0 + mh_1^2}{mgh_1}} \\ T_2 = 2\pi\sqrt{\dfrac{J_0 + mh_2^2}{mgh_2}} \end{cases} \tag{2-64}$$

消去 J_0 后解出

$$g = 4\pi^2 \cdot \frac{h_1^2 - h_2^2}{h_1T_1^2 - h_2T_2^2} \tag{2-65}$$

【实验仪器】

质量均匀分布且在过质心的直线上钻有一系列以质心为对称中心的小孔的金属条、带刀口的支架、秒表、米尺、游标卡尺、天平（选用）等。

【实验内容】

（1）利用多孔金属条与支架组成的复摆装置测定重力加速度 g。

（2）（选做）利用此复摆装置测定多孔金属条以通过质心且平行于各小孔轴线的直线为转轴时的转动惯量 J_0。

【预习思考题】

如何利用本实验的复摆装置测定多孔金属条以通过质心且平行于各小孔轴线的直线为转轴时的转动惯量 J_0？试写出计算 J_0 所用的公式。

【思考题】

如何利用本实验的复摆装置测定另一刚体绕指定回转轴时的转动惯量 J_x？

【补充说明2-4】　复摆的参数设计

准备一条厚度均匀的矩形金属条，在其两端对称地钻出若干小圆孔，其形状如图2-17所示：

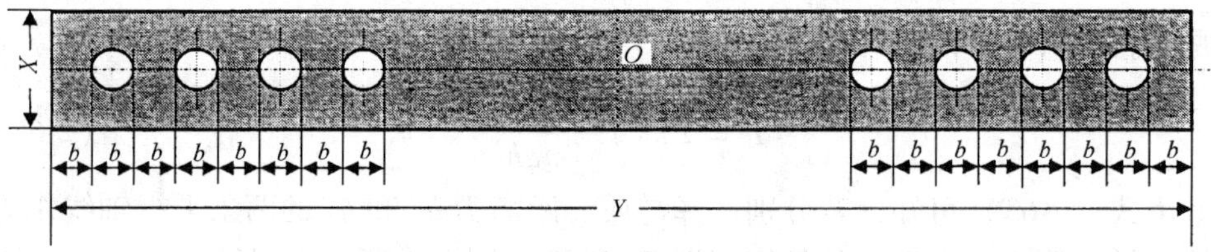

图2-17　矩形金属条（一）

图中 O 点既是金属条的几何对称中心，也是其质量中心（质心）。金属条的长度为 Y，宽度为 X，两端最外端小孔的中心与端线的距离为1.5b，相邻两小孔中心的距离为2b，小孔的半径为 r。设金属条的质量密度为 ρ，厚度为 h，两端各钻有 n 个小孔，则其质量 m 和对过 O 点且垂直于图示平面的回转轴的转动惯量 J_0 分别为

$$m = \rho hXY - 2n\rho h\pi r^2 \tag{2-66}$$

$$J_0 = \frac{\rho hXY(X^2 + Y^2)}{12} - n\rho h\pi r^2\left[r^2 + \frac{(Y+b)^2}{2} + \frac{4(n+1)(2n+1)b^2}{3} - 2(n+1)(Y+b)b\right] \tag{2-67}$$

现在作如下假定：$\rho = 7.874\text{g/cm}^3$（铁），$h = 0.3\text{cm}$，$X = 3\text{cm}$，$Y = 30\text{cm}$，$b = 1\text{cm}$，$r = 0.5\text{cm}$，$n = 4$，则由式（2-66）、式（2-67）可分别算出 $m = 196.76\text{g}$，$J_0 = 14391.8826\text{g}\cdot\text{cm}^2$。当以最外端小孔悬挂于刀口上时，悬挂点到

质心的距离为 $d=0.5Y-1.5b+r=14\text{cm}$，于是根据周期公式和平行轴定理可以算出 $T_1=2\pi\sqrt{\dfrac{J_0+md^2}{mgd}}=0.8798\text{s}$。当分别以第二、三、四小孔悬挂时，同样可以分别算出 $T_2=0.8534\text{s}$，$T_3=0.8346\text{s}$，$T_4=0.8302\text{s}$。

通过上述计算可以看出，当铁条宽度为3cm、厚度为0.3cm时，若取其长度为30cm，第一孔与第四孔的周期相差仅0.0496s，对于精度为0.1s的秒表来说，即使采用累计法一次连续测量100个周期，误差也会在3%以上。而再往内钻孔，周期的改变量更加微不足道，显然不是解决问题的办法。据此估计，应将铁条长度取为60cm较好。因为此时铁条质量约为400g左右，若铁条长度再增加，则不利于使用物理天平测量其质量。

如图2-18所示，现在取 $Y=60\text{cm}$，$n=8$，其余参数不变，用同样的方法计算可得 $m=395.51\text{g}$，$J_0=113529.1\text{g}\cdot\text{cm}^2$，$T_1=1.2523\text{s}$，$T_2=1.2318\text{s}$，$T_3=1.2128\text{s}$，$T_4=1.1960\text{s}$，$T_5=1.1823\text{s}$，$T_6=1.1727\text{s}$，$T_7=1.1689\text{s}$，$T_8=1.1732\text{s}$。此时周期最大差值（$T_1-T_7$）为0.0834s，若测量精度不变，则误差可降至1.5%以下。

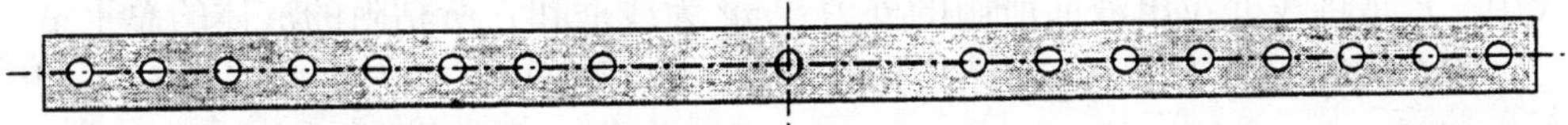

图2-18　矩形金属条（二）

2.2　第二单元

实验9　液体表面张力系数的测量

液体的表面，由于表面层内分子的作用，存在着一定的张力称为表面张力。正是由于这种表面张力的存在，而使得液体的表面就像张紧的弹性薄膜，具有收缩的趋势。

液体的许多现象，例如毛细现象、润湿现象、泡沫的形成等等，都与表面张力有关。

测定液体表面张力系数的方法很多，如最大气泡压力法、平板法、……。本实验介绍一种基本方法——焦利秤拉脱法。

【实验目的】

（1）掌握利用焦利秤测量微小力的原理和方法。

（2）掌握测定液体表面张力系数的一种基本方法——拉脱法。

（3）进一步熟悉处理数据的“逐差法”。

【实验原理】

如果把一个表面洁净的门型线框浸入液体中，则附近的液面将呈现出如图2-19所示的形状。由于表面张力F'的作用使液面收缩，表面张力F'的方向沿着液面的切线方向。表面张力与线框的夹角φ称为接触角。当将线框从液体中缓缓拉出时，接触角φ逐渐减小而最后趋于零，因此F'的方向在线框即将脱离液面的瞬间为垂直向下，此时诸力的平衡条件为

$$F = mg + F' \qquad (2\text{-}68)$$

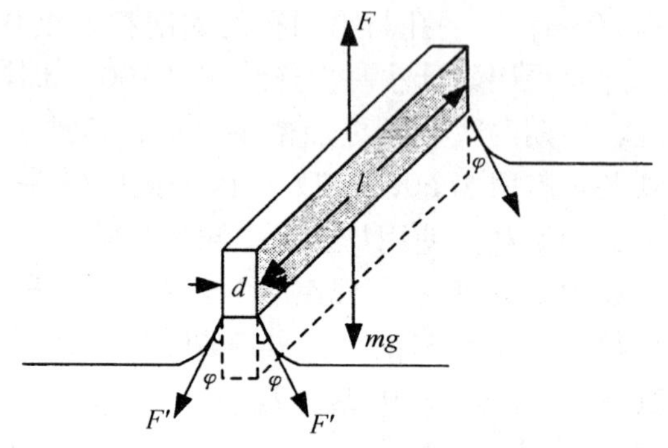

图2-19 液体表面张力图

式中，F是将线框拉出液面所施的外力；mg为线框和它所粘附的液体的总重量。

因为表面张力F'与接触面的周界长$2(l+d)$成正比，即$F' = 2\sigma(l+d)$，其中比例系数σ称为表面张力系数，它在数值上等于作用在液体表面单位长度上的力。将F'的值代入式（2-68），可得

$$\sigma = \frac{F - mg}{2(l + d)} \qquad (2\text{-}69)$$

由于线框直径很小，即$d \ll l$，可以忽略不计，因此，

$$\sigma = \frac{F - mg}{2l} \qquad (2\text{-}70)$$

表面张力系数σ与液体的种类、纯度、温度和它上方的气体成分有关。实验表明，液体的温度愈高，σ值愈小；液体所含杂质越多，σ值越小；……。在上述条件保持一定时，σ便是一个常数。

若通过实验测量出表面张力平衡时的（$F - mg$），以及线框的长度l，便可测得表面张力系数σ。

本实验采用焦利秤来测量（$F - mg$）。焦利秤实际上是一个精密的弹簧秤，常用来测量微小力。焦利秤装置如图2-20所示。在直立的可上下移动的金属管6的顶端装有一根可绕金属管轴线移动的横梁。横梁上的螺钉7上悬挂一根塔形的细弹簧8。弹簧下端挂一个刻有水平线的指标镜9。指标镜下端有一钩子，可用于悬挂砝码托盘或金属环。指标镜悬在刻有水平线的指标管10的中间。带毫米刻度的金属管6套在金属套筒4内。套筒4顶部装有精度为0.1mm的游标5，

底部装有可上下移动的平台15。平台可由其下端螺钉调节升降。转动升降旋钮3，可使金属管6上下移动，因而也就调节了弹簧的升降。弹簧的上升或下降的距离由（金属管6的）尺身和（套筒4顶部的）游标所确定。使用时，应该调节升降旋钮3，使指标镜9上的水平线、指标管10上的水平线和它在指标镜9中的像，三者始终重合，即“三线对齐”。用这种方法可以保证弹簧下端的位置是固定的，而弹簧的伸长量ΔL便可由尺身和游标读出来，即伸长前与伸长后两次读数的差值。

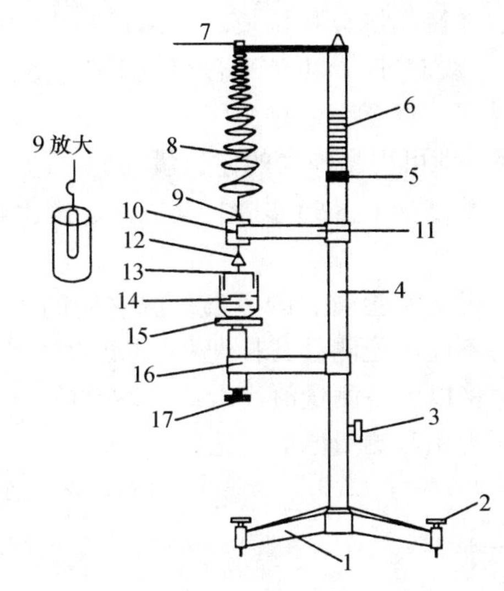

图2-20　实验装置图

1—三足座　2—水平调节螺钉　3—升降旋钮　4—套筒　5—游标　6—带刻度金属管　7—固定弹簧螺钉　8—软弹簧　9—指标镜　10—指标管　11—夹子　12—铝盘　13—线框　14—烧杯　15—平台　16—螺母套管　17—调节平台高低螺钉

根据胡克定律，在弹性限度内，弹簧的伸长量ΔL与所加外力F成正比，即$F=k\Delta L$，式中k是弹簧的劲度系数。对于一个特定的弹簧，k值是一定的。如果将已知重量的砝码加在砝码盘中，测出弹簧的伸长量，由上式便可计算出该弹簧的k值。这一步骤称为焦利秤的校准。焦利秤校准后，只要测出弹簧的伸长量，就可计算出作用在弹簧上的外力$F'=F-mg$。

【实验内容】

（1）按照图2-20所示挂好弹簧8、指标镜9和铝盘12。调节水平调节螺钉2及弹簧上端的夹头和螺钉7，使指标镜9位于指标管10的中央，不与指标管的管壁接触。轻轻转动旋钮3，使指标镜9中的横刻线、指标管10上的水平线及指标管10的水平线在镜9中的像“三线对齐”。读出此时的标尺读数L_0，记在记录表中，从标尺6可读出毫米量级，由游标可读出0.1mm量级的读数。

（2）把质量$m=500\text{mg}=0.500\text{g}$的砝码放在铝盘12中，轻轻转动升降旋钮3，使“三线对齐”。读出标尺读数L_1，记在记录表中。

（3）依次将其余5个$m=0.500\text{g}$的砝码逐个加到铝盘12中，重复上述步骤，读出并记录下各次读数L_2、L_3、…、L_6。

（4）将表面张力线框用酒精擦干净并晾干，然后把它挂在铝盘12下。再把盛有待测液体的烧杯放在平台15上，并尽量升高，直至线框全部浸没在待测液体中。转动旋钮3，使“三线对齐”，读出此时的标尺读数 S_0，把它记录在记录表中。

（5）反转螺钉17，使平台15徐徐下降，线框也徐徐露出液面。因表面张力的作用，弹簧8将会被拉长。指标镜9中的水平线也随之下降。重新调节旋钮3，使“三线对齐”。再使平台稍微下降，同时调节旋钮3，使“三线对齐”。如此重复操作，直至平台略微下降一点点，线框即脱出液面为止。记下此时的标尺读数 S，即可得出弹簧的伸长量（$S-S_0$）。

（6）重复(4)、(5)步骤，共五次，测出弹簧的平均伸长量（$\overline{S-S_0}$）及其不确定度。

（7）记下实验前后的室温，取它们的平均值作为液体的温度。用游标卡尺在线框的不同部位测量其长度 l，共五次，求平均值 $\bar{l}$ 及其不确定度。

（8）将以上各测量值代入式（2-70），计算出 $\bar{\sigma}$ 及其不确定度 $\Delta_{\bar{\sigma}}$。最后，写出表面张力系数测量值的表达式

$$\sigma = \bar{\sigma} \pm \Delta_{\bar{\sigma}}$$

【注意事项】

（1）勿用手去拉金属线框，以免使其变形。

（2）提升金属线框时一定要缓慢适度，太快不行，太慢水膜会因水流动而过早破裂。

（3）一定要把金属线框及烧杯处理洁净，绝对不能有油污。

【思考题】

（1）试用图解法求焦利秤弹簧的劲度系数，并将所得结果与用逐差法算出的劲度系数相比较。

（2）在推导式（2-70）的过程中，并没有考虑拉脱线框时被线框提起的液体的重量，故测量结果稍大于 σ 的实际值（有正的系统误差）。假定提起的液面高为 h，线框厚度为 d，那么式（2-70）应如何修正才能消除系统误差？

实验10 金属棒线膨胀系数的测量

“热胀冷缩”是绝大多数物质的特性。这是由于当温度升高（或降低）时，物质内部分子热运动加剧(或减弱)、分子之间平均距离增大(或缩小)造成的。这个性质在工程结构的设计、机械和仪器的制造以及在材料的加工中都应考虑到。线膨胀系数是一个反映物质在遇热后，在长纵方向膨胀快慢的系数。

【实验目的】

(1) 用光杠杆测定金属棒在一定温度区域内的平均线膨胀系数。

(2) 熟悉几种测量长度的仪器及其误差的数量级。

(3) 学习用图解法求在温度为零时的原长及线膨胀系数的方法。

【实验原理】

当固体温度升高时，由于分子的热运动，固体微粒间距离增大，结果使固体膨胀。在常温下，固体线膨胀度随温度的变化可由经验公式表示为

$$L(t) = L_0(1 + \alpha_l t) \tag{2-71}$$

式中，α_l 称为固体的线膨胀系数；L_0 为 $t=0$℃时的长度。实验表明，在温度变化不大时，α_l 是一个常量。式 (2-71) 可写成

$$\alpha_l = \frac{L_t - L_0}{L_0 t} = \frac{\frac{\delta L}{L_0}}{t} \tag{2-72}$$

由此可见，α_l 的物理意义是温度每升高 1℃时，物体的相对伸长量。

实验还发现，当温度变化较大时，同一材料在不同温度区域其线膨胀系数不一定相同。α_l 随温度 t 的升高而变大。这时

$$L_t = L_0(1 + at + bt^2 + ct^3 + \cdots)$$
$$\alpha_l = a + bt + ct^2 + \cdots \tag{2-73}$$

式 (2-73) 是经验公式，可从手册上查得 a，b，c，…等常量。

实验可测得物体在室温 t_1 (℃) 时长度为 L_1，温度升到 t_2 (℃) 时的长度伸长量为 δL，根据式 (2-71) 可得

$$L_1 = L_0(1 + \alpha_l t_1)$$
$$L_2 = L_1 + \delta L = L_0(1 + \alpha_l t_2)$$

消去 L_0，可得

$$\alpha_l = \frac{\delta L}{L_1(t_2 - t_1) - \delta L t_1} \tag{2-74}$$

当 t_1，t_2 较小时，由于 δL 和 L 相比甚小，$L_1(t_2 - t_1) >> \delta L t_1$，式 (2-74) 可近似写成

$$\alpha_l = \frac{\delta L}{L_1(t_2 - t_1)} \tag{2-75}$$

由式 (2-75) 求得的是 α_l 在温度 $t_2 - t_1$ 间的平均线膨胀系数。

很明显，实验中测出 δL 是关键。本实验是利用光杠杆来测量由温度变化而引起的长度微小变化量 δL。实验时将待测金属棒直立在线膨胀系数测定仪的金

属筒中，如图2-21所示。将光杠杆后足尖置于金属棒的上端，前刀口（或二前足尖）置于固定的台上。

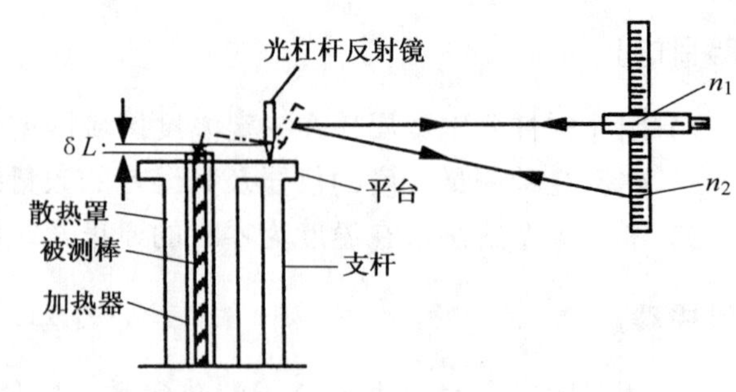

图2-21　实验光路图

设在温度 t_1 时，通过望远镜和光杠杆的平面镜看见直尺上的刻度 n_1，刚好在望远镜中叉丝横线处，当温度升至 t_2 时，直尺上刻度 n_2 移至叉丝横线上，由光杠杆原理可得

$$\delta L = \frac{(n_2 - n_1)K}{2D} \tag{2-76}$$

式中，D 为光杠杆镜面到直尺的距离；K 为光杠杆后足尖到前刀口（二前足尖连线）的垂直距离。将式（2-76）代入式（2-75），则

$$\alpha_l = \frac{(n_2 - n_1)K}{2DL_1(t_2 - t_1)} \tag{2-77}$$

可见，只要测出各长度 n_1，n_2，D，K，L_1 及温度 t_1，t_2 便可求得 α_l。对于$L_0 \approx$ 50cm的铜棒，其 α_l 值的数量级为 10^{-5}℃$^{-1}$，若温度变化 $\Delta t = t_2 - t_1 \approx 100$℃时，其伸长量 δL 约为 10^{-2}cm，可见 $L_0 \gg \delta L$，因此式（2-77）中 L_1 可近似取为室温下的棒长值 L，t_1，n_1 是对应 L 的室温及光杠杆系统直尺上刻度的读数。

【仪器装置】

线膨胀仪，待测金属棒、卷尺、卡尺、温度计、光杠杆一套。

线膨胀仪是采用电热法来测定金属棒的线膨胀系数的，它主要包括下面几部分：给被测材料加热的加热器、安装加热器、散热罩的支架和放置光杠杆的平台。支架及平台与底座牢固地连接在一起。加热器中的加热棒上绕有电阻丝，接通电源即可逐渐升温，并有温度均匀特点。加热棒内可放置待测材料杆和温度计。

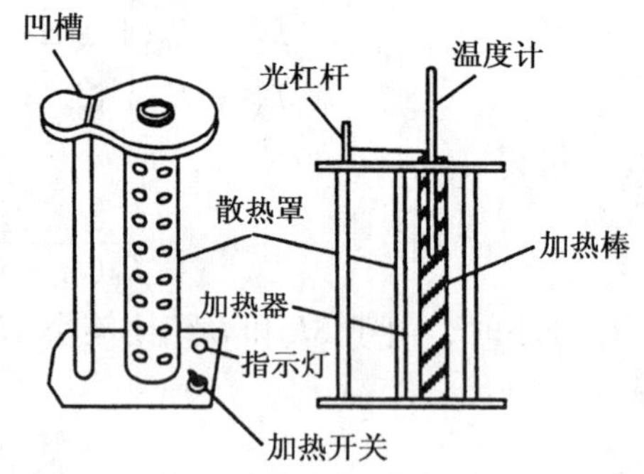

图2-22　实验装置图

使用方法：

实验前把被测棒取出，用米尺测量其长度 L_1，并记下室温 t_1。然后把被测

棒慢慢放入加热管道内，直到被测棒的下端接触底面，调节温度计的锁紧螺钉使温度计的下端长度为 150～200mm，小心地将温度计放入加热棒内的被测棒孔内；将光杠杆平面的前边刀口（或两前足）放在平台的凹形槽内，后足尖立于被测杆顶端，并使光杠杆平面镜法线大致与望远镜同轴，且平行于水平底座，如图 2-22 所示。调节好光杠杆系统，记录此时望远镜对应 L_1 的读数 n_1；打开加热电源使金属棒受热膨胀，测出不同温度时望远镜对应的读数。

【注意事项】

该实验在测量读数时是在温度连续变化时进行的，因此读数时要快而准。

【实验内容】

（1）测量金属棒的线膨胀系数。先测试出室温下的长度 L_1，测两组（升温、降温）$L(t)$ 值，分别作出 L-t 的升温、降温曲线，由图解法求 α_l 和 L_0。

（2）根据各待测长度范围合理选择测长仪器和测量方法，由测量公式导出不确定度公式 $\Delta_{\alpha_l}/\alpha_l$，分析各分项中哪几项是误差主要来源，哪几项是可以忽略不计的。对主要误差项，在测量中应特别小心。

【预习思考题】

（1）调节光杠杆步骤是什么？怎样判断望远镜已处于调好状态？其调节步骤如何？

（2）本实验的测量公式（2-77）要求满足哪些实验条件？实验中应如何保证？

（3）本实验要求用作图法处理数据，请考虑一下用哪一个量作为横轴的自变量？哪一个量作为纵轴的因变量？得到的图线是什么形状？怎样求取线膨胀系数 α_l 和 $t=0$℃时的 $L(0)$？

【思考题】

（1）本实验对各长度量分别用不同仪器测量，是根据什么原则考虑的？哪一个量的测量误差对结果的影响最大？

（2）若实验中加热时间过长，使仪器支架受热膨胀，对实验结果将产生怎样影响？

（3）两根材料相同，粗细、长度不同的金属棒，在同样的温度变化范围内，它们的线膨胀系数是否相同？膨胀量是否相同？为什么？

【应用】（见附录 B-2）

实验11 非良导体热导率的测量

【实验目的】

(1) 学习热学实验的基本知识和技能。

(2) 学习测量非良导体热导率的基本原理和方法。

(3) 通过作物体冷却曲线和求平衡温度下物体的冷却速度，加深对数据图示法的理解。

【实验原理】

热可以从温度高的物体传到温度低的物体，或者从物体的高温部分传到低温部分，这种现象叫做热传递。人们经过长期研究知道，热传递的方式有三种：传导、对流和辐射。在这里只对热传导进行基本的研究。

热从物体温度高的部分沿着物体传到温度较低的部分，称为传导，它是由物体直接接触而产生的。热导率是反映物体热传导性能的一个物理量，热导率大的物体具有良好的导热性能，称为热的良导体；热导率小则称为热的非良导体。一般说来，金属的热导率比非金属大，固体的热导率比液体大，气体最小。测定物体的热导率对于了解物体的传热性能具有重要意义。本实验将测定热的非良导体的热导率。

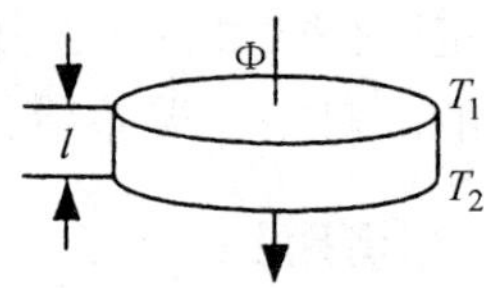

图2-23 测量样品

设有一厚度为l、底面积为S_0的薄圆板，上、下两底面的温度T_1、T_2不相等，且$T_1 > T_2$，则有热量自上底面传向下底面（见图2-23），其热流量可表示为

$$\frac{\mathrm{d}Q}{\mathrm{d}t} = -\lambda S_0 \frac{\mathrm{d}T}{\mathrm{d}l} \tag{2-78}$$

式中，$\frac{\mathrm{d}Q}{\mathrm{d}t} = \Phi$为热流量，代表单位时间里流过薄圆板的热量；$\frac{\mathrm{d}T}{\mathrm{d}l}$为薄圆板内热流方向上的温度梯度，式中的负号表示热流方向与温度梯度的方向相反；λ为待测薄圆板的热导率，它是由薄圆板的传热性质所决定的常数。

如果能保持上、下两底面的温度不变（这种状态称为稳恒态）和传热面均匀（l很小，薄圆板的侧面的散热可以忽略），则$\frac{\mathrm{d}T}{\mathrm{d}l} = \frac{\Delta T}{\Delta L} = \frac{T_2 - T_1}{l}$，于是有

$$\Phi = \frac{\mathrm{d}Q}{\mathrm{d}t} = -\lambda S_0 \frac{T_2 - T_1}{l} \tag{2-79}$$

由上式即得到

$$\lambda = -\frac{\Phi}{S_0(T_2 - T_1)/l} \tag{2-80}$$

所以，测量 λ 的关键是：①使待测薄圆板中的热传导过程保持为稳恒态；②测出稳恒态时的 Φ。

（1）建立稳恒态

为了实现稳恒态，在实验中将待测薄圆板 B 置于两个直径与 B 相同的铝圆柱 A、C 之间，且紧密接触，见图 2-24。C 内有加热用的电阻丝和用作温度传感器的热敏电阻，前者被用来作热源。首先，可由 EH-3 数字化热学实验仪将 C 内的电阻丝加热，并将其温度稳定在设定的温度值上。B 的热导率尽管很小，但并不为零，故有热量通过 B 传递给 A，使 A 的温度 T_A 逐渐升高。当 T_A 高于周围空气的温度时，A 将向四周空气中散发热量。由于 C 的温度恒定，随着 A 的温度升高，一方面从 C 通过 B 流向 A 的热流速率不断减小，另一方面 A 向周围空气中散热的速率则不断增加。当单位时间内 A 从 B 获得的热量等于它向周围空气中散发的热量时，A 的温度就稳定不变了。这样就建立了所需要的稳恒态。

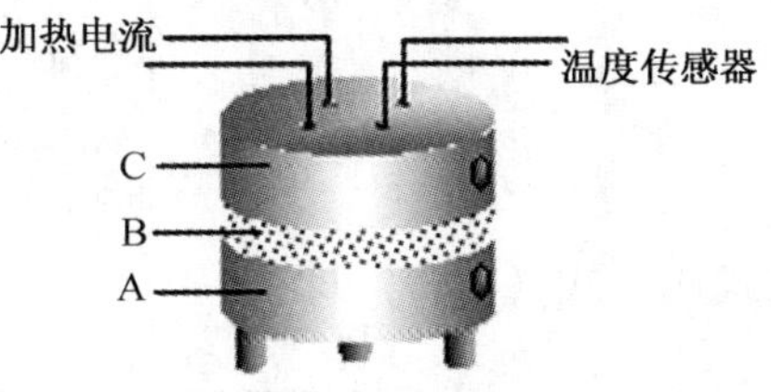

图 2-24　测量装置

（2）测量稳恒态时的 Φ

因为流过 B 的热流速率 Φ 就是 A 从 B 获得热量的速率，而稳恒态时流入 A 的热流速率与它散发的热流速率相等，所以，可以通过测 A 在稳恒态时散热的热流速率来测 Φ。当 A 单独存在时，它在稳恒温度下向周围空气中散热的速率为

$$\Phi_{自} = \frac{dQ}{dt} = \frac{d(cmT_A)}{dt}\bigg|_{T=T_2} = cm\frac{dT_A}{dt}\bigg|_{T=T_2} = cmn \tag{2-81}$$

式中，c 为 A 的比热容；m 为 A 的质量；$n = \frac{dT_A}{dt}\Big|_{T=T_2}$ 称为在稳恒温度 T_2 时的冷却速度。所以，只要测出 n，就可得到 $\Phi_{自}$。

A 的冷却速度可通过作冷却曲线的方法求得。具体测法是：当 A、C 已达稳恒态后，记下它们各自的稳恒温度 T_2、T_1 后，再断电并将 B 移开，使 A、C 接触数秒钟，将 A 的温度上升到比 T_2 高至某一个温度，再移开 C，任 A 自然冷却，当 T_A 降到比 T_2 约高 T_0（℃）时开始记时读数。以后每隔一分钟测一次 T_A，直到 T_A 低于 T_2 约 T_0（℃）时止。测得数据后，以时间 t 为横坐标，以 T_A 为纵坐标作 A 的冷却曲线，过曲线上纵坐标为 T_2 的点作此冷却曲线的切线，则此切线的斜率就是 A 在 T_2 时的自然冷却速度，即

$$n = \frac{dT_A}{dt}\bigg|_{T=T_2} = \frac{T_a - T_b}{t_a - t_b} \tag{2-82}$$

于是有

$$\Phi_{自} = cm\frac{T_a - T_b}{t_a - t_b} \tag{2-83}$$

但要注意，A 自然冷却时所测出的 $\Phi_{自}$ 与实验中稳恒态时 A 散热的热流速率 Φ 是不同的。因为 A 在自然冷却时，它的所有外表面都暴露在空气中，都可以散热，而在实验中的稳恒态时，A 的上表面是与 B 接触的，故上表面不散热。由传热学定律：物体因空气对流而散热的热流速率与物体暴露在空气中的表面积成正比。设 A 的上、下底面直径为 d，高为 h，则有

$$\frac{\Phi}{\Phi_{自}} = \frac{\frac{\pi}{4}d^2 + \pi hd}{2\times\frac{\pi}{4}d^2 + \pi hd} = \frac{d + 4h}{2d + 4h}$$

$$\Phi = \Phi_{自}\frac{d + 4h}{2d + 4h} = cmn\frac{d + 4h}{2d + 4h} \tag{2-84}$$

将上式代入式（2-80）即得

$$\lambda = \frac{\Phi}{S_0(T_2 - T_1)/l} = \frac{2cml(d + 4h)}{\pi d^2(d + 2h)}\left(\frac{n}{T_2 - T_1}\right) \tag{2-85}$$

【实验仪器】

1. EH-3 数字化热学实验仪

本实验中用来加热和控制热源温度的 EH-3 数字化热学实验仪是一种多用实验仪，其面板结构如图 2-25 所示。该仪器配有加热盘、测温探头 1、测温探头 2 和连接导线。测温探头 1 安置在加热盘内。加热盘上设有测温插孔。仪器的恒温范围大约为 35～100℃，恒温稳定度为 ±0.2℃；测温范围为 10～105℃，测温精度为 ±1℃（分辨率为 0.1℃）。实验时，可通过“热源温度选择”组合开关选择所需热源温度。按下“显示 1 切换”开关，“显示 1”即指示出热源（加热盘）当前设定的温度粗略值，此时“设定温度”指示灯亮。若未选择任意一档，则“显示 1”显示 0。“显示 1 切换”开关弹起，则“显示 1”显示出探头 1 测得热源的温度，此时“探头 1 温度”指示灯亮。当测温探头 2 插入加热盘上的测温插孔内，“显示 2 切换”开关弹起，则“显示 2”显示出测温探头 2 测得热源的温度，此时“探头 2 温度”指示灯亮。

2. 测量装置

实验所用测量装置见图 2-24 所示。在 A、C 的侧面有测温插孔，用以插入测温探头 2，也可以插入温度计来测量 A、C 的温度 T_A 和 T_C。本实验是用EH-3 数字化热学实验仪来加热和控制热源温度的，C 的温度值由实验仪面板上的“显示 1”读取；实验仪上的测温探头 2 插入 A 上的小孔内，A 的温度值由实验

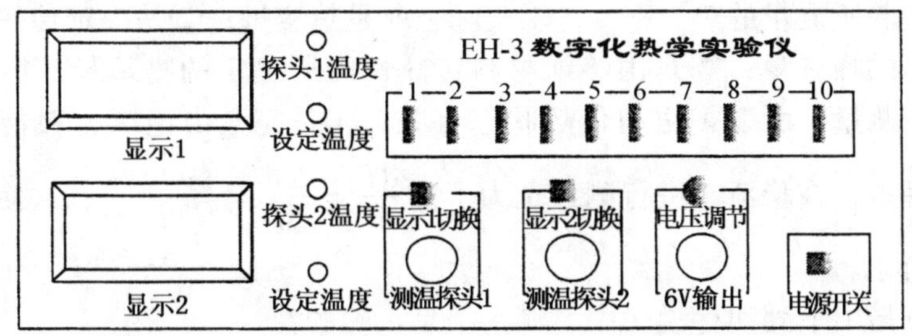

图 2-25　EH-3 数字化热学实验仪

仪面板上的“显示 2”读取。

【实验内容】

（1）建立稳恒态。由于稳恒态的建立与过程无关，为缩短实验时间，在接通电源对 C 加热时可先将待测薄圆板移开，将 C 与 A 接触，直接通过 C 将 A 加热到它的稳恒温度点附近（当 C 的设定稳恒温度为 90℃时，A 的稳恒温度与待测薄圆板的材料性能有关，不同的材料有着不同的稳恒温度值；另外还与待测薄圆板的周围环境温度有关，冬天与夏天有着不同的稳恒温度值，此值由实验室根据待测圆板的材料与实验室的室温给出），然后将 B 插入，耐心等待若干分钟（此值也由实验室给出）后，注意观察 T_A 的变化，若 T_A 每 5 分钟的变化 $\Delta T_A \leqslant 0.1$℃，即认为已达到稳恒态，记下 C、A 的温度 T_1、T_2。

（2）在 A 自然冷却的情形下，测量它的温度随时间的变化（具体做法见原理介绍中有关测 $\Phi_{自}$ 的内容），记录数据从 T_2+T_0（℃）开始，直到 T_2-T_0（℃）（T_0（℃）也由实验室给出）止，每分钟记录一个数据。在坐标纸上作 A 的冷却曲线，过稳恒温度 T_2 作此曲线的切线，求出切线的斜率即为 n。

（3）用游标卡尺测出待测薄圆片 B 的厚度 l，铝圆柱 A 的高度 h 和直径 d。用天平或电子秤称出 A 的质量 m。l、h 与 d 用米作单位，m 用千克作单位。

（4）由式（2-85）即可计算出该薄圆板的热导率 λ。λ 的常用单位为瓦每米开，即 W/（m·K）。

【注意事项】

（1）一定要等到稳恒态已建立，并且准确地记下 A、C 的稳恒温度 T_1、T_2 后，才能开始测 A 的自然冷却速度。

（2）在实验的操作过程中应注意加热盘的高温，防止烫伤。

【预习思考题】

（1）试指出下述四种看法中，哪一个是正确的？

本次实验所测量的热导率 λ，①实际上就是热容量；②是决定传热状态是否达到稳恒态的物理量；③是由绝缘材料传热性能所决定的物理量，但因要在稳恒态时才能测量，所以 λ 也与传热状态有关；④是完全由绝缘材料传热性能所决定的物理量，在稳恒态进行测量是为了使 $\frac{dT}{dl}=\frac{\Delta T}{\Delta l}=\frac{T_2-T_1}{l}$，这使测量和计算都大大简化。

（2）试指出下列四种说法中，哪一个是正确的？

本实验中稳恒态的标志是：①T_A 和 T_C 都不变；②T_A 和 T_C 都变，但 $\Delta T=|T_A-T_C|$ 不变；③T_C 不变，T_A 在变；④$T_A=T_C$。

【思考题】

（1）你认为以下哪一种说法比较确切？

本实验的关键是使系统达到稳恒态和测量稳恒态时热流量 Φ，测量 Φ 的方法是：①任 A 自然冷却，作 A 的冷却曲线，由此曲线的切线就可将 Φ 求出；②因为 A 在自然冷却中，当 T_A 等于 T_2 时的冷却速度 n 与 Φ 成正比，所以，可以通过测量 n 来测量 Φ，而 n 的测量方法是作 A 的冷却曲线，再过平衡温度 T_2 作此曲线的切线，则此切线的斜率即为 n；③作冷却曲线上过 T_2 点的切线，求出冷却速率 n，则稳恒态时的热流量 $\Phi=cmn$；④因为 $\Phi=\frac{dQ}{dt}$，所以，要测 Φ 就应先测出 Q，然后再对其微分。

（2）在本实验中，测量结果的误差来自哪些方面？

【应用】（见附录 B-3）

实验12 PN结正向电压温度特性研究

【实验目的】

熟悉 PN 结温度传感器的工作特性，学会使用 PN 结温度传感器测温。

【实验原理】

1. PN 结温度传感器的基本方程

根据半导体物理的理论，理想 PN 结的正向电流 I_F 和正向电压 U_F 存在如下近似关系式

$$I_F = I_S \exp\left(-\frac{qU_F}{kT}\right) \tag{2-86}$$

式中，q 为电子的电荷量；T 为热力学温度；I_S 为反向饱和电流，它是一个和 PN 结材料的禁带宽度以及温度等有关的系数。可以证明，

$$I_S = CT^{\gamma}\exp\left(-\frac{qU_g(0)}{kT}\right) \tag{2-87}$$

式中，C 是与 PN 结的结面积、掺杂浓度等有关的常数；k 为玻尔兹曼常数；γ 在一定范围内也是常数；U_g（0）为热力学温度 0K 时 PN 结材料的导带底与价带顶的电势差，对于给定的 PN 结材料，U_g（0）是一个定值。将式（2-87）代入式（2-86），两边取对数，整理后可得

$$U_F = U_{g(0)} - \left(\frac{k}{q}\ln\frac{C}{I_F}\right)T - \frac{kT}{q}\ln T^{\gamma} = U_1 + U_{n\gamma} \tag{2-88}$$

其中

$$U_1 = U_{g(0)} - \left(\frac{k}{q}\ln\frac{C}{I_F}\right)T$$

$$U_{n\gamma} = -\frac{kT}{q}\ln T^{\gamma}$$

式（2-88）是 PN 结正向电压作为电流和温度函数的表达式，它是 PN 结温度传感器的基本方程。

2. PN 结测温原理

根据式（2-86），对于给定的 PN 结材料，令 PN 结的正向电流恒定不变，则正向电压 U_F 只随温度而变化。但是，式（2-88）中除线性项 U_1 外，还包含非线性项 $U_{n\gamma}$。实验和理论证明，在温度变化范围不大时，U_F 温度响应的非线性误差可以忽略不计。对于通常的硅 PN 结材料来说，在 $-50\sim150$℃的温度区间内，其非线性误差依然很小。但当温度变化范围增大时，U_F 温度响应的非线性误差将有所递增。

综上所述，对给定的 PN 结材料，在允许的温度变化区间内，在恒流供电条件下，PN 结的正向电压 U_F 对温度的依赖关系取决于线性项 U_1，正向电压 U_F 几乎随温度升高而线性下降，即

$$U_F = U_{g(0)} - \left(\frac{k}{q}\ln\frac{C}{I_F}\right)T \tag{2-89}$$

这就是 PN 结测温的依据。

温度 T 是热力学温度，在实际使用时会有不便之处，为此，进行温标转换，采用摄氏温度 t 来表示，即 $T = t + 273.2$

$$U_t = U_{g(0)} - \left(\frac{k}{q}\ln\frac{C}{I_F}\right)(t + 273.2) \tag{2-90}$$

为了提高温度测量的精度，本实验采用两个同样型号的 PN 结。一个 PN 结放在室温下，作为参照，其结电压用 U_{t0} 表示；另一个 PN 结放在 EH 热学实验仪的

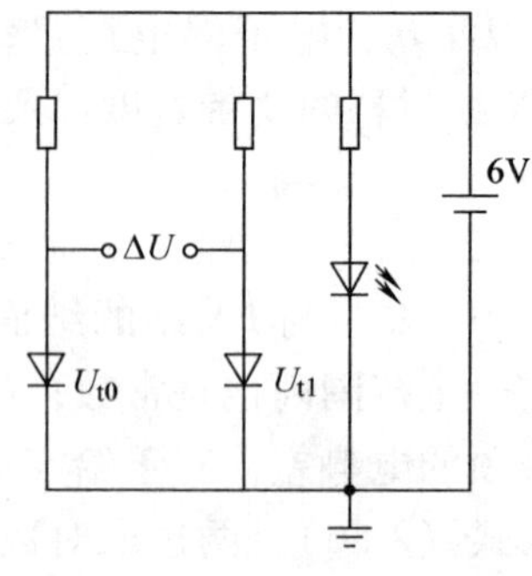

图2-26 PN结测温原理图

加热盘内，其温度可以由EN热学实验仪控制，其结电压用U_{t1}表示，如图2-26所示。根据式（2-90），有

$$U_{t0} = U_{g(0)} - \left(\frac{k}{q}\ln\frac{C}{I_F}\right)(t_0 + 273.2) \quad (2\text{-}91)$$

$$U_{t1} = U_{g(0)} - \left(\frac{k}{q}\ln\frac{C}{I_F}\right)(t_1 + 273.2) \quad (2\text{-}92)$$

式（2-92）—式（2-91）得

$$U_{t1} - U_{t0} = -\left(\frac{k}{q}\ln\frac{C}{I_F}\right)(t_1 - t_0) \quad (2\text{-}93)$$

令$U_{t1} - U_{t0} = \Delta U$，$(t_1 - t_0) = \Delta t$，则

$$\Delta U = -\left(\frac{k}{q}\ln\frac{C}{I_F}\right)\Delta t \quad (2\text{-}94)$$

定义$S = -\frac{k}{q}\ln\frac{C}{I_F}$为PN结温度传感器的灵敏度，则有

$$\Delta U = S\Delta t \quad 或 \quad S = \frac{\Delta U}{\Delta t} \quad (2\text{-}95)$$

这就是本实验中PN结温度传感器在摄氏温标下的测温原理公式。

3. 确定PN结材料的禁带宽度

PN结材料的禁带宽度$E_{g(0)}$定义为电子的电荷量q与热力学温度0K时PN结材料的导带底和价带顶的电势差$U_{g(0)}$的乘积，即

$$E_{g(0)} = qU_{g(0)}$$

由式（2-88），可得

$$U_{g(0)} = U_F + \left(\frac{k}{q}\ln\frac{C}{I_F}\right)T = U_F + ST$$

用摄氏温标表示，$T = 273.2 + t$，有

$$U_{g(0)} = U_t + S(t + 273.2)$$

所以

$$E_{g(0)} = qU_{g(0)} = q(U_t + S(t + 273.2)) \quad (2\text{-}96)$$

即只要知道了PN结温度传感器的灵敏度S，再测得任意温度下该PN结的结电压U_t，就可以计算该PN结的禁带宽度$E_{g(0)}$。

【实验仪器】

EH-3数字化热学实验仪、PN结温度传感器实验仪、200mV量程的数字电压表（最好为4 1/2位数字电压表）、6V电源连接线。

【实验内容】

（1）将6V直流电源按极性要求（红端接+，黑端接-）接到PN结温度传

感器实验仪的电源端，开启电源，红色发光二极管亮，表明电源供电正常，如图2-27所示。将200mV量程电压表接测量端，电压表显示值为室温时两个PN结的电压差值，此值应很小。记下该值，作为温度修正。

（2）打开热学实验仪，选择第一档，观察随温度上升电压表所示的电压值的变化，待温度稳定后，记下该档的ΔU值，再逐步选择余下各档温度。随着温度的升高，两结电压差线性增加（因为两个结一个在室温下，另一个在热源中），如此记下10对温度和对应的电压值，然后将测得的电压值减去室温时两个PN结的电压差值，作温度修正，得到10组ΔU-t数据。

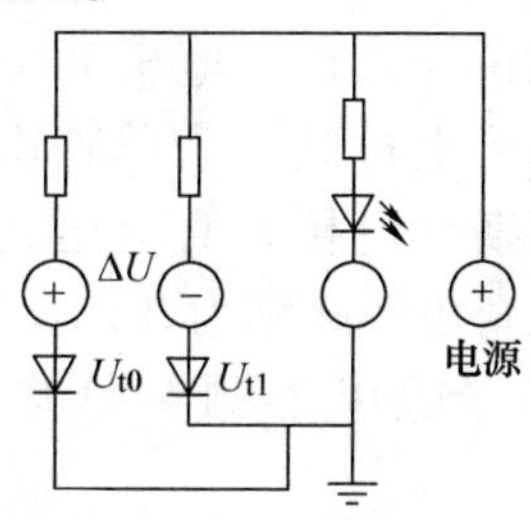

图2-27　PN结测温实验接线图

（3）以t作横坐标，ΔU作纵坐标，用坐标纸作t-ΔU图线。在直线上取两点，采用两点式求斜率的方法或最小二乘法作数据点的线性拟合，由线性方程直接得到PN结温度传感器的灵敏度S。

（4）测量PN结材料的禁带宽度。将2V量程电压表的负表笔接地端，正表笔接“－”测量端。测量任意一个温度下PN结的结电压U_{t1}及对应的温度值，由$U_{g(0)}=U_{t1}+S(273.2+t_1)$首先计算出$U_{g(0)}$，利用前面测得的$S$值，由$E_{g(0)}=qU_{g(0)}=q(U_{t1}+S(273.2+t_1))$，算出$E_{g(0)}$值，并与其公认值1.21eV比较，求相对误差。

2.3　第三单元

实验13　用单臂电桥测电阻

【实验目的】

（1）掌握用单臂电桥测量电阻的原理和方法。

（2）学习用交换法减小和消除系统误差。

（3）初步研究电桥的灵敏度。

【实验原理】

单臂电桥，也叫惠斯登电桥（Wheatstone Bridge），是用于精确测量中值电阻（$10\sim10^5\Omega$）的测量装置。

电桥法测电阻，其实质是把被测电阻与标准电阻相比较，以确定其值。由于电阻的制造可以达到很高的精度，所以用电桥法测电阻也可以达到很高的精度。

电桥分为直流电桥和交流电桥两大类。直流电桥又分为单臂电桥和双臂电桥。惠斯登电桥是直流电桥中的单臂电桥；双臂电桥又称为开尔文电桥（Kelvin Bridge），适用于测量低电阻（10^{-6} ~ 10Ω）。

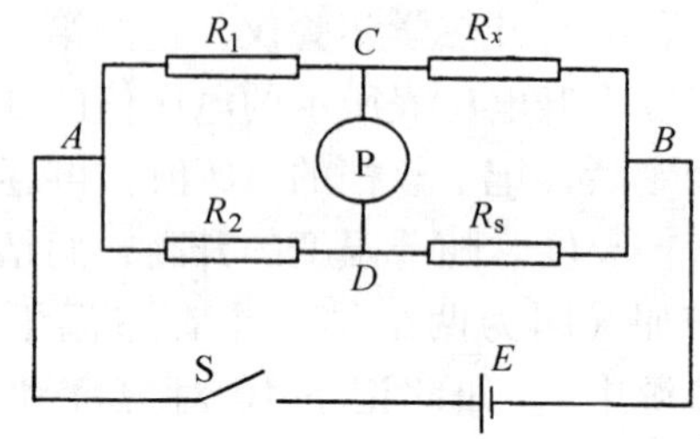

图2-28　单臂电桥原理图

1. 单臂电桥的线路原理

单臂电桥的基本线路如图2-28所示。它是由四个电阻 R_1，R_2，R_s，R_x 联成一个四边形 $ACBD$，在对角线 AB 上接上电源 E，在对角线 CD 上接上检流计P组成。接入检流计（平衡指示）的对角线称为“桥”，四个电阻称为“桥臂”。在一般情况下，桥路上检流计中有电流通过，因而检流计的指针有偏转。若适当调节某一电阻值，例如改变 R_s 的大小可使 C、D 两点的电位相等，此时流过检流计P的电流 $I_P=0$，称为电桥平衡。则有

$$U_C = U_D \tag{2-97}$$

$$I_{R_1} = I_{R_x} = I_1 \tag{2-98}$$

$$I_{R_2} = I_{R_s} = I_2 \tag{2-99}$$

由欧姆定律知

$$U_{AC} = I_1R_1 = U_{AD} = I_2R_2 \tag{2-100}$$

$$U_{CB} = I_1R_x = U_{DB} = I_2R_s \tag{2-101}$$

由以上两式可得

$$R_x = \frac{R_1}{R_2}R_s \tag{2-102}$$

此式即为电桥的平衡条件。若 R_1，R_2，R_s 已知，R_x 即可由上式求出。通常取 R_1、R_2 为标准电阻，称为比率臂，将 R_1/R_2 称为桥臂比；R_s 为可调电阻，称为比较臂。改变 R_s 使电桥达到平衡，即检流计P中无电流流过，便可测出被测电阻 R_x 之值。

2. 用交换法减小和消除系统误差

分析电桥线路和测量公式可知，用单臂电桥测量 R_x 的误差，除其他因素外，还与标准电阻 R_1、R_2 的误差有关。可以采用交换法来消除这一系统误差，方法是：先连接好电桥电路，调节 R_s 使P中无电流，可由式（2-102）求出 R_x，然后将 R_1 与 R_2 交换位置，再调节 R_s 使P中无电流，记下此时的 R_s'，可得

$$R_x = \frac{R_2}{R_1}R_s' \tag{2-103}$$

式（2-102）和式（2-103）相乘得

$$R_x^2 = R_s R_s'$$

或

$$R_x = \sqrt{R_s R_s'} \tag{2-104}$$

这样就消除了由 R_1，R_2 本身的误差引起的对 R_x 引入的测量误差。R_x 的测量误差只与电阻箱 R_s 的仪器误差有关，而 R_s 可选用高精度的标准电阻箱，这样系统误差就可减小。

3. 电桥的灵敏度

式（2-102）是在电桥平衡的条件下推导出来的，而电桥是否平衡，实际上是根据检流计是否有偏转来判断。检流计的灵敏度总是有限的，如实验中所用的检流计，指针偏转一格所对应的电流大约为 10^{-6}A。当通过它的电流比 10^{-7}A 还要小时，指针偏转小于 0.1 格，就很难觉察出来。假设电桥在 $R_1/R_2=1$ 时调到了平衡，则有 $R_x=R_s$。这时，若把 R_s 改变 ΔR_s，电桥就失去了平衡，检流计中有电流 I_P 流过。但是如果 I_P 小到使检流计觉察不出来，还会认为电桥还是平衡的，因而得出 $R_x=R_s+\Delta R_s$。这样就会因为检流计的反应不够灵敏而带来一个测量误差 $\Delta R_x=\Delta R_s$。为表示此误差对测量结果影响的严重程度，引入电桥灵敏度的概念，定义为

$$S = \Delta n / (\Delta R_x / R_x) \tag{2-105}$$

式中，ΔR_x 是在电桥平衡后 R_x 的微小改变量（实际上是改变 R_s，可以证明，改变任一臂所得出的电桥灵敏度是一样的），Δn 是由于电桥偏离平衡而引起的检流计的偏转格数。S 越大，说明电桥越灵敏，带来的误差也就越小。举例来说，检流计指针有五分之一格的偏转时即可以觉察出来，如果 $S=100$ 格，则只要 R_s 改变 0.2%，就可以觉察到了，在这种情况下由于电桥灵敏度的限制所带来的误差肯定小于 0.2%。

S 的定义式可变换为

$$S = \frac{\Delta n}{\Delta I_P} \frac{\Delta I_P}{\Delta R_x / R_x} = S_i S_l \tag{2-106}$$

式中，S_i 为检流计的电流灵敏度；S_l 为电桥线路的灵敏度。即电桥的灵敏度不仅与检流计的灵敏度有关，而且还与线路参数（R_1、R_2、R_x、R_s、E）的取值有关。

一般在用电桥测电阻时，应保证较高的电桥灵敏度。在检流计、电源一定的情况下，桥臂比及桥臂电阻的取值，都会影响电桥的灵敏度。同时，要合理确定桥臂比 R_1/R_2 之值，使测量结果的有效数字位数足够多，一般应比由误差决定的位数多一位。但在测量时，还应保证在改变 R_s 的最小可调档（$\Delta R_{s\,min}$）两次，或改变量为仪器误差 Δ_I 时，应能觉察出检流计指针的偏转（不小于 0.2

格)。否则，位数再多也不是实际的。

【实验仪器】

DHQJ—3 型教学用非平衡电桥（见补充说明 2-5）、电阻箱、检流计、电源、开关、待测电阻等。

【实验内容】

(1) 按图 2-29 自搭电桥电路。注意连线操作时应遵从电学实验操作规程，连线按回路依次连接，并使电路布局合理。图中“桥”路开关 S_G 上并联了一个高电阻 R_m，其作用是保护检流计，方便平衡状态的调节。测量时先打开 S_G，由于 R_m 较大，所以流经检流计的电流不会很大。调节 R_s 使电桥接近于平衡状态时，再合上 S_G 使 R_m 短路，此时桥路的灵敏度增高，再仔细调节 R_s，使电桥平衡，即检流计 P 的指针指零。滑线变阻器 R_h 的作用与 R_m 类似，测量时先将滑动头置于最左端，由于 R_h 较大，所以干路中电流不会太大，流经检流计的电流也随之受到一定限制。调节 R_s 使电桥接近于平衡状态时，再将滑动头移向右端，增大干路电流以提高桥路的灵敏度，然后再仔细调节 R_s，使电桥平衡。

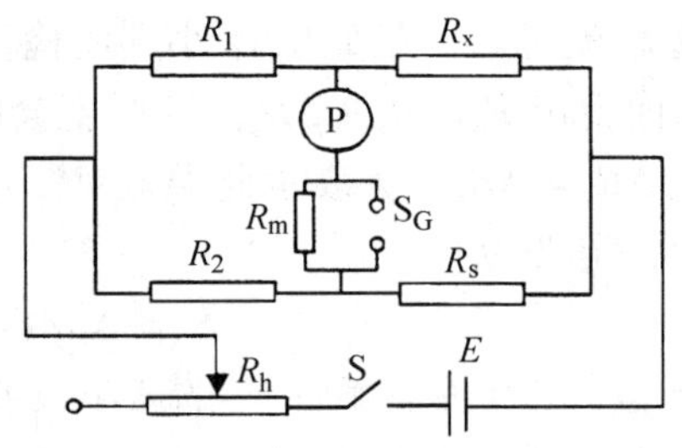

图 2-29 单臂电桥连线图

(2) 取 $R_1/R_2=100/100$，测定电阻 R_x 的电阻值，并计算其不确定度。保持测量条件不变，进行多次重复测量，比较不确定度的两类分量大小，你能得出什么结论?

(3) 用交换法进行系统误差研究。将 R_x 与 R_s 交换位置重测，用式（2-104）计算 R_x，求出不确定度，并与 2 中的测量结果分析比较。

(4)（选做）测定电桥灵敏度，并计算或测定由电桥灵敏度引入的误差（取人眼能够判断偏转的界限为 0.2 格）。

(5) 用不同的桥臂比测量 R_x，并分析结果的有效数字与桥臂比选取的关系（选做）。

(6)（选做）用电桥测量热敏电阻在不同温度下的电阻值，用作图法（曲线改直）及回归法确定电阻值随温度变化的经验公式。由物理理论已知此经验公式的函数形式为 $R_T=Ae^{\frac{B}{T}}$，式中 T 为热力学温度。

【注意事项】

（1）为了保护检流计，实验时应注意先合S后合S_G，断开时先断S_G后断S。

（2）电源开关及检流计按钮应间歇使用，不能长时间接通。

【预习思考题】

（1）电桥由哪几部分组成？电桥平衡的条件是什么？具体操作时如何实现电桥平衡？

（2）电阻箱的误差如何决定？

【思考题】

（1）下列因素是否会使电桥测量误差增大？

1）电源电压不太稳定。

2）忽略导线电阻。

3）检流计没有校好零点。

4）检流计灵敏度不高。

5）桥臂电阻取值过大。

（2）当电桥达到平衡后，互换电源与检流计的位置，电桥是否仍保持平衡？为什么？

（3）某同学用图2-29所示电桥测电阻R_x，出现下列现象，试解释之。

1）无论怎样调节R_s，检流计的指针始终偏在零点的一侧。

2）调节R_s的最小档，检流计的指针不是偏左就是偏右，始终不能准确指零。

（4）能否用电桥测定电流表的内阻？如能，试画出电路图。

【补充说明2-5】　DHQJ—3型教学用非平衡电桥

（1）实验面板图（见图2-30）

（2）接线示意图（见图2-31）

（3）使用说明

1）按图2-31所示接线可自由组成平衡电桥、非平衡电桥。

2）数显表在平衡电桥测量时作毫伏表使用，量程为200mV。

3）电桥的使用电压：非平衡电桥可选3V，6V，9V，单桥可选3V，6V，9V，双桥选“双桥”为工作电源。

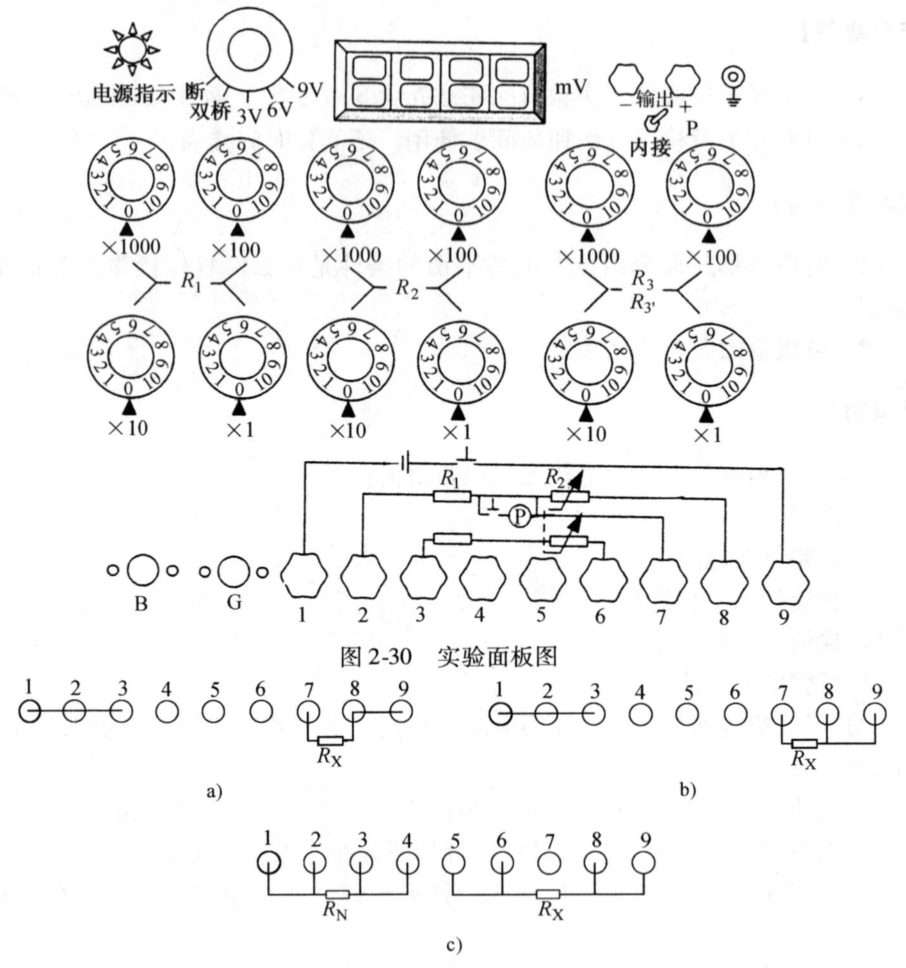

图2-30 实验面板图

图2-31 接线示意图

a）二端法（单桥） b）三端法（三端电桥） c）四端法（双桥）

【应用】

（1）电阻的测量概述

1）阻值分类：电阻的测量是电学中常用的物理量测量之一。电阻的单位是欧姆（Ω），按照阻值的大小可分为低、中、高阻三档，它们的划分界限一般是：

超低阻	$10^{-12}\sim10^{-7}\Omega$	高　阻	$10^{7}\sim10^{12}\Omega$
低　阻	$10^{-8}\sim10\Omega$	超高阻	$10^{13}\sim10^{18}\Omega$
中　阻	$10\sim10^{6}\Omega$		

2）测量的主要方法：测量方法基本有三种：直流指示测量法（一般指伏安法）、电桥测量法和补偿测量法，其中以电桥测量法最为常用。

方法	测 量 原 理	说 明
伏安法	这种方法一般利用欧姆定律：$R = U/I$ 使用伏特表、安培表等仪器分别测量出流经 R 的电流与 R 两端的电压	使用方便、测量可靠、结构简单，能作出伏安特性曲线，直观形象。但是这一类仪表存在摩擦、不回零、不平衡等误差，以及具有一定内阻，其精确度比较低。此外，仪表在工作时不可避免地要吸收一部分被测电路的功率，从而破坏了被测电路的原始工作状态，给测试带来误差。如果电流表和电压表都是 0.5 级，被测电流和电压都是接近电表量程的二分之一，仅由于电表准确度等级限制带来的测量误差便可能达到 1.5%
电桥法	采用桥式线路或电桥测量电阻。它将待测量与已知量进行比较而获得测量结果。电桥种类很多，如箱式、滑线式、平衡和不平衡电桥，直流和交流、线性和平方律电桥，单电源和双电源电桥，手动和自动以及计算机控制的电桥，电阻比较式和电流比较式电桥等	电桥测量法的准确度比直流指示测量法高
补偿法	补偿测量法是零值测量法的一种。它避免了直流指示测量法的上述两个缺点。电位差计就是利用补偿测量原理构成的仪器，电位差计有直流和交流、电阻比较式和电流比较式等类型	该测量方法不从被测线路中吸取功率，消除了被测量引线电阻的影响，且测量精确度高，能达到 5×10^{-6} 甚至更高的精度。在精密电学测量中应用较广泛
其他测量方法	测量电阻的实质是测量微小电流的问题。实践证明：解决了微小电流的测试技术，就能更好地解决新型绝缘材料、超高真空、静电、微量原子放射线、高阻半导体元件、精密高电阻元件等的测试。另外，采用电容器的充、放电法，也是测量高阻的一种重要方法	测量高阻的仪器已广泛使用在无线电技术、真空技术与核物理实验等方面

（2）其他应用（见附录 B-4）

实验 14　用双臂电桥测低电阻

【实验目的】

（1）学习解决测量低电阻特殊矛盾的方法。

（2）掌握用双臂电桥测量低电阻的原理和方法。

【实验原理】

1. 不可低估的接触电阻和导线电阻

电阻按阻值的大小可分为几类，见实验 13。不同阻值的电阻在精确测量时，会遇到不同的特殊问题。用单臂电桥测中值电阻时，能较好地克服电表准确度及电表内阻给线路带来的系统误差，但测量低电阻时无法解决导线电阻和接点处的接触电阻（统称“附加电阻”）对测量的影响。附加电阻一般在 10^{-2} ~ $10^{-5}\Omega$ 数量级，如果待测电阻是 0.01Ω，而附加电阻为 0.001Ω 时，其影响可达10%。如果所测电阻在 0.001Ω 以下，就无法再用单臂电桥来测此低电阻，必须对线路加以改进。双臂电桥就是对单臂电桥加以改进而成的，它适用于 10^{-6} ~ 10Ω 电阻的测量。

2. 用四端式电阻来减小附加电阻的影响

图2-32为研究附加电阻对低电阻测量影响的双臂电桥原理图。图中 r_{a1}，r_{a2}，r_{a3} 表示与接点 a 相连的三条支路的附加电阻，r_{b1}，r_{b2}，r_{b3} 表示与接点 b 相连的三条支路的附加电阻。图中 r_{a1}，r_{b1} 与电流测量回路或供电回路串联，因为 r_{a1}，r_{b1} 很小，所以它们的串入对电路状态不会产生太大的影响。r_{a2}，r_{b2} 与电压测量回路串联，与 R_x 并联，它们的接入，相当于加大了电压表内阻，这对测量是有益的。r_{a3} 和 r_{b3} 与 R_x 串联，是对 R_x 测量直接有影响的部分。因此，为了减少附加电阻对 R_x 测量的影响，就应尽量减小 r_{a3} 和 r_{b3}，而相对地加大 r_{a2}，r_{b2}。图2-33为四端式电阻等效原理图。如把 R_x 的接头改成“四端”，在接线时将与电流回路相连的接点 A、B（称为“电流接头”）及与电压回路相连的接点 A'、B'（称为“电压接头”）分开，把电压接头放在里边，并用两较大的紫铜接线柱（为了减小接触电阻）作为电流接头，用两较小的接线柱作为电压接头，在电压接头与电流接头之间用粗的紫铜线或紫铜片连接以减小接线电阻。那么 r_{a1} 和 r_{a3}，r_{b1} 和 r_{b3} 就可能减得很小了，此时两电压接头间的电阻就能较准确地表示为 R_x 了。所以，凡是要求有比较准确阻值的低电阻，一定是“四端”式接线的电阻，其阻值就是 A'、B'之间的电阻。

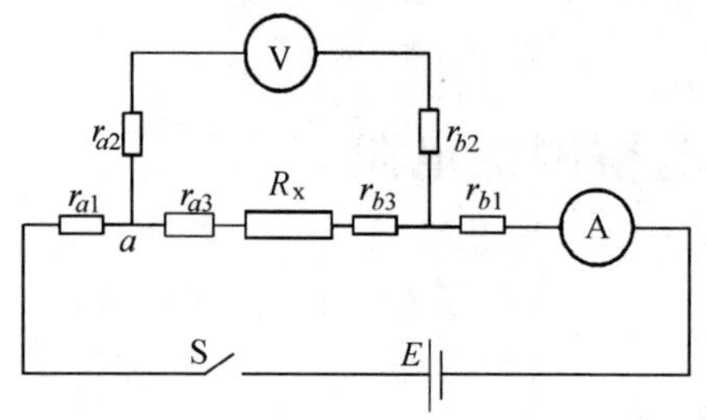

图2-32　双臂电桥原理图

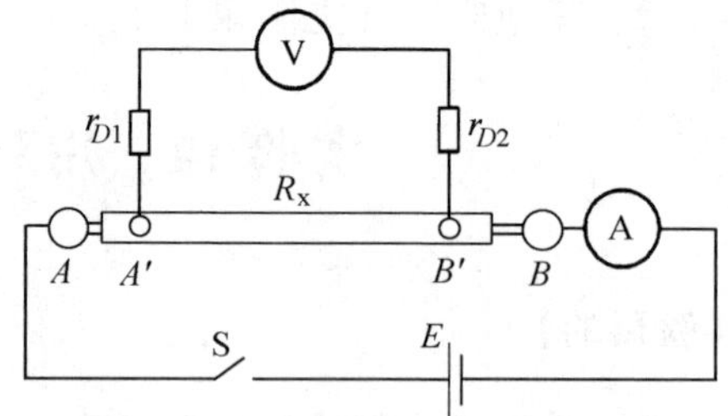

图2-33　四端式电阻等效原理图

3. 双臂电桥工作原理

双臂电桥的线路如图2-34所示，等效电路如图2-35所示。它有两大特点：

（1）待测电阻 R_x 和比较臂电阻 R_s 都采用四端接法接入电路。三根电流端引线的附加电阻分别为 r_1'、r、r_2'。其中 r_1'包括导线电阻、A 点接触电阻、以及 AA'间电阻的总和，如图 2-33 所示。r 和 r_2'也是类似的情况。另外，四根电压端引线的附加电阻分别为 r_1、r_3、r_4和 r_2，它们都包含导线电阻和接触电阻。

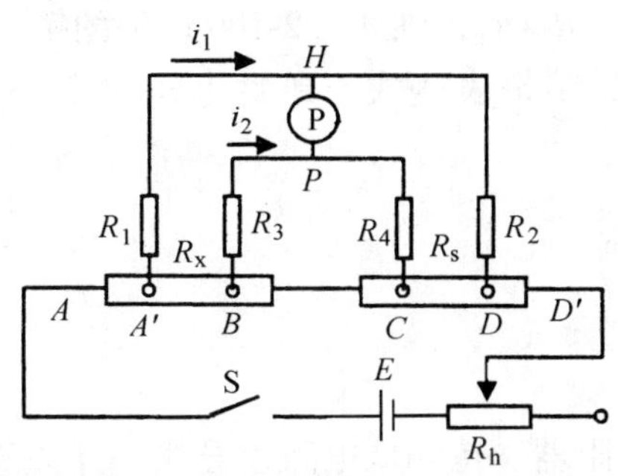

图 2-34 双臂电桥连线图

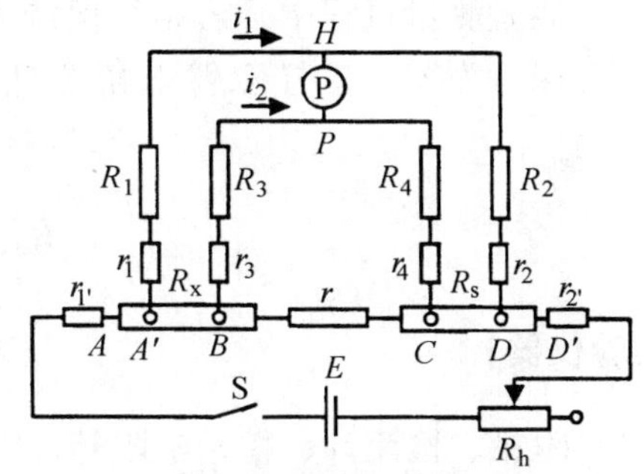

图 2-35 双臂电桥等效电路

（2）在电路中增加了 R_3 和 R_4 两个电阻，即多了一组桥臂。由于有两组桥臂，所以称为双臂电桥。双臂电桥可减小附加电阻对测量低电阻的影响，一是 R_x 和 R_s 均采用了四端接法，它巧妙地避免了接线电阻和导线电阻对测量电阻的影响（这里并不是说它们被消除了，而是被引到其他支路上去了。在其他支路上，它们往往可以被忽略不计）；二是桥臂电阻分别比相应的附加电阻大得多，附加电阻也可忽略不计；三是 R_x 和 R_s 采用足够粗的导线连接，使得附加电阻 r（又称跨线电阻）很小，又由于四个桥臂电阻 R_1、R_2、R_3、R_4 比 R_s、R_x 要大得多，于是当双臂电桥平衡时，桥臂电流 i_1 和 i_2 必然比流过 R_x 和 R_s 的电流 I 小得多。这样，附加电阻 r_1、r_3、r_4、r_2 的电压降与四个桥臂电阻以及 R_x、R_s 上的电压降相比小得多，因而可忽略不计。

适当调节电阻 R_1、R_2、R_3、R_4 和 R_s 使检流计 P 没有电流通过，即电桥达到平衡。此时流过 R_1 和 R_2，R_3 和 R_4 以及 R_x 和 R_s 的电流分别相等，设分别为 i_1、i_2 和 I。当双臂电桥平衡时，H 和 P 两点的电位相等，下述关系式成立。即

$$\left.\begin{aligned}(R_1+r_1)\cdot i_1 &= R_xI+(R_3+r_3)\cdot i_2\\(R_2+r_2)\cdot i_1 &= R_sI+(R_4+r_4)\cdot i_2\\r\cdot(I-i_2) &= (R_3+r_3+R_4+r_4)\cdot i_2\end{aligned}\right\}\tag{2-107}$$

为了使附加电阻 r_1、r_2、r_3和 r_4的影响可以忽略不计，在双臂电桥电路设计中要求桥臂电阻 R_1、R_2、R_3和 R_4足够大，即 $R_1 \gg r_1$、$R_2 \gg r_2$、$R_3 \gg r_3$和$R_4 \gg r_4$。同时 B 和 C 的联接采用一条粗导线，使得附加电阻 r 很小，以满足 $I \gg i_1$ 和 $I \gg i_2$ 的条件。于是式（2-107）可简化为

$$\left.\begin{aligned}R_1\cdot i_1 &= R_xI+R_3\cdot i_2\\R_2\cdot i_1 &= R_sI+R_4\cdot i_2\\r\cdot I &= (R_3+R_4)\cdot i_2\end{aligned}\right\}\tag{2-108}$$

解此方程组可得

$$R_x = \frac{R_1}{R_2}R_s + \frac{R_4 \cdot r}{R_3 + R_4}\left(\frac{R_1}{R_2} - \frac{R_3}{R_4}\right) \tag{2-109}$$

在实验测量过程中，若始终保持 $R_1/R_2 = R_3/R_4$，则式（2-109）中的第二项会始终保持为零，这样双臂电桥测低电阻的结果表达式与单臂电桥完全一样，即

$$R_x = \frac{R_1}{R_2}R_s$$

【实验仪器】

电阻箱、检流计、精密电阻箱、滑线变阻器、待测低电阻、导线、开关等。

【实验内容】

（1）按图2-34正确连线，注意 R_x、R_s 均采用四端接法。实验连线时，要考虑哪些部分要用短而粗的导线，哪些部分可以不做要求。选取合适的 $R_1/R_2 = R_3/R_4$ 比值及各电阻的阻值，测定待测低电阻 R_x 之值，计算不确定度并正确表达测量结果。

（2）在图2-34中，如果把电压接头与电流接头互换位置，画出等效电路图，测出 R_x 的结果又怎样？

（3）（选做）用双臂电桥测定所给电阻丝的电阻率 ρ。

【注意事项】

（1）开始通电时，R_h 应放在最大位置。待基本调平后，再减小 R_h 重新调平衡（为什么？）

（2）实验时通电时间不宜过长。

【预习思考题】

（1）双臂电桥与单臂电桥有哪些异同？

（2）在双臂电桥线路中是怎样消除导线电阻和接触电阻影响的？试简要说明之。

【思考题】

（1）用双臂电桥测低电阻时，实验中应保证满足哪些测量条件？为什么？

（2）如果发现双臂电桥灵敏度不足，原则上可采取哪些措施？这些措施又受到什么限制？

（3）如何正确选择 $R_1/R_2 = R_3/R_4$ 的比值，以保证足够的有效数字？

实验 15　热敏电阻温度特性的研究

【实验目的】

（1）研究热敏电阻的温度特性。

（2）用作图法和回归法处理数据。

【实验原理】

一般用纯金属制成的电阻，其阻值都有规律地随温度的升高而增大。例如，在 −50 ~ 150℃范围内，铜电阻的阻值随温度变化的关系为

$$R_t = R_0(1 + at + bt^2 + ct^3) \tag{2-110}$$

式中，R_0 和 R_t 分别为 0℃和 t℃时的电阻值；a，b，c 为参数。而用半导体材料制成的热敏电阻，具有负的电阻温度系数，电阻值随着温度的升高而迅速下降。

热电导效应是半导体的重要特性之一，利用这一特性制成的热敏电阻，在各方面有着广泛的应用。例如在灵敏温度计、稳压器、自动控制和远距离测量仪器中，它是非常重要的元件。热敏电阻的阻值随温度的升高而迅速下降，这是因为半导体中的载流子（电子和空穴）的数目随温度的升高而按指数规律增加。我们知道，载流子数目越多，导电能力越强，虽然载流子遇到的阻力也增加，但两者相比，前者的影响更大。因此，随着温度的升高电阻反而下降。热敏电阻的阻值随着温度的升高而按指数规律减小，其变化规律为

$$R_T = A\mathrm{e}^{B/T} \tag{2-111}$$

式中，A、B 为与材料有关的特性常数；T 为热力学温度。热敏电阻阻值随温度变化的曲线称为热敏电阻的“温度特性曲线”。

热敏电阻具有以下显著特点：

1）热敏电阻的阻值随温度变化特别灵敏，是测温及温度变化的实用灵敏元件。

2）热敏电阻的体积可以做的很小。

3）小珠型热敏电阻的热容量很小，对温度变化的响应很快。

4）电阻率大，很小的体积可有很大的阻值，使联接导线的电阻可以忽略。

为了得到 $R_T(T)$ 的特性，比较准确地求出 A、B，可将式（2-111）线性化后进行直线拟合。对一定热敏电阻而言，A、B 均为常数，对式（2-111）两边取自然对数有

$$\ln R_T = \ln A + B \times \frac{1}{T} \tag{2-112}$$

从 $\ln R_T - 1/T$ 的拟合中，可得到 A、B。

本实验中，用图 2-36 所示单臂电桥测量不同温度时的 R_T 值，图中 R_s 换为热敏电阻 R_T，温度的改变用实验仪器（参见补充说明 2-5）来实现。

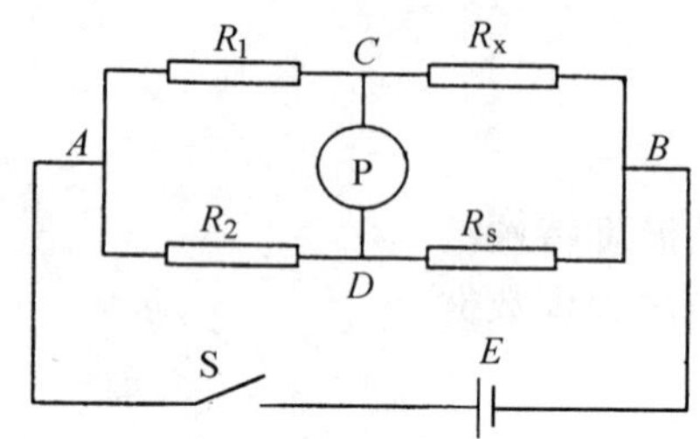

图 2-36 电桥原理图

【实验仪器】

电阻箱、检流计、电源、开关、热敏电阻、温度计、EH 物理实验仪等。

【实验内容】

（1）测定不同温度时热敏电阻的阻值。要求间隔 5℃左右测量一个点，共测量 10 个点以上，然后作出热敏电阻的“温度特性曲线”。

（2）用一元线性回归法处理数据，求出热敏电阻的阻值随温度变化的经验公式。数据处理可在计算机上进行，实验室备有数据处理的程序，可以直接使用，但要求在实验报告中写出用回归法处理的方法和公式。如果数据处理后相关系数 r 没有达到要求，则需要重新做实验。

（3）（选做）用作图法（曲线改直）处理数据，求出 R_T-T 的经验公式。

【思考题】

分析比较本实验中用回归法和作图法处理数据的结果。

实验 16 变阻器的特性研究

【实验目的】

（1）研究两种接法下变阻器的性能和特点。

（2）学会根据电路中控制和调整的要求，正确选择和使用变阻器。

【实验原理】

从研究电路的角度来看，一个实验电路总可以分为电源、控制电路、测量显示和待测研究对象四个基本组成部分。每一部分在电路中起着不同的作用。如电源主要是给电路提供电能，维持电路一定的电压或电流；控制电路主要是按照测量电路的要求，切断或接通电路，控制输出电压或电流的大小以及改变电流的方向等；测量显示部分主要是定量表示出电路的状态；待测研究对象主要是指负载。

一般来说，要控制电路中电压和电流的变化，都要使用变阻器。因此，要对变阻器的不同使用方法的特点和性能有全面的了解，以便在设计控制电路与正确使用仪器方面有所依据。变阻器在电路中有两种接法，分别称为限流电路和分压电路。下面对这两种接法的性能和特点进行研究。

1. 限流电路

限流电路如图2-37所示。图中R表示负载，变阻器的一个固定端A与滑动头C连接在电路中，且滑动头C将变阻器的总电阻R_0分为R_1和R_2两部分。当移动滑动头C时，就改变了R_2的阻值，也就改变了电路中的总电阻，从而使电路中的总电流发生变化。

（1）调节范围：对一定的控制电路而言，调节范围是指所研究的负载两端的电压或通过的电流的变化在控制元件变化的影响下，电压或电流的最小值与最大值之间的范围。

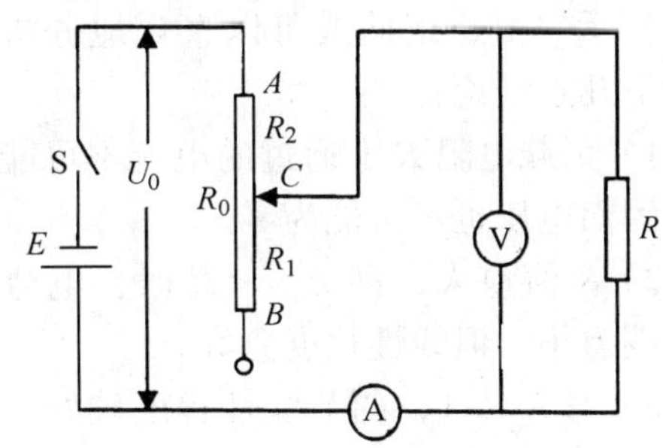

图2-37 限流电路

对于图2-37所示的限流电路，当滑动头C移到A端时，负载上的电压最大，相应的电流也最大，即有

$$
\begin{aligned}
U_{max} &= E \\
I_{max} &= \frac{E}{R}
\end{aligned}
\tag{2-113}
$$

当滑动头C移到B端时，变阻器全部串入电路。此时负载上的电压及通过的电流达到最小值，即有

$$
\begin{aligned}
U_{min} &= \frac{R}{R+R_0}E \\
I_{min} &= \frac{R}{R+R_0}
\end{aligned}
\tag{2-114}
$$

因而，限流电路的电压调节范围是$\frac{R}{R+R_0}E \sim E$，相应地，电流调节范围是

$\frac{E}{R+R_0} \sim \frac{E}{R}$。调节的范围与变阻器的总电阻 R_0 有关，R_0 越大，$U_{\min}$ 及 $I_{\min}$ 越小，即调节范围越大。除此之外通常还应考虑到在调节时对电路控制的线性程度，这取决于限流特性曲线的线性程度。

（2）特性曲线：在限流电路中，负载 R 上的电流为 $I = \frac{E}{R+R_2}$。定义电路特征参数 $K = \frac{R}{R_0}$（即负载电阻与变阻器总电阻之比）和归一化长度 $X = \frac{R_1}{R_0}$（即滑动头 C 在滑线变阻器上的相对位置），则有

$$I = \frac{KI_{\max}}{K+1-X} \tag{2-115}$$

对于不同的 K 值，即可作出一组 I-X 曲线。有时为了作图与分析的方便，常常将电流也归一化，即作出 $I/I_{\max}$-X 关系曲线，如图 2-38 所示。由这组曲线可以直观地分析得出如下几点结论：

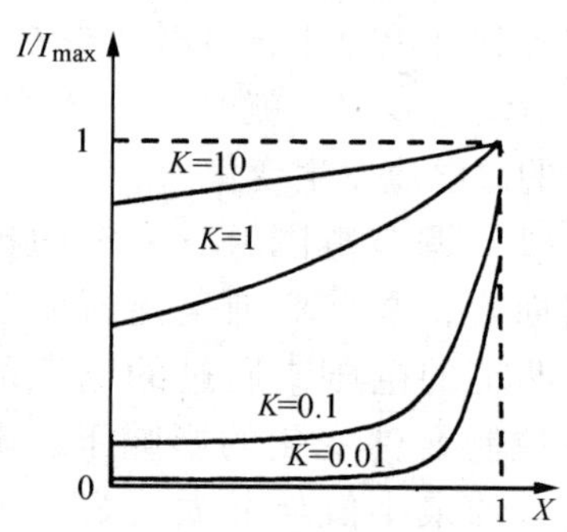

图 2-38 限流电路特性曲线

1）负载电阻 R 上通过的电流不可能为零，因而电压也不可能为零。

2）K 值愈大，即 $R_0 << R$ 时，电流调节范围愈小，但线性程度愈好。

3）对 $K >> 1$，调节线性程度较好，电流调节范围适中。

4）K 很小，即 $R_0 >> R$ 时，电流调节范围很大，但线性程度很差，细调程度不够。

（3）细调程度：是指控制元件每改变最小的可能变化（如电阻箱上最小档的一档电阻值）时，负载上所能反应的电压或电流的改变量大小。

在限流电路中，负载上的电流变化是靠滑动变阻器上活动头的位置来实现的。但是，实际上即使很细心地移动活动头，位移至少是电阻绕线的一圈。若绕线一圈的电阻值为 ΔR_0，那么控制电路阻值的变化至少也是 ΔR_0，负载上的电压和电流的最小改变量（ΔU）$_{\min}$ 和（ΔI）$_{\min}$ 也必然同时受到限制。因为 $U = \frac{R}{R+R_2}E$，微分得

$$\Delta U = \frac{RE}{(R_2+R)^2}\Delta R_2 = \frac{RE}{(R_2+R)^2}\Delta R_0$$

故有

$$(\Delta U)_{\min} = \frac{U^2}{ER}\Delta R_0$$
$$(\Delta I)_{\min} = \frac{I^2}{E}\Delta R_0 \tag{2-116}$$

上式表明，若电路中所有元件确定后（即 E、R、ΔR_0 都已确定），当负载上的电压愈小，则（ΔU）$_{\min}$和（ΔI）$_{\min}$愈小，控制电路也能够较精细地改变负载的电压和电流，但随着 I 和 U 的增加，（ΔI）$_{\min}$和（ΔU）$_{\min}$成平方地增加，细调能力迅速下降。

2. 分压电路

分压电路如图 2-39 所示。图中，变阻器的两个固定端 A、B 分别与电源两极相连，负载电阻 R 的一端与变阻器的滑动头 C 相连，另一端与变阻器的固定端 A 相连。随着滑动头 C 的移动，负载上的电压也随之改变。

（1）调节范围：当滑动头 C 由 A 端移到 B 端时，负载上的电压 U 就从零变到 E，调节范围与变阻器的全电阻值 R_0 无关。

（2）分压特性曲线：由图 2-39 可知，负载 R 上的电压为

$$U = \frac{R_1 R}{R_1 R_2 + RR_0}E = \frac{R_1 RE}{R_0 R_1 - R_1^2 + RR_0} \tag{2-117}$$

与前面讨论限流电路一样，引进参数 $K = \frac{R}{R_0}$ 和 $X = \frac{R_1}{R_0}$，可得

$$U = \frac{XKE}{X + K - X^2} = \frac{XKU_{\max}}{X + K - X^2} \tag{2-118}$$

对于不同的 K 值，X 与$\frac{U}{U_{\max}}$的关系如图 2-40 所示。由图可看出，对分压电路：

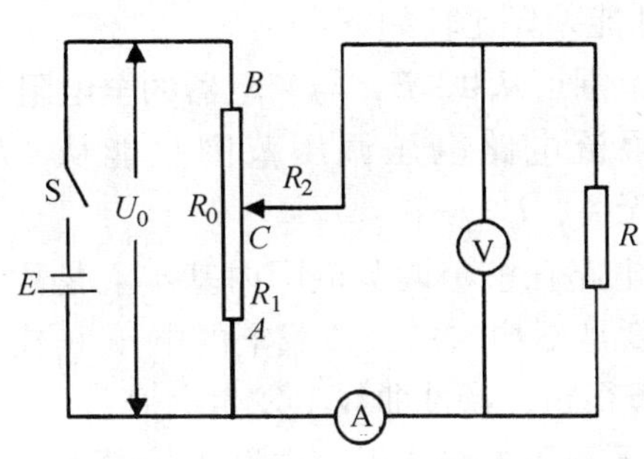

图 2-39　分压电路

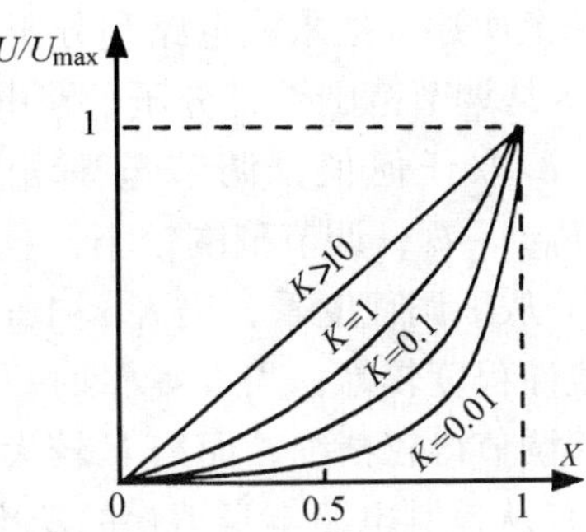

图 2-40　分压电路特性曲线

① 若要使电压 U 从 0 到 $U_{\max}$ 整个范围内均匀变化，则取 $K>1$ 比较合适，因此要求选用的变阻器的总电阻 R_0 小于负载电阻 R。

② 图 2-40 中 $K=0.1\sim0.01$ 曲线的突变部分可用在自动控制中对临界点作

出灵敏反应上。

③　对作分压电路用的变阻器的额定电流，应以总电流的最大值来考虑。

（3）细调程度：对式（2-117）所表示的负载上的电压可分以下三种情况来讨论：

①　当 $R_0 >> R$ 时，$U \approx R_1 E/R_0$，微分得 $\Delta U = (E/R_0)\Delta R_1$，考虑到变阻器的最小改变量为 ΔR_0，故

$$(\Delta U)_{\min} = \frac{E}{R_0}\Delta R_0 \tag{2-119}$$

当 E、R、ΔR_0 是定值时，$(\Delta U)_{\min}$也是定值。亦即当电路元件选定后，在整个调节范围内，调节的精细程度处处一样，调节的线性程度（均匀性）较好。

②　当 $R_0 << R$ 时，$U \approx RE/R_2$，微分得

$$\Delta U = \frac{RE}{R_2^2}\Delta R_2 = \frac{U^2}{ER}\Delta R_2 \tag{2-120}$$

即

$$(\Delta U)_{\min} = \frac{U^2}{ER}\Delta R_0 \tag{2-121}$$

比较式（2-116）和式（2-121），可看出两者完全一样。即当 $R_0 << R$ 时，分压接法和限流接法的细调程度一样。

③　R 和 R_0 有相同数量级时，计算公式比较复杂。但计算与作图结果表明，只要 $R > 2R_0$，其结果与 $R_0 >> R$ 相差并不远，所以 $R > 2R_0$ 可以粗略地归于 $R >> R_0$ 这一类；而当 $R < R_0/10$ 时，其结果与 $R << R_0$ 也很相近，所以当 $R < R_0/10$ 时，也可以粗略地看作 $R << R_0$；如果 $2R_0 > R > R_0/10$ 时，则属于上述两者之间的过渡情况。

综上所述，把限流电路和分压电路的性能差异比较如下：

1）从调节范围看，分压电路电压调节范围可从 $0 \sim E$，与变阻器的全电阻 R_0 无关，K 取任何值，调节范围相同；而限流电路电压调压范围只能从 $ER/(R+R_0) \sim E$，调节范围较小，且与 K 值无关，$U_{\min} \neq 0$。

2）从细调程度看，当 $K >> 1$ 时，两种电路在整个调节范围内基本上是均匀的，线性程度较好；当 $K << 1$ 时，细调程度是不均匀的，负载上的电压 U 较小时能够调节得较精细，而当 U 较大时则调节很粗，特性曲线上发生突变。

3）从控制电路本身消耗的功率看，由于分压电路比限流电路多接通了一条支路，如果使用同一个变阻器，分压要比限流消耗的功率大些。为了省电，在功率较大的场合常采用限流电路。

3. 安排控制电路的一般考虑

一般在安排控制电路时，并不一定要求设计出一个最佳方案，只要根据现

有的设备设计出既安全又省电且能满足实验要求的电路就可以了。设计方法一般也不必做复杂的计算，可以边实验边改进。先根据负载阻值 R 的调节范围要求，确定电源电压 E，然后综合比较一下采用分压还是限流，确定了 R_0 后，估计一下细调程度是否足够，然后做一些初步试验，看看整个范围内细调是否满足要求。如果不能满足，则可以加接变阻器，分段逐级调节。细调的线路种类很多，如图 2-41，是两种加接细调的典型电路，当然还可采用其他组合形式。主控变阻器与细调变阻器的阻值比一般取为 $R_a/R_b = 10/1$。如还不能满足要求，可再加一级微调变阻器，此处不再详述。

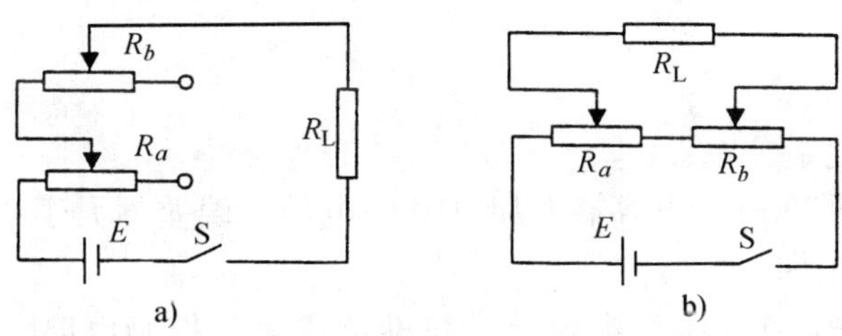

图 2-41　两种典型电路图

【实验仪器】

滑线变阻器两个（总电阻分别为 650Ω 和 65Ω）、电阻箱、多量程电压表、多量程电流表等。

【实验内容】

（1）研究限流电路的特性：按图 2-37 所示连接线路，负载用电阻箱代替，分别取 $K=0.1$，1 和 10，记录当变阻器的滑动头 C 在不同位置（X 不同）时的电流值，X 值间隔为 0.1。然后作出不同 K 值的限流特性曲线 I/I_{max}-X，从曲线分析限流电路的特性。

（2）研究分压电路的特性：按图 2-39 所示连接线路，负载用电阻箱代替，分别取 $K=0.1$，1 和 10，记录当变阻器的滑动头 C 在不同位置（X 不同）时的电流值，X 值间隔为 0.1。然后作出不同 K 值的分压特性曲线 U/U_{max}-X，从曲线分析分压电路的特性。

（3）（选做）取 $K=0.1$，观察限流电路或分压电路的细调程度，然后加接细调变阻器，考察细调有多大改变。

【预习思考题】

（1）你认为下面四种说法中，哪一种是正确的？试简要说明理由。

1）限流电路是专用来控制电路中的电流的。

2）分压电路是专用来控制电路中的电压的。

3）限流电路和分压电路都可以用来控制电路中的电流和电压。

4）1）、2）、3）都对。

（2）你认为在图2-41加接细调的典型电路中，主控变阻器与细调变阻器的阻值比一般取哪一个为好？试简要说明理由。

1）1:1。

2）10:1。

3）1:10。

4）100:1。

【思考题】

（1）实验要求在一个电容器上加10V的电压，误差不大于0.1V。试为该实验设计一个控制电路。

（2）试设计用UJ—31型电位差计校准毫伏表的控制电路。已知UJ—31型电位差计的量程为171mV，毫伏表的内阻 $R_V \approx 1500\Omega$，量程为100mV，表盘等分为100个格子。

实验17 用电位差计测量电动势

【实验目的】

（1）学习并掌握用电位差计测量电动势的原理和方法。

（2）用自组电位差计测量干电池的电动势。

【实验原理】

电位差计（Potentiometer）是利用补偿法（Zero Method）来测量电动势或电位差的仪器，在精密测量中得到了非常广泛的应用。电位差计与标准电阻配合还可以测量转换为电压测量的电流、电阻等其他电学量，并能校准精密电表，在非电参量（如温度、压力、位移和速度等）的电测法及自动控制等领域中也占有重要的地位。

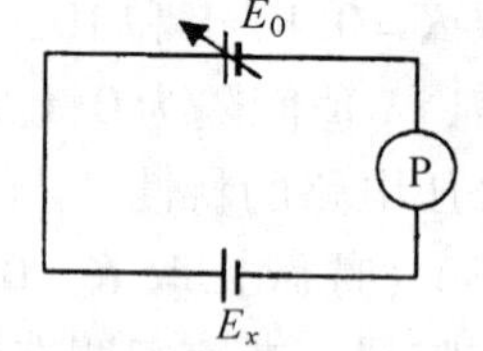

图2-42 补偿法原理图

补偿法就是利用已知的标准电压或电动势去抵消待测的电压或电动势，使测量电路处在一种“补偿”状态，此时回路中的电流为零。为了能够实现补偿，要求标准电压或电动势与待测电压或电动势的正负极方向相对，如图 2-42 所示。图中，E_0 是电压可调的电源，E_x 是电动势待测的电源，P 是检流计。调节 E_0，当检流计指零时，即有

$$E_0 = E_x \tag{2-122}$$

此时，电路处于“补偿”状态。

补偿法测量电动势需要有一个电源 E_0，而且该电源必须满足两项要求：

1）它的大小要便于调节，使 E_0 能够和 E_x“补偿”。

2）它的电动势要求很稳定，并能准确知道。

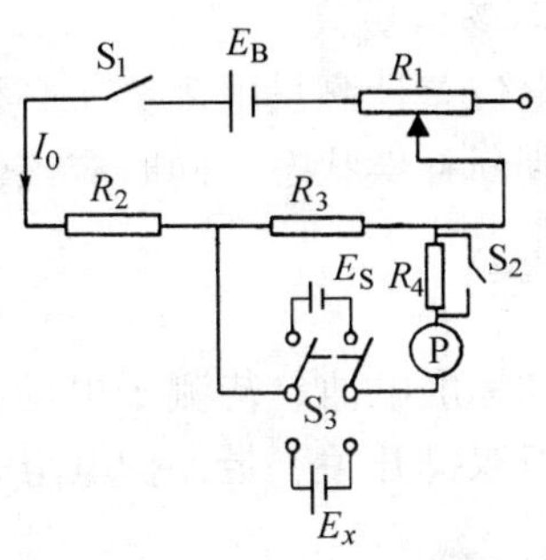

图 2-43 电位差计连线图

常用稳压电源的输出电压虽然可调，但是精度较低。作为电动势标准的原电池——标准电池，电动势虽然稳定、精确，但不能调节。实际使用中，常采用将标准电池与高精度电阻相结合的方式获得 E_0，如图 2-43 所示。采用双刀双掷开关 S_3，使高精度可调电阻箱 R_3 上的电压分别与标准电池和待测电源进行补偿，比较两次补偿的结果，就可以测量出待测电源电动势的大小。

图 2-43 中，E_B 为工作电源，E_S 为标准电池，E_x 为待测电源，P 为检流计，R_1 为限流用的滑线变阻器，R_2、R_3 为精密电阻箱，R_4 为并联开关 S_2 的保护电阻。由 E_B、R_1、R_2、R_3 组成的闭合回路称为辅助回路，由 E_S（或 E_x）、R_3、R_4、S_2、P 组成的闭合回路称为补偿回路。当 S_1、S_3 接通后，选取或调节 R_1、R_2、R_3，使 P 中无电流通过，即达到补偿状态。E_S 补偿时，设辅助回路中的电流为 I_0，则有

$$I_0 = \frac{E_B}{R_1 + R_2 + R_3} \tag{2-123}$$

$$I_0 R_3 = E_S \tag{2-124}$$

这一步骤可以称为工作电流的标准化或校准。测量时，将 S_3 换向，R_1 保持不变，调节 R_2 和 R_3 至 R_2' 和 R_3'，实现 E_x 补偿。此时，辅助回路中的电流为 I_0'，并且有

$$I_0' = \frac{E_B}{R_1 + R_2' + R_3'} \tag{2-125}$$

$$U_3' = I_0' R_3' = E_x \tag{2-126}$$

在这里，采用简单有效的实验处理方法，即：使 $I_0 = I_0'$，于是有

$$R_2 + R_3 = R_2' + R_3' \tag{2-127}$$

从而，可得到

$$E_x = \frac{R_3'}{R_3} E_S \tag{2-128}$$

由上式即可计算出 E_x 之值。由此可见，电位差计的补偿工作原理与电桥测电阻一样，也是一种电压比较测量法，所以测量精确度较高。测量结果的精确度仅仅依赖于准确度极高的标准电池、标准电阻和高灵敏度的检流计，其测量精度可达0.01%或更高。

用电位差计测量电动势，必须经过“校准”和“测量”两个步骤，并采用检流计判断补偿状态，同时应该保证工作电流在前后两个步骤中保持不变。

【实验仪器】

饱和标准电池、待测干电池、滑线变阻器（两个）、电阻箱（两个）、检流计、双刀双掷开关、带保护电阻开关等。

【实验内容】

按图2-43接线，选取工作电流 $I_0=10.00\text{mA}$，用自组电位差计测量干电池的电动势 E_x。要求重复测量5次，正确表示测量结果。

【注意事项】

（1）饱和标准电池不能振动摇晃或倾斜倒置，不能作为提供能量的装置使用，短时间内最多只允许通过几微安电流。

（2）实验电路中开关 S_1 要先于 S_3 闭合，后于 S_3 断开。S_3 在使用中应采用跃接法，调零动作要快，指针指零后应马上断开，重复测量的时间间隔也要尽量短。注意开关 S_2 的使用，并正确使用检流计。

（3）饱和标准电池的电动势最为稳定，实验中所用饱和标准电池的电动势为 $E_S=1.0186\text{V}$（20℃时），适当选取 R_3，便可达到设定 I_0 的要求（见式（2-124））。必要时，应考虑温度对标准电池电动势的影响。

（4）电路中标准电池和待测电池的正负极一定不能接错。

（5）测量时必须满足 I_0 不变的条件。

【预习思考题】

（1）如图2-44所示，用电位差计测量由两个电池正串联和反串联组成的电池组的电动势。实验发现都找不到平衡点，错在何处？应如何改正才能正确测出两种情况下电池组的电动势？

（2）图2-43中保护电阻 R_4 的作用是什么？实验时开关 S_2 应如何正确使用？

（3）如何保证“校准”和“测量”两个步骤中的工作电流 I_0 保持不变？

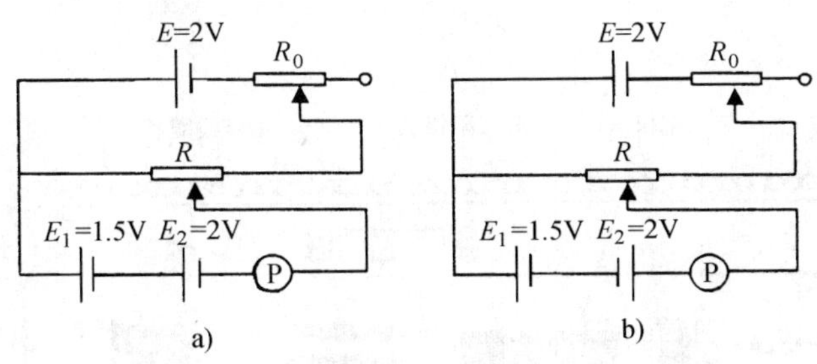

图 2-44　两种不同连线图

【思考题】

（1）你能否利用电位差计和阻值为 R_0 的标准电阻测量电路中的电流强度 I 或某一未知电阻 R_X 之值？试画出电路图并说明之。

（2）如何用补偿原理测量干电池的内阻 r？试画出电路图并简述测量方法。

（3）怎样根据实验所用检流计的分度值和电阻箱 R_2、R_3 的最小步进值，设计出合适的工作电流 I_0 值？

实验 18　电子束在电场、磁场中的聚焦和偏转的研究

在本实验中，将研究电子束在电场、磁场中的聚焦和偏转。这些原理和方法在示波管、显像管、扫描电子显微镜、加速器、质谱仪等许多仪器、设备的设计制造方面得到了广泛的应用。阴极射线示波器的重要特点是把本来抽象的电子束运动过程变为可以看得见的图像，示波器的使用和原理也将在下一个实验里学习。

【实验目的】

（1）了解示波管的结构与各电极的作用。

（2）掌握用外加电场、磁场使电子束聚焦与偏转的原理和方法，加深对电子在电场、磁场中运动规律的理解。

（3）测量电子的荷质比 e/m。

【实验原理】

1. 示波管的构造

示波管是电子束实验仪和示波器的主要部分，其构造如图 2-45 所示，它由三部分组成：

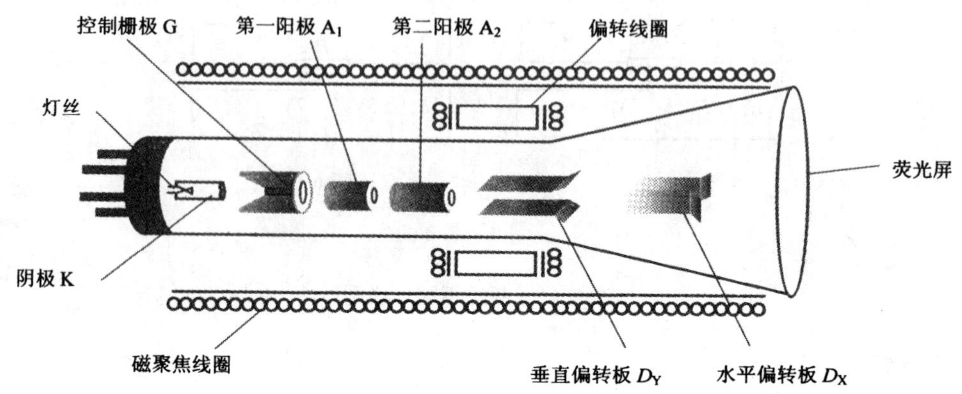

图 2-45　示波管构造

1）电子枪：它发射电子，把电子加速到一定速度，并聚焦成电子束。

2）由两对金属板组成的电子束偏转系统。

3）在管子末端的荧光屏，用来显示电子的轰击点，所有这些部件都封在一个抽成真空的玻璃圆管内。

如图 2-45 所示，一般管内的真空度为 10^{-4}Pa，这样，可以使电子通过管子的全过程中几乎不与气体分子碰撞。

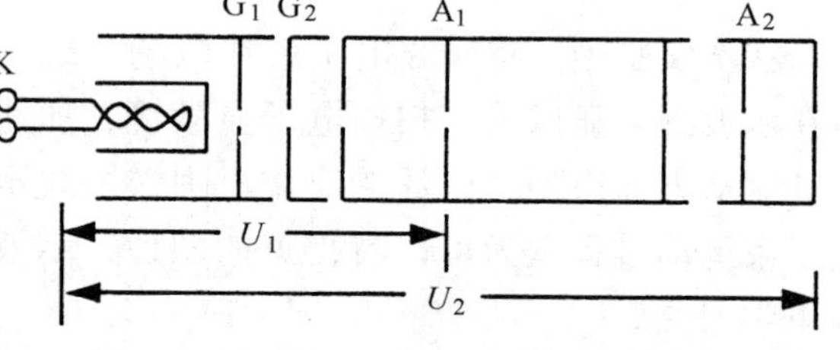

图 2-46　示波管电极构造图

电子枪的详细结构如图 2-46 所示。电子源就是阴极 K，在细圆筒内的螺旋灯丝能加热到 1200K 左右。灯丝和圆筒之间用陶瓷管绝缘，圆筒的端面涂有钡和锶的氧化物，当它们被加热时，材料内部的有些电子能获得足够大的能量从材料中逸出，在阴极周围有大量的自由运动的电子，这个过程称为热电子发射。

与阴极同轴布置的有四个圆柱面圆筒形的电极，它们都带有穿有小圆孔的挡板，这些电极的截面图如图 2-46 所示。电极 G_1、G_2 称为控制栅极板，它的工作电位相对于阴极是 -5V 至 -20V，这个电位所产生的电场的作用是把电子反推回阴极，因此，改变这个电位就可以控制通过栅极小孔的电子数量，也就是控制电子束的强度。电极 A_1、A_2 分别称为第一阳极和第二阳极，且分别具有相

对于阴极为 U_1 和 U_2 的正电位，A_1 与 A_2 间电场使电子束聚焦，即把从栅极 G 发射出来的不同方向的电子会聚成一细小的平行束，而这个电子束的直径取决于栅极 G 的小孔大小。要获得良好的聚焦，关键在于先取合适的 U_1 和 U_2。

从电子枪出来的电子束通过两对偏转板，每对板之间都有电位差，产生一个横向电场，可以使电子束向侧面偏转。最后电子束打在荧光屏上。

玻璃管壳的内表面涂有一层石墨导电层，它的作用是：

1）这个石墨层与第二阳极 A_2 是连在一起的，它能起到延伸 A_2 的作用。

2）有助于屏蔽可能存在的杂散电场对电子的影响。

3）石墨层还能收集电子束轰击荧光粉所产生的二次电子，并防止杂散光照在荧光屏内表面上，降低荧光屏上图像的对比度。

套在示波管外面的长螺线管即磁聚焦线圈，可使电子束聚焦。磁偏转线圈产生横向磁场，实现电子束的磁偏转。

2. 电子束的电聚焦

从阴极发射的电子在加速电场作用下，会聚于控制栅极孔附近的一点 O，如图 2-47 所示，往后，电子束又散开。为了在屏上得到一个又亮又小的会聚光点，必须把散开的电子束会聚起来，A_1，A_2 是两个相邻圆筒组成的聚焦系统，在 A_1、A_2 上分别加上不同的电压 U_1、U_2，当 $U_2 > U_1$ 时，在 A_1 和 A_2 之间形成一非均匀电场，电场分布情况如图 2-48 所示，电场对 z 轴是对称分布的。

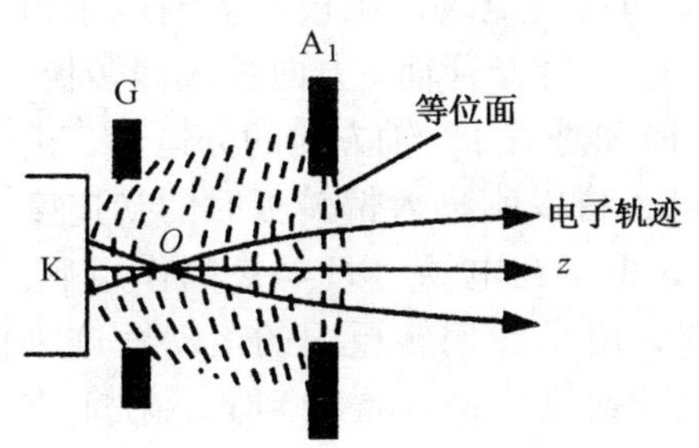

图 2-47　阴极与第一阳极之间的等位面图

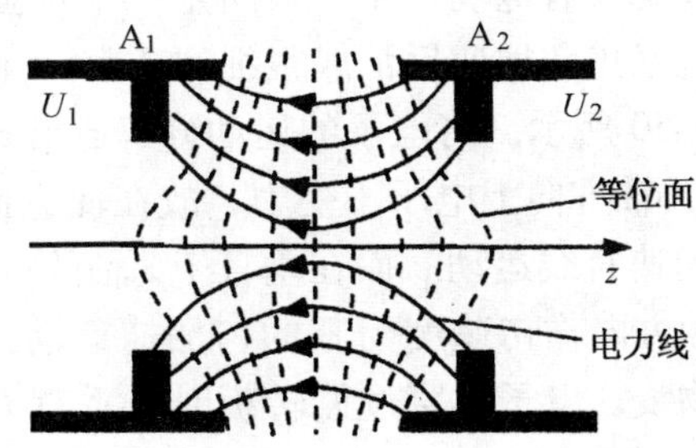

图 2-48　第一阳极与第二阳极之间的等位面图

电子束中某个散离轴线的电子沿轨道进入聚焦电场，受到电场力 $\boldsymbol{F} = e\boldsymbol{E}$ 的作用，电子带负电，在电场中任何位置所受的电场力 $\boldsymbol{F}$ 的方向应与该点电场强度 $\boldsymbol{E}$ 的方向相反，$\boldsymbol{E}$ 的方向应与电子线的切线方向一致，如图 2-49 所示。在电场的前半区，$\boldsymbol{F}$ 可分解为垂直指向轴线的分力 $\boldsymbol{F}_r$ 与平行于轴线的分力 $\boldsymbol{F}_z$，$\boldsymbol{F}_r$ 的

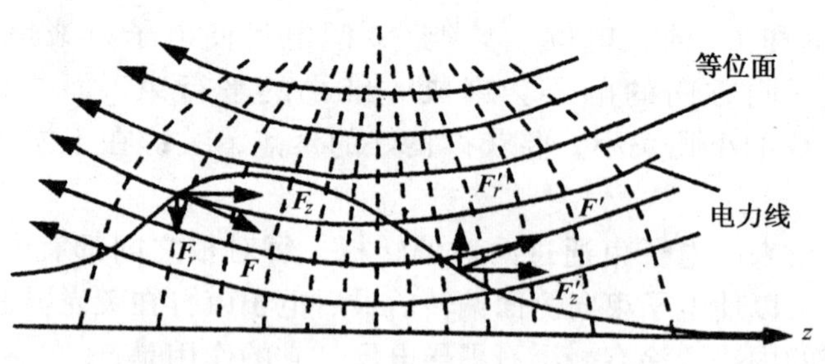

图2-49　电子束受力图

作用使电子向z轴靠拢，F_z 的作用使电子沿z轴方向得到加速。在电场的后半区，电子受到的电场力 F' 可分解为相应的 F'_z 和 F'_r 两个分量。F'_z 仍使电子沿z轴方向加速，而 F'_r 却使电子离开轴线，但因为在整个电场区域内电子都受到同方向的沿z轴以及不同方向径向作用力的作用，电子在后半区的轴向速度比在前半区的大得多，因此电子在后半区停留的时间比在前半区停留的时间短，所以受 F'_r 的作用时间也短得多。这样电子在前半区受到的拉向轴线的作用大于在后半区受到的离开轴线的作用，总的效果是使电子向轴线靠拢。适当调节 A_1 和 A_2 上的电压比值改变电极间的电场分布，可使所有散离电子都汇集到轴线上成为很细的电子束打到荧光屏上，看到一个小亮点，从而实现了电子束的聚焦。

3. 电子束的电偏转

电偏转是通过垂直于电子束运动方向上的外加电场来实现的。最简单的情况是在示波管内放置两块平行的金属平板，称为偏转板。在偏转板上加偏转电压，板间就有电场产生。板间是一个场强为 $\boldsymbol{E}$ 的均匀电场，阴极发射的电子射线经过聚焦和加速后汇成很细的一束，并以速度 $\boldsymbol{v}_0$ 沿着管轴z方向进入偏转板，如图2-50所示。将电子的运动分解成沿z轴方向和垂直于z轴方向的分运动。由于在沿z轴方向上电子不受力，故在此方向上电子将以刚进入偏转板时的初速度 $\boldsymbol{v}_0$ 作匀速直线运动。而在垂直于z轴的方向上，电子在电场力 $\boldsymbol{F}=e\boldsymbol{E}$ 的作用下，沿y轴方向作初速度为零的匀加速运动。这样，电子在偏转板内的运动轨迹为一抛物线。电子在穿过偏转板时，垂直方向上的速度将由0增加到 $\boldsymbol{v}_1$，在垂直

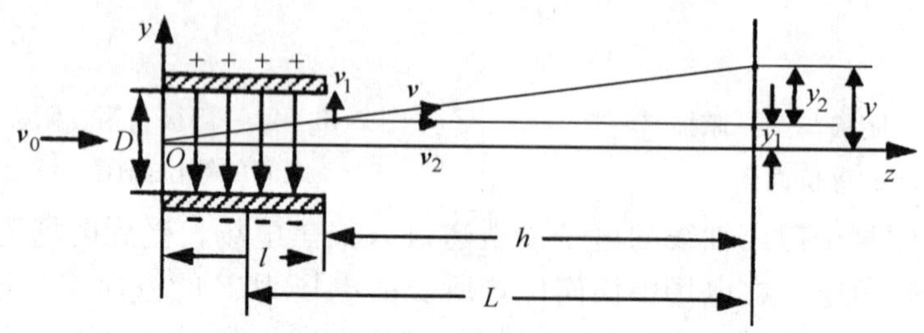

图2-50　电子束在偏转板中运动图

方向上的位移为 y_1，电子通过偏转板后，不再受电场作用，它将以离开偏转板时的速度 $\boldsymbol{v}$ 作匀速直线运动，直到打到荧光屏上。在这段距离（h）中，电子在垂直方向上的位移为 y_2，电子在荧光屏上的总位移是 $y = y_1 + y_2$。可证明

$$y = \frac{UlL}{2U_2D} \tag{2-129}$$

式中，U 为加在偏转板上的电压；U_2 为加在第二阳极 A_2 上的电压；l 为偏转板的长度；D 为偏转板两极间的距离；L 为偏转板中心到荧光屏的距离。

式（2-129）表明：电子束在荧光屏上的位移 y 与偏转电压成正比，偏转电压愈大，位移 y 愈大，是线性关系，当偏转板上加单位电压时所引起的电子束在荧光屏上的位移称为电偏转灵敏度，用 $\sigma_{电}$ 表示，单位为 mm/V，即

$$\sigma_{电} = \frac{y}{U} = \frac{lL}{2U_2D} \tag{2-130}$$

$\sigma_{电}$ 决定于示波管的结构（l，L，D 尺寸）和第二阳极加速电压 U_2，而与偏转电压无关。显然 $\sigma_{电}$ 越大，表明在同样偏转电压 U 的作用下，偏转值也越大，因而偏转系统也越灵敏。式（2-130）表明，偏转灵敏度与加速电压 U_2 成反比，U_2 越大，偏转灵敏度越低。

4. 电子束的磁聚焦

将示波管的 A_1、A_2、水平、垂直偏转板都连在一起，相对于阴极加上一电压 U_2，使得电子进入 A_1 后在等电位的空间中作匀速运动，这时来自交叉点 O（见图 2-47）的发散的电子束将不再会聚，而在荧光屏上形成一个面积很大的光斑。

在示波管外的磁聚焦螺线管线圈上加电压，通以励磁电流 I，则在 z 轴方向产生一均匀磁场 $\boldsymbol{B}$，电子束从交叉点 O 进入第一阳极 A_1 后，即在均匀磁场 $\boldsymbol{B}$（电场为零）中运动。设一电子以速度 $\boldsymbol{v}$，与 $\boldsymbol{B}$ 成 θ 角的方向进入均匀磁场中，如图 2-51a 所示，$\boldsymbol{v}$ 可分解为平行于 B 的分量 $\boldsymbol{v}_{\parallel}$ 和垂直于 $\boldsymbol{B}$ 的分量 $\boldsymbol{v}_{\perp}$。磁场对 $\boldsymbol{v}_{\parallel}$ 分量没有作用力，$\boldsymbol{v}_{\parallel}$ 分量使电子沿 $\boldsymbol{B}$ 方向作匀速直线运动。$\boldsymbol{v}_{\perp}$ 分量受洛仑兹

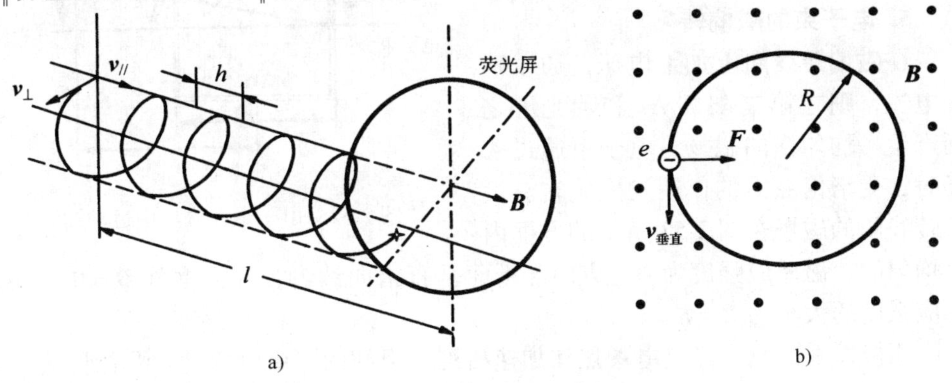

图 2-51　电子束在磁场中受力图

力 $\boldsymbol{F}$ 的作用，使电子作匀速圆周运动，如图2-51b所示。因此，电子的合成运动轨迹是一螺旋线如图2-51a所示。螺旋线的半径

$$R = \frac{mv_{\perp}}{eB} \tag{2-131}$$

螺距

$$h = Tv_{\parallel} = \frac{2\pi m}{eB}v_{\parallel} \tag{2-132}$$

考虑到电极上小圆孔的作用，$\boldsymbol{v}_{\perp}$ 很小，所以 R 较小，而 $\boldsymbol{v}_{\parallel}$ 的大小只由相对于阴极的电压 U_2 决定

$$v_{\parallel} = \sqrt{\frac{2eU_2}{m}}$$

$$h = 2\pi\sqrt{\frac{2m}{e}}\frac{\sqrt{U_2}}{B} \tag{2-133}$$

式中，m 为电子的质量；e 为电子的电荷量（绝对值）。

由式（2-133）可见，由于电子是以不同的角度 θ 入射的，$\boldsymbol{v}_{\perp}$ 不同，在磁场作用下，各电子沿不同半径的螺旋线前进，但各螺旋线的螺距是相等的，与 θ 无关，只与加速电压 U_2 和磁场 B 有关。调节 U_2 或 B，可以改变 h 的大小。如果在示波管中从电子束的交叉点 O 到荧光屏的距离为 l，则当 $l/h = n$ 时（$n=1，2，3\cdots$），散开的电子恰好会聚在荧光屏上，这就是磁聚焦。利用此原理可以测定电子的荷质比。当 $h=l$ 时，

$$\frac{l}{h} = \frac{l}{2\pi}\sqrt{\frac{e}{2m}}\frac{B}{\sqrt{U_2}}$$

所以

$$\frac{e}{m} = \frac{8\pi^2 U_2}{l^2 B^2} \tag{2-134}$$

测定 L，B，U_2 后求出电子的 e/m。

5. 电子束的磁偏转

在磁偏转线圈上加上电压，通以励磁电流，则在第二阳极 A_2 和荧光屏之间产生一均匀横向磁场。电子束通过磁场时，受洛伦兹力的作用发生偏转。设偏转线圈的磁场在图2-52所示的方框内是均匀的，磁感应强度为 $\boldsymbol{B}$，方向与纸面垂直指向读者，在方框外 $\boldsymbol{B}=0$，则磁感应强度的大小为 $B=Knl$。

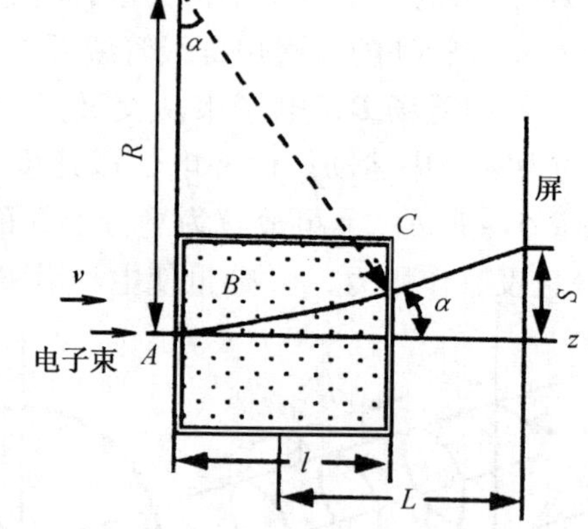

图2-52　电子束在磁场中运动图

阴极发射的电子经过电聚焦和加速后汇成很细的一束以速度 v 沿着管轴 z 方向垂直射入磁场，受洛伦兹力 $\boldsymbol{F}=\boldsymbol{E}\boldsymbol{v}\boldsymbol{B}$ 的作用，在磁场区域内作匀速圆周运动，

轨道半径为 R。电子沿 AC 弧穿出磁场区域后，此时磁场为零，电子不受任何力作用，而沿 AC 弧的切线方向作匀速直线运动，直到打在荧光屏上，光点的位移为 S，则可推出

$$S = KnIlL\sqrt{\frac{e}{2mU_2}} \tag{2-135}$$

式中，K 为比例系数，与偏转线圈形状和铁心或铁壳的存在与否有关；n 为偏转线圈的匝数；I 为偏转线圈中通过的励磁电流；U_2 为加在第二阳极 A_2 上的电压。

位移 S 与励磁电流 I（偏转线圈中通过的电流）之比称为磁偏转灵敏度，即单位励磁电流所引起的电子束在荧光屏上的位移量，单位为 mm/A。

$$\sigma_{磁} = \frac{S}{I} = KnlL\sqrt{\frac{e}{2mU_2}} \tag{2-136}$$

$\sigma_{磁}$ 越大表示磁偏转系统灵敏度越高。

【应用】（见附录 B-5）

实验 19　示波器的使用

用示波器可以直接观察电压波形，并测定电压的大小。因此，一切可转化为电压的电学量（如电流、电功率、阻抗等）、非电学量（如温度、位移、速度、压力、光强、磁场、频率等）以及它们随时间的变化过程都可用示波器来观测。由于电子射线的惯性小、荷质比大，又能在荧光屏上显示出可见的图像，所以示波器特别适用于观测瞬时变化过程，是一种用途很广泛的现代测量工具。同时示波器还可以用来显示两个电压量的函数关系。

【实验目的】

（1）学习电子示波器的工作原理。

（2）熟悉示波器的使用方法。

【实验原理】

示波器的构造

示波器有各种不同的型号，但所有的示波器都由示波管、锯齿波发生器、Y 轴电压放大器和 X 轴电压放大器（包括衰减器）组成，如图 2-53 所示。示波管的构造和工作原理在电子束实验里已经详细介绍过了，这里不再赘述。

（1）Y 轴、X 轴电压放大器和衰减器　由于示波管本身的 X 轴及 Y 轴偏转板的灵敏度不高（约 0.1 ~ 1mm/V）。当加于偏转板的信号电压较小时，电子束

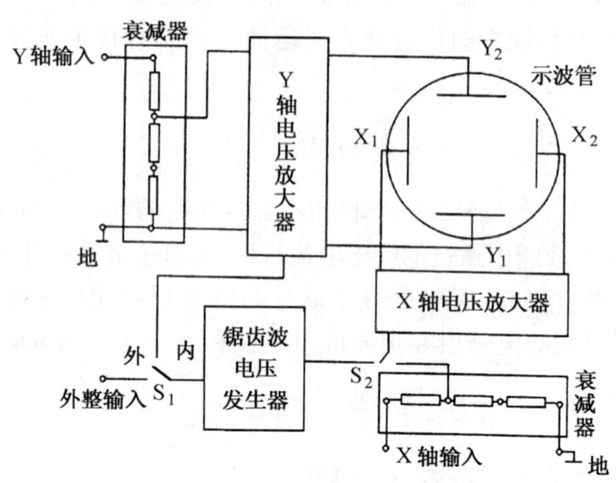

图2-53　示波器的原理方框图

不能发生足够的偏转，以至屏上光点位移过小，不便观测，这就需要预先把小的信号电压加以放大再加到偏转板上。为此，设置X轴和Y轴电压放大器（也称增幅器，见图2-53）。

从“Y轴输入”与“地”两端接入的输入电压，经“衰减器”（即分压器）衰减后，作用于“Y轴电压放大器”，再经增幅器放大后作用于Y_1—Y_2两偏转板，能使示波管屏上光点位移范围增大。调节“Y轴增幅”旋钮，即调整放大倍数，可连续地改变屏上光点位移的大小。

“衰减器”的作用是使过大输入的电压变小，以适应“Y轴放大器”的要求，否则放大器不能正常工作，甚至受损。X轴上的衰减器与电压放大器具有同样的作用。

（2）锯齿波发生器　锯齿波发生器是产生锯齿波电压的。在X轴偏转板加上随时间成正比线性增大、然后又突然下降的周期性电压，这时电子束在荧光屏上的亮点由左匀速地向右运动，到右端后马上回到左端，不断重复前述过程。如果重复的频率较大时，由于荧光材料具有一定的余辉时间，在荧光屏上看到的是一条水平线，如图2-54所示。

在示波管的偏转板上加上不同的直流电压，就可以控制电子束的偏转方向，从而改变荧光屏上亮点的位置。如果在X轴偏转板上加一交变的正弦电压，则荧光屏上的亮点在垂直方向作上下的来回运动，看到的是一条垂直的亮线。如图2-55所示。

如果在Y轴偏转板上加一交变的正弦电压的同时，又在X轴偏转板上加一锯齿波电压，则荧光屏上的光点将同时参与互相垂直的两种位移，我们观察到

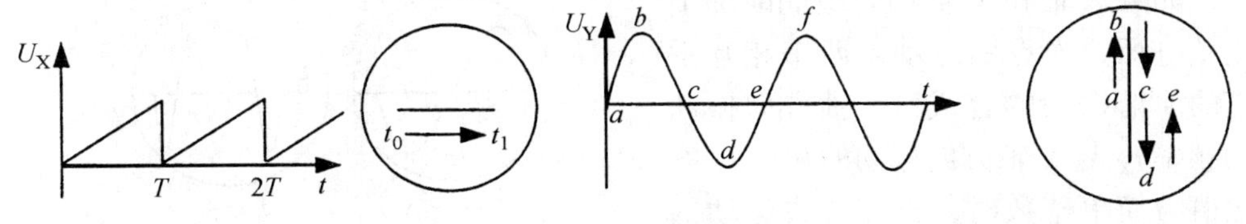

图2-54　锯齿波波形　　　　图2-55　纵向电压图

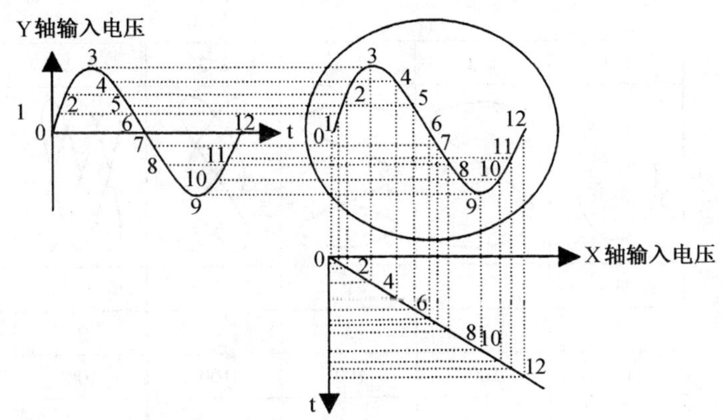

图2-56　正弦波形显示原理图

的将是光点的合成位移，即正弦波形图。其合成原理如图2-56所示。当 $t=0$ 时，Y轴和X轴偏转板上的电压都等于零，荧光屏上的光点在零点；当 $t=1$ 时，Y轴和X轴偏转板上都加有电压，Y轴偏转板的上板为正，X轴偏转板的右板为正，荧光屏上的光点向右上方移动，光点在荧光屏上的位置为“1”，以下依此类推，随着Y轴电压的变化，亮点上下移动，因X轴所加电压随时间增加而增大，荧光屏上就形成了与Y轴偏转板上外加电压相同的波形。当光点到达“12”点时，Y轴电压变化一周，X轴电压立刻回到零，光点也回到零点。第二个周期又进行同样的移动。从图2-56看出，只有X、Y轴偏转板上电压周期严格地相同，荧光屏上才可显示出一个稳定的波形，这种关系称为同步（见后面的补充说明2-6）。使光点在X轴上移动的作用称为扫描（见后面的补充说明2-7）。如果正弦波电压和锯齿波电压的周期稍有不同，则第二次所扫出的曲线将和第一次的曲线位置稍微错开，在荧光屏上将看见不稳定的图形或不断移动的图形，甚至很复杂的图形，因而无法进行观察。若 U_X 的周期 T 是 U_Y 周期 T 的整倍数，即

$$T_X = nT_Y \tag{2-137}$$

则在屏上显示一个或几个完整的 U_Y 的波形，如图2-57所示。

如果X轴和Y轴偏转板同时加上正弦电压，光点的运动是两个相互垂直的简谐振动的合成，X轴方向振动的频率f_X与Y轴方向振动的频率f_Y的比值为简单整数时，光点合成运动的轨迹是一个封闭的图形，这时荧光屏上就显示李萨如图形，如图2-58所示。

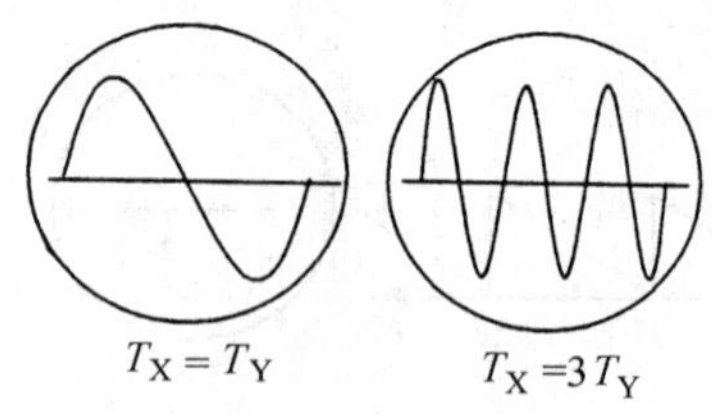

图2-57 输入电压图

N_Y/N_X	1:1	1:2	1:3	2:3	3:2	2:1
李萨如图形	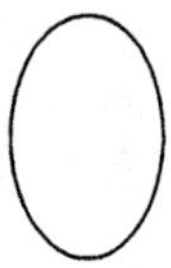	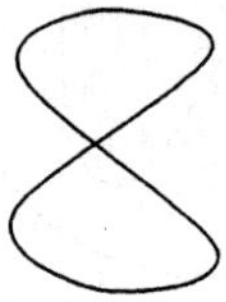	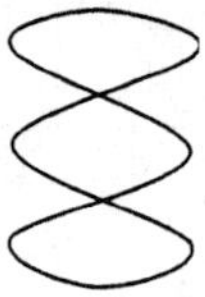	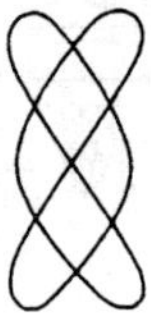	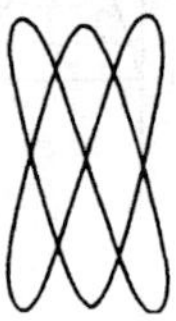	
N_X	1	1	1	2	3	2
N_Y	1	2	3	3	2	1
$f_Y(H_2)$	100	100	100	100	100	100
$f_X(H_2)$	100	200	300	150	$66\frac{2}{3}$	50

图2-58 李萨如图形

李萨如图形可用来测量未知频率，令f_Y、f_X分别代表Y和X轴偏转板上电压的频率，N_Y代表Y方向的切线和图形相切的切点数，N_X代表X方向的切线和图形相切的切点数，则有

$$f_Y/f_X = N_X/N_Y \tag{2-138}$$

【实验内容】

（1）熟悉示波器上各旋钮的功能和用法。

（2）调节示波器，从Y轴输入正弦信号，在荧光屏上显示稳定的正弦波形。调节示波器的过程要做详细记录。

（3）测量正弦电压的峰-峰值。

1）将输入选择开关放在“AC”位置，使被测讯号的直流分量隔开，从Y轴输入正弦信号，在荧光屏上显示稳定的正弦波形。

2）直接读出Y轴偏转的距离。

3）根据输入偏转因数“V/cm”开关所指的位置读数，每cm偏转电压值乘以峰-峰之间的Y轴偏转距离就为峰-峰值电位。峰-峰值电压知道了，电压的有效值也可计算出来。

（4）利用李萨如图形测量频率：

1）将被测频率信号 f_Y 输入仪器"Y_1"端，而将已知频率信号 f_X 输入仪器"Y_2"输入端，示波器置于 X-Y 方式。

2）调节示波器和被测频率信号，取 $f_Y:f_X$ 分别为2∶1；1∶1；1∶2；1∶3；和2∶3时，使输入的两个正弦波合成李萨如图形，画下各比较稳定的李萨如图形，根据式（2-138）利用已知频率测出未知频率，并与信号源指示的频率相比较。

【实验仪器】

信号源、示波器（见后面的补充说明 2-8）。

【预习思考题】

（1）示波器显示稳定波形的条件是什么？简略说明在电路上如何实现？

（2）如果 T_X 略小于 T_Y，观察到的波形向左还是向右移动？

【思考题】

（1）结合示波器面板的各旋钮，总结一下在荧光屏上显示稳定的正弦波和李萨如图形，如何调节？

（2）根据 U_X 与 U_Y 波形，画出合成后波形图，如图 2-59，图 2-60 所示。

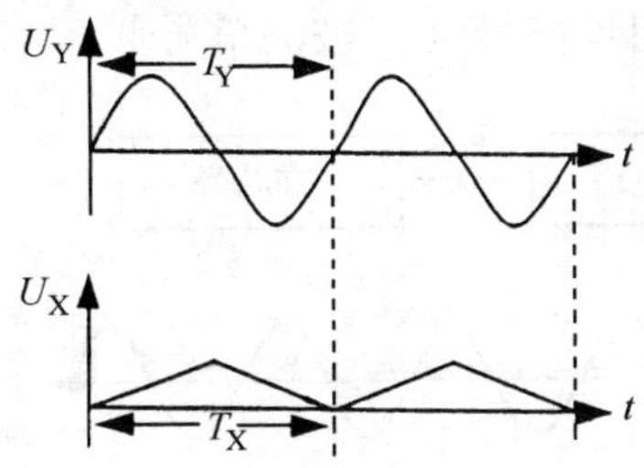

图 2-59　X、Y 轴输入电压波形

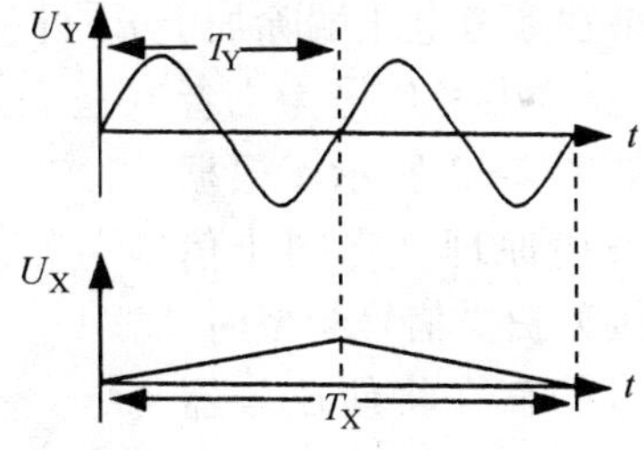

图 2-60　X、Y 轴输入电压波形

【应用】（见附录 B-6）

【补充说明 2-6】　同步原理

被测信号频率 f_Y 不可能刚好是扫描频率 f_X 的整数倍，虽然可通过调节扫描频率 f_X 使其满足整数倍的关系，但由于扫描信号源与被测信号源是独立的，不可能始终满足这一条件，为此示波器必须具有扫描同步功能。常用的示波器同步扫描具有两种方式：连续扫描和触发扫描。

扫描信号由锯齿波发生器产生，其方框图如图2-61所示，它由恒流源I（电压为u_d）、电子开关S、电容C、比较器、参考电压源u_F组成。电子开关由比较器输出状态控制。当电容两端电压$u_C < u_F$时，比较器输出状态使开关置于1，恒流源开始向电容C充电，电容起到积分器的作用，其所充电荷与时间成正比，相应的电压也与时间成正比。电容两端电压达到并大于u_F时，比较器输出状态反转，控制开关置于2的位置，电容迅速放电，使其电压达到u_0。这时$u_C < u_F$，比较器状态又反转，置开关于1，恒流源又向电容充电，…，如此不断循环产生锯齿波。把电容两端电压放大即可提供扫描信号。

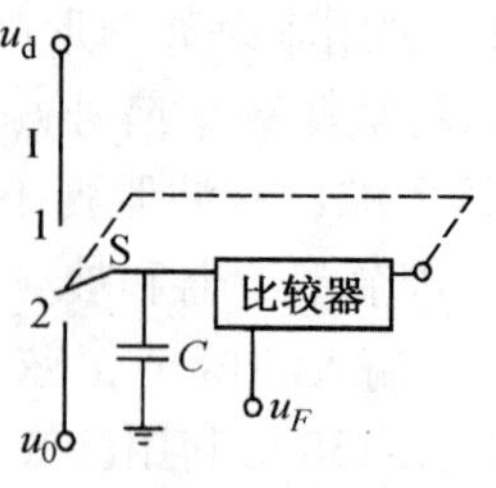

图2-61 锯齿波发生器方框图

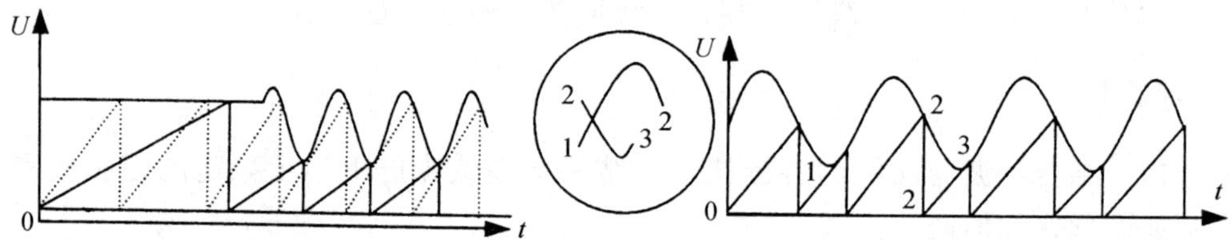

图2-62 比较器输出电压图

图2-63 比较器输出电压图

如果在参考电压端除加上u_F外，再加上同步信号（与被测信号频率有确定关系），这样参考信号为二者叠加，如图2-62所示。根据锯齿波发生原理，当同步信号频率接近扫描信号频率时，同步信号的存在将使比较器状态变化提前或推迟，及电容提前或推迟放电，使扫描信号频率与锯齿波信号频率始终保持整数倍关系。同步信号幅度选取要适当，过大了会引起扫描信号失真（及产生一个小的锯齿波）从而使显示出的被测信号失真，如图2-63所示。

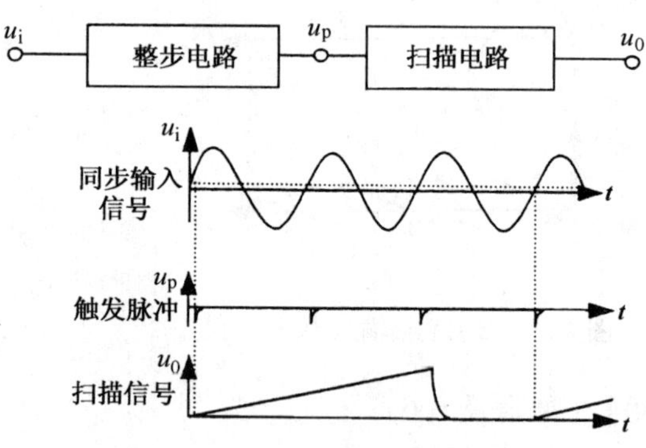

图2-64 扫描信号波形

另一个较常用的扫描方式是触发扫描。在这种方式中，把被测信号或与之有关的信号整形变成触发脉冲信号，扫描信号发生器在触发脉冲触发下产生一个扫描信号，（在扫描过程中，扫描电路不受在此期间的触发脉冲的影响）。完成一次扫描后，等待下一个触发脉冲。再进行一次扫描。这样产生的扫描信号，必定保证了完全稳定的条件。其原理方框图与波形图如图 2-64 所示。

【补充说明 2-7】 示波器的二踪显示和触发扫描

1. 二踪显示

为对比、分析、研究诸如激励和响应或同一激励下不同响应的瞬变过程，需要将不同的信号电压同时在一个屏幕上显示出来。这就是多踪示波器。图 2-65 为二踪示波器的原理框图。通过对 L_X 和 S_Y 组成的电子开关工作状态的设定控制，可以实现二踪显示。当 CH1 和 CH2 两个通道的信号以五种不同方式进行显示，其中“交替”和“断续”开关置于“交替”工作状态时，电子开关的转换动作受机内扫描信号控制，图线描绘过程如图 2-66 所示。图中虚线为回扫。

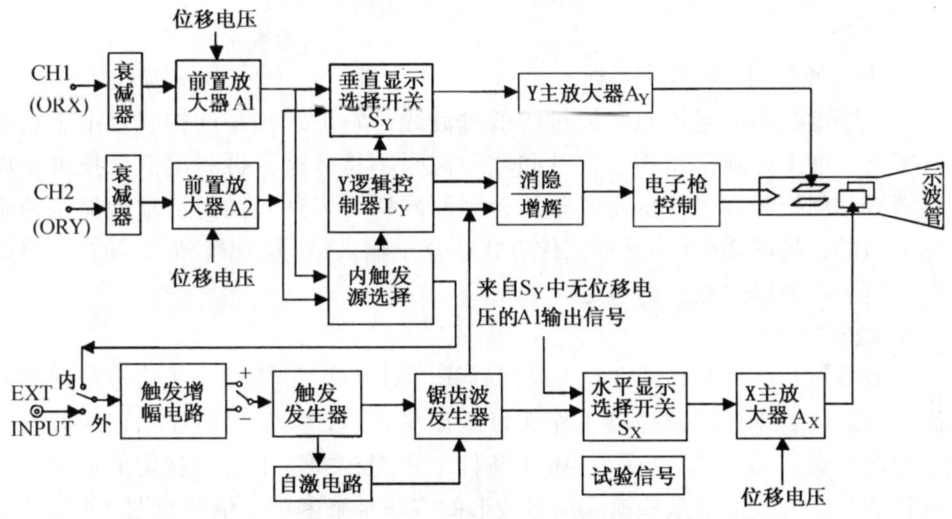

图 2-65　二踪示波器的原理框图

若在第 m 次扫描期，电子开关接通 CH1 通道，屏上就显示由 CH1 通道送入的被观测信号波形；接着电子开关接通 CH2 通道，进行第 $m+1$ 次扫描，显示由 CH2 通道送入的被观测信号波形；接着再接通 CH1 通道……，这样便轮流对 CH1 和 CH2 两个通道送入的信号进行扫描、显示。若开关转换的交替频率（扫描频率的一半）足够高时，借助荧光屏的余辉作用和人的视觉暂留特性，使用者便能在荧光屏上同时观察到两个清晰的波形。这种方式适合于观测频率较高的输入信号电压。

当电子开关置于“断续”工作状态时，由于开关转换的动作不再受扫描信号的控制，而是处于自激振荡状态。在一个扫描周期内，电子开关以相同的时间间隔时而把 CH1 通道接通，时而把 CH2 通道接通，经过若干次这样的断续转换完成了X方向扫描，CH1和CH2两个通道的信号就以打点的方式同时显示在屏上，如图2-67a所示。

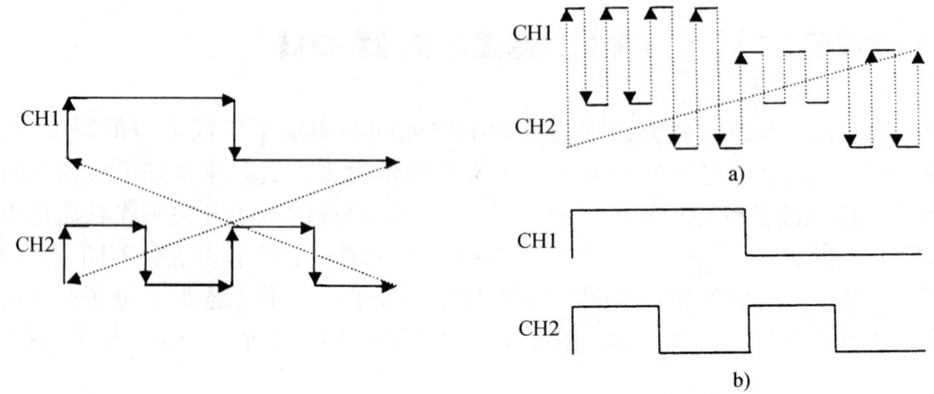

图2-66　二踪显示扫描过程　　　　　　图2-67　断续显示扫描过程

图中竖虚线为两通道间转换过程的过渡线，斜虚线则是回扫线。由于震荡频率很高，屏上光点靠得很近，其间歇用肉眼不易分辨，再利用消隐技术手段使过渡线和回扫线在荧光屏上不显示，因而同样可以达到同时清晰地显示两个波形的目的，见图2-67b。这种工作方式适合于输入信号频率较低的场合，可避免两个信号不能同时显示的不足。

2. 触发扫描

示波器显示波形时，X方向为时间轴线（时基线），它是在锯齿波电压的驱动下实现的。若锯齿波发生器工作在自激振荡状态，其输出的连续扫描波与待测信号波形必须满足$T_X = nT_Y$的整步条件，才能在屏幕上看到稳定的波形。然而这样的扫描方式会给某些输入信号波形的观测带来困难。例如对图2-68a所示的待观测信号，即使整步条件中$n = 1$，见图2-68b，在荧光屏上也只能看到一条很窄的垂直线，见图2-68e，而T_1这段时间内的波形图根本无法分辨。若采用“触发扫描”方式建立时基，如图2-68c或图2-68d所示，它是一种断续的锯齿波。由图可见，虽然触发扫描也是周期性的，但对观测信号的同一周期所取的扫描速度（习惯用其倒数t/div标注）却可以不同。显然，图2-68d的扫速高于图2-68c的扫速，从而对应显示出的图形也就不同。如图2-68f、g所示。

采用触发扫描时，锯齿波发生器工作在他激状态，它仅在扫描闸门信号的作用下才开始扫描，否则不扫描。由于闸门信号是受具有释抑特性的触发器控制操纵的，可保证每次触发扫描的起始时刻都是在待测信号的同一相位上，即每次扫描所显示的图线完全重合，从而使屏幕上的图线得到稳定显示。这样，选取不同的扫速和触发信号的极性及电平（触发增幅）就能在屏幕上显示出想

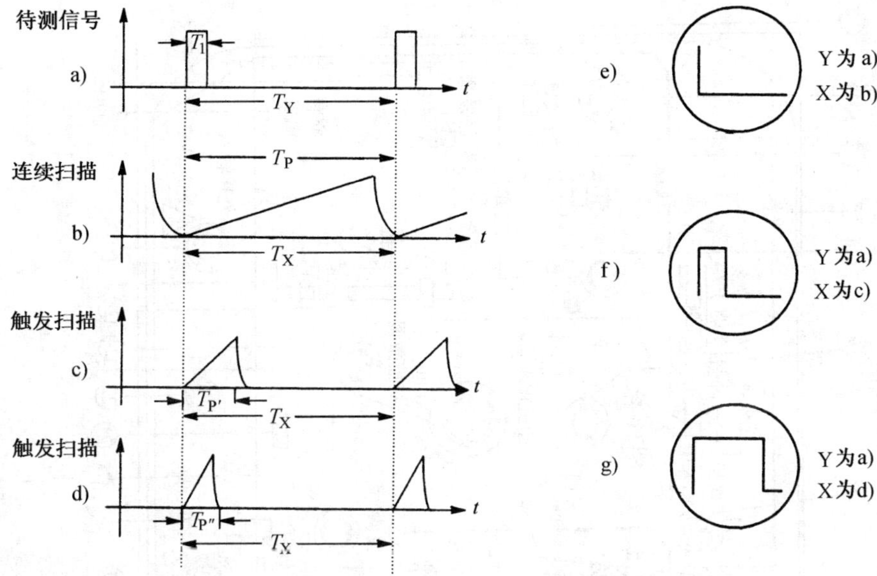

图 2-68　不同扫描方式下的波形显示

要观测的那一部分波形。但采用触发扫描后，不扫描的时间比例可能很大，为了不使屏幕被这一特别亮的光点烧坏，常采用增辉技术去控制电子枪，即示波管在不扫描和回扫时不发射电子，使这段时间内屏上无光迹，只有在扫描正程期间如图 2-68b 中 T_p 时段才发射电子，达到保护屏幕的目的。但这一做法在操作不当时，如位移电压调节不宜，或 Y 轴主放大器的输出过大或过小以及触发电平调得不恰当等会使屏幕上看不到光迹显示，这时通常把扫描方式转换成“自激扫描”状态就可方便地寻找光迹。

【补充说明 2-8】　示波器面板介绍

面板（见图 2-69 和图 2-70）控制键作用说明如下：

1. 示波管电路

㊻ 交流电源插座：下部装有保险丝。

⑨ 电源开关（POWER）：弹出为“关”位置。

⑧ 电源指示灯：接通电源时亮。

② 辉度旋钮：顺时针方向旋转旋钮，亮度增强。接通电源之前将该旋钮逆时针方向旋转到底。

④ 聚焦旋钮：虽然调节亮度时聚焦可自动调节，但聚焦有时也会轻微变化，此时，需重新调焦。

YB4325　20MHz　OSCILLOSCOPE
校准信号 2V P-P 1kHz
辉度
聚焦
光迹旋转
读出字符辉度
POWER
关 开
位移
断续
垂直方式
CH1 CH2 双踪 叠加
位移
CH2 反相
VOLTS/DI
5V 1mV
CH1 X
微调 校准
AC DC GND
CH1输入(X)
400V P KMAX
VOLTS/DI
5V 1mV
CH2 Y
微调 校准
AC DC GND
CH2输入(Y)
400V P KMAX
位移
探极 ×1 ×10
光迹 ▽-▽(基准)
光标功能
光标开/关
读出开/关
光标
水平
◁▷位移
×10 扩展
TIME/DIV
X-Y
0.5s 0.1μs
扫描微调
扫描非校准
触发
释抑
最小
自动
锁定
常态
单次
准备
电平
复位
触发耦合
AC 高频拟制 TV DC
极性
触发源
CH1 X-Y CH2 电源 外接
交替触发
外接输入
400V P KMAX

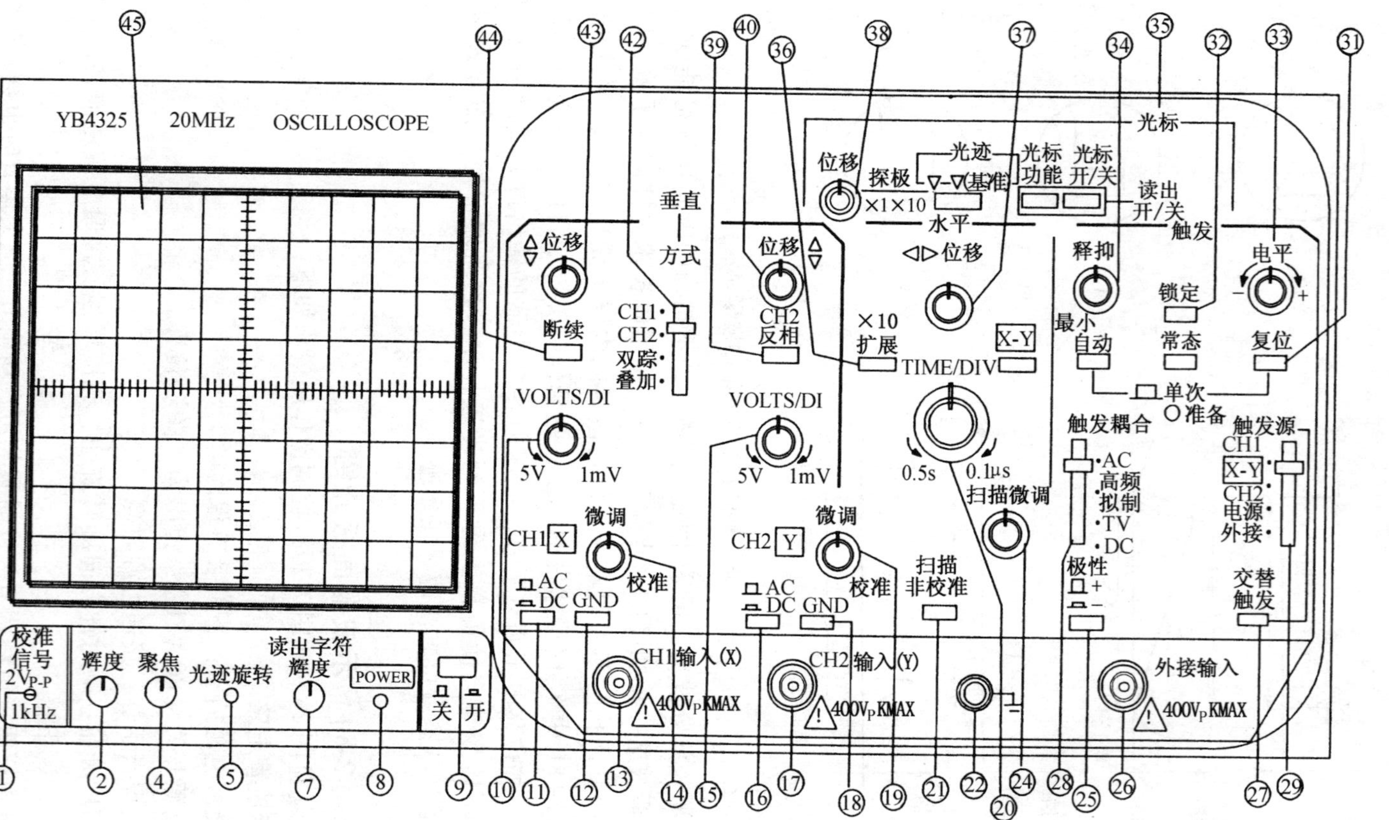

图 2-69　示波器面板图

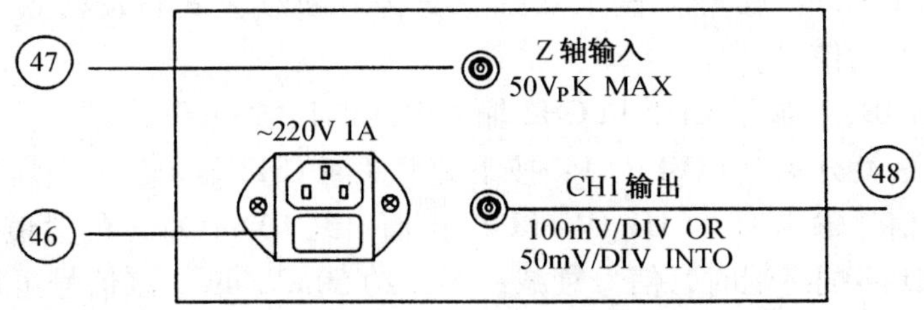

图 2-70　示波器后面板图

⑤ 光迹旋转旋钮：由于磁场的作用，当光迹在水平方向轻微倾斜时，该旋钮用于调节光迹使其与水平刻度线平行。

⑦ 读出字符辉度：用于调节读出字符和光标亮度。

㊺显示屏。

① 校准信号输出端子（CAL）：提供 1 ±2% kHz，2 ±2% V_{P-P}方波，本机 Y 轴、X 轴校准时用。

㊼ Z 轴信号输入（Z—AXIS INPUT）：外接亮度调制输入端。

2. 垂直方向部分（VERTICAL）

⑬ 通道 1 输入端［CH1 INPUT（X）］：该输入端用于垂直方向的输入。在 X-Y 方式时输入端的信号成为 X 轴信号。

⑰ 通道 2 输入端［CH2 INPUT（Y）］：在 X-Y 方式时输入端的信号仍为 Y 轴信号。

⑪、⑫、⑯、⑱交流-直流-接地（AC-DC-GND）：输入信号与放大器连接方式选择开关：

交流（AC）：放大器输入端与信号连接经电容器耦合。

接地（GND）：输入信号与放大器断开，放大器的输入端接地。

直流（DC）：放大器的输入端与信号直接耦合。

⑩、⑮衰减器开关（VOLTS/DIV）：用于选择垂直偏转系数，共 12 档。如果使用的是 10∶1 的探头，计算时将幅度乘以 10。

⑭、⑲垂直微调旋钮（VARIBLE）：垂直微调用于连续改变电压偏转灵敏度。此旋钮在正常情况下应位于顺时针方向旋到底的位置。逆时针方向旋转，垂直方向灵敏度下降 2. 5 倍以上。

㊹ 断续工作方式开关（VERTICAL MODE）：选择垂直方向的工作方式。

㊸、㊵垂直位移（POSIT10N）：调节光迹在屏幕中的垂直位置。

㊷ 垂直方向（VERTICAL MODE）：选择垂直方向的工作方式。

通道 1（CH1）：屏幕上仅显示 CH1 的信号。

通道 2（CH2）：屏幕上仅显示 CH2 的信号。

双踪（DUAL）：屏幕上显示双踪、交替或断续方式自动转换，同时显示CH1和CH2上的信号。

叠加（ADD）：显示CH1和CH2输入电压的代数和。

㊴ CH2极性开关（INVERT）：按下此开关时CH2显示反向电压值。

㊽ CH1信号输出端（CH1 OUTPUT）：输出约100mV/div的通道1信号。当输出端接50Ω匹配终端时，信号衰减一半，约50mV/div。该信号可用于频率的计数信号。

3. 水平方向部分（HORIZONTAL）

⑳ 扫描时间因数选择开关（TIME/DIV）：共20档，在0.1μs/div～0.2s/div范围选择扫描速率。

㉚ X-Y控制键：按下此键，垂直偏转信号接入CH2输入端，水平偏转信号接入CH1输入端。

㉑ 扫描非校准状态开关键：按入此键，扫描时基进入非校准调节状态，此时调节扫描微调有效。

㉔ 扫描微调控制键（VARIBLE）：此旋钮以顺时针方向旋到底时处于校准位置，扫描由Time/Div开关指示。该旋钮逆时针方向旋转到底，扫描减慢2.5倍以上。当按键㉑未按下，旋钮㉔调节无效，即为校准状态。

㊲ 水平移位（POSITION）：用于调节光迹在水平方向移动。

㊱ 扩展控制键（MAG×10）：按下时，扫描因数×10扩展。扫描时间是Time/Div开关指示数值的1/10。

㉒ 接地端子。

4. 触发系统（TRIGGER）

㉙ 触发源选择开关（SOURCE）：

通道1（CH1，X—Y）：CH1通道信号为触发信号，当工作方式在X—Y方式时，拨动开关应设置于此档。

通道2（CH2）：CH2上的输入信号是触发信号。

电源（LINE）：电源频率成为触发信号。

外接（EXT）：外触发输入上的触发信号是外部信号，用于特殊信号的触发。

㉘ 触发耦合选择开关：选择触发电路的工作方式。

㉗ 交替触发（ALT TRIG）：在双踪交替显示时，触发信号交替来自两个垂直通道，此方式可同时观察两路不相关信号。

㉖ 外触发输入插座（EXT INPUT）：用于外部触发信号的输入。

㉝ 触发电平旋钮（TRIG LEVEL）：用于调节被测信号在某一电平触发，当旋钮转向“+”时显示波形的触发电平上升，反之触发电平下降。

㉜ 电平锁定（LOCK）：无论信号如何变化，触发电平自动保持在最佳位置，不需人工调节。

㉞ 释抑（HOLDOFF）：当信号波形复杂，用电平旋钮不能稳定触发时，可用“释抑”旋钮使波形稳定同步。

㉕ 触发极性按钮（SLOP）：触发极性选择。用于选择信号的上升沿或下降沿触发。

㉛ 触发方式选择（TRIG MODE）：

自动（AUTO）：在“自动”扫描方式时，扫描电路自动进行扫描。在没有信号输入或输入信号没被触发同步时，屏幕上仍可以显示扫描基线。

常态（NORM）：有触发信号才能扫描，否则屏幕上无扫描线显示。当输入信号的频率低于 50Hz 时，用“常态”触发方式。

单次（SINGLE）：当“自动”（AUTO）、“常态”（NORM）两键同时弹出时，被设置于单次触发工作状态，当触发信号来到时，“准备”（READY）指示灯亮，单次扫描结束后指示灯熄，“复位”（RESET）键按下后，电路又处于待触状态。

5. 读出功能：

㉟ 光标测量：

光标开/关：按此键打开/关闭光标测量功能。

光标功能：按此键选择下列测量功能。

ΔU：电压差测量；$\Delta U\%$：电压差百分比测量（5div = 100%）。

ΔUdB：电压增益测量（5div = 0dB）；ΔT：时间差测量。

$1/\Delta T$：频率测量；DUTY：占空比（时间差的百分比）测量（5div = 100%）。

PHASE：相位测量（5div = 360°）

光迹-▽-▼（基准）：按此键选择移动的光标，被选择的光标带有“▽”或“▼”标记；当两种光标均带有标记时，两光标可同时移动。

㊳ 位移：选择光标定位。

读出开/关：同时按下“光标开/关”键和“光标功能”键，可打开/关闭示波器读出状态。

探极 ×1/ ×10：指示探极状态 ×1/ ×10，按下“光迹-▽-▼（基准）”键的同时旋转光标“位移”旋钮，可选择 ×1/ ×10 探极状态。

注意：

1）需要观察两个波形时，将垂直工作方式设定为双踪（DUAL）。如果要测定相位差，带有超前相位的信号应该是触发信号。

2）如果要测量波形的快速上升时间或是高频信号，必须将探头的接地端接在被测点附近。

3）探头校准（见图2-71）。

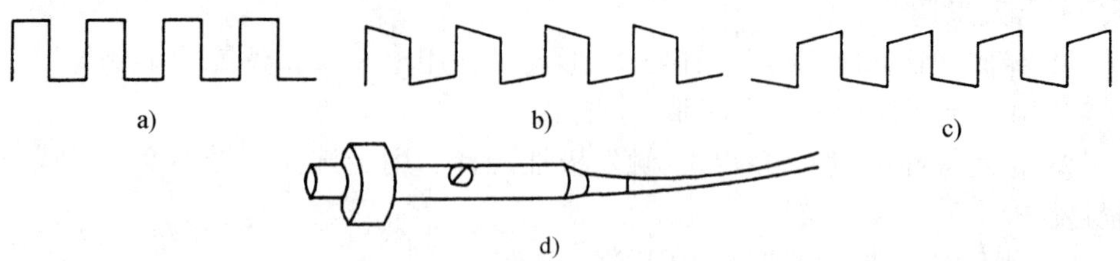

图 2-71

a）最佳补偿 b）过补偿 c）欠补偿 d）微调器

微调器（见图2-71d）可使校准信号为最佳补偿状态。对高频或低阻状态一定要用屏蔽线或屏蔽装置。

实验20 霍尔效应原理及其应用实验

置于磁场中的载流体，如果电流方向与磁场垂直，则在垂直于电流和磁场的方向会产生一附加的横向电场，这个现象是霍普斯金大学研究生霍尔于1879年发现的，后被称为霍尔效应。如今，霍尔效应不但是测定半导体材料电学参数的主要手段，而且利用该效应制成的霍尔器件已广泛用于非电量电测、自动控制和信息处理等方面。在工业生产中要求自动检测和控制的今天，作为敏感元件之一的霍尔器件，将有更广阔的应用前景。

【实验目的】

（1）了解霍尔效应实验原理以及有关霍尔器件对材料要求的知识。

（2）学习用“对称测量法”消除副效应的影响。

（3）确定试样的导电类型、载流子浓度以及迁移率。

【实验原理】

霍尔效应从本质上讲是运动的带电粒子在磁场中受洛仑兹力作用而引起的偏转。当带电粒子（电子或空穴）被约束在固体材料中，这种偏转就导致在垂直电流和磁场的方向上产生正负电荷的聚积，从而形成附加的横向电场，即霍尔电场。

对于图2-72a所示的N型半导体试样，若在X方向通以电流I_S，在Z方向加磁场$\boldsymbol{B}$，则试样中的载流子（电子）将受洛仑兹力的作用，其大小为

$$F_g = e\bar{v}B \tag{2-139}$$

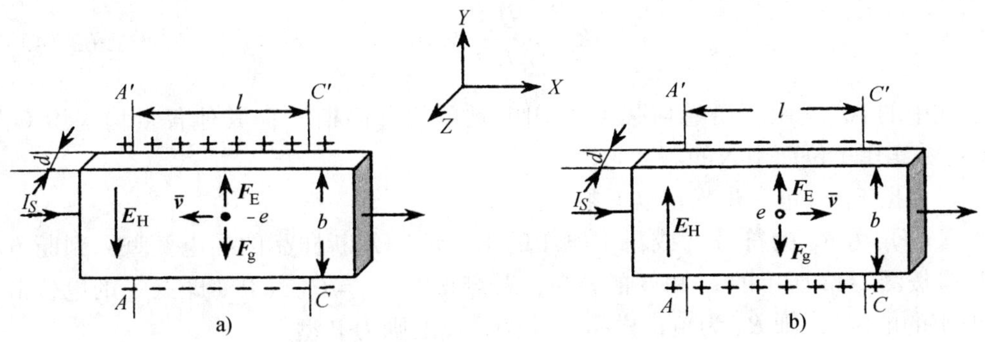

图2-72　样品示意图

在 $\boldsymbol{F}_g$ 作用下，电子流发生偏转，聚积到薄片的横向端面 A 上，而使横向端面 A' 上出现了剩余正电荷，由此在 Y 方向形成了一个横向附加电场 $\boldsymbol{E}_H$，称霍尔电场，方向由 A' 指向 A（电场的指向取决于试样的导电类型：对 N 型试样，霍尔电场逆 Y 方向，P 型试样沿 Y 方向，见图 2-72b），电场对载流子产生一个方向和 $\boldsymbol{F}_g$ 相反的静电力 $\boldsymbol{F}_E$，其大小为

$$F_E = eE_H$$

显然，该电场的作用是阻碍载流子的进一步堆积，当载流子所受的横向电场力 $e\boldsymbol{E}_H$ 与洛仑兹力 $e\bar{v}\boldsymbol{B}$ 相等时，样品两侧电荷的积累就达到动态平衡，故有

$$e\bar{v}B = eE_H \tag{2-140}$$

其中，$\bar{v}$ 是载流子在电流方向上的平均漂移速度。

设试样的宽度为 b，厚度为 d，载流子浓度为 n，则

$$I_S = ne\bar{v}bd \tag{2-141}$$

这时，A、A'间的霍尔电势差为

$$U_H = E_H b = \bar{v}bB$$

由式（2-140）、式（2-141）可得

$$U_H = E_H b = \frac{1}{ne}\frac{I_S B}{d} = R_H \frac{I_S B}{d} \tag{2-142}$$

即霍尔电压 U_H（A、A'电极之间的电压）与 $I_S B$ 乘积成正比，与试样厚度成反比。比例系数 $R_H = \frac{1}{ne}$称为霍尔系数，它是反映材料霍尔效应强弱的重要参数，它的大小与材料特性、试样的几何尺寸有关，只要测出 U_H（V）以及知道 I_S（A）、B（Gs）和 d（cm），就可按下式计算 R_H（cm^3/C）：

$$R_{\mathrm{H}} = \frac{U_{\mathrm{H}} d}{I_{\mathrm{S}} B} \times 10^{8} \tag{2-143}$$

上式中的 10^8 是由于磁感应强度 B 用电磁单位（高斯）而其他各量均采用 C、Gs、s 实用单位而引入的。

根据 R_{H} 可进一步确定以下参数：

（1）由 R_{H} 的符号（或霍尔电压的正、负）判断样品的导电类型：判断方法是按图 2-72 所示的 I_{S} 和 B 的方向，若测得的 $U_{\mathrm{H}} = U_{AA'} < 0$（即点 A 的电位低于 A'的电位），则 R_{H} 为负，样品属 N 型，反之则为 P 型。

（2）由 R_{H} 求载流子浓度 n：即 $n = \frac{1}{|R_{\mathrm{H}}| e}$。应该指出，这个关系式是假定所有的载流子都具有相同的漂移速度得到的，严格一点，考虑载流子的速度统计分布，需引入 $3\pi/8$ 的修正因子（可参阅黄昆、谢希德的半导体物理学）。

（3）结合电导率的测量，求载流子的迁移率 μ：电导率 σ 与载流子浓度 n 以及迁移率 μ 之间有如下关系

$$\sigma = ne\mu \tag{2-144}$$

即 $\mu = |R_{\mathrm{H}}| \sigma$。设 A'、C'间的距离为 l，样品的横截面积为 $S = bd$，流经样品的电流为 I_{S}，在零磁场下，若测得 A、C（或 A'、C'）间的电位差为 U_{σ}，可由下式求得 σ

$$\sigma = \frac{I_{\mathrm{S}} l}{U_{\sigma} S} \tag{2-145}$$

通过 σ 值，即可求出 μ。

根据上述可知，要得到大的霍尔电压，关键是要选择霍尔系数大（即迁移率 μ 高、电阻率 ρ 亦较高）的材料。因 $R_{\mathrm{H}} = \mu\rho$，就金属导体而言，μ 和 ρ 均很低，而不良导体 ρ 虽高，但 μ 极小，因而上述两种材料的霍尔系数都很小，不能用来制造霍尔器件。半导体 μ 高，ρ 适中，是制造器件较理想的材料，由于电子的迁移率比空穴的迁移率大，所以霍尔器件都采用 N 型材料。其次霍尔电压的大小与材料的厚度成反比，因此薄膜型的霍尔器件的输出电压较片状的霍尔器件的要高得多。就霍尔器件而言，其厚度是一定的，所以实用上采用

$$K_{\mathrm{H}} = \frac{1}{ned} \tag{2-146}$$

来表示器件的灵敏度，K_{H} 称为霍尔元件的灵敏度，单位为 mV/mA · kGs（或 mV/mA · T）。

由式（2-142）可知：霍尔电压 U_{H} 正比于电流 I_{S} 和外磁场 B。显然 U_{H} 的方向既随电流 I_{S} 的换向而换向，也随磁场 B 的换向而换向。如果霍尔元件的灵敏度 K_{H} 已经测定，用仪器测得 I_{S} 和相应 U_{H}，就可以算出霍尔元件所在处的磁感

应强度为

$$B = \frac{U_H ned}{I_S} = \frac{U_H}{I_S K_H} \tag{2-147}$$

这也就是利用霍尔效应测磁场的原理。

同样，霍尔电压表示如下：

$$U_H = E_H b = \frac{1}{ne} \cdot \frac{I_S B}{d} = R_H \cdot \frac{I_S B}{d}$$

霍尔元件的灵敏度 K_H 为

$$K_H = \frac{U_H}{I_S \cdot B}$$

应该说明，在产生霍尔效应的同时，因伴随着多种副效应也产生附加电压叠加在霍尔电压上，形成了测量之中的系统误差，以致使得实验所测的 A、A'两电极之间的电压并不等于真实的 U_H 值，而是包含着各种副效应引起的附加电压，因此必须设法消除。根据副效应产生的机理（参见补充说明 2-9）可知，采用电流和磁场换向的对称测量法，基本上能够把副效应的影响从测量的结果中消除。具体方法是保持 I_S 和 B（即 I_M）的大小不变，在设定电流和磁场的正、负方向后，依次测量四组由不同方向的 I_S 和 B 组合的 A、A'两点之间的电压 U_1、U_2、U_3、U_4 即

$+I_S$	$+B$	U_1	$-I_S$	$-B$	U_3
$-I_S$	$+B$	U_2	$+I_S$	$-B$	U_4

然后求上述四组数据 U_1、U_2、U_3、U_4 的代数平均值，可得

$$U_H = \frac{U_1 - U_2 + U_3 - U_4}{4} \tag{2-148}$$

通过对称测量法求得的 U_H，虽然还存在个别无法消除的副效应，但其引入的误差很小，可以忽略不计。

【实验内容】

仔细阅读 TH—H 型霍尔效应实验组合仪使用说明书，按图 2-73 连接测试仪（见图 2-74）和实验仪之间相应的 I_S、U_H 和 I_M 各组连线，I_S 及 I_M 换向开关投向上方，表明 I_S 及 I_M 均为正值（即 I_S 沿 X 方向，B 沿 Z 方向），反之为负值。U_H、U_σ 切换开关投向右方测 U_H，投向左方测 U_σ。（样品各电极及线包引线与对应的双刀开关之间连线已由制造厂家连接好）。

仪器开机前应将 I_S、I_M 调节旋钮逆时针方向旋到底，使其输出电流处于最小状态；“U_H、U_σ 切换开关”应始终保持闭合状态，然后再开机。仪器接通电源后，预热数分钟即可进行实验。

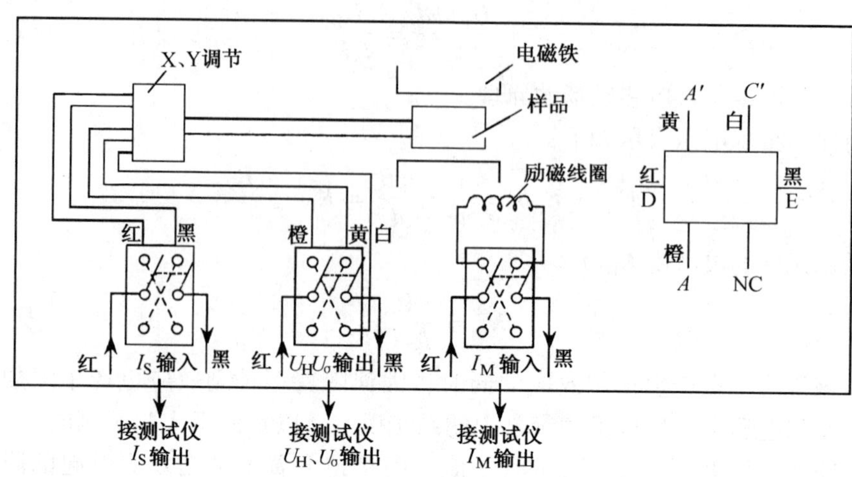

图2-73　霍尔效应实验仪示意图

为了准确测量，应先对测试仪进行调零，即将测试仪的“I_S 调节”和“I_M 调节”旋钮均置零位，待开机数分钟后，若 U_H 显示不为零，可通过面板左下方小孔的“调零”电位器实现调零，即“0.00”。

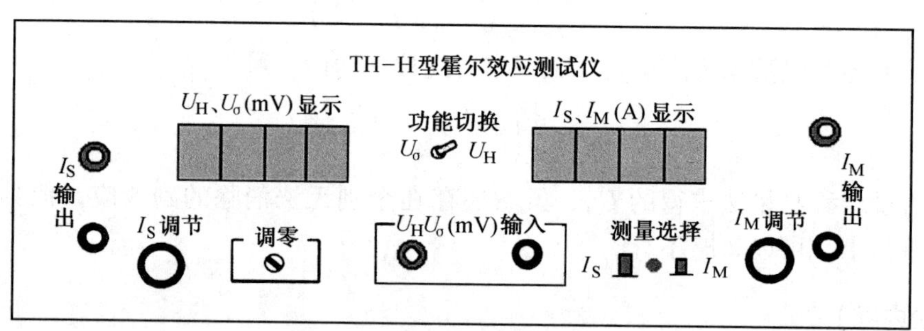

图2-74　测试仪面板图

（1）测绘 U_H-I_M 曲线

将实验仪的“U_H、$U_σ$”切换开关投向 U_H 侧，测试仪的“功能切换”置 U_H。

注意：严禁将测试仪的励磁电源“I_M 输出”误接到实验仪的“I_S 输入”或“U_H、$U_σ$ 输出”处，否则一旦通电，霍尔器件即遭损坏！

保持 I_S 值不变（取 I_S = 2.00mA），测绘 U_H-I_M 曲线，记入下表中。

数据表　I_S = 2.00mA　　I_M = 0.300 ~ 0.800A

I_M/A	U_1/mV	U_2/mV	U_3/mV	U_4/mV	$U_H=\frac{U_1-U_2+U_3-U_4}{4}$
	$+I_S$　$+B$	$-I_S$　$+B$	$-I_S$　$-B$	$+I_S$　$-B$	
0.300					
0.400					
0.500					
0.600					
0.700					
0.800					

观察总结 U_H 随磁场变化特征。固定 $I_S=2.00\text{mA}$，I_M 分别为0.2A，0.3A，…，0.7A，通过 I_S，I_M 的换向，测量电压 U_1，…，U_4，计算出相应的霍尔电压，作出 U_H-I_M 关系曲线；由图求出该半导体的霍尔元件灵敏度 K_H。B 与 I_M 的关系见线圈上的参数。

(2) * 测量 U_σ 值

将“U_H、U_σ”切换开关投向 U_σ 侧，“功能切换”置 U_σ。

在零磁场下，取 $I_S=2.00\text{mA}$，测量 U_σ。

(3) * 确定样品的导电类型

将实验仪三组双刀开关均投向上方，即 I_S 沿 X 方向，B 沿 Z 方向，毫伏表测量电压为 $U_{AA'}$。

取 $I_S=2.00\text{mA}$，$I_M=0.6\text{A}$，测量 U_H 大小及极性，判断样品导电类型。

(4) * 求样品的 R_H、n、σ 和 μ 值。

【注意事项】

I_S 取值不要过大，以免 U_σ 太大，毫伏表超量程（此时首位数码显示为1，后三位数码熄灭）。

【预习思考题】

(1) 什么叫做霍尔效应？为什么此效应在半导体中特别显著？

(2) 采用霍尔元件测量磁场时，具体要测哪些物理量？实验中如何操作才能消除副效应的影响？

(3) 列出计算霍尔系数 R_H、载流子浓度 n、电导率 σ 及迁移率 μ 的计算公式，并注明单位。

【思考题】

(1) 如已知霍尔样品的工作电流 I_S 及磁感应强度 $\boldsymbol{B}$ 的方向，如何判断样品的导电类型？

（2）试分析霍尔效应测磁场的误差来源。

【历史】

1897年——24岁的霍尔（Edwin Herbert Hall，1855－1838）是马里兰的约翰斯Hopking大学的一名研究生，在偶然的一次实验中发现了霍尔效应。霍尔的发现震动了当时的科学界，许多科学家转向了这一领域。不久就发现了爱廷豪森（Ettingshausen）效应、能斯托（Nernst）效应、里纪-勒社克（Righi-Leduc）效应和不等位电势差等四个伴生效应。

1980年——由Klaus von Klitzing等人从金属—氧化物—半导体场效应晶体管的氧化物表面上发现了量子霍尔效应的量子数为整数,这被称为整数量子霍尔效应,该效应发现者获得1985年的诺贝尔物理奖。

1998年——崔琦（Daniel Chee Tsui，当时在普林斯顿大学）和Horst L. Stormer（在贝尔实验室工作了20年后1998年进入哥伦比亚大学）发现了分数量子霍尔效应。这一发现使得崔琦和Horst L. Stormer以及后来对这一现象做出解释的Robert B. Laughlin获得了1998年诺贝尔物理奖。

【应用】（见附录B-8）

【补充说明2-9】 霍尔器件中的副效应及其消除方法

在测量霍尔电势差U_H时，实际上还同时存在着各种副效应，产生附加电压叠加在霍尔电压上，形成了测量之中的系统误差。这些副效应有：

1. 副效应

（1）不等势电压降U_0 由横向电极位置不对称而产生的电压U_0，是因为在实际制作霍尔元件样品时，很难做到横向两个引出的电极A、A'在同一个等势面上，因此即使不加磁场，只要霍尔片上通以电流，A、A'两引线间就有一个电势差U_0，U_0的方向与电流方向有关，与磁场的方向无关。U_0的大小和霍尔电势U_H同数量级或更大，在所有附加电势中居首位（见图2-75）。

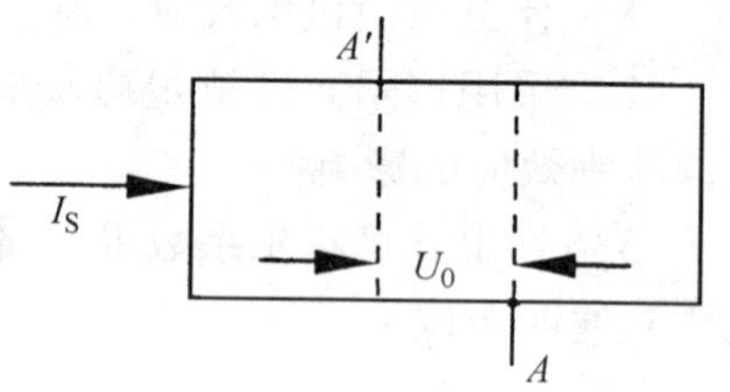

图2-75 不等势降U_0

（2）爱廷豪森效应U_E 当放在磁场B中的霍尔片通以电流I_S后，由于半导体内载流子（电子或空穴）的漂移运动速度服从统计分布规律，有快，有慢。速度小的载流子受到的洛仑兹力小于霍尔电场的作用力，将向霍尔电场作用力方向偏转；速度大的载流子受到的磁场作用力大于霍尔电场作用力，将向洛仑兹力方向偏转，使得一侧高速载流子较多，温度亦较高，而另一侧低速载流子较多，温度亦较低。这种横向的温差就产生温差电动势 U_E，这个现象称为爱廷豪森效应。U_E 的大小与 $I_S B$ 乘积成正比，方向随 I_S、B 换向而改变。

（3）能斯托效应 U_N　由于霍尔元件工作电流引出线焊点的接触电阻不同，通以电流以后，发热程度不同。根据帕示帖效应，一端吸热，温度升高，另一端放热，温度降低，于是在 X 轴方向产生热扩散电流，出现温度差，引起热扩散电流。在磁场作用下，在 A、A'之间产生类似于霍尔电压的横向电势差 U_N，这个效应称为能斯脱效应。U_N 的方向与磁场的方向有关，与电流方向无关。

（4）里纪-勒社克效应 U_{RL}　上述热扩散电流的载流子迁移速率不尽相同，在磁场作用下，类同于艾廷豪森效应，电压引线 A、A'间同样会出现温度梯度，从而引起附加电势 U_{RL}。U_{RL}的方向与磁场的方向有关，与电流方向无关。

2. 几种物理效应

（1）热电效应　从能量的角度看，是热能向电能的转化。在金属和半导体中存在电位差时产生电流，存在温差时产生热流。从电子论的观点看，在金属和半导体中，不论电流还是热流都与电子的运动有关，故电位差、温度差、电流、热流之间会存在交叉联系，这就构成了热电效应。

（2）热磁效应　磁场中载流子的电荷与能量输运相耦合的现象称为热磁效应。热能输运依赖温度梯度，电荷输运依赖电位梯度（即电场），那么，在一个系统中的载流子，当磁场、电场，温度梯度场共存时，会构造出何等局面呢？爱廷豪森效应、能斯托效应、里纪—勒社克效应均属于热磁效应。

实验 21　非均匀磁场的测量

【实验目的】

（1）掌握感应法测磁场的原理。

（2）测量单载流圆线圈和亥姆霍兹线圈轴线上的磁场分布，验证叠加原理。

（3）（选做）描绘磁场方向、磁力线。

【实验原理】

测量磁场的方法很多，具体采用什么方法，要由被测磁场的类型和强弱来确定。本实验，我们将学习用感应法测量非均匀磁场。这种方法是以电磁感应定律 $\varepsilon =$

$-\frac{d\varphi}{dt}$为基础的:当导线中通有变化电流时,其周围空间必然产生变化磁场。处在变化磁场中的闭合回路,由于通过它的磁通量发生变化,回路中将有感应电动势产生。通过测量此感应电动势的大小,就可以计算出磁场的量值,这就是感应法的实质。

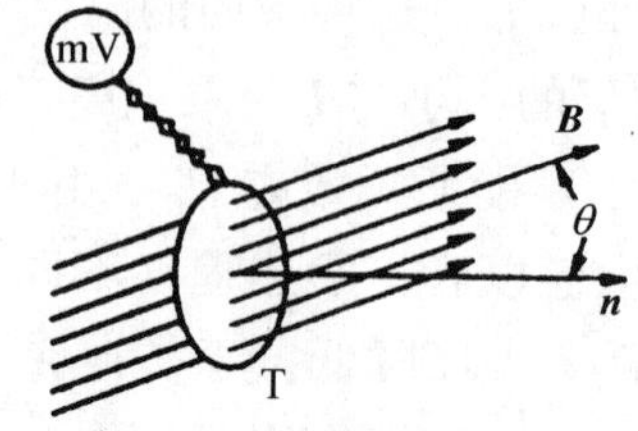

图 2-76 感应法测磁场原理

这种方法既可测交变磁场,也可测恒定磁场。对于不随时间变化的恒定磁场,可采用恒速转动测量线圈的方法来获得感应电动势,达到测量磁场的目的。

磁场是矢量场,因此磁场的测量要测出场中各点磁感应强度的大小与方向。但实际上往往只能测出某一小区域内的平均值,很难测得磁场中各点的磁感应强度矢量。为叙述简单起见,先假定有一个均匀的交变磁场,其大小随时间 t 呈正弦规律变化

$$B = B_m \sin\omega t$$

式中,B_m 为磁感应强度的峰值;ω 为角频率。再假定置于此磁场中探测线圈 T(线圈面积为 S,共有 N 匝)的法线 n 与 B_m 之间夹角为 θ,如图 2-76 所示,则通过 T 的总磁通量 φ 为

$$\varphi = NS \cdot B = NSB_m \sin\omega t \cos\theta$$

由于磁场是交变的,因此在线圈中会出现感应电动势,其值为

$$\varepsilon = -\frac{d\varphi}{dt} = -NS\omega B_m \cos\omega t \cos\theta = -\varepsilon_m \cos\omega t \tag{2-149}$$

式中,$\varepsilon_m = NS\omega B_m \cos\theta$ 为感应电动势峰值。将探测线圈 T 的两条引线与一个交流毫伏表连接,则毫伏表的示值会发生变化。毫伏表显示的为有效值,它与峰值的关系为

$$U = \frac{\varepsilon_m}{\sqrt{2}} = \frac{NS\omega}{\sqrt{2}} B_m \cos\theta \tag{2-150}$$

由式(2-150)可知:

1)当 N、S、ω、B_m 一定时,角 θ 越小,毫伏表示值越大,反之则示值越小。

2)当 $\theta = 0$ 时,即探测线圈法线方向与磁场 B 方向一致时,毫伏表读数达最大值 U_{max},其值为

$$U_{max} = \frac{NS\omega}{\sqrt{2}} B_m \tag{2-151}$$

显然 B_m 值和 U_{max} 成正比,则该点处的磁感应强度为

$$B_m = \frac{\sqrt{2}U_{max}}{NS\omega} \tag{2-152}$$

因此，可用毫伏表示值的最大值来确定磁场的大小。

3）当 $\theta = \frac{\pi}{2}$ 时，毫伏表读数为零，即

$$U = 0，则\ \varepsilon_m = 0 \tag{2-153}$$

由以上讨论可知，用下述方法确定磁感应强度的大小和方向比较方便。测量时，将探测线圈放在待测点，用手缓慢转动它，直到毫伏表示值达到最大值 U_{max}，由公式（2-152）可算出该点的磁场值 B_m。再转动线圈找到毫伏表读数为零时线圈的法线指向，$\boldsymbol{B}$ 的方向必定与这一方向垂直，以此来判断磁场方向较为准确。（为什么？）

值得指出的是，式（2-152）是用普通线圈在均匀场条件下得出来的。如果磁场分布不均匀，情况就复杂多了。用普通探测线圈只能测出线圈平面内磁感应强度法向分量的平均值，而不能测出非均匀磁场中各点的真实值，除非将探测线圈做得非常小，但这又会使 NS 减小而降低测量的灵敏度。为了解决这一矛盾，理论证明可以设计出一种特殊尺寸的圆柱形探测线圈（外径为 D，内径 $d = \frac{1}{3}D$，长度 $L = \frac{2}{3}D$，并选择线圈体积适当小），测得的 T 平面内的平均磁场与探测线圈几何中心点的磁场相等。这种探测线圈 T 的等效面积 S 为

$$S = \frac{13}{108}\pi D^2$$

代入式（2-152）就可算出探测线圈几何中心处磁感应强度的绝对值

$$B_m = \frac{\sqrt{2}U_{max}}{NS\omega} = \frac{\sqrt{2} \times 108 U_{max}}{13\pi N\omega D^2} \tag{2-154}$$

式中，U_{max} 的单位为伏特；B_m 单位为特斯拉（T）；$\omega = 2\pi f$；f 为交变场频率（$f = 50\text{Hz}$）；N 为探测线圈匝数；D 为探测线圈的外径。

【实验内容】

（1）分别测量两个单载流圆形载流线圈及亥姆霍兹线圈中心轴线上的磁场分布，作 $B_m(U_m)$-x 曲线，描绘磁场的分布，验证叠加原理。

要求：沿轴线每隔 2cm 测一个数据点，共测 12～15 个点。

（2）（选做）测量亥姆霍兹线圈的均匀磁场范围，并估计这一范围的大小。（均匀范围是指 B_m 值在 $B_m \sim B_m \times 5\%$ 范围内、并且 B_m 方向与轴线夹角 $\theta \leqslant 5°$ 的那些点组成的空间。）

（3）（选做）测绘圆形载流线圈的磁力线，要求沿线圈径向每隔 2cm 标出

一点，作为描绘磁力线的起始点，共描绘 5～9 条磁力线。

【实验仪器】

ZE—1 型磁场实验仪、电源、数字万用表、毫安表其结构如下：

（1）测量平台及探测器 T（见图 2-77） ZE—1 型磁场实验仪配套探测器由探测线圈、透明定位垫片、笔形定位针组成（如图 2-77 所示）。透明定位垫片中心有一定位柱，用于确定磁场中待测点的位置，探测线圈 T 的底座中心有一小孔，可套在定位垫片的定位柱上。探测线圈的外径 D、内径 d、长度 L 之间的关系为 $d=D/3$，$L=2D/3$。$N=1200$，$d=4\text{mm}$，$D=12.8\text{mm}$，$L=6\text{mm}$。代入式（2-154）得到探测线圈几何中心处磁感应强度的绝对值为

$$B_m = 6.05\times10^{-2}U_{max}(\text{T}) \tag{2-155}$$

（2）两个相同的圆形线圈 单线圈等效半径 10.0cm，匝数 $N_0=640$ 匝，两线圈中心距 $a=10.0\text{cm}$，串联在一起组成亥姆霍兹线圈。

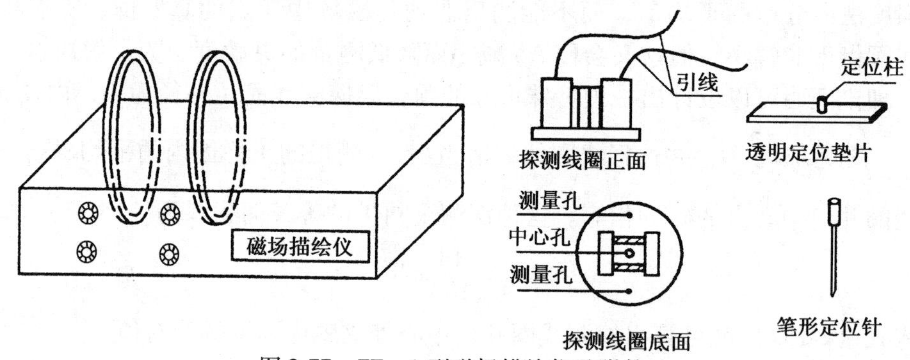

图 2-77 ZE—1 型磁场描绘仪及附件

【操作步骤】

实验接线图如图 2-78 所示。

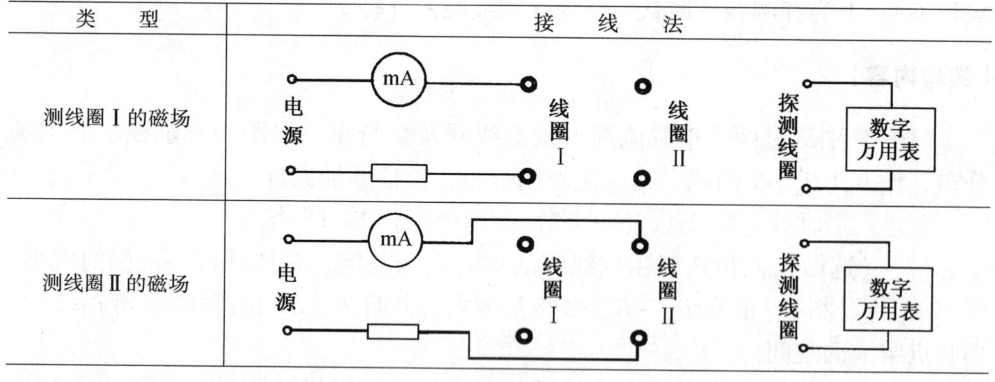

图 2-78 ZE—1 型磁场描绘仪接线图

（续）

类　型	接　线　法
测亥姆霍兹线圈的磁场	电源 mA 线圈Ⅰ 线圈Ⅱ 探测线圈 数字万用表

图2-78　（续）

（1）测量磁场分布

按实验接线图接线，注意选择数字万用表量程，调节电源输出，实验过程中保持毫安表读数为50mA。将透明定位垫片的定位柱置于待测点位置，探测线圈T的中心孔套在透明垫片定位柱上，水平缓慢转动T，记录毫伏表显示的极大值U_{max}，由式（2-155）计算B_m。

要求：每个线圈沿轴线每隔2cm测一个数据点，共测12～15个点。在同一坐标系内作B_m-x曲线，描绘磁场的分布，验证叠加原理。

（2）测绘磁力线，要求沿线圈径向每隔2cm标注一点，作为描绘磁力线的起始点，共描绘5条。

1）将直角坐标纸恰当剪裁后固定在测量平台上。将探测线圈笔形定位针插入探测线圈测量孔，并固定在起始点上。以定位针为中心缓慢旋转探测线圈，直至毫伏表示值为极小值。

2）保持探测线圈的位置不变，将笔形定位针拔出插入另一测量孔，并以此为中心旋转探测线圈，至毫伏表示值再次出现极小值。

3）多次重复步骤2)，便在坐标纸上留下一系列的定位针针眼。每两个针眼连线的中心即为探测线圈的几何中心，也就是磁力线的切点。光滑地连接这些切点，便描绘出一条磁力线。因探测线圈针眼间距远小于磁力线的曲率半径，故只要光滑地连接针眼即可。

【注意事项】

（1）探测线圈的导线易折断，实验操作时要特别当心，避免只朝一个方向转动。

（2）仪器周围不能有铁磁物质。

（3）严格接线程序，以防触电、短路。接通和断开电源前必须先将电源输出置零伏，以防烧坏仪器。

（4）实验要尽量加快速度，以免磁场实验仪长时间工作后，对实验结果造成影响。

【预习思考题】

（1）用电磁感应法是如何测量某点磁场的大小和方向的?

（2）如何用实验方法判断亥姆霍兹线圈的两单线圈是同向串联的?

【思考题】

（1）用电磁感应法测量非均匀磁场时，探测线圈在测量平台上旋转一周，毫伏表读数出现的两次极大值不相等，这是为什么?

（2）如果用直流电源通过圆形线圈，使它产生一个恒定磁场，是否还可以用感应法来测量?试详细说明理由。

【应用】（见附录 B-8）

实验 22　交流电桥实验

交流电和直流电有着本质的区别。前者的电压和电流是随时间变化的；后者则不然。在实验 13 ~ 实验 17 中，我们研究了直流电路的基本特性，并对直流电路基本量进行了测量，在实验 22 ~ 实验 24 中，则要对交流电路进行研究。

交流电桥是测量电感 L、电容 C 等交流元件阻抗的一种常用仪器，它和直流惠斯登电桥在线路形式上极其相似，但却有本质的不同。在本实验中，将通过组装交流电桥，学习和掌握交流电桥的原理、结构和电桥平衡的调节以及测量 L、C 的实验方法。

【实验目的】

（1）学习和掌握交流电桥的基本原理和电桥平衡的调节方法。

（2）学会用交流电桥测量电容器的电容 C 及其损耗因数 D 的实验方法。

（3）学会用交流电桥测量电感器的电感 L 及其品质因数 Q 的实验方法。

【实验原理】

1. 交流电桥及其平衡条件

交流电桥的电路如图 2-79 所示，在外形上它与直流的惠斯登电桥相似，也是由四个桥臂组成。不同之处在于：①组成桥臂的元件不单是电阻，还可包括电容、电感等阻抗元件或它们的组合；②用交流电源代替直流电源供电；③检测电桥平衡的指示器不能是直流式检流计，而必须使用交流元件 M 代之，如耳机、晶体管毫伏表、示波器、振动灵敏检流计或其他整流型交流放大器等。由于交流电桥的桥臂为复数阻抗，其特性变化繁多，因此比直流电桥具有更多的功能，应用更广泛。它除了可以用来精确测量交流电阻、电容、电感外，还可测量电容器的介质损耗、电感的品质因数，两线圈间的互感及耦合系数、磁性材料的导磁率，如果电桥的平衡条件与频率有关，还可用于测量频率。本实验通过几个常用的交流电桥电路来测量电容器的电容 C 及其损耗因数 D 和电感器的电感 L 及其品质因数 Q 等基本参数。

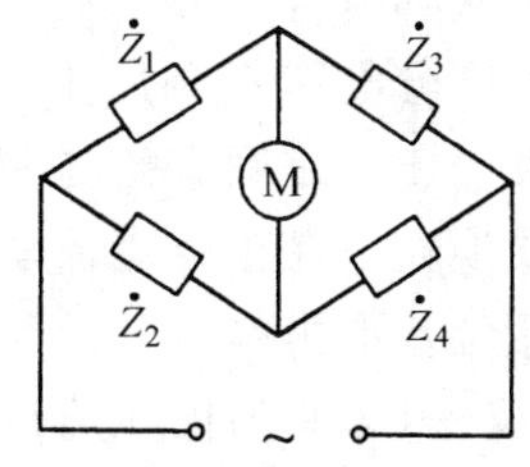

图 2-79　交流电桥

设电桥四臂的复数阻抗分别为 $\tilde{Z}_1$、$\tilde{Z}_2$、$\tilde{Z}_3$ 和 $\tilde{Z}_4$，平衡时通过示零器 M 的电流 $I_M=0$，这时通过 1、3 两臂与 2、4 两臂的电流分别相等。据此可导出电桥达到平衡的条件为：

$$\tilde{Z}_1 \cdot \tilde{Z}_4 = \tilde{Z}_2 \cdot \tilde{Z}_3 \tag{2-156}$$

这就是交流电桥平衡时四臂阻抗必须满足的条件，它与直流电桥的平衡条件形式上完全相同，但因上式包含有复量，故本质完全不同。若将四臂阻抗写成为：$\tilde{Z}_1=Z_1\mathrm{e}^{\mathrm{j}\varphi_1}$、$\tilde{Z}_2=Z_2\mathrm{e}^{\mathrm{j}\varphi_2}$、$\tilde{Z}_3=Z_3\mathrm{e}^{\mathrm{j}\varphi_3}$ 和 $\tilde{Z}_4=Z_4\mathrm{e}^{\mathrm{j}\varphi_4}$，则式（2-156）等价于以下两个实数表达式：

$$\begin{aligned} Z_1 \cdot Z_4 &= Z_2 \cdot Z_3 \\ \varphi_1 + \varphi_4 &= \varphi_2 + \varphi_3 \end{aligned} \tag{2-157}$$

这是交流电桥平衡条件的另一表达式。

由式（2-156）和式（2-157）两式可得出如下结论：

1）要使交流电桥平衡，必须分别使相对臂复阻抗的模之乘积相等，且它们的幅角之和也相等。这是交流电桥与直流电桥的不同之处。

2）若有三个臂的模和幅角为已知，则可由平衡条件求出第四臂的模和幅角。因此调节电桥平衡可测得两个未知量。

3）若被测元件是复阻抗，则必须另有一臂也是复阻抗。为使问题简化，通常其余两臂选为电阻，这样会大大减少平衡调节的复杂性。故在配置桥臂时一般只选用两个复阻抗。

4）当两复数臂相邻时，则必为同性臂（即同为感抗或同为容抗），且其组成元件的连接方式要求相同（即同为并联或同为串联）；当两复数臂相对时，则必为异性臂且连接方式相异。如果组装电臂不符合上述要求，则无法调节平衡，更无法进行测量。

2. 电容器与电感器的等效电路

在介绍常用的电桥电路之前，先分析一下电容器与电感器的等效电路。

由于实际电容一般含有介电常数为 ε 的介质，但并不是理想介质，因此电路中有一部分电能在介质中耗损而转变为热能，称为介质损耗。介质损耗与频率、温度、压力之间有比较复杂的关系，往往只能用实验方法来测定。由于存在着介质损耗，在正弦交流电路中电容器两端的电压 U 与流过电容器的电流 I 之间的相位差不再是 $\pi/2$，参见图 2-80a。设电压与电流矢量之间夹角为 φ，定义 $\delta = \pi/2 - |\varphi|$ 为损耗角；而介质损耗 $D = \tan\delta$。为便于分析，常把实际电容器等效为一个理想电容 C 和一个损耗电阻（r 或 r'）的组合（串联或并联）。串联等效电路如图 2-80b 所示，则有

$$D = \tan\delta = \frac{U_r}{U_C} = \omega Cr \tag{2-158a}$$

并联等效电路如图 2-80c 所示，有

$$D = \tan\delta = \frac{I_{r'}}{I_C} = \frac{1}{\omega Cr} \tag{2-158b}$$

在一般情况下，介质损耗较小，即电阻 r 很小，或 r' 很大。

常用的电感器实际上都是由导线绕制而成的，它除了具有电感外还具有一定的电阻，可以把实际的电感器等效为一个理想电感 L 和一个损耗电阻 r_L 的串联组合，如图 2-81 所示。定义线圈的品质因数 Q 为

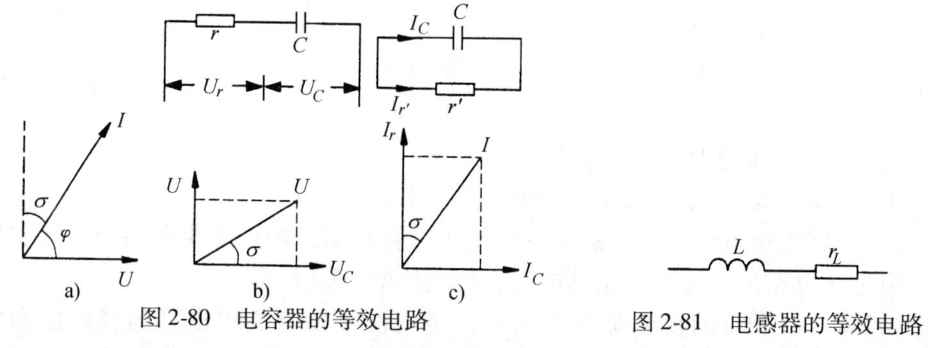

图 2-80 电容器的等效电路

图 2-81 电感器的等效电路

$$Q = \frac{\text{一个周期内储存能量的平均值}}{\text{一个周期内平均消耗的功率}} = \frac{\omega L}{r_L} \tag{2-159}$$

Q 值的大小表示了电感线圈性能的好坏。

3. 几种常用的交流电桥电路

（1）电容电桥 这是一种用已知电容测量未知电容的电桥。电路如图 2-82 所示，C_0 为已知的无损耗的理想电容器；C_X 为待测电容器的电容，R_X 为其损耗电阻；R_0、R_3、R_4 均为可调电阻，由电桥的平衡条件式（2-156）得

$$R_4\left(R_0 + \frac{1}{j\omega C_0}\right) = R_3\left(R_X + \frac{1}{j\omega C_X}\right)$$

令虚部和实部分别相等，可得到待测电容 C_X 及其损耗电阻 R_X 为

$$C_X = \frac{R_3}{R_4} C_0 \qquad (2\text{-}160a)$$

$$R_X = \frac{R_3}{R_4} R_0 \qquad (2\text{-}160b)$$

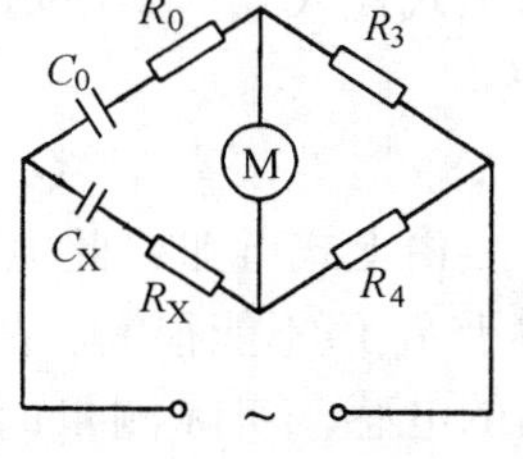

图 2-82　电容电桥

由式（2-158a）得该电容器的介质损耗因数为：

$$D = \omega R_0 C_0 = 2\pi f C_0 R_0 \qquad (2\text{-}160c)$$

式中的 f 为交流电源的频率。

由式（2-160a）和式（2-160b）可知，如果 R_3、R_4 阻值一定，分别调节 C_0、R_0 就能迅速地使电桥达到平衡。但在实际测量中，由于电容 C_0 不能连续调节，故常固定 C_0，而调节 R_0 与 R_3（或 R_4）来使电桥平衡，但这种调节方法需反复进行多次才能达到最后平衡。

（2）电感电桥　这是一个用已知电感来测定未知电感的电桥。电路如图 2-83所示，L_0 为已知的理想标准电感器的电感，L_X、R_X 分别为待测电感及其等效电阻，R_0、R_3、R_4 均为可调无感电阻。由电桥的平衡条件式（2-156）得

$$(R_0 + j\omega L_0) R_4 = (R_X + j\omega L_X) R_3$$

令虚部和实部分别相等，可得待测电感 L_X 及等效电阻 R_X 为

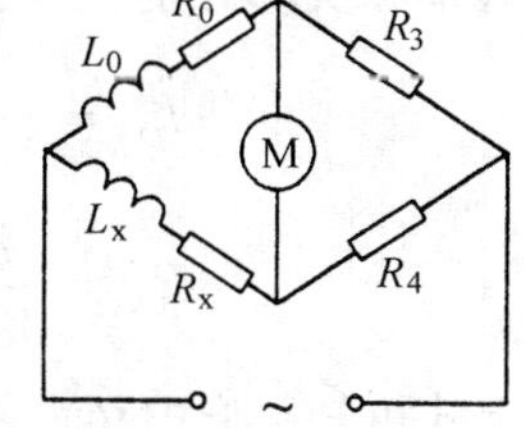

图 2-83　电感电桥

$$L_X = \frac{R_4}{R_3} L_0 \qquad (2\text{-}161a)$$

$$R_X = \frac{R_4}{R_3} R_0 \qquad (2\text{-}161b)$$

由式（2-159）可得该电感器的品质因数为

$$Q = \frac{\omega L_X}{R_X} = \frac{\omega L_0}{R_0} = \frac{2\pi f L_0}{R_0} \qquad (2\text{-}161c)$$

实际测量时，固定 L_0 值，反复调节 R_0 及 R_3（或 R_4），使电桥平衡，从而求得 L_X 及 R_X。

（3）麦克斯韦-维恩电桥　这是一个用已知电容测量电感的电桥，电路如图 2-84 所示。C_0 为已知的标准电容，L_X、R_X 分别为待测电感及其损耗电阻，R_0、R_2、R_3 均为可调的无感电阻。由电桥平衡条件可得

$$R_X + j\omega L_X = \left(\frac{1}{R_0} + j\omega C_0\right) R_2 R_3$$

令虚部和实部分别相等，可得待测电感 L_X 及其损耗电阻 R_X 分别为

$$L_X = C_0 R_2 R_3 \qquad (2\text{-}162a)$$

$$R_X = \frac{R_2 R_3}{R_0} \qquad (2\text{-}162b)$$

将上式代入式（2-159），可得该电感器的品质因数为

$$Q = \omega C_0 R_0 \qquad (2\text{-}162c)$$

由上式可知，此电桥测得的 Q 值与 R_0 成正比。由于 R_0 值不能很大，故该电桥不适用于测量 Q 值很高的电感。实际测量时，固定 C_0 值，反复调节 R_0 及 R_2（或 R_3），使电桥达到平衡，而求得 L_X 与 R_X。

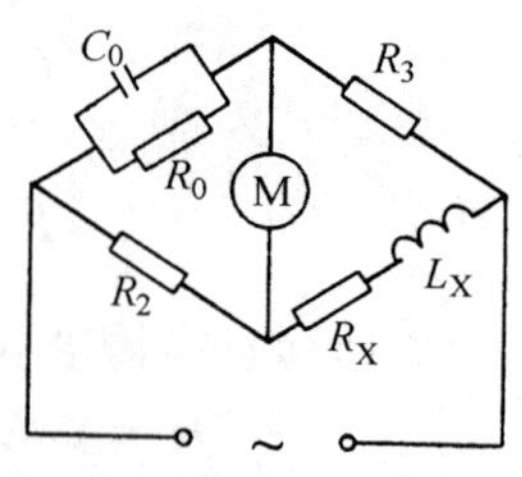

图 2-84　麦克斯韦—维恩电桥

（4）海氏电桥　这个电桥也是利用电容来测定电感，且适用于测量 Q 值高的电感线圈。电路如图 2-85 所示，C_0 为标准电容，L_X、R_X 分别为待测电感及其损耗电阻，R_0、R_2、R_3 为可调电阻。由电桥平衡条件可得

$$\left(\frac{1}{j\omega C_0} + R_0\right)(R_X + j\omega L_X) = R_2 R_3$$

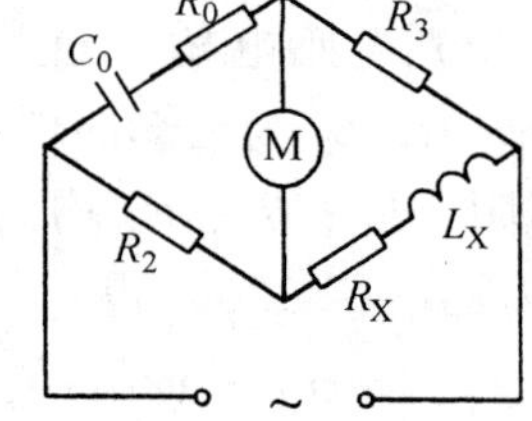

图 2-85　海氏电桥

令虚部和实部分别相等，解方程后求得

$$L_X = \frac{C_0 R_2 R_3}{1 + (\omega C_0 R_0)^2} \qquad (2\text{-}163a)$$

$$R_X = \frac{\omega^2 C_0^2 R_0 R_2 R_3}{1 + (\omega C_0 R_0)^2} \qquad (2\text{-}163b)$$

由上式可知，此电桥的平衡条件与频率有关。将上二式代入式（2-159）得电感的品质因数为

$$Q = \frac{1}{\omega C_0 R_0} \qquad (2\text{-}163c)$$

如果电感线圈的 Q 值很高，有 $\omega C_0 R_0 \ll 1$，所以

$$L_X = C_0 R_2 R_3 \qquad (2\text{-}163d)$$

此式表明：待测电感与频率无关。实际测量时，往往固定 C_0，反复调节 R_0 及 R_2（或 R_3），使电桥达到平衡。

4. 交流电桥平衡的调节

由上面介绍的几个交流电桥电路及其平衡调节过程可知，为了使电桥达到平衡，必须反复调节两个参量，逐次逼近平衡。这里存在两个问题：①经过反复调节两个事先选定的参量，能否使电桥最终达到平衡？②若能调至平衡，如何减少反复调节的次数，使电桥尽快地达到平衡？前一个问题是电桥是否收敛的问题，后一个问题则是收敛快慢的问题。电桥的收敛性与桥臂的配置及可调参量的选择均有关系，在此不作论述，可参考相关的理论书籍。收敛的快慢通常要综合几方面的因素考虑。为了使电桥最迅速地达到平衡，就要避免两个可调元件之间的相互影响，也就是在实验时可使两个平衡方程各自独立地成立。

然而即使能做出这种选择，电路元件本身规格方面的原因也无法完全满足要求。因为连续可调元件的准确性一般不如步进式元件的高，而步进式调节元件则又不能足够精细地调节使电桥达到平衡。所以实际上一般总是需反复调节两个元件才能使电桥达到平衡。可见交流电桥平衡的调节要比直流电桥的调节复杂得多。但只要按照以下两点去做，则能较顺利地调至平衡：

（1）事先设法知道待测元件的大约数值，根据平衡公式选定电桥各臂的起始值，使电桥开始不至于远离平衡条件，这样可减少调节次数。

（2）采用分步调节、反复调节的方法，且在每一步的调节中抓住主要矛盾。

例如用电容电桥测电容 C_X 时，由于一般电容器的损耗电阻 R_X 都较小（标准电容 C_0 的损耗电阻几乎为零），所以开始可取 $R_0=0$，这时式（2-160b）虽不满足但偏离不会太大；而式（2-160a）不满足是达到平衡的主要矛盾，因此这一步的重点便是调节 R_3、R_4 与 C_0 的值，使得尽可能满足此式。当平衡指示的指示值已达最小值，调节 R_3、R_4 与 C_0 的关系已无法更进一步接近平衡，式（2-160b）的不满足便转化为电桥平衡的主要矛盾了，因此下一步应该调节 R_0 以尽可能满足式（2-160b），使指示器的示值最小。如此反复调节下去，使电桥一步步更接近平衡，至指示器的示值无法更小时，电桥视为平衡。测电感时调平衡的步骤原则上与此相同。

5. 关于交流电桥的灵敏度

与直流电桥相似，定义交流电桥的灵敏度为

$$S=\Delta n/(\Delta Z/Z) \tag{2-164}$$

式中 $\Delta Z/Z$ 为在电桥平衡的基础上可调臂的微小相对改变量；Δn 为由此引起的平衡指示器的示值变化量。为便于说明 S 与哪些因素有关，将上式变换为

$$S=\frac{\Delta n}{\Delta U}\cdot\frac{\Delta U}{\Delta Z/Z}=S_iS_e \tag{2-165}$$

式中的 ΔU 是 $\Delta Z/Z$ 所引起的测量对角线上的电压变化量；$S_i=\Delta n/\Delta U$ 是平衡指示器的指示灵敏度；$S_e=\Delta U/(\Delta Z/Z)$ 为线路灵敏度。

由于交流平衡指示器的输入阻抗一般都很大，所以在讨论交流电桥的灵敏度时，我们认为测量对角线近似于开路状态，并且交流信号源的内阻可以忽略，这时有

$$\Delta U=\frac{E}{Z_1+Z_3}Z_3-\frac{E}{Z_2+Z_4+\Delta Z_4}(Z_4+\Delta Z_4) \tag{2-166}$$

忽略上式分母中 ΔZ_4，应用平衡条件式（2-157），经整理后得

$$\Delta U=\frac{EZ_1}{(Z_1+Z_3)(Z_2+Z_4)}\Delta Z_4 \tag{2-167}$$

将此式代入式（2-165）即得

$$S=-\frac{\Delta n}{\Delta U}\cdot\frac{EZ_1\Delta Z_4}{(Z_1+Z_3)(Z_2+Z_4)} \tag{2-168}$$

由上可看出，要提高交流电桥的灵敏度，应该采取以下措施：

1）选用指示灵敏度高的平衡指示器。

2）提高交流信号源的输出电压值，但要注意各桥臂器件的额定功率。

3）合理配置桥路各臂的阻抗值，在通常情况下可取等阻抗设置。这样，虽达不到最佳灵敏度，但可取得较满意的效果。

【实验仪器】

低频信号发生器、数字万用表、旋转式电阻箱、十进式标准电容箱、十进式标准电感箱、待测电容与电感线圈、导线及开关。

【实验内容】

（1）开启低频信号发生器电源，调节输出电压幅度为 2 ~ 4V，频率为 1000Hz。

（2）用电容电桥测量电容器的电容 C 及其损耗因数 D。

按图 2-82 所示电路连好线，已知电容采用十进式电容箱，它的损耗电阻在低频下可视为零。电容箱一般有三个接线柱，其中的“1、2”是标准电容接线柱，“0”为屏蔽接线柱，可以把“1”与“0”（或“2”与“0”）相连，使标准电容处于金属外壳屏蔽下工作。

（3）测量电感器的电感 L_X 及品质因数 Q：

1）按图 2-83 所示的电感电桥电路连好线，对待测电感器的电感 L_X 及品质因数 Q 进行测定。已知的标准电感采用十进式电感箱。在实验中电感箱应允许工作在额定电流与最大允许电流之间，但连续工作不得超过二小时。另外电感箱应放置于距周围金属物体有足够的距离，否则会影响电感量的精度。

2）按图 2-84 所示的麦克斯韦-维恩电桥电路连好线，测定实验内容 3（1）中同一电感器的 L_X 及 Q，并与实验内容 3（1）的结果比较。

（4）（选做）测量一个绕在铁芯上的线圈的电感 L 随交流信号频率 f 变化的关系曲线。

按图 2-85 所示的电感电桥电路连好线，调节信号发生器输出电压的频率 $f=$ 500Hz，测定线圈的 L。以后，频率调节每隔 500Hz 分别测量线圈的 L，直至 $f=$ 5000Hz 为止。由测得的数据作 L-f 关系曲线图。

【注意事项】

（1）原理所述的四种电桥中桥臂电阻 R_2、R_3、R_4 的阻值不宜调得太低（几欧姆甚至为零），以免烧毁电阻箱或信号源；也不能调得太高，以免降低电桥灵敏度。

（2）用数字毫伏表作示零器时，开始应先选择较大量程档，随着电桥趋向平衡，逐渐降低量程档，以免仪表过载。

【预习思考题】

（1）比较交流电桥在平衡原理、所用仪器以及调节方法等方面与直流电桥的异同。

（2）分析如图 2-86 所示的电桥电路是否可能达到平衡。

（3）试以电容电桥为例，说明在实验上采用什么调节程序才能使电桥迅速达到平衡。

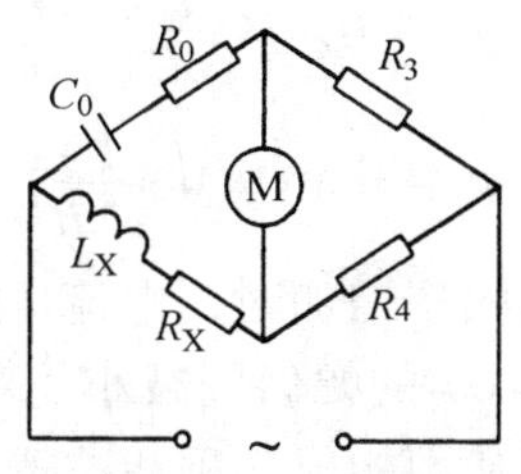

图 2-86　电桥电路

【思考题】

（1）设计一测定互感线圈互感的实验。要求给出测量公式并说明主要测量步骤。

（2）若用示波器作交流电桥平衡的指示器，试详细说明如何进行检测。

实验 23　*RLC* 电路稳态特性的研究

【实验目的】

（1）研究 *RLC* 串联电路的幅频特性和相频特性。

（2）掌握用示波器测量相位的实验方法。

【实验原理】

若在由电阻 R、电感 L 和电容 C 组成的电路中接入一个正弦稳态交流电源，电路中的电流和各元件上的电压将随电源频率的改变而改变；电流和电源电压间及各元件上的电压和电源电压间的位相差也将随电源频率的变化而变化。前者的函数关系称为幅频特性，后者称为相频特性。电子技术中广泛应用的滤波电路和相移电路就是依据这一特性而设计的。下面分别对 *RC*、*RL* 和 *RLC* 三种串联电路的稳态特性进行研究。

1. *RC* 串联电路

电路如图2-87a 所示，令 ω 表示电源的圆频率，U、I、U_R、U_C 分别表示电源电压、电路中的总电流、电阻 R 上电压和电容 C 上的电压的有效值，φ 表示电流 I 和电源电压 U 之间的位相差，则

$$I = \frac{U}{\sqrt{R^2 + \left(\frac{1}{\omega C}\right)^2}} \tag{2-169}$$

$$U_R = IR \tag{2-170}$$

$$U_C = \frac{I}{\omega C} \tag{2-171}$$

$$\varphi = -\arctan\left(\frac{1}{\omega CR}\right) \tag{2-172}$$

由前三式可知，当电源的频率增加时，电流 I 的幅值和电阻上的电压 U_R 的幅值均增加，而电容上的电压 U_C 的幅值则减小。利用这样的幅频特性，可以将电源中不同频率的信号分开，从而构成各种滤波器。

式（2-172）表示的是 *RC* 串联电路的相频特性。当电源的频率很低时，φ 趋于 $-\pi/2$，这说明电源电压比回路电流位相落后 $\pi/2$；当频率很高时，φ 趋于0，这时电流和电压同位相。以圆频率 ω 的对数为横坐标，φ 为纵坐标，可得到如图2-87b 所示典型的相频特性曲线。根据 *RC* 串联电路的相频特性，可以构成各种相移电路。

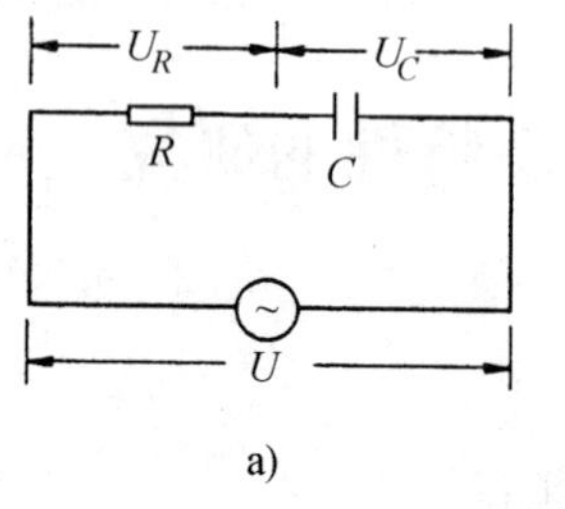

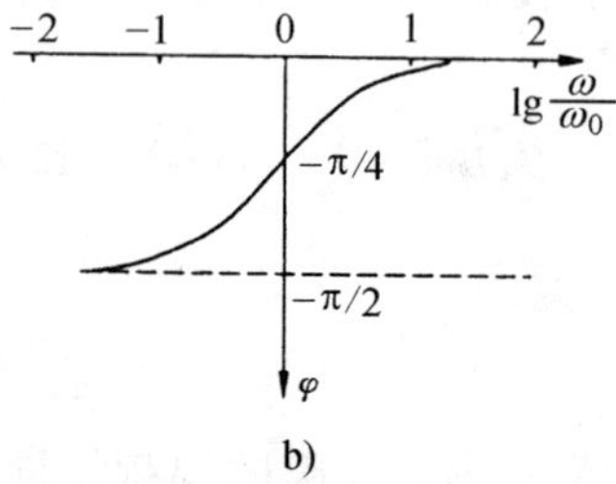

图 2-87
a）*RC* 串联电路 b）*RC* 串联电路相频特性曲线图

2. *RL* 串联电路

电路如图2-88a 所示，类似于 *RC* 串联电路，有

$$I = \frac{U}{\sqrt{R^2 + (\omega L)^2}} \tag{2-173}$$

$$U_R = IR \tag{2-174}$$

$$U_L = I\omega L \tag{2-175}$$

$$\varphi = \arctan\left(\frac{\omega L}{R}\right) \tag{2-176}$$

RL 串联电路的幅频特性正好与 RC 串联电路相反。当 φ 和 L 增加时，I 和 U_R 均减小，而 U_L 则增大。利用这样的幅频特性同样可以构成各种滤波器。

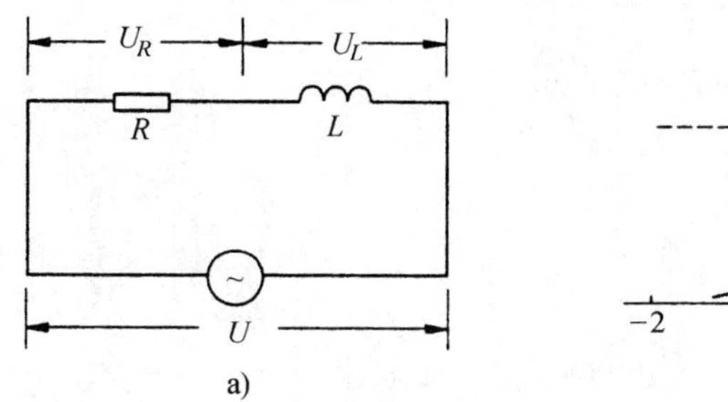

图　2-88

a）RL 串联电路　b）RL 串联电路相频特性曲线图

RL 电路的相频特性曲线如图 2-88b 所示。当 ω 很低时，φ 趋于零；当 ω 很高时，φ 趋于 $\pi/2$，根据 RL 电路的相频特性，也可以构成各种相移电路。

3. RLC 串联电路

电路如图 2-89a 所示，这里仅考察它的相频特性。

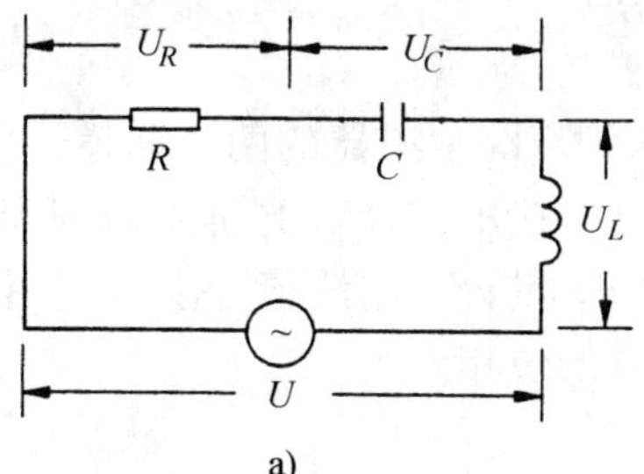

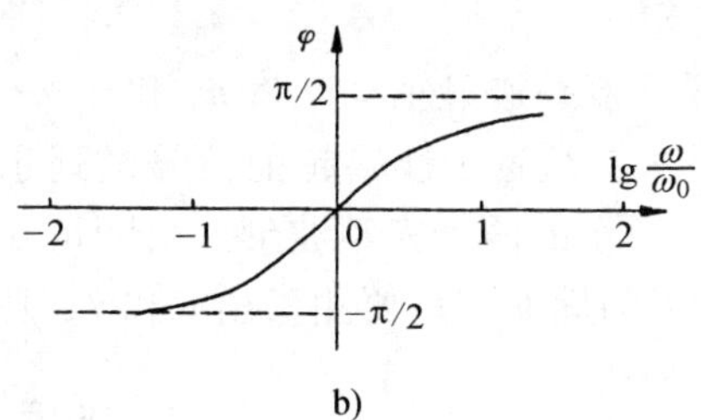

图　2-89

a）RLC 串联电路　b）RLC 电路相频特性曲线图

电路中电流与电源电压间的位相差为

$$\varphi = \arctan\frac{\omega L - \dfrac{1}{\omega C}}{R} \tag{2-177}$$

由上式得出 RLC 串联电路相频特性的结论如下：

（1）当 $\omega L - \dfrac{1}{\omega C} = 0$ 时，$\varphi = 0$，电流与电源电压同位相，犹如电路中只有纯电阻一样，此时电路达到谐振。将此频率称为谐振圆频率，用 ω_0 表示

$$\omega_0 = \frac{1}{\sqrt{LC}} \tag{2-178}$$

（2）当 $\omega L > \frac{1}{\omega C}$，即 $\omega > \omega_0$ 时，$\varphi > 0$，电流的位相落后于电源电压，整个电路呈电感性。随着 ω 的增大，φ 趋于 $\pi/2$。

（3）当 $\omega L < \frac{1}{\omega C}$，即 $\omega < \omega_0$ 时，$\varphi < 0$，电流的位相超前于电源电压，整个电路呈电容性。随着 ω 的减小，φ 趋于 $-\frac{\pi}{2}$。

φ 随 ω 的变化曲线见图2-89b。

4. 用示波器测量位相差

设待测量的两正弦信号为

$$\begin{cases} u_A = U_A \sin\omega t \\ u_B = U_B \sin(\omega t - \varphi) \end{cases} \tag{2-179}$$

u_B 落后于 u_A，其位相差为 φ。用示波器测量 φ 有以下两种方法：

（1）李萨如图形法　将 u_A 和 u_B 分别输入到示波器的 x、y 轴，得到如图2-90所示的李萨如图形。图形与 y 轴的两交点之间的距离为 B，在 y 轴上的最大投影值为 A，则推导可得

$$\varphi = \arctan\frac{B}{A} \tag{2-180}$$

（2）双踪迹显示法　将 u_A 和 u_B 分别输入到双踪示波器的两个通道，"触发源"开关必须置于连接超前信号的通道。此时，在示波器荧光屏上可显示出如图2-91所示的两个完整波形。由图可知，t' 是 u_A 和 u_B 两信号到达同一位相的时刻差，T 为周期，只要测量出 t' 和 T，则两信号的位相差为

$$\varphi = 2\pi\frac{t'}{T} \tag{2-181}$$

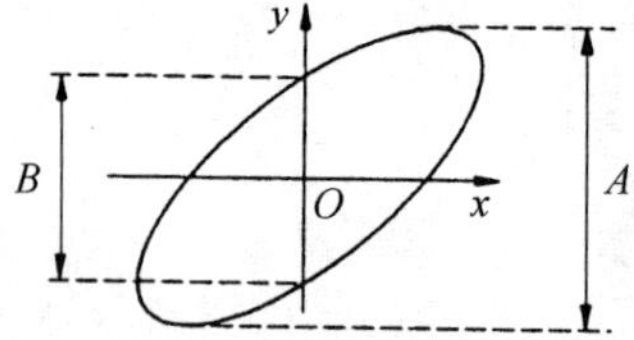

图2-90　李萨如图形测位相差

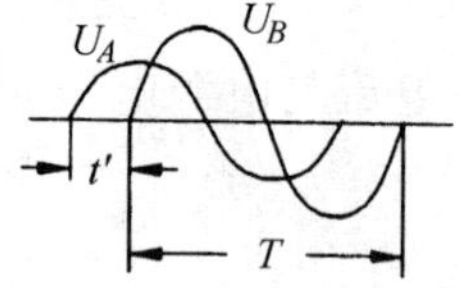

图2-91　双踪显示测位相差

【实验仪器】

函数发生器，双踪示波器，旋转式电阻箱，十进式标准电容箱，十进式电感箱，数字万用表，频率计，导线等。

【实验内容】

（1）观察、测量 *RC* 串联电路的幅频特性和相频特性。

1）按图 2-87a 所示电路连线。交流电源由函数发生器充任，其输出电压幅度取 1～2V。*R* 用电阻箱，*C* 用标准电容箱，取 0.5μF。

2）将 U 和 U_R 分别输入至双踪示波器的两通道。注意：两通道的接地端是公共的，且应与函数发生器的接地端相连通。

3）调节示波器，使两个通道的信号波形都出现在荧光屏上且大小和位置合适，波形稳定。

4）改变函数发生器输出信号的频率 f，从 50Hz 到 100kHz，取五个测量点，用示波器或数字万用表测出对应的 U_R，由示波器所显示的波形测出电源电压与电源的位相差 φ。

5）对测量结果进行处理与定性分析。

（2）观察、测量 *RL* 串联电路的幅频特性和相频特性。

按图 2-88a 所示电路连线，*L* 取 0.1H。将 U 和 U_R 分别输入至双踪示波器的两通道，调节示波器，使两个信号波形在屏上的大小和位置合适且稳定。电源信号的频率从 50Hz 到 10kHz 改变，取五个测量点，用示波器或数字万用表测出对应的 U_R 值，由示波器显示的波形测出电源电压与电源的位相差 φ。

（3）（选作）观察、测量 *RLC* 串联电路的相频特性。

1）按图 2-89a 所示电路连线。适当选取 *R*、*L*、*C* 的数值和电源输出电压的幅度。

2）根据所选 *L* 和 *C* 的数值，计算相应的谐振频率 f_0，并通过实验进行测定。

3）测量 *RLC* 串联电路的相频特性曲线。

【注意事项】

在改变频率时，要保持函数发生器输出电压的幅度不变。

【预习思考题】

（1）什么叫幅频特性？什么叫相频特性？

（2）怎样利用双踪示波器测量电源电压与电流的位相差？试以 *RLC* 串联电路详细说明之。

【思考题】

（1）怎样利用 *RC* 电路构成最简单的低通滤波器和高通滤波器？

（2）怎样利用 *R* 和 *C* 构成输出电压比输入电压位相超前或落后的相移电路？画出电路图并写出位相差计算公式。

（3）试详细说明能否用如图2-92所示电路来测量 *RLC* 串联稳态电路的相频特性。

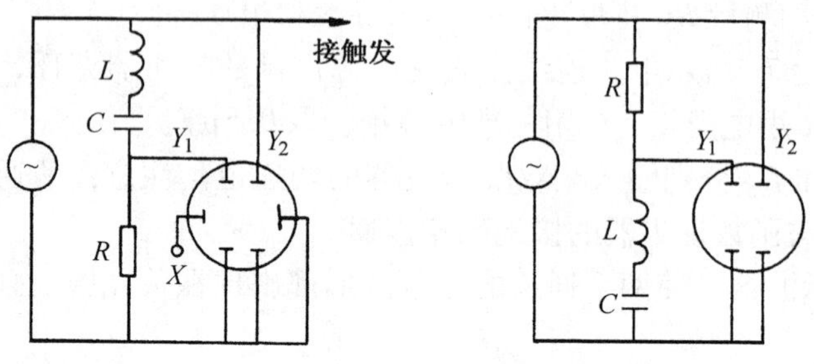

图2-92　两种接线图

实验24　*RLC* 电路暂态特性的研究

【实验目的】

（1）通过对 *RC* 及 *RL* 串联电路暂态过程的研究,加深对电容、电感特性的认识。

（2）考察 *RLC* 串联电路的暂态过程，加深对电磁阻尼运动规律的理解。

（3）进一步熟悉和掌握示波器的使用方法。

【实验原理】

电阻、电容和电感是电子电路的基本元件。在这些基本元件与直流电源组成的电路中，当接通或断开电路的瞬间，电路元件上的电压或电流不会瞬息突变，而是从一种稳定状态过渡到另一种稳定状态，这样一个过渡过程称为暂态过程。这个过程的规律在电子技术中得到了广泛的应用，例如交直流耦合电路、微积分电路及延时电路等。本实验中将对 *RC*、*RL* 及 *RLC* 串联电路的暂态过程进行基本的研究。

1. *RC* 串联电路的暂态过程

在由电阻 R 及电容 C 组成的直流串联电路中，当接通或断开电源的瞬间，电容 C 上电压随时间变化。如图2-93a所示，当开关S拨向位置1时，电源 E 将通过电阻对电容 C 充电，直至其电压等于电源开路电动势 E 为止；在电容 C 充电之后，把开关拨向位置2，电容 C 将通过电阻 R 放电。充放电曲线如图2-93b所示。可以推导出，在充放电过程中，电容器 C 上的电压随时间的变化关系为

$$\left.\begin{aligned}&\text{充电过程}\quad U_C = E\left[1 - e^{-\frac{t}{RC}}\right]\\&\text{放电过程}\quad U_C = Ee^{-\frac{t}{RC}}\end{aligned}\right\}\qquad(2\text{-}182)$$

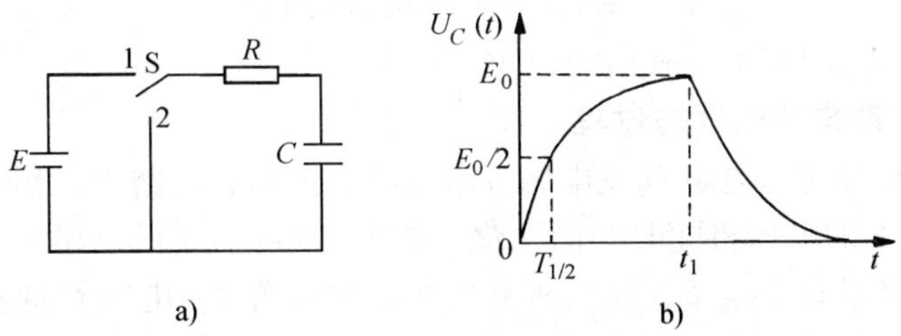

图 2-93　*RC* 串联电路及其特性曲线

由上式可见，*RC* 串联电路的充放电过程是相似的，电容器 C 上的电压都是按指数规律变化的，只不过充电时电容电压是逐渐上升，而放电过程则是逐渐减小。上式中的 RC 称为电路的时间常数，常用符号 τ 表示，它的大小反映了充放电过程的快慢，τ 越大，充放电过程越慢，反之越快。

在 *RC* 串联电路的充电过程中，电容 C 上的电压 $U_C(t)$ 由 0 上升至 $E/2$（或在放电过程中 $U_C(t)$ 由 E 下降至 $E/2$）所需的时间称为半衰期，用 $T_{1/2}$ 表示之。半衰期也是反映充放电过程快慢的一个参量，它与时间常数 τ 的关系是：

$$T_{1/2} = 0.6931\tau = 0.6931RC \quad (2\text{-}183)$$

若能测出半衰期 $T_{1/2}$，从式（2-183）即可求出电路的时间常数 τ。

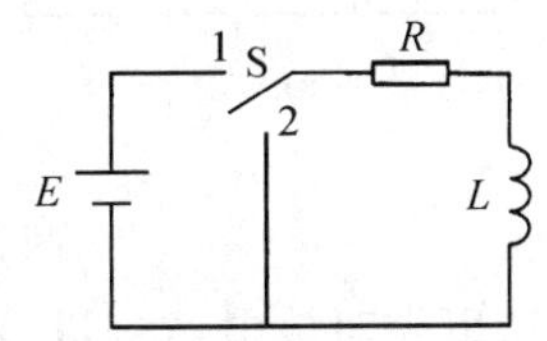

图 2-94　*RL* 串联电路

2. *RL* 串联电路的暂态过程

在由电阻 R 和电感 L 组成的直流串联电路中，当接通或断开电路时，电感中的电流不能突变，而只能逐渐增长或消失。如图 2-94 所示，当开关拨向位置 1 时，电路中的电流随时间 t 的变化关系为

$$I_L = I_0\left[1 - \mathrm{e}^{-\frac{R}{L}t}\right] \quad (2\text{-}184)$$

式中，I_0 为稳定时的电流，$I_0 = \dfrac{E}{R}$，R 还应包括电感上的损耗电阻，当电路中的电流达到稳定值后将开关 S 拨向位置 2 时，电路中的电流随时间的变化关系为

$$I_L = I_0\mathrm{e}^{-\frac{R}{L}t} \quad (2\text{-}185)$$

由上式可见，*RL* 串联电路中电流增长过程与消失过程是相似的，电感 L 中的电流都是按指数规律变化的。式中 L/R 称为电路的时间常数 τ（或弛豫时间），是标志 *RL* 电路中暂态过程持续时间长短的特征量。

在 *RL* 串联电路电流增长的过程中，电感上的电流由零增长到稳定值的一半（或在消失过程中电流由稳定值减少至其的一半）时所需的时间称为半衰期，用 $T_{1/2}$ 表示之，它也是反映 *RL* 串联电路暂态过程持续时间长短的一个参量，它与时间常数 τ 的关系为

$$T_{1/2} = 0.6931\tau = 0.6931L/R \tag{2-186}$$

若实验上测得 $T_{1/2}$，则由上式可求出 τ。

3. *RLC* 串联电路的暂态过程

在一个由电阻 R、电容 C 及电感 L 组成的直流串联电路中，当接通与断开电源时，电容 C 上的电压将随时间而变化。如图 2-95a 所示的电路，先将开关 S 拨向位置 1，电容 C 充电至 E；然后将开关 S 拨向位置 2，电容 C 通过闭合的 RLC 放电。理论上可导出充放电的电路方程为

$$\frac{\mathrm{d}^2 Uc(t)}{\mathrm{d}t^2} + \frac{R}{L}\frac{\mathrm{d}Uc(t)}{\mathrm{d}t} + \frac{1}{LC}Uc(t) = \begin{cases} \frac{E}{LC} & (\text{充电过程}) \\ 0 & (\text{放电过程}) \end{cases} \tag{2-187}$$

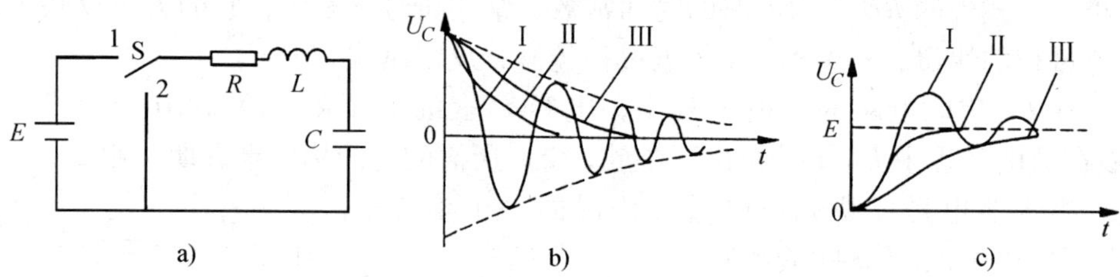

图 2-95　*RLC* 串联电路及其特性曲线

这里先对放电过程进行讨论。随电路参数 R、L 和 C 数值选取的不同，上述方程有三种不同的解。

（1）$R^2 < 4L/C$，方程的解为

$$Uc(t) = A_0 \mathrm{e}^{-\frac{R}{2L}t}\cos(\omega t + \varphi) \tag{2-188}$$

式中

$$\omega = \frac{1}{\sqrt{LC}}\sqrt{1 - \frac{R^2 C}{4L}} \tag{2-189}$$

此为阻尼振荡状态，ω 为阻尼振荡的圆频率，则振荡的频率 f 为

$$f = \frac{\omega}{2\pi} = \frac{1}{2\pi\sqrt{LC}}\sqrt{1 - \frac{R^2 C}{4L}} \tag{2-190}$$

时间常数

$$\tau = 2\frac{L}{R}$$

$Uc(t)$ 随时间变化的规律如图 2-95b 中曲线 I 所示，它的振荡幅值随时间 t 的增加按指数规律衰减。对于 $R^2 < 4L/C$ 的阻尼振荡有如下几点结论：

1）$\tau = 2L/R$，它的大小决定振荡衰减的快慢，其物理意义是：振荡振幅衰减至

起始值的 1/e 所经过的时间。L 越小,R 越大,τ 就越小,振荡衰减得就越快。

2）根据 $T=2\pi/\omega$，当 $R^2 \ll 4L/C$ 时，由式（2-190）可得阻尼振荡周期为

$$T = T_0 = 2\pi/\omega = 2\pi\sqrt{LC} \tag{2-191}$$

T_0 为 $R=0$ 时 LC 回路的固有周期。

3）由 $Q=\omega L/R$，并利用 $\omega=2\pi/T$ 及 $\tau=2L/R$ 可得

$$Q = \pi\tau/T \tag{2-192}$$

显见，Q 越大，τ 比 T 就越大，振荡衰减得就越慢，所以 Q 值大小直接反映振荡衰减的快慢。

（2）$R^2=4L/C$，对应临界阻尼状态，此时方程的解为

$$Uc(t) = (A_1 + A_2 t)e^{-\frac{t}{\tau}} \tag{2-193}$$

式中，

$$\tau = 2L/R \tag{2-194}$$

$Uc(t)$ 随时间的变化规律如图 2-95b 中曲线Ⅱ所示。如上分析，R 越大，振荡衰减越快。当 R 增大到满足 $R^2=4L/C$ 时，电路正好不振荡。此状态就是临界阻尼状态。$Uc(t)$ 将很快衰减到平衡位置并稳定下来。

（3）$R^2>4L/C$，对应过阻尼状态，此时方程的解为

$$Uc(t) = A_3 e^{-\frac{R}{2L}t} \tag{2-195}$$

式中，

$$\omega = \frac{1}{\sqrt{LC}}\sqrt{1-\frac{R^2C}{4L}}$$

$$\tau = 2L/R$$

$Uc(t)$ 以时间常数 τ 按指数规律衰减到零，其变化规律如图 2-95b 中曲线Ⅲ所示。这时电路也不产生振荡，即电容放电后不会反向充电了。R 越大放电电流越小，则放电越慢。从上面的公式中也可看出，τ 随 R 的加大而加大，即 R 越大 τ 越大，衰减越慢。

充电过程类似于放电过程，只是 $Uc(t)$ 的起始值和最后趋向平衡位置不同，见图 2-95c。

在以上所述的原理中我们是在电路图上配置了直流电源 E 及开关 S 来获取 RC、RL 及 RLC 串联电路的暂态过程的。通常在实验上并不这样做，而是用图 2-96 所示的方波信号代替原理图中的开关 S 和电源 E 来控制 RC、RL 及 RLC 串联电路。设方波信号的周期为 T_0，在前半周期 $0\sim T_0/2$ 内输出电压的幅度为 E，这相当于开关 S 接通；在后半周期 $T_0/2\sim T_0$ 内输出为零，这相当于开关 S 断开，如此

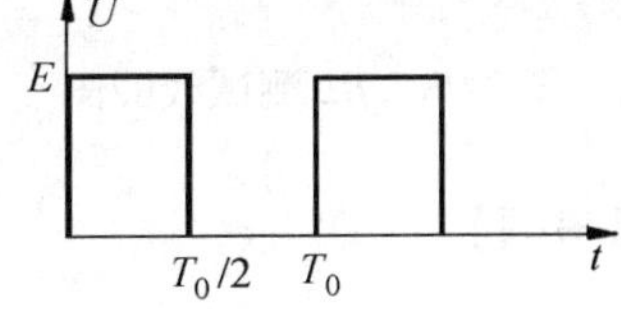

图 2-96 方波信号

不断重复。将方波信号接入 *RC*、*RL* 及 *RLC* 串联电路之中,就可以用示波器观测它们的暂态过程。对于常数 τ 很小的电路,由于它们的暂态过程都是快速过程,所以必须用示波器才能进行观测。

【实验内容】

(1) 按图2-97所示的电路连线，选取 $C=0.01\mu F$，固定方波信号的频率 $f=500Hz$，调节电阻 R 分别为 $1k\Omega$、$20k\Omega$ 和 $90k\Omega$，观察描绘示波器显示的波形。试从理论上分析这些波形的成因，确定应选择哪个波形来测量该电路的半衰期并测定之。由所测得的半衰期 $T_{1/2}$ 计算时间常数 τ，并与由 R、C 的标称参数计算的 τ_0 进行分析比较。

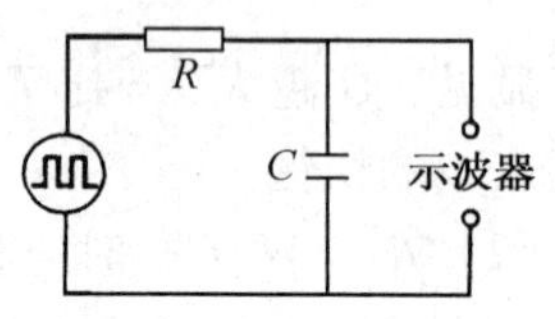

图2-97 *RC* 测试线路图

(2) 在图2-97中取 $C=0.01\mu F$，固定 $R=10k\Omega$，调节方波信号的频率 f 分别为200Hz、1000Hz、2000Hz，观察并描绘示波器上显示的波形。试从理论上分析这些波形的成因，确定应选择哪个波形来测量该电路的半衰期并测定之。由所测得的 $T_{1/2}$ 计算电路的时间常数 τ，并与由 R、C 的标称值计算的 τ_0 进行分析比较。

(3) 按图2-98连线，选取 $L=400mH$，固定方波信号频率为 $f=500Hz$，调节电阻 R 分别为 40Ω、1000Ω 和 $10k\Omega$，观察并描绘示波器屏上显示的波形，试从理论上分析这些波形的成因，确定应选择哪个波形来测量该电路的半衰期并测定之。由测得的半衰期 $T_{1/2}$ 计算电路的时间常数 τ，并与由 R、L 的标称值计算的 τ_0 值进行分析比较。

(4) 按图2-99连线。选取适当的 L、C 的值，分别固定方波信号频率 f，改变 R 与固定 R，改变方波信号频率 f，描绘示波器荧屏上所显示的波形，试从理论上分析这些波形的成因。

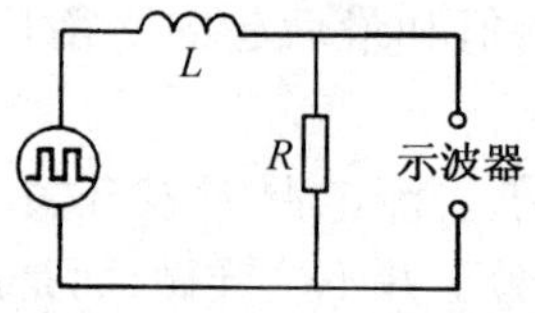

图2-98 *RL* 测试线圈图

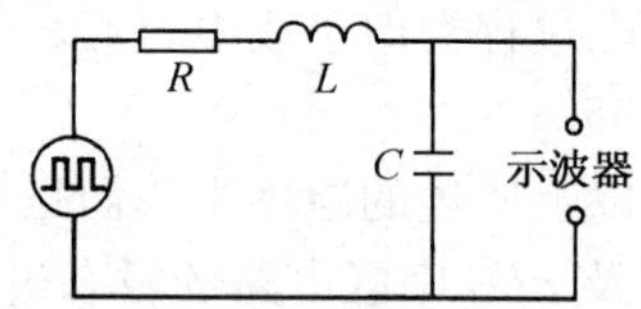

图2-99 *RLC* 测试线路图

【预习思考题】

(1) 为什么说时间常数 τ 是 *RC* 串联电路充放电速度的标志?

(2) 能否用一个万用表区分两个电容器中哪一个电容大，哪一个电容小?

如果能，试说明差别的原理及具体的方法。

【思考题】

（1）利用 RC 串联电路的暂态过程如何测量电子管毫伏表或数字电压表的内阻 r_i？试简要叙述测量原理与实验方法。

（2）在图 2-98 所示的 LC 串联电路中，若电路的时间常数 τ 远大于或远小于方波信号的周期 T_0，那么，电阻 R 上的电压 U_R 的波形是怎样的？试画出草图并定性给予解释。

实验 25　用电流场模拟静电场

【实验目的】

（1）学习用模拟法测绘静电场的原理和方法。

（2）加深对电场强度和电位概念的理解。

【实验原理】

在一些科学研究和生产实践中，往往需要了解带电体周围静电场的分布情况。一般来说带电体的形状比较复杂，无论用理论方法进行计算还是用实验手段直接研究或测绘静电场通常都是很困难的。因为仪表（或其探测头）放入静电场，总要使被测场原有分布状态发生畸变，而且除静电式仪表之外的一般磁电式仪表不能用于静电场的直接测量，因为静电场中不会有电流流过，对这些仪表不起作用。所以，人们常用“模拟法”间接测绘静电场的分布。

1. 模拟的理论依据

模拟法在科学实验中有着极其广泛的应用，其本质是用一种易于实现、便于测量的物理状态或过程的研究去代替另一种不易实现、不便测量的状态或过程的研究。

为了克服直接测量静电场的困难，可以仿造一个与待测静电场分布完全一样的电流场，用容易直接测量的电流场去模拟静电场。

静电场与稳恒电流场本是两种不同的场，但是它们两者之间在一定条件下具有相似的空间分布，即两种场遵守的规律在形式上相似。它们都可以引入电位 V，而且电场强度 $\boldsymbol{E} = -\nabla V$，并且都遵守高斯定理。对静电场，电场强度在无源区域内满足以下积分关系

$$\oint_s \boldsymbol{E} \cdot \mathrm{d}\boldsymbol{s} = 0 \qquad \oint_l \boldsymbol{E} \cdot \mathrm{d}\boldsymbol{l} = 0$$

而对于稳恒电流场，电流密度矢量 $\boldsymbol{J}$ 在无源区域内也满足类似的积分关系

$$\oint_s \boldsymbol{J} \cdot \mathrm{d}\boldsymbol{s} = 0 \qquad \oint_l \boldsymbol{J} \cdot \mathrm{d}\boldsymbol{l} = 0$$

由此可见，$\boldsymbol{E}$ 和 $\boldsymbol{J}$ 在各自区域中满足同样的数学规律。若稳恒电流场空间内均匀地充满了电导率为 σ 的不良导体，不良导体内的电场强度 $\boldsymbol{E}'$ 与电流密度矢量 $\boldsymbol{J}$ 之间遵循欧姆定律

$$\boldsymbol{J} = \sigma \boldsymbol{E}'$$

因而，$\boldsymbol{E}$ 和 $\boldsymbol{E}'$ 在各自的区域中也满足同样的数学规律。在相同边界条件下，由电动力学的理论可以严格证明：像这样具有相同边界条件的相同方程，其解也相同。因此，可以用稳恒电流场来模拟静电场。也就是说静电场的电力线和等势线与稳恒电流场的电流密度矢量和等位线具有相似的分布，所以测定出稳恒电流场的电位分布也就求得了与它相似的静电场的电场分布。

2. 模拟长同轴圆柱形电缆的静电场

利用稳恒电流场与相应的静电场在空间形式上的一致性，则只要保证电极形状一定，电极电位不变，空间介质均匀，在任何一个考察点，均应有 $U_{稳恒} = U_{静电}$ 或 $\boldsymbol{E}_{稳恒} = \boldsymbol{E}_{静电}$。下面以同轴圆柱形电缆的静电场和相应的模拟场——稳恒电流场来讨论这种等效性。

如图 2-100a 所示，在真空中有一半径为 r_a 的长圆柱形导体 A 和一个内径为 r_b 的长圆筒形导体 B，它们同轴放置，分别带等量异号电荷。由高斯定理可知，在垂直于轴线的任一个截面 S 内，都有均匀分布的辐射状电力线，这是一个与坐标 Z 无关的二维场。在二维场中电场强度 $\boldsymbol{E}$ 平行于 S 平面，其等位面为一簇同轴圆柱面。因此，只需研究任一垂直横截面上的电场分布即可。

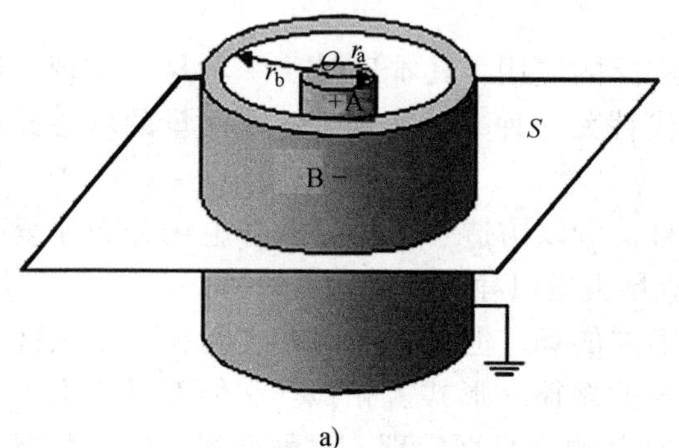

a)

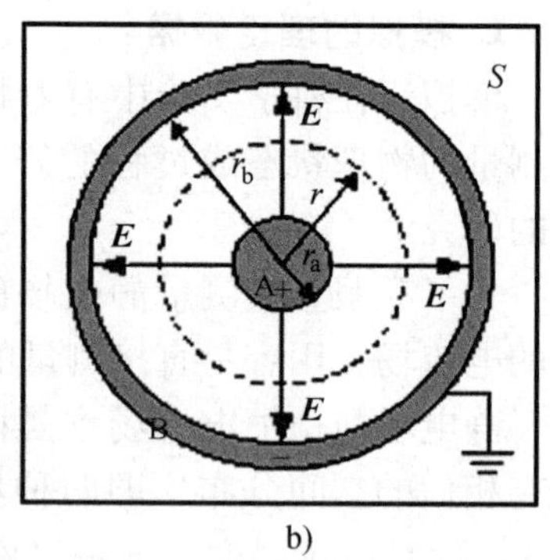

b)

图 2-100 同轴电缆及其静电场分布

距轴心 O 半径为 r 处（见图 2-100b）的各点电场强度为

$$E = \frac{\lambda}{2\pi\varepsilon_0 r}$$

式中，λ 为 A（或 B）的电荷线密度。其电位为

$$V_r = V_a - \int_{r_a}^{r} E \cdot dr = V_a - \frac{\lambda}{2\pi\varepsilon_0}\ln\frac{r}{r_a} \tag{2-196}$$

若 $r = r_b$ 时 $V_b = 0$，则有

$$\frac{\lambda}{2\pi\varepsilon_0} = \frac{V_a}{\ln r_b / r_a}$$

代入式（2-196）得

$$V_r = V_a \frac{\ln r_b / r}{\ln r_b / r_a} \tag{2-197}$$

距中心 r 处的电场强度为

$$E_r = -\frac{dV_r}{dr} = \frac{V_a}{\ln r_b / r_a} \cdot \frac{1}{r} \tag{2-198}$$

若上述圆柱形导体 A 与圆筒形导体 B 之间不是真空，而是均匀地充满了一种电导率为 σ 的不良导体，且 A 和 B 分别与直流电源的正负极相连，见图 2-101，则在 A、B 间将形成径向电流，建立起一个稳恒电流场 $\boldsymbol{E}'_r$。可以证明不良导体中的电场强度 $\boldsymbol{E}'_r$ 与原真空中的静电场 $\boldsymbol{E}_r$ 是相同的。

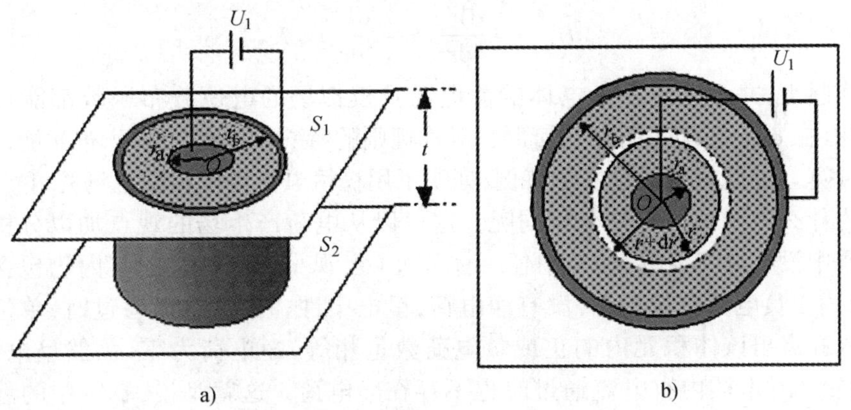

图 2-101　同轴电缆的模拟模型

取厚度为 h 的圆柱形同轴不良导体片来研究。设材料的电阻率为 ρ（$\rho = 1/\sigma$），则从半径为 r 的圆周到半径为 $r + dr$ 的圆周之间的不良导体薄块的电阻为

$$dR = \frac{\rho}{2\pi h}\frac{dr}{r} \tag{2-199}$$

半径 r 到 r_b 之间的圆柱片电阻为

$$R_{r、r_b} = \frac{\rho}{2\pi h}\int_r^{r_b}\frac{\mathrm{d}r}{r} = \frac{\rho}{2\pi t}\ln\frac{r_b}{r} \tag{2-200}$$

由此可知，半径 r_a 到 r_b 之间圆柱片的电阻为

$$R_{r_a、r_b} = \frac{\rho}{2\pi h}\ln\frac{r_b}{r_a} \tag{2-201}$$

若设 $V_b=0$，则径向电流为

$$I = \frac{V_a}{R_{r_ar_b}} = \frac{2\pi hV_a}{\rho\ln r_b/r_a} \tag{2-202}$$

距中心 r 处的电位为

$$V_r = IR_{rr_b} = V_a\frac{\ln r_b/r}{\ln r_b/r_a} \tag{2-203}$$

则稳恒电流场 E'_r 为

$$E'_r = -\frac{\mathrm{d}V'_r}{\mathrm{d}r} = \frac{V_a}{\ln r_b/r_a}\cdot\frac{1}{r} \tag{2-204}$$

可见式（2-203）与式（2-197）具有相同形式，说明稳恒电流场与静电场的电位分布函数完全相同，即柱面之间的电位 V_r 与 $\ln r$ 均为直线关系，并且 V_r/V_a即相对电位仅是坐标的函数，与电场电位的绝对值无关。显而易见，稳恒电流的电场 $\boldsymbol{E}'$与静电场 $\boldsymbol{E}$ 的分布也是相同的，因为

$$E' = -\frac{\mathrm{d}V'_r}{\mathrm{d}r} = -\frac{\mathrm{d}V_r}{\mathrm{d}r} = E$$

实际上,并不是每种带电体的静电场及模拟场的电位分布函数都能计算出来,只有在 σ 分布均匀而且几何形状对称规则的特殊带电体的场分布才能用理论严格计算。上面只是通过一个特例,证明了用稳恒电流场模拟静电场的可行性。

为什么这两种场的分布相同呢? 这可以从电荷产生场的观点加以分析。在导电质中没有电流通过时,其中任一体积元(宏观小,微观大,即其内仍包含大量原子)内正负电荷数量相等,没有净电荷,呈电中性。当有电流通过时,单位时间内流入和流出该体积元内的正或负电荷数量相等,净电荷为零,仍然呈电中性。因而,整个导电质内有电流通过时也不存在净电荷。这就是说,真空中的静电场和有稳恒电流通过时导电质中的场都是由电极上的电荷产生的。事实上,真空中电极上的电荷是不动的,在有电流通过的导电质中,电极上的电荷一边流失,一边由电源补充,在动态平衡下保持电荷的数量不变。所以这两种情况下电场分布是相同的。

3. 模拟条件

模拟法的使用有一定的条件和范围，不能随意推广，否则将会得到荒谬的结论。用稳恒电流场模拟静电场的条件可以归纳为下列三点：

（1）稳恒电流场中的电极形状应与被模拟的静电场中的带电体几何形状相同。

（2）稳恒电流场中的导电介质应是不良导体且电导率分布均匀，并满足$\sigma_{电极} \gg \sigma_{导电质}$，这样才能保证电流场中的电极（良导体）的表面也近似是一个等位面。

（3）模拟所用电极系统与被模拟电极系统的边界条件相同。

4. 静电场的测绘方法

由式（2-198）可知，场强 $\boldsymbol{E}$ 在数值上等于电位梯度，方向指向电位降落的方向。考虑到 $\boldsymbol{E}$ 是矢量，而电位 V 是标量，从实验测量来讲，测定电位比测定场强容易实现，所以可先测绘等位线，然后根据电力线与等位线正交的原理，画出电力线，这样就可由等位线的间距确定电力线的疏密和指向，将抽象的电场形象地反映出来。

5. 利用互易关系"直接"测绘电力线

用电流场模拟静电场，在相同的边界条件下，两种场的电位分布完全相同。通过测定电流场的电位分布，就得到了静电场的电位分布，然后根据等位线和电力线正交的关系，即可画出电力线。是否可以直接测绘出电力线呢？我们注意到，在电流场中，由于电荷沿电力线的方向流动，即电流线在电力线的方向，而电流线不能穿过导电玻璃的边缘或切口，因而电流线必定平行于导电玻璃的边缘或切口，又垂直于电极表面。故电力线平行于导电玻璃的边缘或切口，垂直于电极表面，而等位线与电力线垂直。由于导电玻璃可以根据需要加工成任意形状，因而可以人为地制造边缘或切口，使其在电力线方向。

如果在导电玻璃边缘（或电力线）的地方用一个电极表面去代替它，而在电极表面（或等位线）的地方用一个边缘去代替它，那么所得到的新的等位线的形状将是原电极时电力线的形状，而新的电力线即为原等位线。这个关系称为互易关系。实际上是通过电极的变换，使电力线和等位线这两个相互正交的曲线族得到互换，使原来不能直接测定的电力线改变成可以直接测定的等位线。从理论上也可以证明此关系，参见本实验后的补充说明2-10。

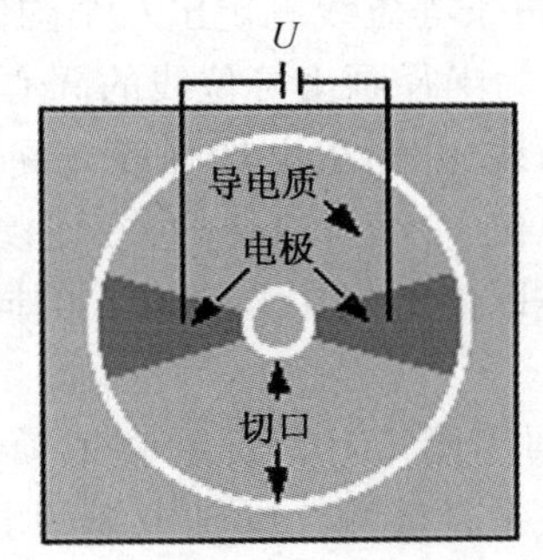

图2-102　同轴电缆模拟模型的互易装置

应用互易关系可以直接测绘电力线。在导电玻璃上切割出半径为 r_1 和 r_2 的两个同心圆切口，再沿同心圆的任意半径方向制作出两个扇形电极，加上电压 U，如图2-102所示，就得到了同轴电缆模拟模型的互易装置。利用此互易装置描绘出的等位线即为原模拟模型的辐射状电力线。

【实验装置】

EQC—2 型电场描绘仪(包括导电玻璃、双层固定支架、同步探针等),如图2-103所示,支架采用双层式结构,上层放记录纸,下层放导电玻璃。电极已直接制作在导电玻璃上,并将电极引线接出到外接线柱上,电极间制作有电导率远小于电极且各向均匀的导电介质。接通直流电源(10V)就可进行实验。在导电玻璃和记录纸上方各有一探针,通过金属探针臂把两探针固定在同一手柄座上,两探针始终保持在同一铅垂线上。移动手柄座时,可保证两探针的运动轨迹是一样的。由导电玻璃上方的探针找到待测点后,按一下记录纸上方的探针,在记录纸上留下一个对应的标记。移动同步探针在导电玻璃上找出若干电位相同的点,由此即可描绘出等位线。

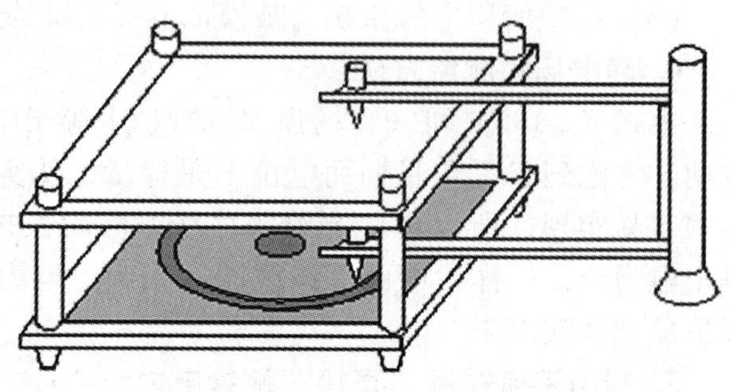

图 2-103 EQC—2 型电场描绘仪

【实验内容】

1. 描绘同轴电缆的静电场分布

(1) 利用图 2-101b 所示模拟模型,将导电玻璃上内外两电极分别与直流稳压电源的正负极相连接,电压表正负极分别与同步探针及电源负极相连接,移动同步探针测绘同轴电缆的等位线簇。要求相邻两等位线间的电位差为 1V,共测八条等位线,每条等位线测定出八个均匀分布的点。以每条等位线上各点到原点的平均距离 $\bar{r}$ 为半径画出等位线的同心圆簇。然后根据电力线与等位线正交原理,再画出电力线,并指出电场强度方向,得到一张完整的电场分布图。在坐标纸上作出相对电位 V_r/V_a 和 $\ln\bar{r}$ 的关系曲线,并与理论结果比较,再根据曲线的性质说明等位线是以内电极中心为圆心的同心圆。

(2) 利用图 2-102 所示模拟模型,应用互易关系直接测绘同轴电缆的电力线分布(选做)。

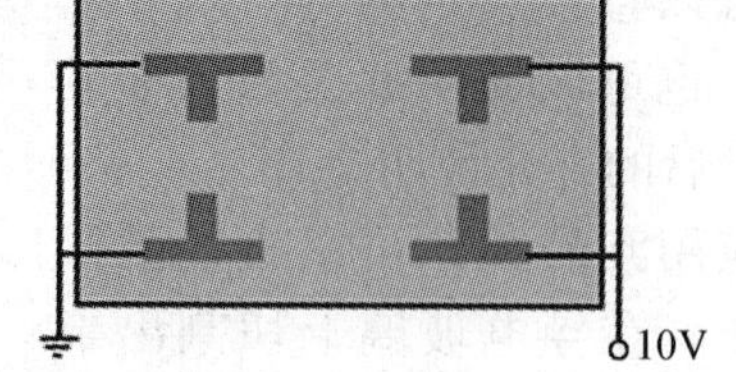

图 2-104 静电透镜聚焦场的模拟模型

2. 描绘聚焦电极的电场分布

利用图 2-104 所示模拟模型,测绘阴极射线示波管内聚焦电极间的电场分布。要求测出 7 ~ 9 条等位线,相邻等位线间的电位差为 1V。该场为非均匀电场,等位线是一簇互不相交的曲线,每条等位线的测量点应取得密一些。画出电力线,可了解静电透镜聚焦场的分布特点和作用,加深对阴极射线示波管电聚焦原理的理解。

【注意事项】

由于导电玻璃边缘处电流只能沿边缘流动，因此等位线必然与边缘垂直，使该处的等位线和电力线严重畸变，这就是用有限大的模拟模型去模拟无限大的空间电场时必然会受到的“边缘效应”的影响。如要减小这种影响，则要使用“无限大”的导电玻璃进行实验，或者人为地将导电玻璃的边缘切割成电力线的形状。

【预习思考题】

（1）用电流场模拟静电场的理论依据是什么?

（2）用电流场模拟静电场的条件是什么?

（3）等位线与电力线之间有何关系?

（4）如果电源电压增加一倍，等位线和电力线的形状是否发生变化？电场强度和电位分布是否发生变化？为什么?

（5）试举出一对带等量异号线电荷的长平行导线的静电场的“模拟模型”。这种模型是否是惟一的?

【思考题】

（1）根据测绘所得等位线和电力线分布，分析哪些地方场强较强，哪些地方场强较弱?

（2）从实验结果能否说明电极的电导率远大于导电介质的电导率？如不满足这个条件会出现什么现象?

（3）在描绘同轴电缆的等位线簇时，如何正确确定圆形等位线簇的圆心，如何正确描绘圆形等位线?

（4）由式（2-197）可导出圆形等位线半径 r 的表达式为

$$r = \frac{r_{\mathrm{b}}}{(r_{\mathrm{b}}/r_{\mathrm{a}})^{V_{\mathrm{r}}/V_{\mathrm{a}}}}$$

试讨论 V_r 及 $\boldsymbol{E}_r$ 与 r 的关系，说明电力线的疏或密随 r 值如何变化。

（5）由上题给出的 r 的表达式计算各等位线圆半径的理论值 $r_{理}$，与实验测定的等位线圆半径 r_{e} 比较，求百分误差，分析误差原因。

（6）由导电玻璃与记录纸的同步测量记录，能否模拟出点电荷激发的电场或同心圆球壳形带电体激发的电场？为什么?

【补充说明2-10】 互易关系的证明

长同轴柱面电极间的辐射状电场如图2-105所示，其电力线为从圆心发出的矢径，等位线为同心圆。在平面极坐标系中电力线和等位线的方程分别为

电力线方程：θ = 常数（$r_1 < r < r_2$）；

等位线方程：r = 常数（$0 \leqslant \theta \leqslant 2\pi$）。

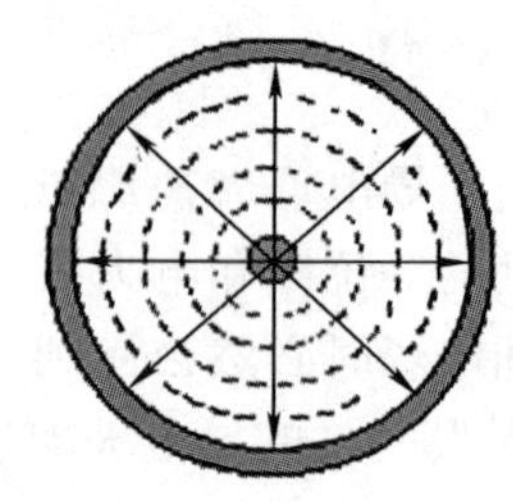

图2-105 长同轴柱面电极间的辐射状电场

下面考虑两块半无穷大的金属板以一定夹角 Θ 相连结，连结处绝缘，两部分的电势分别为 U_1 和0（接地）的情形，如图2-106a所示。研究在两块金属板围成的无穷大扇形空间内的电场分布，显然，这种场也是一个平面场。

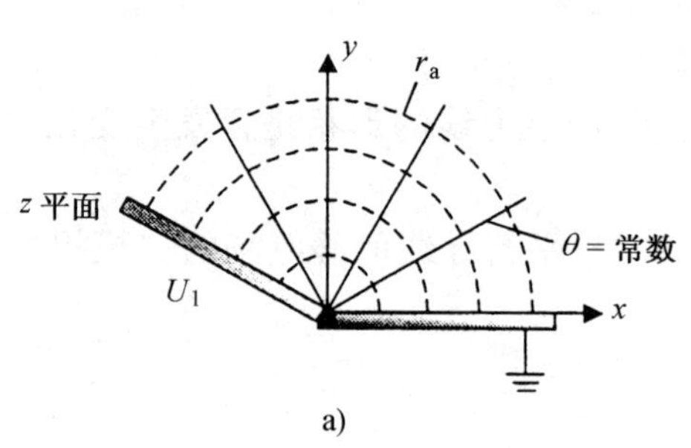

a)

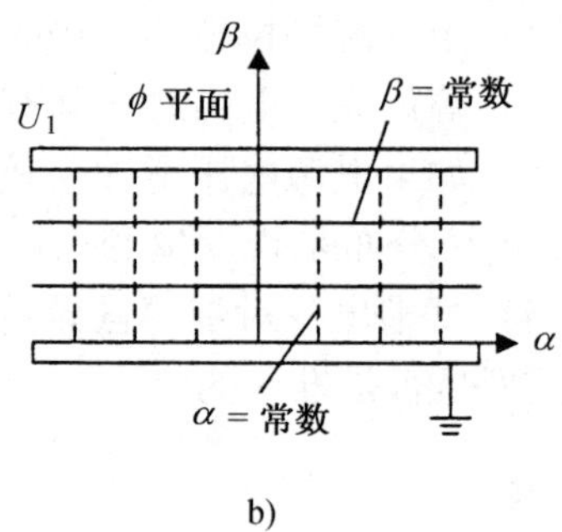

b)

图2-106 同轴电缆辐射状电场的互易关系变换

为了得到等位线和电力线的方程，我们作变换 $\phi = \ln z$，把 $z = x + \mathrm{i}y$（亦可表示为 $z = r\mathrm{e}^{\mathrm{i}\theta}$）平面内 $0 < r < \infty$，$0 < \theta < \Theta$ 的扇形区域变换成 $\phi = \alpha + \mathrm{i}\beta$ 平面上平行于实轴 α、宽为 Θ 的一个带形区域，如图2-106b所示。这是因为 z 平面上的射线 z_1（$0 < r < \infty$，$\theta = 0$）在 ϕ 平面上的映象可由变换关系 $\phi = \ln|z| + \mathrm{i}\arg z$ 求出，它所对应的是 $\phi_1(-\infty < Re(\phi_1) < \infty, I_m(\phi_1) = 0)$。同样，$z$ 平面上的射线 z_2（$0 < r < \infty$，$\theta = \Theta$）在 ϕ 平面上的映象对应的是 $\phi(-\infty < Re(\phi_2) < \infty, I_m(\phi_2) = \Theta)$。

经过变换 $\phi = \ln z$ 后，问题变为在 ϕ 平面上求两块平行板之间的电场分布。两板之间的电压为 U_1，相距为 Θ。这种情形的电场分布是大家所熟知的，它的等位线是与实轴平行的直线 β = 常数（$-\infty < \alpha < \infty$），电力线是与虚轴平行的线段 α = 常数（$0 < \beta < \Theta$）。分别如图2-106b中的实线和虚线所示。回到 z 平面上，由 $\beta = \arg z$ = 常数（$-\infty < \alpha < \infty$）得等位线方程为

$$\theta = 常数 \qquad (0 < r < \infty)$$

由 $\alpha = \ln|z|$（$0 < \beta < \Theta$）得电力线方程为

$$r = 常数 \qquad (0 < \theta < \Theta)$$

故等位线为从圆点发出的矢径，电力线为圆，如图 2-106a 中实线和虚线所示。因而这种情况下等位线形状与长同轴柱面电极间的电力线形状相同，而电力线则与其等位线形状相同。

由上面的讨论可知，如果在导电玻璃上切割出两个圆形的切口（同心圆），半径分别为 r_1 和 r_2，其间均匀地充满导电质，再沿任意两条半径的方向制作出两个电极，加上电压 U_1，如图 2-106a 所示，则所描绘的等位线即为长同轴柱面电极间的电力线。

实际上，这就是把长同轴柱面电极间的等位线（面）用边缘去代替，而把电力线用电极表面去代替。应用互易关系，可以“直接”描绘出电力线，而不需先描出等位线，再由电力线和等位线的关系画出电力线。

图 2-102 所示互易装置中，两个扇形电极的圆心角可设计成 30°。因为实验中采用 10V 电源，在留下的 150°圆心角的电场测绘区域内，电位差为 1V 的相邻两条等位线之间的角间距恰为 15°。学生只需使用普通的三角板就能方便地检验实验结果。

2.4　第四单元

实验 26　测量平凸透镜的曲率半径

光的干涉是最重要的光学现象之一。早在 1675 年牛顿在制作天文望远镜时，偶然将一个望远镜的物镜放在一个平板玻璃上，发现了牛顿环这一干涉现象。日常生活中也能见到诸如肥皂泡呈现的五颜六色，雨后路面上油膜的多彩图样等光的干涉现象，这都可以用光的波动理论加以解释，称为等厚干涉。

【实验目的】

（1）了解牛顿环等厚干涉的原理。

（2）掌握用牛顿环测量平凸透镜曲率半径的实验方法。

（3）学习用逐差法处理数据。

【实验原理】

牛顿环是用分振幅法来获得相干光的，它定域在薄膜的上表面。

当一个曲率半径较大的平凸透镜置于一光学平面玻璃上时，如图 2-107 所示，在透镜和平板玻璃之间就形成一层空气薄膜，其厚度自中心向边缘逐渐增加，且同一圆周上空气层的厚度相同。当用平行单色光垂直照射时，入射光在空气层的上下表面反射又相遇。由于其光程差恒定，所以有干涉现象产生。显然，随着厚度的不同，它们的干涉图样将是以接触点为中心的一系列明暗相间的同心圆环——牛顿环，如图 2-108 所示。

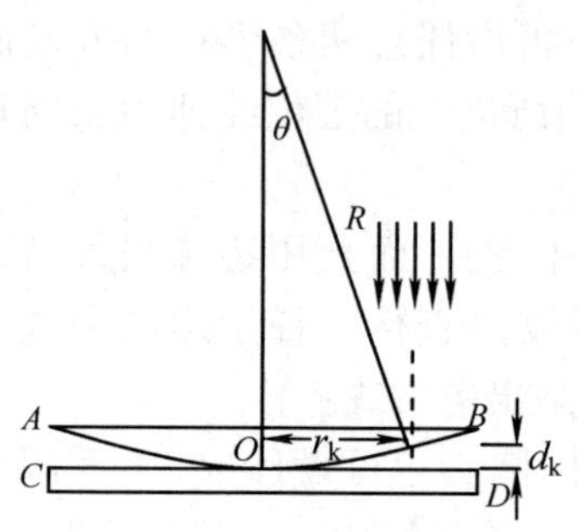

图 2-107　牛顿环构造图

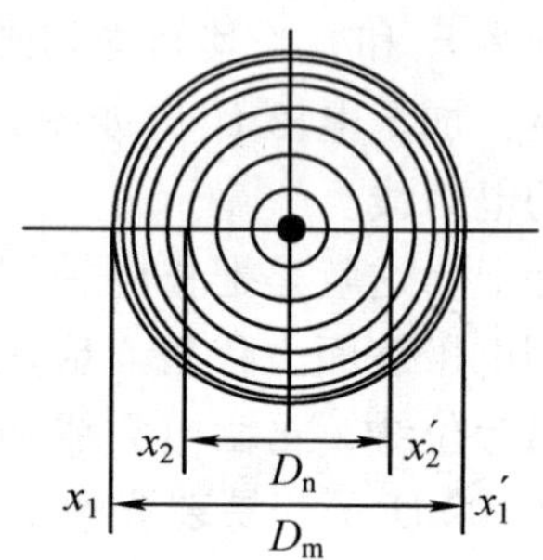

图 2-108　牛顿环

由光路可知，与 k 级干涉环对应的两光束的光程差为

$$\delta_k = 2n_0 d_k + \lambda/2 \tag{2-205}$$

式中，n_0 为薄膜的折射率，该实验中薄膜为空气层，取 $n_0 \approx 1$，$\lambda/2$ 是因光线由光疏介质进入光密介质在反射时有半波损失而附加的光程差。由几何关系得

$$r_k^2 = R^2 - (R - d_k)^2 = 2Rd_k - d_k^2 \tag{2-206}$$

忽略二阶小量，有

$$d_k = r_k^2/2R \tag{2-207}$$

将上式代入（2-205）式得到

$$\delta_K = r_k^2/R + \lambda/2 \tag{2-208}$$

由干涉条件可知，当

$$\delta_k = r_k^2/R + \lambda/2 = (2k + 1)\lambda/2 \tag{2-209}$$

时，干涉条纹为暗纹，所以 k 级暗环的半径

$$r_k = \sqrt{kR\lambda} \quad (k = 0,1,2\cdots) \tag{2-210}$$

由上式可知，如果单色光源的波长 λ 已知，测得 k 级暗环的半径 r_k，就可算出曲率半径 R；反之，若 R 已知，测得 r_k 后，就可计算出入射单色光源的波长 λ。由于平凸透镜的凸面和平板玻璃的平面不可能是理想的点接触，因此用此测量公式时往往误差很大。接触压力会引起局部形变，使接触处成为一个圆面，造成牛顿环中心为一暗斑；或者由于凸面和平面的接触处有灰尘，附加了光程差，使得牛顿环中心并不是一个几何暗点，而是一个很不清晰的亮（暗）圆斑。此时，r_k 不易测准。为了克服这一缺点，采用测量干涉圆环直径的方法（实际上是测干涉环的弦长）。

逐差法数据处理：

测出一系列对应各级（k 为变量）暗环的直径 D_K（实验中实际上用弦长代替直径），将其分成两组，分别有：$D_k^2=4kR\lambda$，$D_{k+m}^2=4(k+m)R\lambda$，因而

$$D_{k+m}^2 - D_k^2 = 4mR\lambda \tag{2-211}$$

求出 m 组 $\overline{(D_{k+m}^2-D_m^2)}$ 平均值，即可计算出 R

$$R = \frac{\overline{(D_{k+m}^2 - D_k^2)}}{4m\lambda} \tag{2-212}$$

【实验仪器】

牛顿环实验装置，读数显微镜（最小刻度值为 0.1mm），钠光灯，平板玻璃反光片。

【实验内容】

（1）实验装置的调整：实验装置见补充说明 2-11。用钠光灯作光源，其发出的光经平板玻璃片反射后垂直射入到牛顿环上，形成的干涉环可通过读数显微镜进行观察和测量。观察记录牛顿环等厚干涉现象并从理论上给出解释。

（2）测量平凸透镜的曲率半径：转动读数显微镜读数鼓轮，同时在目镜中观察，使十字叉丝由牛顿环中央缓慢向一侧移动至 34 环。然后从 34 环起单方向移动十字叉丝测出第 30 环到 21 环的直径的左右两边读数，求得 21～30 环的直径。将所测得的数据用逐差法或图解法进行处理，求出平凸透镜的曲率半径 R。注意：测量过程中读数鼓轮只能单方向移动，不许倒退（为什么?）。

（3）选做：用白帜灯代替钠光灯，观察白光照明下的牛顿环干涉图样，与钠光下观察的图样作比较，并从理论上给出解释。

【预习思考题】

（1）使用读数显微镜要注意哪些问题？如何使用读数显微镜来测量牛顿环的直径？

（2）牛顿环干涉条纹形成在哪一个面上（即定域在何处）?

（3）实验中用测弦长代替测直径，结果完全一样，请证明。

【思考题】

（1）在牛顿环实验中，如果平板玻璃上某处有微小凸起，则凸起处空气薄膜的厚度减小，导致等厚干涉条纹发生变化。试问这时的牛顿环将局部内凹，还是外凸？为什么？

（2）从牛顿环透射过来的光是否可形成干涉条纹？若能，其干涉条纹与反

射光的条纹有什么不同？

【补充说明2-11】 读数显微镜

一般的显微镜只有放大物体的作用，不能测量物体的线度。如果在显微镜的目镜中装上十字叉丝，并把镜筒固定在一个可以左右或上下移动的托板上，而托板移动的距离则由千分尺读出来。这样改装的显微镜称为读数显微镜，它是用来精确测量直线长度的光学仪器。

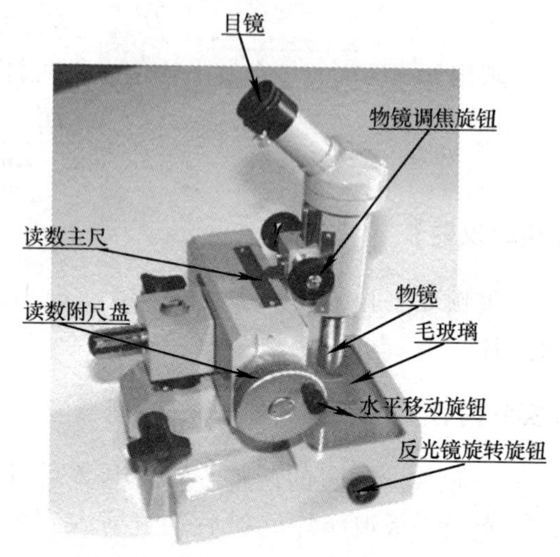

图2-109 读数显微镜

读数显微镜的外貌及构造如图2-109所示，它的主要部分为放大待测物体用的显微镜和读数用的主尺及附尺。显微镜由目镜、物镜和十字叉丝组成，使用时镜筒可以处在垂直于水平位置，也可以将基座旋转90°，使显微镜镜筒成水平。旋转测微鼓轮，显微镜镜筒能沿导轨横向移动，测微鼓轮每旋转一周，显微镜镜筒移动1mm，镜筒的移动量从附在导轨上的50mm直尺上读出。测微鼓轮圆周均分为100个刻度，所以测微鼓轮每转一格，显微镜镜筒移动0.1mm。

测量前，把被测物体放在毛玻璃上，要求被测物体表面与镜筒的光轴垂直。测量时，先调节目镜焦距，直到看清叉丝，再调节物镜调焦旋钮，直到成像清晰为止。此时观察目镜视场中的十字叉丝，消除视差，再将十字叉丝的交叉点对准被测物体

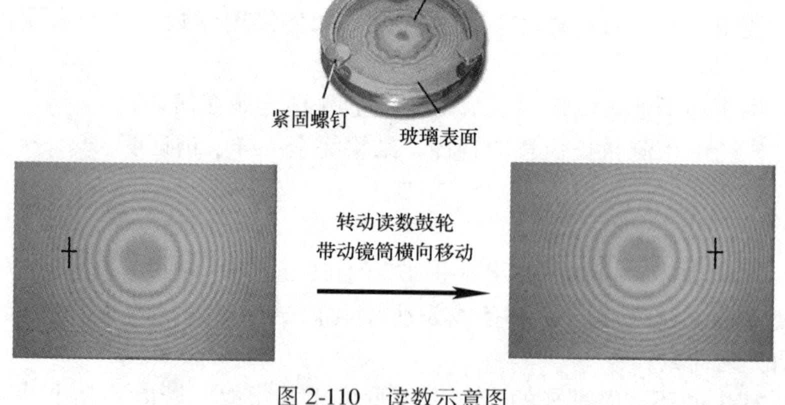

图2-110 读数示意图

的一端，例如，牛顿环第五环左端即可在标尺和读数鼓轮上读出数 a（见图2-110）；再转动读数鼓轮带动镜筒横向移动，将十字叉丝交叉点对准第五环右端，在标尺和读数鼓轮上读出数 b，被测物体的直线长度就为 $|a-b|$。若读得

$$a=24.500\text{mm}\qquad b=34.636\text{mm}$$

则第五环的弦长为 $L=|a-b|=10.136\text{mm}$。

为避免螺旋空程误差，应使镜筒单向移动进行测量。

【应用】（见附录B-9）

实验27　分光计的调整与使用

【实验目的】

（1）熟悉分光计的结构并掌握其调整与使用方法。

（2）学习用分光计测量三棱镜的顶角。

【实验原理】

分光计是一种精确测量角度的光学仪器。用分光计测量角度，是根据光的反射和折射定律测量入射光和出射光传播方向的方位角而实现的。要达到测量的目的，分光计必须满足以下两个要求：（1）入射光和出射光应当是平行光；（2）入射光线、出射光线与反射面（或折射面）的法线所构成的平面应当与分光计的刻度盘平行。

要正确使用分光计，必须熟悉分光计的构造，掌握分光计的调整原理、方法和技巧。

1. 分光计的构造

分光计的型号很多，结构基本相同，都是由四个部分组成：平行光管、自准直望远镜、载物小平台和读数装置。图2-111是分光计的全貌，它的下部是一个三脚底座，中心有竖轴，称为分光计的中心轴。轴上装有可绕中心轴转动的望远镜和载物台。在一个底脚的立柱上装有平行光管。现将各部分的构造原理和作用简述如下：

（1）平行光管　平行光管如图2-112所示。它是由两个可相对滑动的套筒组成，外套筒装有一个消色差的复合透镜，内筒装有一狭缝。调节螺钉28可以改变狭缝的宽度，转动旋钮可使内筒前后移动，以改变狭缝和透镜之间的距离。当狭缝位于透镜的焦平面上时，就能使照在狭缝上的光经过透镜后成为平行光。

（2）自准直望远镜（阿贝式）　阿贝式自准直望远镜与一般望远镜一样具有

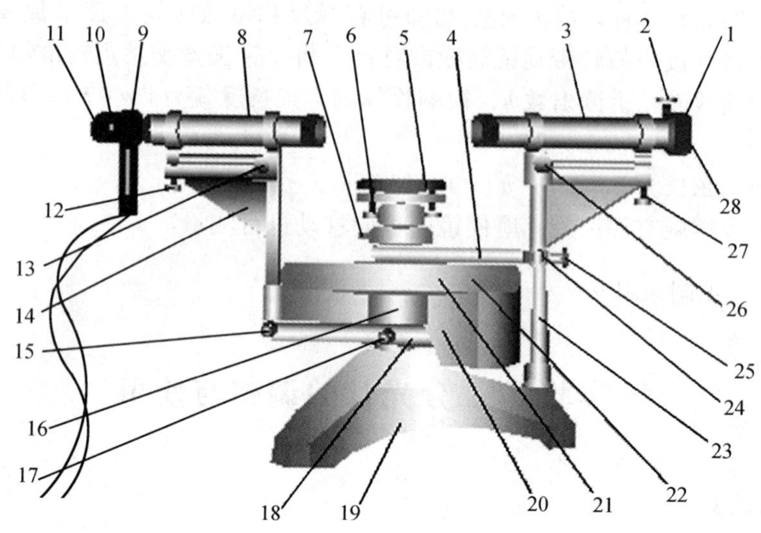

图2-111　分光计结构图

1—狭缝装置　2—狭缝装置锁紧螺钉　3—平行光管部件　4—制动架（二）　5—载物台　6—载物台调平螺钉　7—载物台锁紧螺钉　8—望远镜部件　9—目镜锁紧螺钉　10—阿贝式自准目镜　11—目镜调焦手轮　12—望远镜光轴俯仰调节螺钉　13—望远镜光轴水平调节螺钉　14—支臂　15—望远镜转动微调螺钉　16—转座与度盘止动螺钉（背面）　17—望远镜止动螺钉　18—制动架（一）　19—底座　20—转座　21—度盘（内）　22—游标盘　23—立柱　24—游标盘微调螺钉　25—游标盘止动螺钉　26—平行光管光轴水平调节螺钉　27—平行光管光轴俯仰调节螺钉　28—调节螺钉

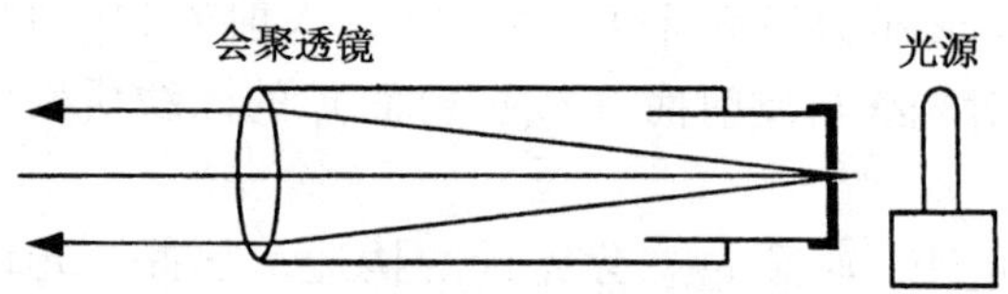

图2-112　平行光管

目镜、分划板及物镜三部分。分划板上刻划的是“⺘”形的准线，且边上粘有一块45°角全反射小棱镜，其上面涂有不透明薄膜，薄膜上刻有一个空心十字窗口，小电珠的光从管侧射入小棱镜后，调节目镜前后位置，可在望远镜目镜视场中看到图2-113a所示的景象。若在物镜前放一平面镜，前后调节目镜（连同分划板）与物镜的间距，使分划板位于物镜焦平面上时，小电珠发出的透过空心十字窗口的光经物镜后变成平行光射入平面镜，反射光经物镜后在分划板上形成十字窗口的像。若平面镜镜面与望远镜光轴垂直，此像将落在“⺘”准线上部的交叉点上，如图2-113b所示。

（3）读数装置　它是由刻度盘和沿圆盘边相隔180°对称设置的两个游标组成的。刻度盘上有720等分的刻线，每一格值为30′；游标上刻有30格，故游标

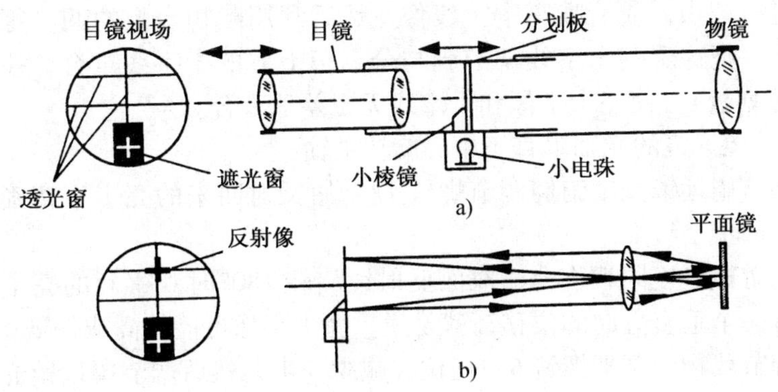

图 2-113　自准直望远镜

上的读数单位为1′，其读数方法与游标卡尺读数方法相同。设置双游标是为了消除因刻度盘中心与分光计中心转轴之间存在的偏心给测量带来的偏心差。因此，在测量时必须同时记下两个游标所示的读数。

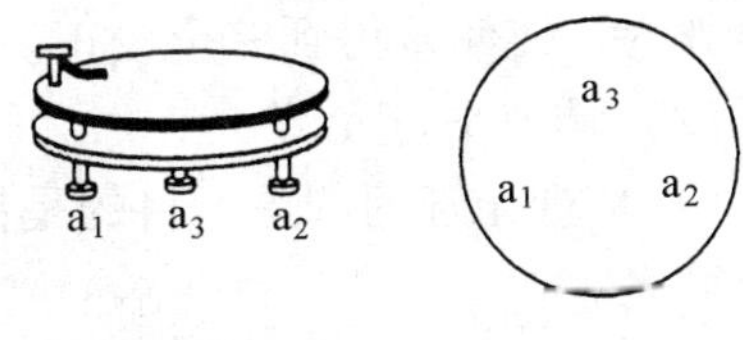

图 2-114　工作台

（4）载物小平台（工作台）　它是用来放置待测光学元件的，可绕中心轴转动。台上有一弹簧压片夹，用以夹紧物体。台下有三个螺钉，可调整台面的倾斜度，如图2-114所示。

2. 分光计的调整

调节分光计总的要求是使平行光管发出平行光；望远镜接收平行光（即望远镜聚焦于无穷远）；平行光管和望远镜的光轴与分光计的中心转轴垂直。

调节前应先进行粗调，即用眼睛估测。把载物平台、望远镜和平行光管尽量调成水平，然后再对各部分进行细调。

（1）调节望远镜

1）目镜的调节：目镜调焦的目的是使眼睛通过目镜能很清楚地看到目镜中分划板上的刻线。先把目镜调焦手轮11旋出，然后一边旋进，一边从目镜中观察，直至分划板刻线成像清晰。

2）望远镜的调焦：望远镜调焦的目的是将目镜分划板上的十字线调整到物镜的焦平面上，也就是望远镜对无穷远调焦。其方法如下：

①　接上灯源（把从变压器出来的6.3V电源插头插到底座的插座上，把目镜照明器上的插头插到转座的插座上）。

②　在载物台的中央放上光学双面平行反射镜，让其一反射面对着望远镜物镜，且与望远镜光轴大致垂直。

③　从目镜中观察，此时可以看到一亮斑，前后移动目镜（连同分划板），

对望远镜进行调焦，成清晰亮十字线像，然后利用载物台上的调平螺钉和载物台微调机构，把这个亮十字线调节到与分划板上方的十字线重合，往复移动目镜（连同分划板），使亮十字像和十字线无视差地重合。

3）调节望远镜的光轴垂直于中心旋转主轴：

① 调节望远镜光轴俯仰调节螺钉12，使反射回来的亮十字精确地成像在分划板上方的十字线上。

② 把游标盘连同载物台、双面反射镜旋转180°时观察到的亮十字像可能与十字丝有一个垂直方向的位移，就是说，亮十字像可能偏高或偏低。

③ 调节载物台调平螺钉6，使位移减少一半，然后调节望远镜光轴俯仰调节螺钉12，使垂直方向的位移完全消除。

④ 把游标盘连同载物台、双面反射镜再转过180°，检查其重合程度。重复步骤③，使偏差得到完全校正。此步应反复进行。

（2）调节平行光管

1）平行光管的调焦：目的是把狭缝调整到物镜的焦平面上，使平行光管发出平行光。

① 去掉目镜照明器上的光源，打开狭缝，用漫射光照明狭缝。

② 将望远镜管正对平行光管，从望远镜目镜中观察调节望远镜微调机构和平行光管俯仰调节螺钉27，使狭缝位于视场中心。

③ 前后移动狭缝机构，使狭缝清晰地成像在望远镜分划板平面上。

2）调整平行光管的光轴垂直于分光计中心转轴。

调整平行光管俯仰调节螺钉27，使望远镜视场里的狭缝像被分划板中心等分即可。

3. 分光计刻度盘的读数

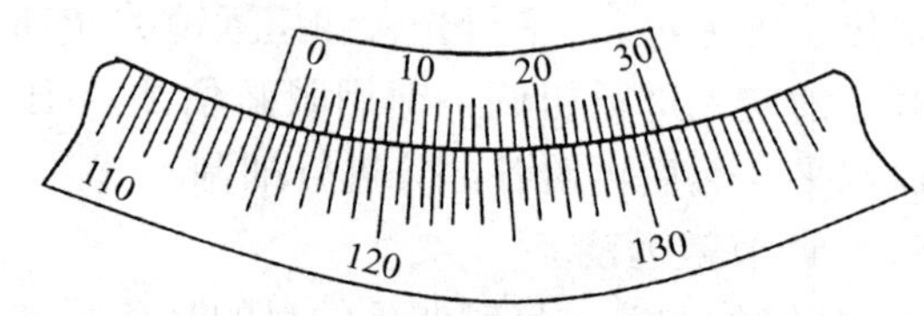

图2-115 转盘刻度

刻度圆盘分为360°，最小刻度为半度（30′），小于半度则利用游标读数。游标上刻有30小格，与圆盘上29小格等长，故圆盘上1小格与游标上1小格之差为1′，角度游标读数的方法与游标卡尺的读数方法相似，例如图2-115所示的位置应读为115° 42′。

望远镜、载物台、刻度圆盘的旋转轴线应与分光计中心轴线相重合，平行光管和望远镜的光轴线须在分光计中心轴线上相交，平行光管的狭缝和望远镜视场中的上下十字中心线应被它们的光轴线平分。但在制造上总存在一定的误差。为了消除刻度盘与分光计中心轴线之间的偏心差，在刻度圆盘同一直径的两端各设有一个游标。测量时，两个游标都应读数，然后算出每个游标两次读数的差，再取平均值。这个平均值可作为望远镜转过的角度，并且消除了偏心误差。

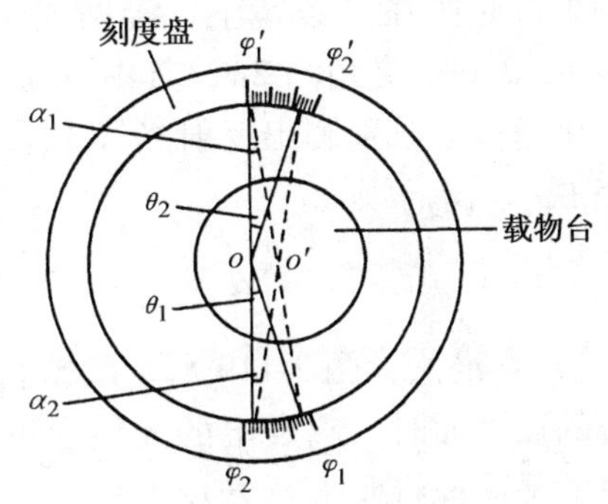

图 2-116　偏心误差的形成

图 2-116 表示了分光计存在偏心误差的情形，图中的外圆表示刻度盘，其几何中心为 O；内圆表示载物台，其转动中心为 O'。两个游标固定在载物台上，并对称配置在直径两端，与刻度盘圆弧相接触。通过 O'的虚线表示两上游标零线的连线，假定载物台实际转过的角度为 θ，而刻度盘上的读数为 φ_1、φ_1'；φ_2、φ_2'，计算得到的转角为 $\theta_1 = \varphi_2 - \varphi_1$，$\theta_2 = \varphi_2' - \varphi_1'$，根据几何定理，$\alpha_1 = \theta_1/2$，$\alpha_2 = \theta_2/2$，而 $\theta = \alpha_1 + \alpha_2$，故载物台实际转过的角度为

$$\theta = \frac{1}{2}(\theta_1 + \theta_2) = \frac{1}{2}[(\varphi_2 - \varphi_1) + (\varphi_2' - \varphi_1')] \tag{2-213}$$

由上式可见，两个游标读数的平均值即为载物台实际转过的角度，因而使用两个游标的读数装置，可以消除偏心误差。实际上望远镜和度盘是一起转动，而载物台不转动，但结论是相同的。

4. 用分光计测定三棱镜的顶角

(1) 调节三棱镜的主截面与分光计的中心转轴垂直：把三棱镜放在载物台上，调节三棱镜两个光学平面 AB 和 AC 与分光计的中心转轴平行，即与已调好的望远镜光轴垂直。为了便于调节，将三棱镜的三条边垂直于载物台下面三个螺钉 a_1、a_2、a_3 的连线，放置如图 2-117。转动圆盘使 AB 面正对望远镜，先调节 a_1 或 a_2 螺钉，使 AB 面与望远镜光轴垂直（不可调节望远镜下螺钉 12，否则失去标准）。然后使 AC 面正对望远镜，只能调节螺钉 a_3，使 AC 面与望远镜光轴垂直。再令 AB 面正对望远镜，只能调节 a_1 螺钉，使 AB 面与望远镜光轴垂直。反复调节，直到 AB 和 AC 面反射回来的亮十字像都与十字线完全重合。这样，三棱镜的光学面 AB 和 AC 都与分光计的中心转轴平行，因而三棱镜的主截面与分光计的中心转轴垂直。

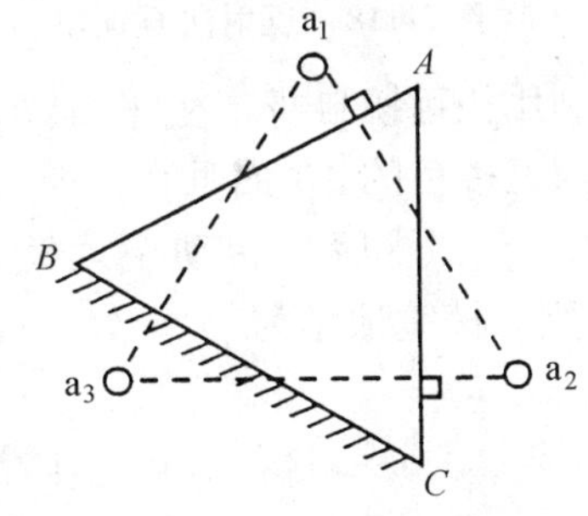

图 2-117　三棱镜的放置

(2) 测定三棱镜顶角

1) 反射法：图 2-118 所示是反射法测三棱镜顶角的光路图。由平行光管出

射的平行光照在三棱镜上，经两光学表面反射。由几何关系和反射定律得到，光线1、2间的夹角为2α，其中α是三棱镜的顶角。

用望远镜分别测出反射光线1、2的方位角，两游标相应的读数分别为φ_1、φ'_1和φ_2、φ'_2，则

$$\alpha = \frac{1}{4}(|\varphi_1 - \varphi_2| + |\varphi'_1 - \varphi'_2|) \tag{2-214}$$

2）自准法：图2-119所示的是自准法测三棱镜顶角的光路图。当物位于凸透镜的焦平面时，它发出的光线通过透镜后将成为一束平行光。若用与主光轴垂直的平面镜将此平行光反射回去，反射光再次通过透镜后仍会聚于透镜的焦平面上而成像，此像称为自准直像。

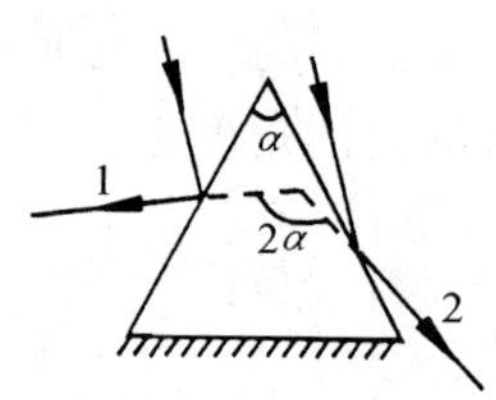

图2-118　反射法测顶角

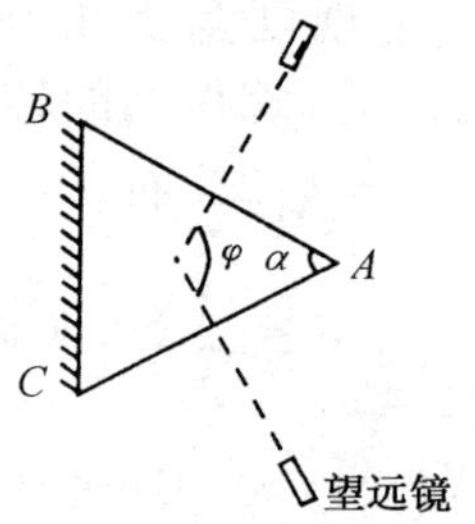

图2-119　自准法测顶角

利用望远镜自身产生平行光，用灯泡照亮十字，转动望远镜，先使望远镜光轴与三棱镜的AB面垂直，即亮十字与十字叉丝重合，记下刻度盘两端游标读数φ_1、φ'_1，然后再转动望远镜，使望远镜光轴与AC面垂直，记下游标φ_2、φ'_2，则三棱镜顶角为

$$\alpha = 180° - \varphi = 180° - \frac{1}{2}(|\varphi_1 - \varphi_2| + |\varphi'_1 - \varphi'_2|) \tag{2-215}$$

【实验内容】

（1）按原理所述调节分光计使其处于正常工作状态。

（2）调节三棱镜的主截面使其与分光计的中心转轴垂直，用反射法测定三棱镜顶角，反复测量五次取平均值。

（3）（选作）用自准法测三棱镜顶角。

【预习思考题】

（1）分光计由哪几个主要部件组成？各部件的主要作用是什么？

（2）分光计调节好的标准是什么？怎样调节使望远镜光轴垂直于分光计中心转轴？

（3）按图 2-117 放置三棱镜，调节螺钉 a_1 时，AB 面的倾斜度是否改变？AC 面的倾斜度是否改变？调节 a_2 时，哪个面的倾斜度改变？哪个面不变？

【思考题】

用反射法测三棱镜顶角时，为什么三棱镜放在载物台上的位置要使得三棱镜顶角离平行光管远一些，而不能太靠近平行光管呢？试画出光路图，分析其原因。

【应用】（见附录 B-10）

实验 28　光的色散的研究

【实验目的】

（1）进一步掌握分光计的调整技术，学习用分光计观察棱镜光谱。

（2）学习用最小偏向角法测定玻璃材料的折射率。

（3）测定三棱镜的色散曲线，求出色散的经验公式。

【实验原理】

1. 概述

早在 1672 年牛顿用一束近乎平行的白光通过玻璃棱镜时，在棱镜后面的屏上观察到一条彩色光带，这就是光的色散现象。它表明：对于不同颜色（波长）的光，介质的折射率是不同的，即折射率 n 是波长 λ 的函数。介质的折射率 n 随着波长 λ 的增加而减小的色散称为正常色散。所有不带颜色的透明介质在可见光区域内，都表现为正常色散。描述正常色散的公式是科希（Cauchy）于 1836 年首先得到的：

$$n = A + \frac{B}{\lambda^2} + \frac{C}{\lambda^4} \tag{2-216}$$

这是一个经验公式，式中 A、B 和 C 是由所研究的介质特性决定的常数。本实验通过对光的色散的研究，求出此经验公式。

2. 最小偏向角法测量三棱镜玻璃材料的折射率

测量玻璃材料折射率的方法很多，这里用的是最小偏向角法。如图 2-120 所示，三角形 ABC 表示三棱镜的主截面，AB 和 AC 是透光面（又称为折射面）。

设有一束单色光 LD 入射到棱镜的 AB 面上，经过两次折射后从 AC 面沿 ER 方向射出。入射线 LD 和出射线 ER 间的夹角 δ 称为偏向角。根据图2-120，由几何关系，偏向角 δ 为

$$\delta = \angle FDE + \angle FED = (i_1 - i_2) + (i_4 - i_3)$$

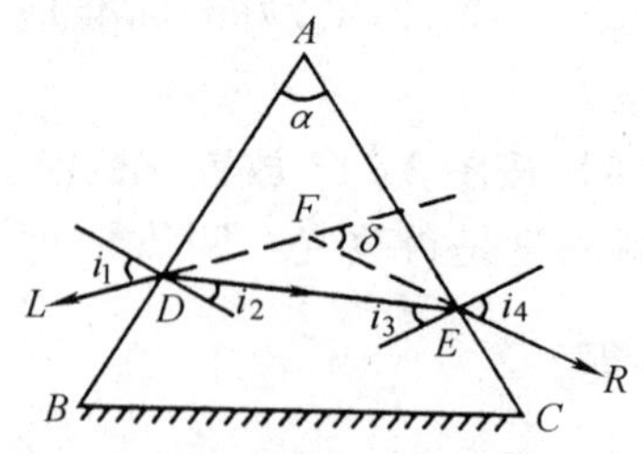

图2-120　三棱镜光路图

因 $i_2 + i_3 = \alpha$，α 为三棱镜的顶角，故有

$$\delta = i_1 + i_4 - \alpha \tag{2-217}$$

对于给定的棱镜来说，顶角 α 是固定的。由式（2-217）可知，δ 随 i_1 和 i_4 而变化。其中，i_4 与 i_3、i_2、i_1 依次相关，由折射定律决定。因此，i_4 是 i_1 的函数。归结到底，偏向角 δ 也就仅随 i_1 而变化。由实验中可以观察到，当 i_1 变化时，δ 有一极小值，称为最小偏向角 $\delta_{\min}$。下面用求极值的方法来推导 δ 取极小值的条件。

令 $\frac{d\delta}{di_1}=0$，由式（2-217）得

$$\frac{di_4}{di_1} = -1 \tag{2-218}$$

再利用 $i_2 + i_3 = \alpha$ 及两折射面处的折射条件

$$\begin{aligned} \sin i_1 &= n\sin i_2 \\ n\sin i_3 &= \sin i_4 \end{aligned} \tag{2-219}$$

得到

$$\frac{di_4}{di_1} = \frac{di_4}{di_3}\cdot\frac{di_3}{di_2}\cdot\frac{di_2}{di_1} = \frac{n\cos i_3}{\cos i_4}\cdot(-1)\cdot\frac{\cos i_1}{n\cos i_2} = -\frac{\cos i_3\sqrt{1-n^2\sin^2 i_2}}{\cos i_2\sqrt{1-n^2\sin^2 i_3}}$$
$$= -\frac{\sqrt{\sec^2 i_2 - n^2\tan^2 i_2}}{\sqrt{\sec^2 i_3 - n^2\tan^2 i_3}} = -\frac{\sqrt{1+(1-n^2)\tan^2 i_2}}{\sqrt{1+(1-n^2)\tan^2 i_3}} \tag{2-220}$$

比较式（2-218）、式（2-220），有 $\tan i_2 = \tan i_3$。而在棱镜折射的情形下，i_2 和 i_3 均小于 $\pi/2$，故 $i_2 = i_3$。由式（2-219）知，$i_1 = i_4$。可见，δ 取极值的条件为

$$i_2 = i_3 \text{ 或 } i_1 = i_4 \tag{2-221}$$

显然，这时入射光和出射光的方向相对于棱镜是对称的，光线在棱镜内平行于底边。同样可证当 $i_1 = i_4$ 时，$\frac{d^2\delta}{di_1^2} > 0$，即 δ 确取得极小值。把式（2-220）代入

式（2-214）得

$$\delta_{\min} = 2i_1 - \alpha$$

而 $\alpha = i_2 + i_3$，$i_2 = \alpha/2$。于是，棱镜对该单色光的折射率为

$$n = \frac{\sin i_1}{\sin i_2} = \frac{\sin \frac{1}{2}(\delta_{\min} + \alpha)}{\sin \alpha/2} \tag{2-222}$$

由于 α 是常数，且 $\delta_{\min} + \alpha < 180°$，故 n 与 $\delta_{\min}$ 是一一对应的。

由式（2-222）可知，实验上只要测得三棱镜的顶角 α 和某单色光通过三棱镜后所对应的最小偏向角 $\delta_{\min}$，则该单色光在玻璃材料中的折射率 n 即可求。

3. 测定三棱镜的色散曲线，求出 $n(\lambda)$-λ 的经验公式

要求出经验公式（2-216），就必须测量出对应于不同波长 λ 下的折射率 n。实际光源中所发出的光一般都为复色光，实验上需要用色散元件把各色光的传播方向分开。在光谱分析中常用的色散元件有棱镜和光栅，它们是分别用折射和衍射的原理进行分光的。这里用棱镜作色散元件。如果用复色光照射，由于三棱镜的色散作用，入射光中不同颜色的光射出时将沿不同方向传播，各色光分别取得不同的偏向角，如图 2-121 所示。对于正常色散，折射率 n 是随波长 λ 增大而单调递减的函数。因此，在同一入射角下，波长长的红光偏向角小，而波长短的蓝光偏向角大。

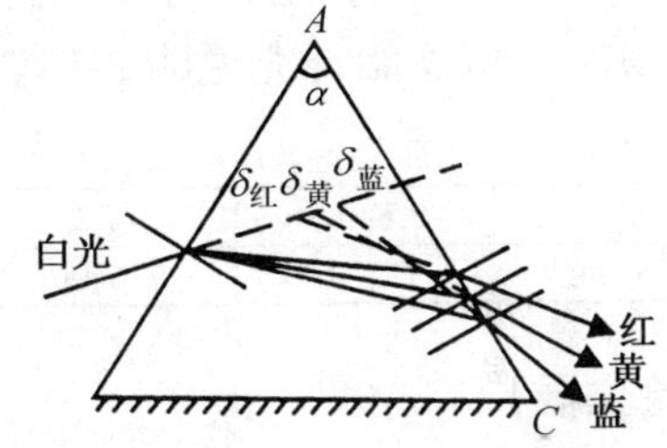

图 2-121　不同颜色光的偏向角

在图 2-122 所示的实验装置中，光谱管所发出的复色光经平行光管变为平行光束，入射到三棱镜上。经两次折射后，各单色光将沿不同的方向射出。这样，用望远镜观察出射光，各色光将成像于不同的位置，在视场中看到一条条单色

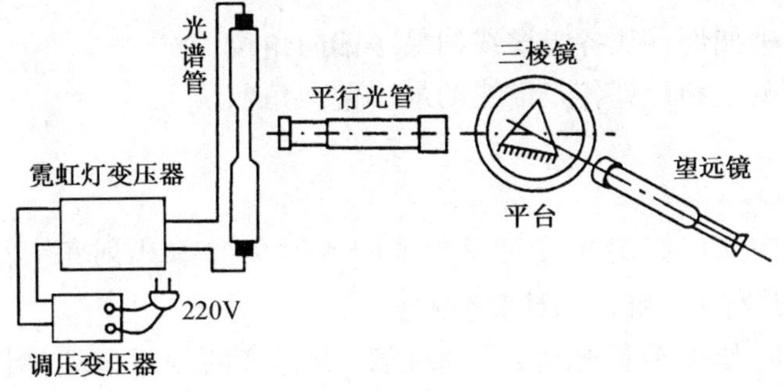

图 2-122　棱镜偏光示意图

狭缝像。每一条单色像称为一条谱线，谱线的总和称为光谱。由于所用的色散元件为棱镜，故这种光谱称为棱镜光谱。

在本实验中，把汞灯所发出的光谱谱线的波长值作为已知（波长值见表2-1），测量出各谱线通过三棱镜后所对应的最小偏向角 δ_{min}，由式（2-222）计算出与之对应的折射率 n，在直角坐标系中作出三棱镜的$n(\lambda)$-λ色散曲线。根据色散曲线的形状与数学中各函数曲线相比较，初步得出$n(\lambda)$-λ的函数关系，用最小二乘法求出方程中的系数，最后求得 $n(\lambda)$-λ 之间的色散经验公式。若用已求得色散曲线的三棱镜测出波长未知谱线的最小偏向角 δ_{min}，并计算相对应的折射率 n，用图解插值法即可在三棱镜的色散曲线上求出待测谱线的波长。关于图解插值法，可参阅补充说明2-12。

表2-1 汞灯光谱谱线波长值 （单位：nm）

橙	黄1	黄2	绿	绿蓝	蓝	蓝紫
623.44	579.07	576.96	546.07	491.60	435.83	407.73

【实验仪器】

分光计、三棱镜、汞灯等。

【实验内容】

（1）调整分光计使其达到工作状态。

（2）以汞灯作光源，自行设计实验方案测绘出三棱镜的 $n(\lambda)$-λ 色散曲线，并由所得的色散曲线求出玻璃材料折射率的经验公式。

（3）（选做）以钠灯作光源，测量出钠黄光谱线在同一个三棱镜上的最小偏向角，计算对应的折射率，用图解插值法在 $n(\lambda)$-λ 色散曲线上求出钠黄光的波长值。

【预习思考题】

（1）实验中如何寻找各光谱线的最小偏向角位置？

（2）如何测量和计算各光谱线的最小偏向角？

【思考题】

（1）实验中如何测定光线对三棱镜的入射角 i_1 和出射角 i_4？画出光路图，作简要说明，并写出i_1和 i_4 的计算公式。

（2）实验时如果平行光管、三棱镜和望远镜的相对位置如图2-123所示，在望远镜中也可以看到一条与入射光同色的狭缝像，且随载物台的转动而左右移动。试定性分析此时为什么观察不到色散现象。

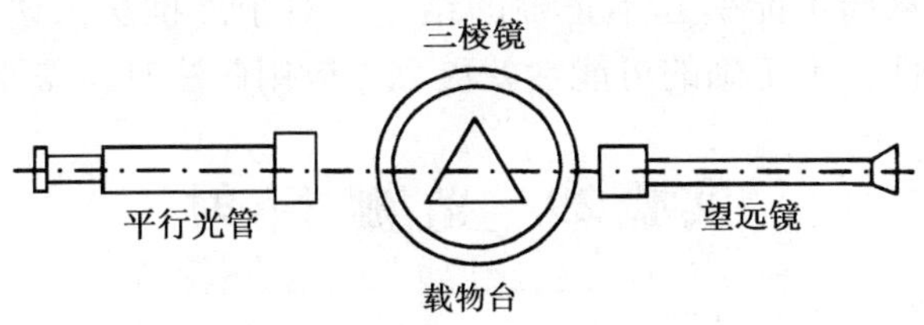

图 2-123　分光仪的一种工作状态

【补充说明 2-12】　图解插值法介绍

在测量中得到的测量结果是不连续的，但往往需要知道有限个测量值的函数值。如一个自变量为 x 的函数 y，即 $y=f(x)$，在自变量 x 的值为

$$x_0, x_1, x_2, \cdots, x_n$$

处测得函数 y 的对应值为

$$y_0, y_1, y_2, \cdots, y_n$$

若需要知道在区间 x_i 到 x_{i+1} ($i=0$, 1, 2, $\cdots$, $n-1$) 之间某 x 值所对应的 y 值，而它却未被测得，这时可以应用内插法来求。

如果需要知道的是 x_0 到 x_n 范围外的某 x 值所对应的 y 值，可以应用与内插法实质相同的办法——外推法来求。反过来，如果所需要求某 y 值所对应的 x 值，此时只需把 x 作为 y 的函数同样可求。这称为反内插法。

图解插值法就是把测得的每一对 (x_i, y_i) 值在坐标纸上描点（横坐标为自变量，纵坐标为函数值），作出光滑曲线。这样就把测量结果用曲线表示出来。然后再从曲线上直接读出所要求的实验中没被测定的值。如某 $x(y)$ 值所对应的 $y(x)$，如图2-124所示。

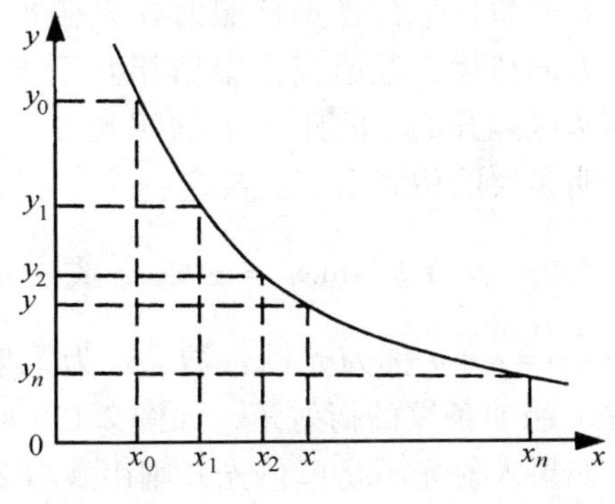

图 2-124　y 与 x 的关系图

对于有些实验，由于测得的数据本身有较大的误差（随机误差），图解法通过图解时作光滑曲线（即作图取平均的意思）能进行适当修正，反而能得到较好的实验结果。对于有些实验需要求的数据较多时，可以省去很多烦杂的计算。因此，在物理实验中常用此法。但作图时，要有足够多的实验数据点，点的间距不能太大，对曲线的形状应先有所了解，用足够大的坐标纸正确地作出光滑曲线。如果点的分布无法很好确定曲线的形状，或是各点间的间距太大，则作出的曲线有时无法代表该测定结

果的实际曲线，从而可能引起不正确的结论。对于外推法来说，由于曲线外延具有较大的任意性，不正确的可能性就更大，应用此法时，需要注意。

实验29 光栅衍射

【实验目的】

（1）了解光栅特性，观察光栅光谱，进一步加深对光的干涉与衍射的理解。

（2）学习和掌握测定光栅特性常数的原理和方法。

（3）学习和掌握用光栅测定谱线波长的原理和方法。

【实验原理】

平行、等宽、等间隔的多狭缝即为光栅。通常将光栅分为两种，一种是透射光栅，另一种是反射光栅；按制造的方法来分，光栅也有两种，一种是用光刻机在玻璃上刻制出来的刻划光栅，另一种是用全息照相的方法拍摄而成的全息光栅。目前使用的多是原刻光栅的复制品和全息光栅。光栅和棱镜一样，都是重要的分光元件，它可以把入射光中不同波长的光分开。利用光栅分光原理制成的单色仪和光谱仪已被广泛应用科学研究中。

若以单色平行光垂直照射在光栅平面上，则透过各狭缝的光线因衍射将向各个方向传播，经透镜会聚后相互干涉，并在透镜焦平面上形成一系列被相当宽的暗区隔开的、间距不等的明条纹，称为谱线。按照光栅衍射理论，衍射光栅中明条纹的位置由下式决定：

$$(a+b)\sin\varphi_k = \pm k\lambda \quad 或 \quad d\sin\varphi_k = \pm k\lambda (k=0,1,2,\cdots) \tag{2-223}$$

式中，$d=a+b$ 称为光栅常数；λ 为入射光波长；k 为明条纹（光谱线）级数；φ_k 是 k 级明条纹的衍射角，如图 2-125 所示。

如果入射光不是单色光，则由式（2-223）可以看出，对于同一级谱线，各色光的波长不同，其衍射角 φ_k 也各不相同，于是复色光将被分解，而在中央 $k=0, \varphi_k=0$ 处，各色光仍然重叠在一起，组成中央明条纹。在中央明条纹两侧对称地分布着 $k=0$，1，2，… 级光谱，各级光谱线都按波长大小的顺序依次排列成一组彩色谱线，这样就把复色光分解为单色光。我们称光栅对复色光的这种衍射图样为光栅光谱。

若已知光栅常数 d，用分光计测出 k 级光谱中某一明条纹的衍射角 φ_k，按式（2-223）即可算出该明条纹所对应的单色光的波长 λ；反之，若已知入射光的波长 λ，用分光计测出衍射角 φ_k，即可求出光栅常数 d。

光栅的基本特性还可以用它的“分辨本领 R”和“色散率”来表征。

光栅分辨本领 R 定义为两条刚可被该光栅分辨开的谱线的波长差 $\Delta\lambda = \lambda_2 - \lambda_1$ 去除它们的平均波长 $\bar{\lambda}$ 即

$$R = \frac{\bar{\lambda}}{\Delta\lambda} \qquad (2\text{-}224)$$

R 越大，表明刚刚能分辨开的波长差 $\Delta\lambda$ 越小，光栅分辨细微结构的能力就越高。按照瑞利判据，两条刚可被分开的谱线规定为：其中一条谱线的极强正好落在另一条谱线的极弱上。由此条件推导出光栅分辨本领公式为

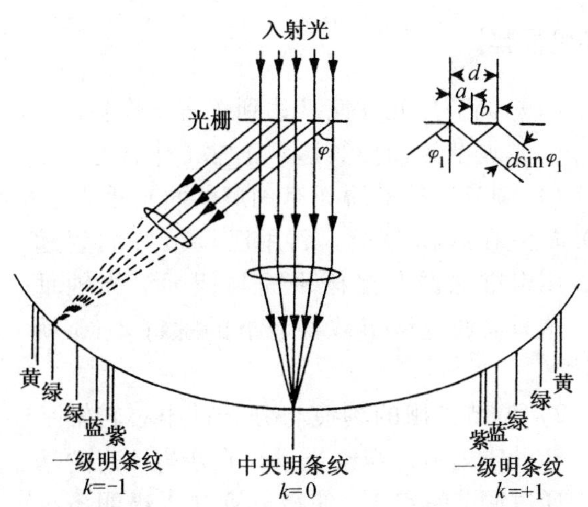

图 2-125　光栅衍射原理图

$$R = kN \qquad (2\text{-}225)$$

式中，N 是光栅有效使用面积内的刻线总数目。

由式（2-225）可知，光栅在使用面积一定（即宽度 l 一定）的情况下，使用面积内的刻线数目越多，分辨本领越高；对有一定光栅常数的光栅，有效使用面积越大，分辨本领越高（这是因为刻线数目越多谱线越细锐的缘故）；高级数比低级数的光谱有较高的分辨本领。由于通常所用光栅的光谱级数不高，所以光栅的分辨本领主要决定于有效使用面积内的刻线数目 N。本实验所用的光栅，每毫米有 300 条刻线。

角色散率 D 定义为同一级光谱中两条谱线衍射角之差 $\Delta\varphi$ 与它们的波长差 $\Delta\lambda$ 之比：

$$D = \frac{\Delta\varphi}{\Delta\lambda} \qquad (2\text{-}226)$$

把式（2-223）微分，得

$$D = \frac{\Delta\varphi}{\Delta\lambda} = \frac{k}{d\cos\varphi} \qquad (2\text{-}227)$$

由式（2-227）可知，光栅光谱具有以下特点：光栅常数 d 愈小（即每毫米所含光栅刻线数目越多）角色散愈大；高级数的光谱比低级数的光谱有较大的角色散；在衍射角 φ 很小时，式（2-227）中的 $\cos\varphi \approx 1$，角色散率 D 可看做一常数，$\Delta\varphi$ 与 $\Delta\lambda$ 成正比，故光栅光谱又称为匀排光谱。

【实验内容】

(1) 调节分光计使其达到正常工作状态。

(2) 调节光栅使其达到正常工作状态。

1) 调节光栅平面(有刻痕的面)垂直于平行光管。将光栅(如图2-126所示)放置在载物台上,利用已调节好的望远镜,用自准法调节光栅平面与望远镜光轴垂直。这只需通过调节载物台下的螺钉2、3就可达到。

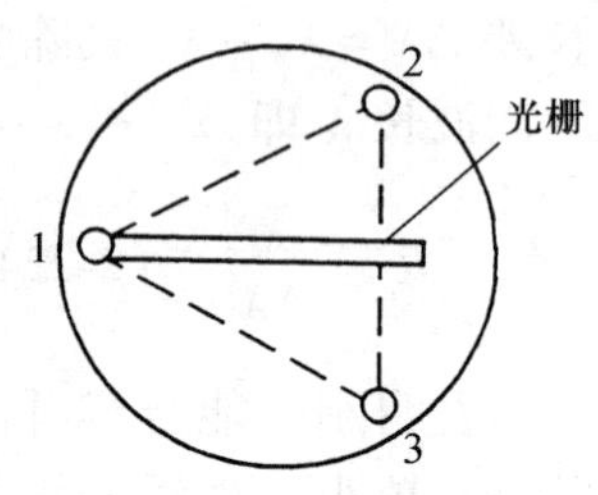

图2-126 光栅的正确放置

2) 调节光栅的刻痕与分光计中心转轴平行。转动望远镜,观察光谱,在步骤1)的基础上通过调节螺钉1,使得分列在零级明条纹两侧的每条谱线的高度都应当被通过分划板中心的水平线所平分。

(3) 用汞灯绿光测定光栅常数 d,并计算 $C=1/d$。测量时一定要保证平行入射光垂直光栅平面,即入射角为零。

(4) (选做) 用已测好光栅常数的光栅测定汞灯(除绿光外)其他光谱线的波长,要求计算波长的百分误差(汞灯谱线的波长值见表2-1)。

(5) (选做) 用汞光谱中的两条黄线测量光栅的角色散率 D。

【注意事项】

(1) 严禁用手触摸光栅刻痕,以免损坏。

(2) 汞灯的紫外光很强,不可直视。

【预习思考题】

(1) 使用式(2-223)应保证什么条件?实验是如何保证的以及如何检验条件是否满足?

(2) 如果平行光以 i 角斜入射到光栅平面上,式(2-223)应如何加以修正?

【思考题】

(1) 光栅光谱与棱镜光谱有哪些不同?

(2) 如果用钠光垂直入射到500条/mm刻痕的平面透射光栅上,试问最多能看到哪几级光谱?

(3) 三棱镜的分辨本领为 $R=b\dfrac{\mathrm{d}n}{\mathrm{d}\lambda}$,$b$ 是三棱镜底边边长,试用实验28的

结果，估算一下边长多长的三棱镜，才能和本实验用的光栅具有相同的分辨本领？

实验 30　用劈尖测量金属丝的直径

【实验目的】

（1）观察劈尖等厚干涉条纹。

（2）利用劈尖干涉测量金属细丝的直径。

【实验原理】

如图 2-127 所示，在两片相互迭合的平面玻璃板之间，靠近一端处垫入一金属细丝（或薄纸片），则两玻璃板间的空气层就形成一个空气劈尖。两玻璃片的交线称为棱边，在平行于棱边的直线上，劈尖空气膜的厚度是相等的。当平行单色光垂直入射时，空气劈尖上、下表面反射的两束光线将形成相干光，它们在劈尖的上表面相遇而产生干涉，呈现出一组与棱边平行的明暗相间的直线条纹，如图 2-128 所示。

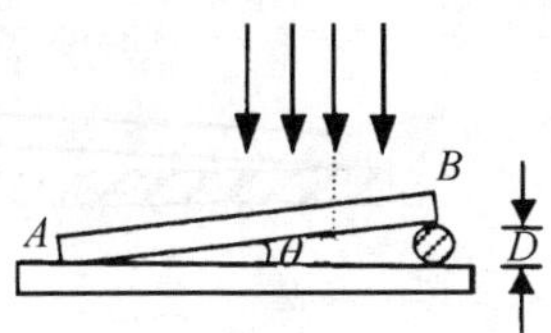

图 2-127　劈尖构造图

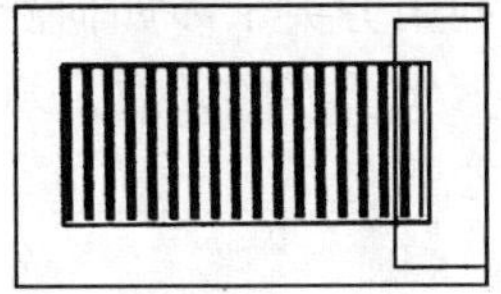

图 2-128　条纹

由光路可知，空气劈尖下、上表面反射的两光束的光程差为

$$\delta = 2d + \lambda/2 \tag{2-228}$$

式中，d 为干涉处空气劈尖膜的厚度；$\lambda/2$ 是因光线由光疏介质进入光密介质在反射时有半波损失而附加的光程差。

由干涉条件可知，当 $\delta = k\lambda\ (k = 1,\ 2,\ \cdots)$ 时，为亮条纹；当 $\delta = (2k + 1)\lambda/2\ (k = 0,\ 1,\ 2,\ \cdots)$ 时，为暗条纹。两相邻暗纹（或亮纹）对应的劈尖厚度之差为

$$d_{k+1} - d_k = \lambda/2 \tag{2-229}$$

若两暗纹之间的距离为 l，则劈尖的夹角 θ 利用下式可求得

$$\tan\theta = \frac{\lambda/2}{l} \tag{2-230}$$

设金属细丝（或薄纸片）至棱边的距离为 L，则金属细丝的直径（或薄纸

片的厚度）为

$$D = L\tan\theta = \frac{L}{l} \cdot \frac{\lambda}{2} \tag{2-231}$$

这就是本实验利用劈尖干涉测金属细丝直径（或薄纸片的厚度）的公式。实验上往往不是测两条相邻条纹的间距，而是测相差 N 级（比如 50 级或 100 级）的两条暗纹的间距，从而使测量结果更准确。

【实验仪器】

劈尖装置、读数显微镜、钠光灯（$\lambda = 589.3\text{nm}$）等。

【实验内容】

（1）安装好劈尖装置后放在读数显微镜的载物台上，点燃钠光灯，调节反光玻璃板和显微镜，观察到很清晰的干涉条纹和十字叉丝。

（2）测量 50 或 100 条暗纹之间的距离 H 和金属丝到棱边的距离 L。

（3）计算金属丝的直径 D 和其不确定度 Δ_D，分析误差来源。

【预习思考题】

（1）利用劈尖干涉如何测量头发丝的直径？

（2）劈尖干涉的条纹定域在何处？试画出光路图说明之。

【思考题】

利用劈尖空气薄膜形成的干涉条纹可以检查工件表面的加工质量。实验装置如图 2-129a 所示，在工件表面上放置一块平面度高的平板玻璃，使其间形成空气劈尖。用单色光垂直照射玻璃表面，用显微镜观察干涉条纹。假设观察到的条纹如图 2-129b 所示，试根据条纹弯曲的方向，说明工件表面上纹路是凹的还是凸的？

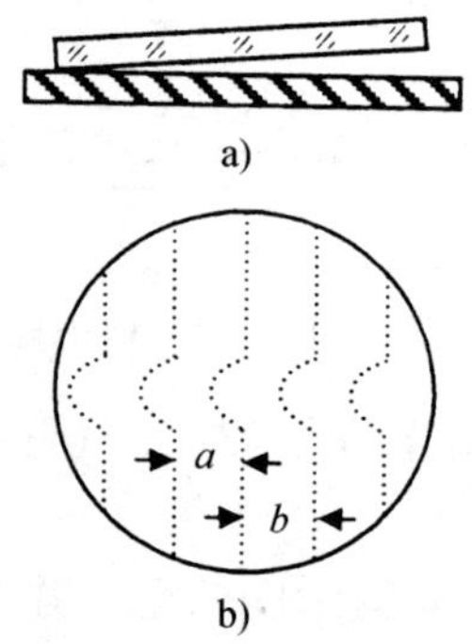

图 2-129　有弯曲的条纹

实验 31　氢原子光谱的测量

【实验目的】

（1）了解小型棱镜摄谱仪的结构，掌握其分光原理。

（2）学习用摄谱仪测量光谱波长的基本实验技术。

（3）测量氢原子光谱巴尔末线系的波长，计算里德伯常量。

【实验原理】

光谱技术是一种重要的科学研究手段。光谱研究得到的数据对分析物质的原子、分子结构有着极重要的作用，它是建立原子结构模型和发展量子理论的实验基础。

1. 氢原子光谱的规律

原子光谱与原子能级是密切相关的。测量原子光谱线的波长，可以推知原子能级的结构。历史上对氢原子光谱规律的发现，正是建立原子模型和发现量子理论的基础。

人们早就从氢气放电管中获得氢原子光谱，巴尔末（J·J·Balmer）于1885年首先将氢光谱中位于可见光区四条谱线的波长用下面的经验公式来表示

$$\lambda = B\frac{n^2}{n^2-4} \qquad (n=3,4,5,\cdots) \tag{2-232}$$

式中，B是一恒量，其值为364.56nm，是谱线系极限值，即$n\to\infty$时的波长值。1890年里德伯（J. R. Rydberg）将此式改为用波数$\tilde{v}=1/\lambda$表示

$$\tilde{v} = R_{\mathrm{H}}\left(\frac{1}{2^2}-\frac{1}{n^2}\right) \tag{2-233}$$

式中　R_{H}称为氢原子的里德伯常量，其实验测定值为109677.6cm^{-1}。

在这些完全从实验得到的经验公式的基础上，玻尔（N·Bohr）建立了原子模型理论。根据玻尔的理论，线光谱的每条谱线是对应于原子中的电子从一个能级跃迁到另一个能级时释放能量的结果。对于巴尔末线系，由玻尔理论可导出与式（2-333）一致的结果

$$\tilde{v} = \frac{2\pi^2 me^4}{h^3c}\left(\frac{1}{2^2}-\frac{1}{n^2}\right) \qquad (n=3,4,5,\cdots) \tag{2-234}$$

式中，m为电子的静止质量；e为电子的电荷；h为普朗克常数；c为光速。

这样，不仅给于巴尔末经验公式以理论解释，而且把里德伯常量和许多物理常数联系了起来

$$R_{\mathrm{H}} = \frac{2\pi^2 me^4}{h^3c} \tag{2-235}$$

由此式计算出里德伯常量值为109737.3cm^{-1}。这一结果与实验符合得很好，是玻尔理论正确的有力证据。

里德伯常量是重要的基本物理常量之一，由于它的测定比起一般的基本物理常量来可以达到更高的精度，因而它成为测定其他一些基本常量的重要引入值。在1986年国际激光光谱学会议上发表并被推荐的里德伯常量值为

$$R_H = (10973731.534 \pm 0.012)\,\mathrm{m}^{-1}$$

2. 棱镜摄谱仪原理及结构

由经验公式（2-333）可知，如果测量得到了巴尔末系的某条谱线的波长，就可以计算出 R_H 的值。显然，测量谱线波长是光谱技术的核心。摄谱仪（或光谱仪）是一种能将复色光分解为按波长依次排列的谱线，并用摄影的方法将谱线记录在光谱干板上的仪器。

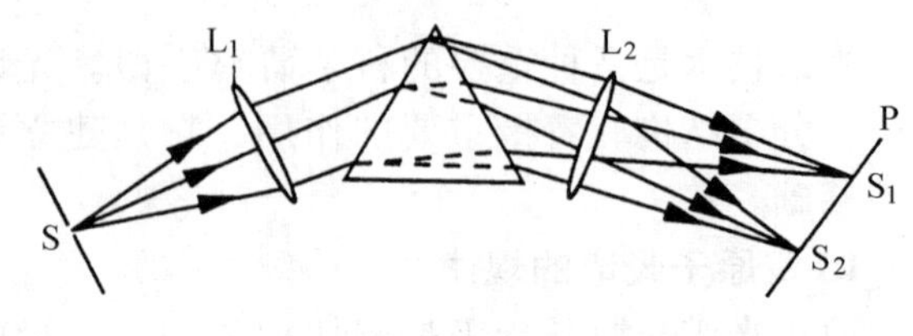

图2-130　摄谱仪光学系统原理图

棱镜摄谱仪的光学系统原理如图2-130所示，它由三部分组成：

（1）平行光管　包括狭缝S（作为被拍摄的物，光线由狭缝射入仪器）和透镜 L_1。S位于 L_1 的焦面上，因而从S上每点发出的复色光经 L_1 后变为平行光。

（2）色散系统　以棱镜作为色散元件。不同波长的平行光经棱镜折射后变为不同方向的平行光。

（3）光谱接收部分　包括透镜 L_2 及放置在 L_2 焦面上的照相感光板P。不同方向的平行光束经 L_2 聚焦，成像在不同的位置，形成S的一系列单色像 S_1，S_2，……。所谓线状光谱，就是这些按波长顺序排列的单色的狭缝像。照相感光板P放在像面上，就在P上形成一排细线，每一条细线对应于一定的波长，叫做光谱线，细线的总和叫做光谱。

实验中所用的WPL小型棱镜摄谱仪光路及其结构如图2-131所示，现将各主要部件介绍如下：

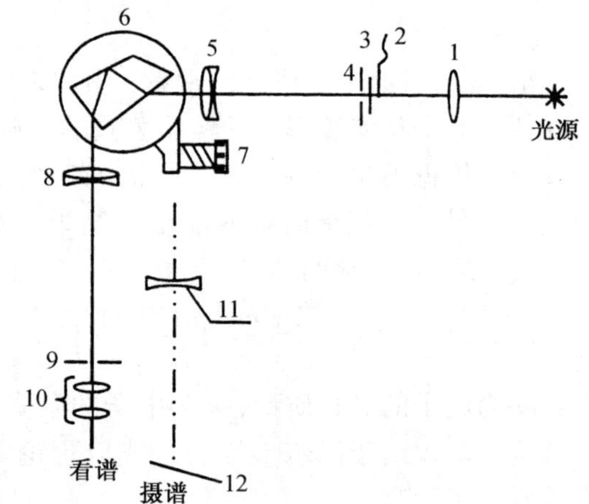

图2-131　棱镜摄谱仪光路与结构示意图

1—聚光镜　2—遮光镜　3—光阑　4—狭缝　5—入射物镜　6—恒偏向棱镜　7—读数鼓轮　8—出射物镜　9—出射狭缝　10—看谱目镜　11—照相物镜　12—摄谱底片

1）电极架　用以支撑作为分析试样的电极的支架，可以上下左右和前后调节。

2）聚光镜　将光源发出的光汇聚到入射狭缝上，使通过摄谱仪的光通量能达到应用的最大值。另外，还要调好光源和聚光镜的高低与左右的位置，使之与摄谱仪的平行光管共轴，否则，进入狭缝的光通量会有部分或全部落到平行光管的侧壁而不能达到照相感光板，结果使谱线照度减小，分辨本领降低，或完全看不到谱线。

3）狭缝　由两片对称分合的刀片刃口组成，其分合动作通过转动小刻度鼓轮进行。它是摄谱仪中高精密的机械部分，用以通过并限制入射光束，从而构成摄谱仪的实际光源。它直接决定谱线的质量：其宽度决定谱线的宽度，谱线的强度也与狭缝的宽度有关。狭缝结构精细，使用时应注意不能使其闭合；它的两刃口不应受到冲撞、摩擦或沾有灰尘污物等，不应无故拆卸。

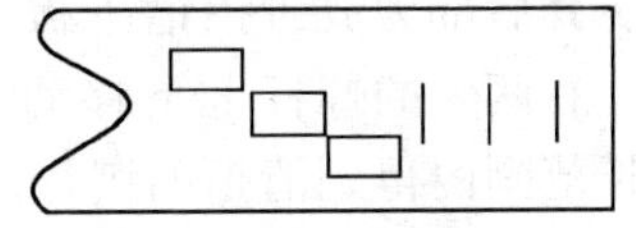

图 2-132　哈特曼光阑

4）光阑　在狭缝外侧的导槽内嵌有一只哈特曼光阑，如图 2-132 所示。当它左右抽动时，光阑上三个不同高度的小孔便截取狭缝的三个不同部位。因而，当三次摄谱时，不必移动底片暗匣，便可在感光板上拍出三排谱线。对应于不同小孔的三组谱线的相对位置保持固定，便于用内插法计算波长，避免了待测光谱线与比较光谱线的相对移动。光阑上有三条红线，当它们各与狭缝盖的边缘相切时，表示光阑上相对应的小孔恰好移到狭缝上。在光阑的外侧，狭缝盖上还装有一个遮光板，摄谱时用以控制曝光时间，光谱仪不用时则起防尘作用。

5）入射光管　入射光管是光线进入色散棱镜前产生平行光的部件，它包括上述的入射狭缝和位于管左端的一个准直物镜。狭缝可沿管轴前后调节，它应调节在准直物镜的焦面上，使出射光为平行光束。这一调节通常在仪器出厂前已完成，使用时不得随意更动。

6）机罩和棱镜　机罩可取下，复合棱镜置于转台上。棱镜被卡子卡住，根据需要可松动卡子，稍微调整棱镜的位置，但不得用手接触棱镜的各光学表面。这种复合棱镜称为恒偏向棱镜，其光路如图 2-133 所示，出射光线与入射光线之间的夹角总近似为 90°。

7）棱镜读数鼓轮　当鼓轮旋转时，转台载着棱镜绕铅垂轴一起旋转，使得从棱镜出射的各组平行光也随之偏转，从看谱镜会先后看到不同波长的谱线。如果是用照相感光板拍摄，则可同时拍到很多谱线。在进行拍摄前，应将读数鼓轮旋转处于一定的读数位置，以使要拍摄的谱线的波段位于感光板的中心。

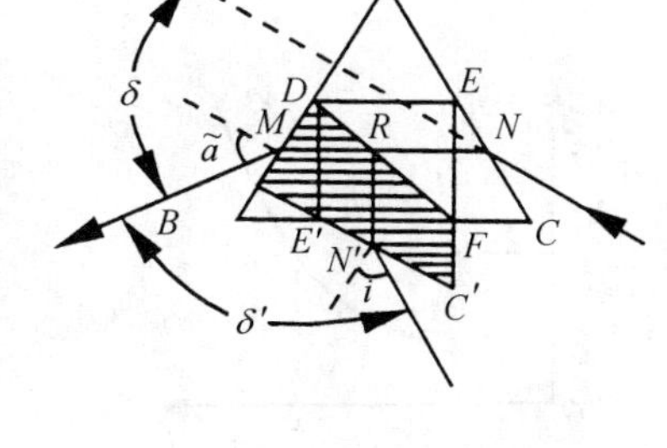

图 2-133　从三棱镜转化为恒偏向棱镜

8）出射光管　出射光管是棱镜色散谱线接受与聚焦的光学部件。管内靠近棱镜的一端有一个可沿光管轴向移动的成像物镜，它接收并聚焦经棱镜色散后的平行光束。旋转光管外侧的螺杆，即可沿光管轴向移动该物镜。光管的另一端用于连结和固定看谱镜或摄谱暗箱。

9）看谱镜 看谱镜是作观察谱线与作单色计用的。它主要是由小狭缝和看谱目镜组成。小狭缝可调宽成一个“窗口”，在“窗口”的视场内有一个指针作为看谱定标用的标志。看谱镜和出射光管中的成像物镜组成望远系统。

10）摄谱暗箱 它是摄谱仪实现摄谱的主要部件，其结构相当于一架摄影机。其后部为放置摄谱干板的暗匣，可向左边滑出。插入暗匣的框子可通过旋转左右两侧的螺杆上下移动，以便在一整张干板上摄制多组谱线。为使在整个波长范围内得到清晰的谱片，需将放置暗匣的框子绕铅垂轴旋转角度 ε，实验中取 $\varepsilon \approx 7°$，由暗箱上方的刻度尺读出。

3. 谱线波长的测量

使用棱镜摄谱仪测量谱线波长有两种方法：

（1）目视法 用眼睛通过看谱镜直接观测。先用已知波长 λ_S 的光谱线作标准（见图2-134），通过读数鼓轮读数来确定待测各谱线的波长 λ_x。

（2）照相法 将波长已知的光谱线（比较光谱）和波长未知的光谱线（待测谱线）拍摄在同一张感光板上。拍摄时，不能移动狭缝和摄谱暗箱，只能通过抽动哈特曼光阑，使比较光谱和待测光谱居于感光板上的上下两排位置。拍摄所得的感光底片经暗房处理后即可进行波长的测量。实验中常用线性内插法测，这是一种近似的方法。一般情况下，棱镜是非线性色散元件，但在一个较小波长范围内（约几个 nm）可认为色散是均匀的，即谱线的感光片上的距离之差与波长之差成正比。如图2-135所示，若波长为 λ_x 的待测谱线位于已知波长 λ_1 和 λ_2 两谱线之间，用 d 和 x 分别表示谱线 λ_1 和 λ_2 及 λ_1 和 λ_x 之间距，则待测谱线的波长为

$$\lambda_x = \lambda_1 + \frac{x}{d}(\lambda_2 - \lambda_1) \tag{2-236}$$

本实验选定氦谱作比较光谱，其波长值参考补充说明2-13。

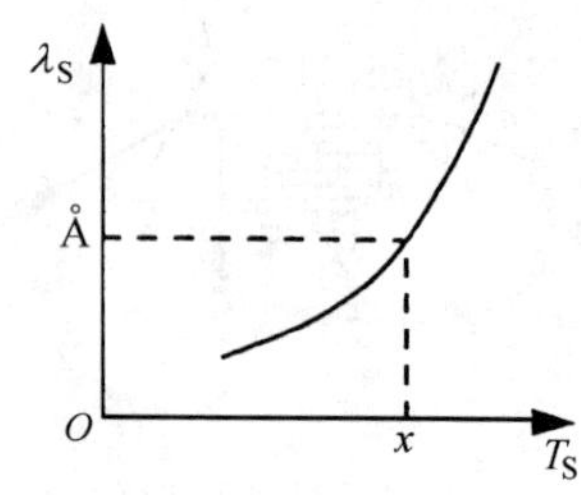

图2-134 定标曲线

注：Å为非法定计量单位，

$1\,\text{Å} = 10^{-10}\,\text{m} = 0.1\,\text{nm}$。

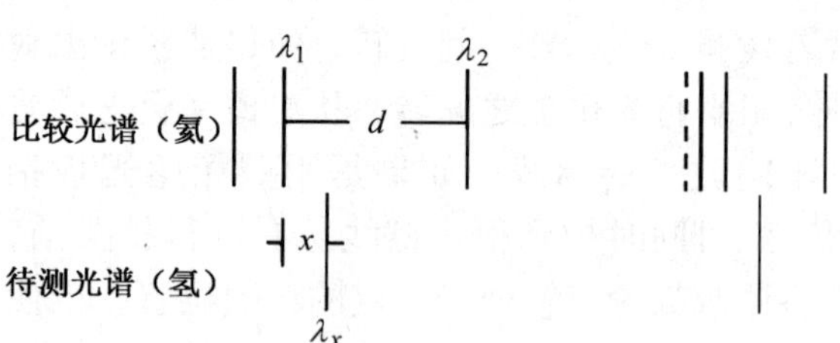

图2-135 内插法测波长

【实验仪器】

WPL 小型棱镜摄谱仪、光谱投影仪、氦灯、氢灯、调压器、霓虹灯变压器、全色胶卷及暗房设备。

【实验内容】

1. 调试小型棱镜摄谱仪至工作状态

（1）调整光源与聚光镜的位置，使它们与平行光管等高、共轴；点燃氦灯，前后移动聚光镜，将光源成像于狭缝处，均匀照亮整个狭缝，使通过摄谱仪的光通量达到最大值。

（2）安装看谱镜，转动读数鼓轮并调节棱镜的方位，使氦光谱中波长为 447. 1nm 的谱线对准看谱镜视场内小指针标记处。

（3）调节狭缝宽度和调焦，使该谱线细锐清晰。

2. 用目视法测量氢原子光谱的波长

（1）用看谱镜对氦光谱进行全方位观察，依据补充说明 2-13 提供的氦原子光谱谱片示意图对氦原子光谱进行识别。

（2）根据实验要求结合数据处理方法自行设计目视法具体测量手段及测量过程中应该注意的事项。

（3）分析数据作定标曲线，确定待测各谱线的波长 λ_x、里德伯常量 R_H、给出测量百分误差 E_0。

3.（选做）用照相法测量氢原子光谱的波长

（1）取下看谱镜，安装摄谱暗箱，并调节倾角 $\varepsilon \approx 7°$。将装好感光胶片的暗匣置于摄谱暗箱上，分别移动哈特曼光阑和抽动遮光板，拍摄氦灯和氢灯两排光谱。之后，将感光胶片进行暗房处理，以得到用于测量的谱片。有关曝光、显影和定影时间由实验室提供参考数据。

（2）识谱并测量氢原子光谱巴尔末线系可见光谱线的波长。在光谱投影仪上识谱与测量。光谱投影仪是光谱定性与半定量分析的主要辅助工具之一,它能把摄谱所得的谱线进行投影放大,以便将待测谱线和比较谱线进行比较。要求对每一间距重复测量三次,利用公式(2-236)求出氢光谱各谱线的波长,计算不确定度。

（3）计算里德伯常量 R_H，给出测量百分误差 E_0。

4.（选做）画出氢原子光谱巴尔末线系的能级图，标出各谱线对应的跃迁。

【注意事项】

（1）摄谱仪狭缝是比较精密的机械装置，实验中不要随意调节，特别杜绝狭缝两刀口直接接触，以免损伤刀刃。旋转鼓轮的动作一定要缓慢。严禁用手触摸透镜等光学元件。

（2）氢灯和氦灯均由霓虹灯变压器供电。霓虹灯变压器一次侧与自耦调压器的输出端相连接，二次侧输出电压最高可达15kV。氢灯和氦灯的工作电压分别约为6kV和3kV，故操作时要注意高压。

【预习思考题】

（1）底片曝光时用什么作快门？

（2）拍完氢谱后再拍氦谱，此过程中能否上下移动装底片的暗匣？实验中采用什么办法使两排谱线分开？

（3）线性内插法测波长，需要测量哪些数据？

（4）光谱投影仪的放大倍数对测量结果是否有影响？

【思考题】

（1）摄谱时为什么装底片的暗匣框要绕铅垂轴旋转一定的角度？试定性解释之。

（2）证明实验中所用的恒偏向棱镜当入射角 i 等于出射角 γ 时，偏向角 $\delta=90°$。

【补充说明2-13】　氦原子光谱谱片示意图（见图2-136）**及谱线对应的波长值**（见表2-2）

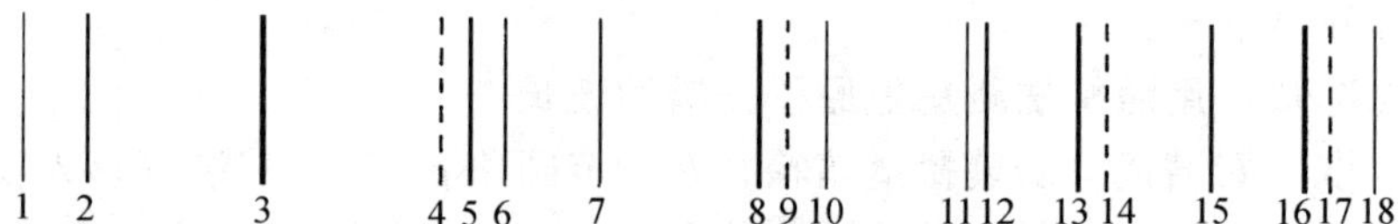

图2-136　氦原子光谱谱片示意图

注：图中粗实线表示谱线的相对强度大，细实线次之，虚线更次之。

表2-2　氦原子光谱谱线对应的波长值

编　号	波长/nm	编　号	波长/nm
1	706.57	10	438.79
2	667.82	11	414.38
3	587.56	12	412.08
4	504.77	13	402.62
5	501.57	14*	400.93
6	492.19	15*	396.47
7	471.32	16	388.87
8	447.15	17*	386.75
9*	443.76	18*	381.96

注：表中标有“*”的谱线并不是氦光谱。

实验32 全息照相（1）

【实验目的】

（1）了解全息照相的基本原理和主要特点。
（2）初步掌握拍摄全息图的实验技术。
（3）学习和掌握全息图再现像的观察方法。

【实验原理】

1. 概述

由光的波动理论知道，光波是电磁波。一列单色波可表示为

$$O_i(r,t) = A_i\cos\left(\omega_i t + \varphi - \frac{2\pi r_i}{\lambda_i}\right) \tag{2-237}$$

式中，A_i 为振幅；ω_i 为圆频率；λ_i 为波长；φ 为波源的初位相。

一个实际物体发射或反射的光波比较复杂，但是一般都可以看作是许多不同频率的单色波的迭加

$$O(r,t) = \sum_{i=1}^{n} A_i\cos\left(\omega_i t + \varphi - \frac{2\pi r_i}{\lambda_i}\right) \tag{2-238}$$

因此，任何一定频率的光波都包含着振幅 A 和位相 $\left(\omega t + \varphi - \frac{2\pi r}{\lambda}\right)$ 两大信息，其中振幅平方的大小表示光波的强弱分布，位相确定光波的传播方向和传播的先后。光在传播过程中，借助于它们的频率、振幅和位相来区别物体的颜色（频率）、明暗（振幅平方）、形状和远近（位相）。

人眼通过接收发自物体的光波强度、频率和位相，能从整体上辨认出物体的全部特征。基于几何光学成像原理的普通照相是通过照相机镜头使物体成像在感光材料上，感光材料的感光性能只与物体表面的光强分布和频率有关。因为光强与振幅平方成正比，所以它只记录了光波的振幅，而无法记录物体光波的位相信息。因此，普通照相记录的只能是物体失去了立体感的二维平面像。

全息照相则是利用干涉原理，将物体发出的特定光波以干涉条纹的形式记录下来，使物光波前的全部信息都存储在记录介质中，由于全息图记录的是物体光波振幅和位相的全部信息，所以再现的物像是一个三维立体像。

2. 全息图的制备、物像的再现及其理论分析

全息照相是一种二步成像的照相术。

第一步：如图 2-137 所示，采用相干光照明，利用干涉原理，把物体 O 在感光材料 H 处的光波波前记录下来，H 经显影、定影处理后，这种记录就被保

存下来，H 被称为全息图；第二步：如图2-138 所示，利用衍射原理，按一定条件用光照射全息图 H，原先被记录的物体光波的波前，就会重新被激活出来在 H 右方继续传播，就像原物 O 仍在原位发出的一样。但要注意，这时 H 左方的原物已取走，激活的光波在 H 左方已不存在，所以，在 H 右方按重建的光波看到的“物”，只不过是与原物完全相同的一个三维像。

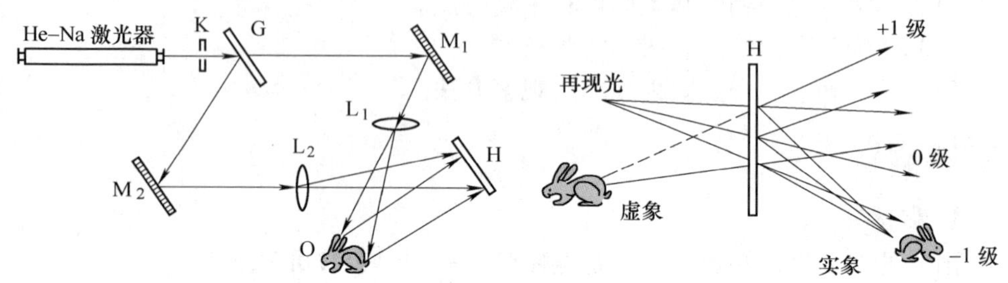

图 2-137　全息照相光路图

K—光电快门　G—分束片　M—反射镜

L_1、L_2—扩束镜　O—物体　H—全息干板

图 2-138　全息像再现光路图

（1）全息图的制备　根据现有记录介质的特点，必须将物光波的相位变化转换成光波的强度变化，这样才有可能使记录介质在记录下光波振幅变化的同时也记录下其位相的变化，从而一并记录下物光波的全部信息，这就是全息照相的重要物理思想，全息图的制备就是从实验上实现这一物理思想的具体体现。

图 2-137 是制备全息图的光路。由 He-Na 激光器发出的激光束通过分束镜 G 分成两束。其中透过分束镜的一束光经反射镜 M_1 反射、扩束镜 L_1 扩束后均匀照射到被摄物体 O 上，经物体表面反射（或透射）后再照射到感光材料（全息干板）H 上（称为物光）。另一束从分束镜 G 反射后经反射镜 M_2 反射、扩束镜 L_2 扩束后直接均匀地照射到全息干板 H 上（称为参考光）。由同一束激光分成的这两束光具有高度的时间相干性和空间相干性，它们在全息干板上相遇而产生干涉，形成干涉条纹。由于被摄物体发出的光波是不规则的，这种复杂的物光波是由无数物点发出的球面波迭加而成。因此，在全息干板上记录的干涉条纹，是一个十分复杂的干涉条纹的集合，最后形成一个人眼不能识别的全息图。由光的干涉原理可以推导出全息图上干涉条纹的间距为

$$d = \frac{\lambda}{2\sin\theta/2} \tag{2-239}$$

式中，θ 为参考光束和物光束之间的夹角；λ 为入射光波长。

显见，在物光和参考光夹角大的地方，条纹细密；夹角小的地方，条纹稀疏。由波的迭加原理可知，干涉条纹的明暗主要取决于两列光波在相干处的位相关系（和两光波的振幅也有关），若位相相同，两列光波的振幅相加，形成亮

条纹；若位相相反，则两列光波的振幅相减，形成暗条纹；如果二者的位相既不相同又不相反，则条纹的明暗程度便介于上述两种极限情形之间。干涉条纹的明暗对比度（即反差）和两相干光的振幅有关：如果物光和参考光两光束的振幅相等，则反差最大；如振幅一大一小，则反差小。

由上可见，物光波中的振幅和位相的信息是以干涉条纹的反差和明暗变化被记录下来，物光波的位相是以条纹的间距和走向被记录下来，所以物光波的全部信息均以干涉条纹的形式被记录下来。

（2）物像的再现　由上所述可知，人之所以能看到物体，是因为从物体发出或反射的光波被眼睛接受所致。全息图上所记录的是十分复杂的干涉条纹，要想看到原物的像则必须使全息图能再现物体原来发出或反射的光波。这个过程就被称为物像再现，也就是通常所说的建像，所利用的是光栅衍射原理。

再现过程的观察光路如图 2-139 所示。用一束与拍摄时用的参考光方向相同的激光束照射全息图，全息图上每一组干涉条纹相当于一个复杂的光栅，它使再现光产生衍射，得到一列沿照明方向传播的 0 级衍射光波和 +1 级与 -1 级两列衍射光波。其中 +1 级衍射光波是发散光，它与物体在原来位置上发出的光波完全一样，将形成一个虚像。如果这个光波被人眼所接受，就等于看到了原物体，所以也称它为真像。-1 级衍射波是一个会聚波，它将在原物再现虚像的异侧形成一个共轭实像，称为赝像。可见，全息照相的造图和建像是根据光的干涉和衍射来实现的。利用光波的干涉原理可把物光波的全部信息以干涉条纹的形式记录在全息干板上；利用光波的衍射原理又可把物光波的全部信息加以再现，从而获得逼真的物体三维像。

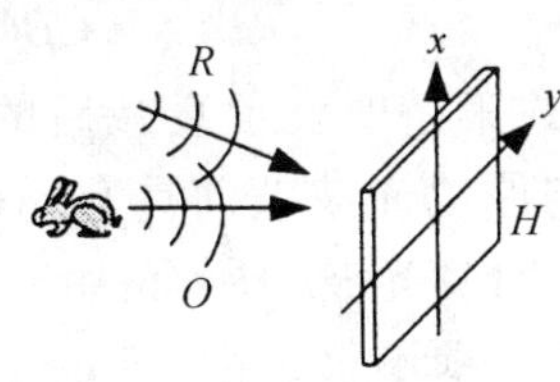

图 2-139　全息像再现示意图

（3）全息照相的理论分析　下面用光波的复振幅表达式来说明记录与再现过程，以加深对全息术的理解。

如图 2-139 所示，设物光波和参考光波在记录介质上的复振幅分布为

$$\begin{aligned} O(x,y) &= O_0(x,y)\mathrm{e}^{\mathrm{j}\varphi0(x,y)} \\ R(x,y) &= R_0(x,y)\mathrm{e}^{\mathrm{j}\varphi0(x,y)} \end{aligned} \tag{2-240}$$

合成光波的复振幅为

$$\psi(x,y) = O(x,y) + R(x,y) \tag{2-241}$$

其光强分布应是合成光复振幅的平方，即

$$\begin{aligned} I(x,y) &= \psi(x,y) \cdot \psi^*(x,y) = (O+R) \cdot (O+R)^* \\ &= O \cdot O^* + R \cdot R^* + O \cdot R^* + O^* \cdot R \\ &= O_0^2 + R_0^2 + O_0\mathrm{e}^{\mathrm{i}\varphi_0} \cdot R_0\mathrm{e}^{-\mathrm{i}\varphi_r} \end{aligned}$$

$$+ O_0 e^{-i\varphi_0} \cdot R_0 e^{i\varphi_r} \tag{2-242}$$

上式中第一项和第二项与位相无关，它们只取决于物光和参考光的强度分布，由于 O_0^2 与 O_0 有着本质差别，实际上 O_0^2 或 R_0^2 项仅相当于一个常数，它们在干板上的反映只是一个均匀背景。第三项和第四项不但与幅值有关，还和位相有关。由此可见，在参考光存在的情况下，物光波的振幅和位相均被记录了，这种位相记录是将位相因子转换成控制干涉图样的调制因子，从而把它记录下来的。

曝光后的全息干板经过适当的显影和定影处理即构成全息图。我们知道，全息图的复振幅透过率与曝光时的光强度成线性关系，即

$$T(x,y) = \alpha + \beta I(x,y) \tag{2-243}$$

式中的 α 和 β 是由全息干板的性质确定的常数。其中 α 是未曝光全息干板的透过率（透射系数）；β 是综合常数或全息感光度，可正可负，分别对应正、负片。

如果用原参考光波 $R(x,y) = R_0(x,y)e^{i\varphi_r(x,y)}$ 照射制备好的全息图，则从全息图透过的光的复振幅为

$$\begin{aligned} W(x,y) &= T(x,y) \cdot R(x,y) \\ &= [\alpha + \beta(O_0^2 + R_0^2)]R(x,y) + \beta R_0^2 O(x,y) \\ &\quad + \beta O_0 R_0^2 e^{-i\varphi_0} e^{i2\varphi_r} \end{aligned} \tag{2-244}$$

上式第一项表示衰减后的参考光波;第二项是乘了常数因子 βR_0^2 后的物光波,它与原物光波波前具有同样的位相分布和振幅分布,所以它就是物光波的再现波,具有物光波的所有性质。逆着光传播的方向看上去,就如同看到实际物体一般;第三项不仅包括了物光波的共轭波,还包括了参考光的位相,如果 $R_0 e^{-i\varphi_r}$ 比较规范(如平面波),此项表示一个有变形的物光波的共轭波,即该项表示的是一个有形变的物体的实像。假如用参考光的共轭光照射底片,便能够得到无变形的实像。

3. 全息照相的主要特点

（1）立体感强　由于全息图记录了物光波的全部信息，所以通过它所看到的虚像是逼真的三维图像。如果从不同角度观察全息图，就像通过窗户看室外景物一样，可以看到物体的不同侧面，而且有视差效应和景深感。

（2）具有可分割性　因为全息照片上的每一点都有可能接收到物体上各个点来的散射光，这样也就记录了来自物体的各个点的物光波信息。因此，通过全息图的每一小块均能再现完整的物体图像来。

（3）同一张全息干板上可重叠拍摄多个全息图　对于不同的物体，采用不同角度的参考光束进行拍摄，则相应的物体的再现像就出现在不同的衍射方向上，每一再现像可做到不受其他再现像的干扰而显示出来的。

4. 拍摄系统的技术要求

为了拍摄一张合乎要求的全息图，拍摄系统必须具备如下几个要求：

（1）对光源的要求　拍摄全息图必须用具有高度空间和时间相干性的光源。实验中常采用 He-Ne 激光器，用来拍摄较小的漫散物体，可获得优良的全息图。

（2）对系统稳定性的要求　如果在曝光过程中，干涉条纹的移动超过半个条纹宽度，干涉条纹就记录不清；条纹移动小于半个条纹宽度，全息图的再现像有时仍可形成，但质量会受到很大影响。所以，记录的干涉条纹越密（即物光和参考光夹角越大）或曝光时间越长，则对稳定性的要求就越高。为此，需要有一个刚性和隔振性都良好的工作台。系统中所有光学元件和支架都要用磁性座牢固吸在工作台面钢板上，在曝光过程中不得高声喧哗，不得随意走动，以保证实验顺利进行。

（3）对光路的要求　参考光和物光两者的光程差要尽量小；两者之间的夹角应小于45°，因为夹角小，干涉条纹的间距就大，条纹稀疏，这样对条纹的稳定性和感光材料的分辨率的要求就较低；物光和参考光之光强比要适当，一般以1∶4至1∶10为宜。此外，为了减少光的损失及干扰，使用的光学元件不宜过多。

（4）对全息干板的要求　要制作优良的全息图，一定要有合适的记录介质。因为全息图中所记录的干涉条纹间距很小，需要高分辨率的感光材料。国产天津Ⅰ型全息干板的分辨率可达3000 条/mm，能满足全息照相的要求，它是专门用于波长为632.8nm 的 He-Ne 激光。因它对绿光不敏感，所以可在暗绿灯下安全操作。

【实验仪器】

全息实验台、He-Ne 激光器、光电快门、分束镜、平面反射镜、扩束镜、载物台、底片夹、曝光定时器、硅光电池、直流微安表、全息干板、暗房设备及冲洗药水（包括 D-76 显影液、F-5 定影液）等。

【实验内容】

（1）拍摄一张陶瓷工艺品的全息图。

1）按图 2-137 布置并调试光路，使之满足拍摄的技术要求。

2）安放全息干板，待稳定几分钟后再行曝光。曝光时间要选取合适，一般取 10～30s，具体多少由实验室给定。曝光时不能触及全息台，不要随意走动和说话，以免破坏光路的稳定性，影响全息图拍摄的质量。

3）将曝光后得到的全息干板进行暗房处理。冲洗全息干板用 D-19 显影液和 F-5 定影液，其具体冲洗过程如下：将全息干板放入清水中打湿、显影1～

2min，可开暗绿灯观察显影进程，然后水洗30s→定影4～5min→水洗5min左右→自然晾干或用电吹风吹干，至此即得全息图。以上显影和定影时间是按室温20℃条件下给出的，若温度有变化，应适当加以调整。

（2）观察再现像并考察全息照相的特点。

按图2-138所示光路观察再现的虚像。观察时，注意比较再现虚像的大小、位置与原物体的情况，体会全息照相的立体感效应；再通过小孔观察再现虚像，并改变小孔覆盖在全息照片上的不同位置，体会全息照相的可分割性。

（3）详细记录拍摄条件与观察结果，并对得到的全息图进行评价。

【注意事项】

（1）不能用手触摸所有的光学元件，必要时用专用擦镜纸轻轻揩擦。

（2）调试光路时不能用眼睛直视激光束。

（3）严格遵守暗房操作规程。

【预习思考题】

（1）为了拍摄出一张质量好的全息图，拍摄系统必须具备什么要求？

（2）在调试光路时若发现物光太弱，不能满足拍摄要求，实验上可采取哪些措施以达到要求？

（3）如何观察再现像？

【思考题】

（1）全息照相与普通照相相比有何特点？

（2）如果参考光的位相改变180°，是否会导致全息图的黑白颠倒？用一张全息图复制一张黑白反转的“正片”，是否能够再现出与“负片”同样的再现像？

（3）试设计能拍摄透明图片（例如幻灯片）全息图的光路图。

【全息技术的历史】

全息技术的演变：

1948年——英国物理学家伽伯（D. Gabor）为了提高电子显微镜的分辨能力，发明了一种利用干涉和衍射原理的照相新技术。它不是记录物体的平面影像，而是记录物体上各点光的完全信息——振幅和位相。因此后来称这种技术为全息技术。1971年伽伯也因全息术的发明而荣获诺贝尔物理奖。

1960年——高强度相干光源激光问世。

1962年——利思(E. N. Leith)等人利用激光作光源，成功地进行了三维物体光波波前的记录和重建，全息术进入了迅速发展时期。

现　在——全息术已成为一门仍在不断发展的新技术学科，并得到越来越多的应用。

【基本概念】

1. 信息

“信息”的概念是由美国数学家申农在20世纪40年代末期首次提出的，经过半个多世纪不同领域的研究，最后在近百种定义中确定下来一种。信息的概念是：信息是客观世界中各种事物存在方式和运动变化规律以及这种方式和规律的表征与表述。信息具有六大特征：客观真实性、传递性、时效性、有用性、可处理性和共享性。

2. 波前

“波前”一词，常指一个等相面（波面）。一列波携带着许多信息，如频率ω、波长λ和传播方向以及振幅分布、位相分布、传播速度等等。

3. 波的干涉

波的迭加引起了强度的重新分布。这种因波的迭加而引起强度重新分布的现象，叫做波的干涉。

4. 眼睛成像

由于人的左右两眼有一定的距离（成年人大约是65mm），因此，观察一个物体，两只眼睛是从两个不同的位置和角度来进行的，这就使得两眼对物体有各不相同的印象。物体越近，这种印象的差别越显著。正是由于这种差别，我们才能够区别物体的远近，并且获得有深度的立体感觉。根据对许多人的实际测量，眼睛对500m以外的物体，就不能判断出哪个近哪个远了，当然也不会产生立体感觉。

【应用】（见附录B-11）

第3章 综合设计性实验

引 言

综合设计性实验以及小课题实验对学生来说是他们将来从事科学研究工作的基础。在完成前面实验的基础上，学有余力且有兴趣的学生可参加一些设计性以及小课题型实验，主要目的是培养他们良好的科研素养、较强的创新意识和独立进行科研工作的能力，使之能更好地适应将来各种科学研究工作的需要。

科学研究工作是一项开创性的工作。正是由于科研工作本身独特的性质，所以很难归纳为一个一成不变的常规过程，即自然科学研究方法无一定格式。虽然如此，仍可从前人大量成功和失败的经验教训中归纳出科研工作的一般规律，给同学们以引导或启迪。

科学研究工作关键在于“实践”，科学研究的训练主要是自我训练，而科研工作的主要工具是头脑，只有在创造的实践中不断地积累经验，才能不断地武装自己的头脑。当然知识是不可或缺的基础。

1. 科研工作的一般程序

这里首先介绍科研工作的一般程序，即选择研究课题（选题）、查阅文献资料、设计实验方案、实验实施、实验数据的分析与处理、写出报告六个方面。

（1）选题

美国著名科学家F·B·Wilson有句名言：“所谓优秀科学家，主要在于选择课题时的明智，而不在于解决问题的能力”。选题可按照以下几条原则来进行：

需要性原则

这是选择研究问题的一条首要的基本原则。科学研究是一种目的性很强的探索活动，选题的需要性原则，正体现了这种目的性。因此，选题必须面向实际，按需要选择。在多数情况下，小课题选题不可范围过大，不要包罗万象。它只要对解决某一实际问题有一点点贡献，或对某一理论问题有一点突破就可以。

科学性原则

科学无禁区，但选题有约束。科学实践一再证明，行不通的课题就不宜去选，否则科研课题就是不科学的了。但是，在科学与非科学之间是一个很广大的空间，并不是由一条鸿沟截然分割开来的，有时还很难区分。因此，有的课题看来荒谬绝伦，毫无意义，但在事实材料和理论根据还不足以断定其是错误时，就不要轻易地加以否定。

创新性原则

这是指选择的研究问题要有独创性和突破性，创新性是科学研究的灵魂。创新性原则体现了科学研究的价值和意义，能使所选的问题在科学理论上有所发展，有所突破，或在应用上有所改进，有所创新，从而保证预期的研究成果具有一定的学术意义和应用价值。选题的创造性并不在于问题本身如何古老，也不在于前人在这个问题上做了多少重复性工作，而在于研究者是否把握了课题的本质，找到了问题的症结所在，并如何做出创造性的突破。选择前人未做过的问题当然有创造性，但古老问题也可以做出创造性的成果。要善于把继承和创新结合起来。科学研究总是在前人已经做出的科学发现的基础上进行探索，站在前人已经达到的科学高峰上向更高的科学高峰攀登。不继承前人的成果和思想，就谈不上创造。比如到不同学派激烈争论的领域去选题，到研究的空白区去选题，到学科交叉的边缘地带去选题，到实践提出了迫切需要的方面去选题。

可能性原则

它指要根据实际具备的和经过努力可以具备的条件来选择和研究问题，对预期完成问题的主观、客观条件要尽可能充分地估计。科学需要幻想，但幻想并不就是科学。要把幻想变成科学，就要满足现实可能性的原则。如果没有现实的可能性条件，问题尽管合乎需要性、科学性、创新性原则，但也无法进行。可能性原则要求选题时应考虑如下几方面问题：

＊研究这一问题所需要的材料是否充足？是否易于获得？（客观条件）

＊研究所需的费用如何？是否有可能解决？（客观条件）

＊研究所需的时间多少？所花的时间是否能保证？（客观条件）

＊研究这一问题，自己的能力、水平和志趣如何？是否有完成课题的能力和信心？（主观条件）

选题不要好高骛远，贪大求全，也不要妄自菲薄，知难而退。要充分考虑各方面的条件，扬长避短，善于发挥自己的优势，量力而行。对各方面条件应深思熟虑，认为对问题的研究有了相当的把握，然后才动手。当然，所谓“可能”并非说宁愿把难度较大而有重要意义的问题放弃，专门去选择那些无意义但是容易做的课题，而是说，应该研究那些既有价值又有可能的问题，或力所能及的问题。可能性原则强调了研究问题的现实条件，若不具备现实条件，问题的研究就可能达不到既定的目的。

总之，选题在科研工作中有举足轻重的位置，选题不好，研究工作会走入歧途，多年工作下来只有失败的教训。要是找到了可以预见具有巨大发展前途的好课题，这就等于研究工作已完成了一大半。小课题实验是在物理实验室里进行的，因此，选题不可避免地受到实验仪器条件的限制。

发现问题通常有两种途径："发现从不满意开始"，通过亲身观察或实践发现周围事物存在的问题；通过调查研究和其他各种信息渠道，间接地获得某一事物存在的问题。

（2）查阅文献资料

科学就其本身特点来讲，是一个在前人建筑的大厦顶层添砖加瓦，使其不断增长的建筑结构。对过去的东西一无所知，在科研上是做不出成就的。研究前，必须对与课题有关的情况作一个全面了解，无论是过去的、现在的、国内的、国外的，各种信息都要掌握。知己知彼，才能既不重复别人的工作，又能扩大视野，活跃思维，吸取别人成果的精华。在科学实验中，还要经常了解与课题有关的科技发展动态和信息，以便不断调整课题的内容和进度。在现代社会中，"时间就是金钱，信息就是财富"这话一点也不假。在科学研究中，信息同样具有重要的作用。

现代社会是一个信息社会，大量信息每天如潮水般涌来，因此要学会用先进的手段来获取有用的信息。最简捷的方法，是到有关专门情报检索中心，申请联机检索，这样，国内外的各种信息都可很快获得；或者是由个人电脑上网，查阅有关信息；或从图书馆、资料室查阅有关期刊或教科书、专著等。

对年轻的科学工作者，特别是大学生来说，遇到的最大问题是：阅读他人文章会限制思考，常使读者用作者同一方法去思考问题，从而使寻找新的方法更加困难。所以一个新的科学领域的开创，常常由外行提出，可能就是这个问题所引起的。解决这一问题的最好办法是批判地阅读，力求保持自己独立地思考，避免因循守旧。所以在阅读资料的过程中应寻找自己的知识空白和不一致的地方，逐渐形成自己的想法，应注意从不同作者报告的差别和矛盾中去寻找线索。

（3）实验方案的设计

在选定科学研究课题，并查阅大量文献资料后，通过对资料的归纳、分析，加上自己以往的经验和训练在头脑中形成联想，确定自己的假说，并在一定范围研讨后即可确定实验方案。方案形成的过程是充分发挥研究者科学的想象力和创造力的过程。有丰富创造经验的人，其方案可能就有创造性。在物理实验中，应注意灵活地应用物理学规律，并要善于借鉴其他学科的成果。当实验的主导思想确立以后，确定具体的实验方案要充分考虑仪器设备条件，要了解仪器的性能、精度，注意仪器搭配，特别应设法解决测量的难点。通过精心设计使其成为一个可实施的实验方案（见本节后面）。设计方案时还应对自己的实验结果有所预测。

（4）实验的实施

实验的主要工作是测量和观察，特别是物理实验。现代精密的测量仪器可提供精确的测量结果。仪器设备越来越先进，在测量中越要注意测量误差的影响，特别是系统误差，因为搞不好将造成错误的结果。

实验的第二项任务是观察，不要把观察仅看成是客观的描述过程，实际上它还包含着思维过程。观察包含着选择，即选择观察特定量的变化；观察又导致描述，这种描述既包含主观的，也包含客观的。在物理实验中，由于仪器的现代化，不少观察都有量化的记录，这就大大减少了人为主观因素的影响。如转动，讲转动的快与慢是模糊的概念，但一旦测出物体转动的角速度，就有了转动的精确的量的概念。所以，观察应思考，特别应注意一些反常现象，这中间包含着发现。

（5）数据处理

数据处理是分析实验结果的必要手段，随着测量仪器越来越现代化，数据处理的手段也越来越重要。

（6）实验报告

实验报告是科研工作的总结，是自己工作的文字表达形式，并通过出版交流，促进科学的发展。实验报告应包含：目的、原理、使用的仪器设备、所测的原始数据、最后的结果及自己对结果的分析和评价。这份报告应使别人看了以后能了解你的工作成果和达到的水平。

从以上的科学研究步骤中可以看出，创新在科学研究过程中是十分重要的。前面说过科研工作的主要工具是头脑，而创新则是人的大脑的一个非常复杂的思维活动过程，只要掌握一定的科学思维方法，并应用于创新活动，就能保证创新工作沿着正确的方向前进。

我国著名科学家钱学森先生非常重视思维科学，将思维科学看做是现代科学技术的一个主要研究领域。逻辑思维和形象思维是科技创新中的主要思维方法，这两种思维方法的综合运用是取得科技成果的重要条件。科学中逻辑思维相对用得多一些，艺术中形象思维相对用得多一些。科学和艺术的交融，越来越受到人们的关注，并已成为当前世界科学文化发展的方向。诺贝尔物理学奖获得者李政道博士认为，科学和艺术不可分，应提倡科学和艺术对话。这对于促进一个人的科学思维的全面发展，对于培养创新意识和创新思维无疑是很有益的。在创新工作中还经常用到逆向思维、发散思维、集中思维和辩证思维等几种思维形式。

另外，科学研究的日趋复杂性还要求更多的学科交叉和更广泛、深入的科学家间的合作与共事，共同完成科学研究的课题。研究资料表明，19 世纪以前的技术创新大都以独立的个人发明形式出现，而 20 世纪个人重大发明大为减少，科技创新更具群体性。因此，希望同学们在做小课题实验时也可以小组的形式进行，这样可锻炼同学们的组织能力和协调能力，以便更好地适应当今科学技术发展的需要。

2. 测量方法的选择、测量仪器的选配和测量条件的选择

最后，结合大学物理实验课程的内容介绍实验方案设计中牵涉到的几种测量方法的选择、测量仪器的选配以及测量条件的选择的几个应用实例。

(1) 测量方法的选择

实验方法选定之后，还需要确定具体的测量方法。因为测量某一物理量时，往往有好几种测量方法可以采用。例如，在用单摆测定重力加速度的实验中，需要测定单摆的周期值，可以采用光电计时法用数字毫秒计计时，也可以采用累计放大法用秒表计时等。这就需要对测量方法的精确度进行分析，以判断该方法是否能够满足任务对测量精确度的要求。

测量方法的精确度分析，常采用分项误差分析综合法，就是针对准备采用的测量方法、测量工具各种可能产生的误差来源及各种影响因素以及它们造成的分项误差值加以逐项分析，分析过程中往往需要简化一些次要因素，或者需要进行某些假设，然后选择出其中的主要项目。

在测量仪器确定的情况下，对某一物理量的测量，如果有几种方法可以选择，应尽量选择测量不确定度最小的那种方法，或者说是使测量结果的误差最小的那种方法。

【例 1】 如图 3-1 所示，要测量单摆的摆长 l，所用仪器为毫米刻度的米尺和分度值为 0.1mm 的游标卡尺，试选择测量方法。

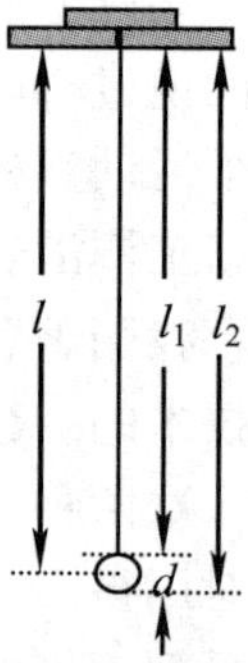

图 3-1

【解】 可以用下面三种方法测量

$$l = \frac{1}{2}(l_1 + l_2) \tag{3-1}$$

$$l = l_1 + \frac{d}{2} \tag{3-2}$$

$$l = l_2 - \frac{d}{2} \tag{3-3}$$

如果用米尺测得 $l_1 = (100.1 \pm 0.2)$ cm $l_2 = (102.5 \pm 0.2)$ cm

用游标卡尺测得 $d = (2.40 \pm 0.01)$ cm

三种方种测量 l 的不确定度 Δ_l 分别为

(1)　$\Delta_l=\sqrt{\left(\frac{\Delta_{l1}}{2}\right)^2+\left(\frac{\Delta_{l2}}{2}\right)^2}=\sqrt{\left(\frac{0.2}{2}\right)^2+\left(\frac{0.2}{2}\right)^2}\text{cm}=0.14\text{cm}$

(2)和(3) $\Delta_l=\sqrt{\Delta_{l1}^2+\left(\frac{\Delta_d}{2}\right)^2}=\sqrt{(0.2)^2+\left(\frac{0.01}{2}\right)^2}\text{cm}=0.2\text{cm}$

可见，采用第一种方法精确度较高。但有时基于对其他误差因素的考虑或教学目的需要，也采用方法（2）或方法（3）。

(2) 测量仪器的选配

在实际测量中，常常会遇到这样的问题：在测量之前，对间接测量的精确度提出了一定的要求，如何根据此要求来确定各直接测量量的精确度要求，从而选择和配套合适的仪器进行测量呢？也就是说，如何进行误差分配，即在总误差一定的情况下，各个分误差应如何分配呢？

1）确定误差分配方案：误差分配一般有以下两个步骤：

① 按相等影响原则分配误差。若

$$N=f(x_1,x_2,\cdots,x_m) \tag{3-4}$$

测量的不确定度 Δ_N 或相对误差 E_N 要求已经确定，则按照 m 个分项对 Δ_N 或 E_N 的影响相同进行分配，这也称为“误差等作用原则”，即有

$$\Delta_N=\sqrt{\left(\frac{\partial f}{\partial x_1}\right)^2\Delta_{x1}^2+\left(\frac{\partial f}{\partial x_2}\right)^2\Delta_{x2}^2+\cdots+\left(\frac{\partial f}{\partial x_m}\right)^2\Delta_{xm}^2} \tag{3-5}$$

$$E_N=\frac{\Delta_N}{N}=\sqrt{\left(\frac{\partial \ln f}{\partial x_1}\right)^2\Delta_{x1}^2+\left(\frac{\partial \ln f}{\partial x_2}\right)^2\Delta_{x2}^2+\cdots+\left(\frac{\partial \ln f}{\partial x_m}\right)^2\Delta_{xm}^2} \tag{3-6}$$

$$\sqrt{m\left(\frac{\partial f}{\partial x_i}\right)^2\Delta_{xi}^2}\leqslant\Delta_N \qquad (i=1,2,\cdots,m) \tag{3-7}$$

$$\sqrt{m\left(\frac{\partial \ln f}{\partial x_i}\right)^2\Delta_{xi}^2}\leqslant E_N \qquad (i=1,2,\cdots,m) \tag{3-8}$$

即

$$\left|\frac{\partial f}{\partial x_i}\right|\Delta_{xi}\leqslant\Delta_N/\sqrt{m} \qquad (i=1,2,\cdots,m) \tag{3-9}$$

$$\left|\frac{\partial \ln f}{\partial x_i}\right|\Delta_{xi}\leqslant E_N/\sqrt{m} \qquad (i=1,2,\cdots,m) \tag{3-10}$$

式（3-9）和式（3-10）是实际中常用的公式。

② 按实际条件进行适当调整。由于测量的技术水平和经济条件的限制，按相等影响原则分配到每个分项的份额，有的可以做到，有的难以完成，有的则过于容易。这时，需要根据实际情况给予调整。对于难以完成的，应适当放宽些；对于过于容易的，应适当提高要求。

2）测量器具的选择：在选择测量器具时，除了考虑实用性和器具价格之

外，一般主要考虑仪器的分辨率和精确度。仪器的分辨率是对仪器能够有意义地区分最邻近所示量值的能力的定量表示；仪器的精确度是指测量仪器给出的测量值接近于被测量真值的示值能力。在本课程中，约定用仪器误差 Δ_I 表征仪器的精确度。仪器误差由最大示值误差、等级、量程、极限误差等来确定，以后还要具体介绍。测量器具选择的原则，应是所选用的测量器具的误差不大于被测量的要求误差限。

【例2】　已知圆柱体的直径 $D\approx20\text{mm}$，高 $H\approx50\text{mm}$，要求测量体积 V 的相对误差 $E_V\leqslant0.1\%$，问应选择什么器具来进行测量？

【解】　体积 $V=\frac{1}{4}\pi D^2H$ 为积商形式函数，应先化为线性方程。

$$\ln V=\ln\pi/4+2\ln D+\ln H$$

$$E_V=\frac{\Delta_V}{V}\sqrt{\left(\frac{2}{D}\right)^2\Delta_D^2+\left(\frac{1}{H}\right)^2\Delta_H^2}$$

$$\frac{2\Delta_D}{D}\leqslant E_V/\sqrt{2}$$

$$\frac{\Delta_H}{H}\leqslant E_V/\sqrt{2}$$

代入得

$$\Delta_D\leqslant E_VD/2\sqrt{2}\approx0.007\text{mm}$$

$$\Delta_H\leqslant E_VH/\sqrt{2}\approx0.035\text{mm}$$

由仪器说明书查得千分尺（螺旋测微计）的测量范围为 0 ~ 25mm，仪器误差限为 0.005mm，可以满足测量 D 的需要；分度值为 0.02mm 的游标卡尺的测量范围为 0 ~ 125mm，仪器误差限为 0.02mm，可以满足测量 H 的需要。故可选用千分尺测量 D，选用分度值为 0.02mm 的游标卡尺测量 H。

3）不确定度的绝对值合成法：在实验设计、不确定度的粗略估算及进行测量仪器和测量条件的选择时，有时采用不确定度的绝对值合成的方法，即

$$\Delta_N=\left|\frac{\partial f}{\partial x_1}\right|\Delta_{x_1}+\left|\frac{\partial f}{\partial x_2}\right|\Delta_{x_2}+\cdots+\left|\frac{\partial f}{\partial x_m}\right|\Delta_{x_{m1}}\tag{3-11}$$

$$E_N=\frac{\Delta_N}{N}=\left|\frac{\partial \ln f}{\partial x_1}\right|\Delta_{x_1}+\left|\frac{\partial \ln f}{\partial x_2}\right|\Delta_{x_2}+\cdots+\left|\frac{\partial \ln f}{\partial x_m}\right|\Delta_{x_{m1}}\tag{3-12}$$

用这种方法合成的结果一般偏大，当对实验的精度要求一定后，选配测量仪器时对仪器的要求更高。但因此法比较简单，在有些情况下运用比较方便。根据误差等作用原则，有

$$\left|\frac{\partial f}{\partial x_1}\right|\Delta_{xi}\leqslant\Delta_N/m\qquad(i=1,\ 2,\ \cdots,\ m)\tag{3-13}$$

$$\left|\frac{\partial \ln f}{\partial x_1}\right|\Delta_{xi}\leqslant E_N/m\qquad(i=1,\ 2,\ \cdots,\ m)\tag{3-14}$$

也可根据此两式的估算值来选配仪器。

【例3】 用单摆测某地的重力加速度 g，要求 $E_g \leqslant 0.5\%$。已知摆长 $l \approx 100\text{cm}$，周期 $T \approx 2\text{s}$，试选配测量周期 T 和摆长 l 的仪器。

【解】 由不确定度的绝对值合成公式（3-12）有

$$E_g = \frac{\Delta_g}{g} = \frac{\Delta_l}{l} + 2\frac{\Delta_T}{T}$$

由式（3-14）有

$$\frac{\Delta_l}{l} \leqslant E_g/2$$

$$2\frac{\Delta_T}{T} \leqslant E_g/2$$

代入得

$$\Delta_l \leqslant E_g l/2 = 0.25\text{cm}$$

$$\Delta_T \leqslant E_g T/4 = 0.0025\text{s}$$

摆长和周期的测量，应各挑选一种仪器误差不大于计算结果的仪器。摆长测量可选择最小分度为毫米的米尺。在测量周期时，若测一个摆动的周期，则应选数字毫秒计与之配套。但是，可以采用累积放大法进行测量，即连续测量 n 个周期的时间 t，$t = nT$，$\Delta_t = n\Delta_T$，$\Delta_T = \Delta_t/n$，这样可以提高测量的精确度，或者说可以降低对仪器的要求。假如本题中取 $n = 50$，则有 $\Delta_T = \Delta_t/50 \leqslant 0.0025\text{s}$，即 $\Delta_t \leqslant 0.125\text{s}$，这用最小分度值为 0.1s 的秒表测量就可以满足要求了。

值得注意的是，在仪器精度满足要求的情况下，应尽量使用精度低的仪器。因为仪器精度越高，一般在操作、环境条件等方面的要求也越高，如使用不当，反而不一定能得到理想的结果。另外，若精度低的仪器能满足要求，就不必要用精度高的仪器，否则，就是一种物质和时间的浪费。

（3）测量条件的选择

前面已经讨论过，测量的精确度与许多因素有关，但当测量方法、测量仪器及环境条件等确定后，如何选择测量条件能使测量结果的精确度最高呢？这就是测量最有利条件的选择问题。换句话说，就是在其他条件一定的情况下，如何合理选择参数而使获得的测量结果最理想。

一般说来，选择测量条件要从误差分析着手，从而合理地选择参数。在某些情况下，确实存在最有利的测量条件，即选择适当的参数可以使测量结果的不确定度达到最小。从数学上讲，测量结果的不确定度是随各个参数的变化而变化的多元函数，存在最有利测量条件的情况就是该函数存在极小值。因此，这个最有利的测量条件可以由各自变量对不确定度函数求导数并令其为零而得到。对于一元函数，只需求一阶和二阶导数，令一阶导数为零，即可解出相应的参数值。此时，若二阶导数大于零，则说明该条件即为测量的最有利条件。对于多元函数，则应求偏导数。一般在分析时，可从不确定度公式着手。若在测量中变量 x_i 确实存在最有利条件，则令

$$\frac{\partial \Delta_N}{\partial x_i}=0 \tag{3-15}$$

或

$$\frac{\partial}{\partial x_i}\left(\frac{\Delta_N}{N}\right)=0 \tag{3-16}$$

由此即可定出最有利测量条件。

【例4】 如图3-2所示，在用滑线式电桥测电阻时，问滑键在什么位置时，能使测量的精确度最高？其中，R_0 为已知标准电阻，l_1 和 l_2 为滑线两臂长，$L=l_1+l_2$ 为滑线总长。

【解】 当电桥平衡时，有

$$R_x=R_0\frac{l_1}{l_2}=R_0\frac{l_1}{L-l_1}$$

由不确定度的绝对值合成公式有

$$\frac{\Delta R_x}{R_x}=\frac{\Delta R_0}{R_0}+\frac{\Delta l_1}{l_1}+\frac{\Delta l_2}{l_2}$$

$$=\frac{\Delta R_0}{R_0}+\frac{L\Delta l_1}{l_1\ (L-l_1)}$$

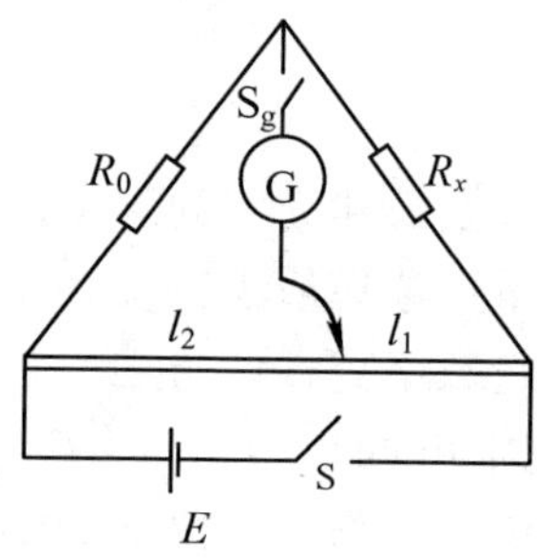

图 3-2

由 $\frac{\partial}{\partial l_1}\left(\frac{\Delta_{R_x}}{R_x}\right)=0$ 得

$$\frac{L\ (L-2l_1)}{(L-l_1)^2 l_1^2}\Delta_{l1}=0$$

故

$$L-2l_1=0$$

$$l_1=L/2$$

又可证 $\frac{\partial^2}{\partial l_1^2}\left(\frac{\Delta_{R_x}}{R_x}\right)>0$，所以，滑键确实存在一个最有利的位置。$l_1=L/2$ 即为滑线式电桥测量电阻的最有利条件，即滑键在滑线的中点位置时，测量精确度最高。

本节简要地讨论了测量过程中的几个问题，由于物理实验的内容十分广泛，实验方法和手段也十分丰富，同时在实验工作中，还要受到客观条件的制约及各种因素的影响，因此，很难总结出一套完整的、普遍适用的方法。我们只能原则性地介绍，并通过实例加以讨论，希望能够对读者有所启发，并激发实验者的探索精神。要真正掌握这方面的内容，必须通过大量实验，逐步总结和积累经验，不断培养和提高科学实验的能力和素养。

实验 33　气体比热容比 c_p/c_V 的测定

【实验目的】

测定多种气体（单原子分子、双原子分子、多原子分子）的比定压热容与比定容热容之比。

【实验原理】

气体的比定压热容 c_p 与比定容热容 c_V 之比 $\gamma = c_p/c_V$ 称为比热容比，（又称绝热指数）。γ 在热力学过程特别是绝热过程中是一个很重要的参数，测定的方法有很多种。本实验介绍洛夏德（Rüchhardt）在 1929 年利用物体在特定容器中的力学简谐振动原理测量比热容比的方法。

实验装置如图 3-3 所示。钢球 A 的直径比精密玻璃管 B 的直径仅小 0.01 ~ 0.02mm，可以在管中上下移动。在烧瓶的壁上有一个气体注入口 C，并插入一根细管，通过它，各种待测气体可以小气压注入到烧瓶中，补偿由于空气阻尼引起振动物体振幅的衰减。

在玻璃管 B 的中央开设有一个小孔，当钢球 A 处于小孔下方的半个振动周期时，注入气体使容器的内压力增大，引起钢球 A 向上移动；而当钢球 A 处于小孔上方的半个振动周期时，容器内的气体将通过小孔流出，使钢球下沉。重复上述过程，只要适当控制注入气体的流量，钢球 A 就能在玻璃管 B 的小孔处作上下简谐振动。

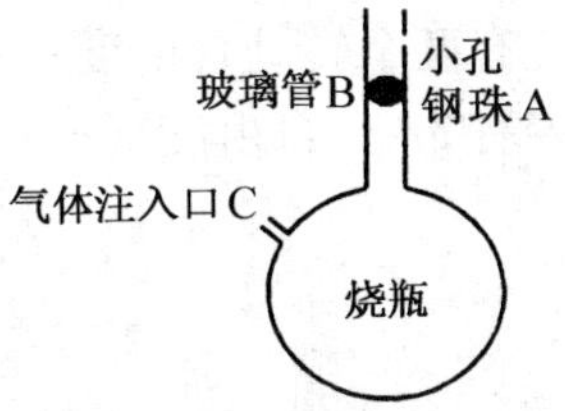

玻璃管B
小孔
钢珠A
气体注入口C
烧瓶

图 3-3　实验装置图

钢球 A 的质量为 m，直径为 d（玻璃管横截面积为 $S = \pi d^2/4$），当瓶子内压力 p 满足下面条件时，钢球 A 处于力平衡状态，即

$$Sp = Sp_0 + mg \tag{3-17}$$

式中，p_0 为大气压力。

现使钢球向上偏离平衡位置一个小位移 y，则容器内气体体积变化为

$$dV = \pi r^2 y \tag{3-18}$$

由于钢球运动过程相当快，位移量 y 足够小，可以将待测气体的热力学过程近似为绝热准静态过程，由绝热方程

$$pV^{\gamma} = 常数$$

得

$$\frac{\mathrm{d}p}{p} + \gamma \frac{\mathrm{d}V}{V} = 0 \tag{3-19}$$

由此，钢球将受到一个很小的向下合力 F，忽略摩擦力，得

$$F = S\mathrm{d}p$$

考虑到式（3-18）和式（3-19），得

$$F = -\gamma S^2 p \frac{y}{V}$$

记为

$$k = \gamma S^2 \frac{p}{V}$$

上式可以写为

$$F = -ky$$

即 F 与 y 成正比，且方向相反。可见钢球将在平衡位置附近上、下作简谐振动，周期为 $T_{简谐}$

$$T_{简谐} = 2\pi\sqrt{\frac{m}{k}} = 2\pi\sqrt{\frac{mV}{\gamma S^2 p}} \tag{3-20}$$

所以

$$\gamma = \frac{4\pi^2 mV}{S^2 p T_{简谐}^2} \tag{3-21}$$

式中各量均可方便测得，因而可算出 γ 值。

由气体运动论可以知道，γ 值与气体分子的自由度数有关。单原子分子（如氩）只有三个平动自由度，双原子分子（如氮）在常温下除了上述三个平动自由度外还有两个转动自由度（振动自由度忽略不计，即视为刚性分子），多原子分子最多有 $3n$ 个自由度（n 为原子数）。比热容比 γ 与自由度 f 的关系为

$$\gamma = \frac{c_p}{c_V} = \frac{\frac{f}{2}RT + RT}{\frac{f}{2}RT} = \frac{f+2}{f}$$

理论上可得出：

单原子分子（如 Ar，He） $f=3$ $\gamma = \frac{3+2}{3} = 1.67$

刚性双原子分子（如 N_2，H_2，O_2） $f=5$ $\gamma = \frac{5+2}{5} = 1.40$

刚性多原子分子（如 CO_2，CH_4） $f=6$ $\gamma = \frac{6+2}{6} = 1.33$

【实验仪器】

BR-1 型气体比热容比测定仪、千分尺、数字天平或物理天平和气压计等。

【实验内容】

(1) 利用小气泵作为气源，测定空气的比热容比（可近似为双原子分子），并与理论值比较，求百分比误差。

(2) 更换烧瓶中的气体，分别测定单原子分子、多原子分子的比热容比。

振动周期可以利用光电计时装置来测得，要求重复测量五次。

烧瓶体积为 2640cm^3。$760\text{mmHg} = 1.013 \times 10^5\text{Pa}$。

【注意事项】

BR-1 型气体比热容比测定仪主要由高精度玻璃容器组和计时仪器组成，实验中应注意轻拿轻放。烧瓶离桌面约 10cm，以方便调节底座螺钉使玻璃管 B 垂直。小钢球表面不允许擦伤，平时它停留在玻璃管的下方（用弹簧托住）。若要将振动物体取出，只需在它振动时，用手指将玻璃管壁上的小孔堵住，稍稍加大气体流量钢球便会上浮到管子上方开口处，可方便地取出；也可将此管由瓶上取下，将球倒出来。光电门位置与玻璃管 B 上的小孔基本在同一高度，并使管子处于光电发射管与接收管连线中央。适当调节针型调节阀和气泵上气量调节旋钮，可使小钢球在玻璃管中以小孔为中心上下振动。

【预习思考题】

(1) 怎样测定式（3-21）中烧瓶内的压强 p？

(2) 玻璃管 B 的中央开设的小孔起什么作用？

【思考题】

(1) 玻璃管 B 不严格垂直是否会影响测量结果？

(2) 怎样测量式（3-21）中烧瓶的体积 V？

实验 34　动态法测弹性模量

弹性模量的测量方法有静态法和动态法。静态法是对试件施加静力，测量试件的形变，仅仅应用于小形变、精度要求低的情况；动态法对试件施加周期性外力，使试件快速而周期性地变形，测量其弹性模量，应用于精度高、非破坏性情况。声学共振法是动态法的一种，本实验测量弹性模量的方法是应用声学共振法的实例。

【实验目的】

(1) 通过实验了解声学共振的基本原理、条件和现象。

（2）学会有关仪器的使用。

（3）用声学共振法测定铜、钢铁等棒材的弹性模量。

【实验原理】

“动力学法测弹性模量”是用国家标准（GB/T2105—91）推荐的测量弹性模量的方法，即将棒状样品悬挂或支撑起来，用声学的方法测出其作弯曲振动时的共振频率，从而可得到其弹性模量。

棒的振动分纵、横及扭振动。纵振动时棒上各质点运动方向和棒轴（振动传播方向）平行；横振动质点运动方向和棒轴垂直；而扭振动时质点绕轴转动。本实验采用横振动声学共振法测量铜棒等材料常温下的弹性模量。

当具有圆形截面的细长棒作弯曲振动时，根据牛顿第二定律，满足下列动力学方程：

$$\frac{\partial^2 \eta}{\partial t^2}+\frac{EJ\partial^4 \eta}{\rho S\partial x^4}=0 \tag{3-22}$$

棒轴线沿 x 方向，式中 η 为棒 x 处截面的 z 方向位移，见图3-4；E 为该棒的弹性模量；ρ 为材料密度；S 为棒的横截面积；J 为某一截面的惯性矩，$J=\iint_s z^2\mathrm{d}S$。用分离变量法解此方程，设悬线置于节点处，两端自由的条件下得到

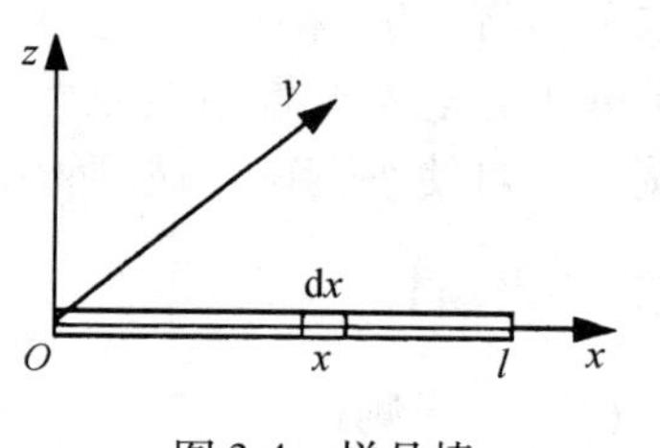

图3-4 样品棒

$$E=\frac{4^4 l^3 m f_n^2}{\pi^3 d^4 \beta_n^4} \tag{3-23}$$

理论推导表明，杆的横振动节点与振动级次有关，β_n 值第1，3，5…数值对应于对称形振动，第2，4，6…数值对应于反对称形振动。理论和实验可以得出 $\beta_1=1.5056$（$n=1$）；$\beta_2=2.4997$（$n=2$）；$\beta_3=n+0.5$（$n\geqslant3$）。最低级次的对称振动波形如图3-5所示，弹性模量为

$$E=1.6067\frac{l^3 m}{d^4}f^2 \tag{3-24}$$

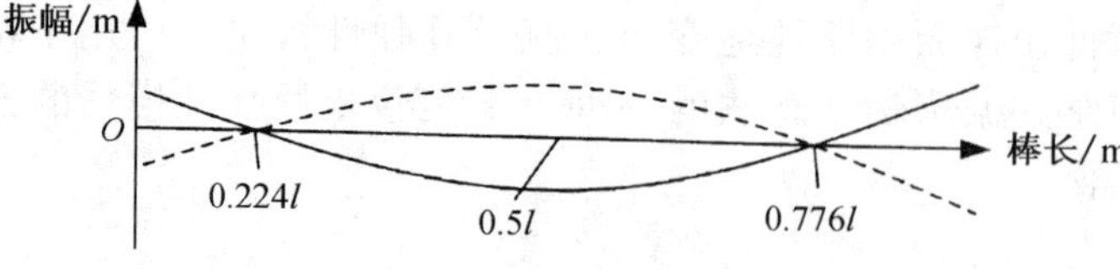

图3-5 声波振动图

式中，m 为棒的质量；d 为直径；l 为长度（$d \ll l$）；f 为在温度 θ℃时的基频固有频率。只要测出试样棒的直径 d、长度 l、质量 m、弯曲振动的基频固有频率 f，即可定出温度为 θ℃时的弹性模量。

需要指出，样品的固有频率 f 和共振频率 f' 是不同的两个概念，只是在本实验中，两者相差极小，所以式（3-23）中的固有频率 f 在数值上用样品的共振频率替代。

【实验仪器】

实验装置原理图如图 3-6 所示，被测试样品被两根连接换能器上面的细金属丝支撑。将电信号加在激发换能器上，使其膜片振动，通过固定在膜片中心的细金属丝激发试样品振动，试样品的振动通过接受端的细金属悬丝传给接受换能器并将试样的振动转变为电信号输出。改变激发端信号的频率，当该频率与试样棒的弯曲振动基频固有频率一致时，试样棒振动最强烈，拾振器输出电信号最大，由此可测出 f。

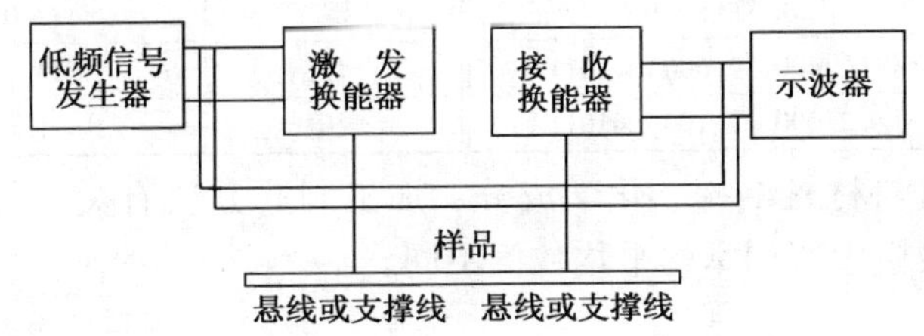

图 3-6　实验原理示意图

【实验内容】

（1）认真阅读测试仪说明和有关资料，按图 3-6 正确连接动态法弹性模量测试仪装置。按理论计算找出节点位置 x（悬点或支撑点的位置应在哪里?）（见表 3-1）。

注意：信号发生器输出两条引线不能短路，输出衰减置于最大以后，才能接通电源。

（2）鉴别样品的共振峰

可采用示波器观察、频率计测量节点数目 n 等方法。

（3）用适当的仪器测量样品参数：质量、长度、直径。

（4）测量共振频率。样品必须置于节点附近，测量样品共振阶数 $n=1\sim5$ 对应的频率 f_n。

（5）计算对应样品试件的弹性模量 E，与理论值（见表 3-2）进行比较，进行误差分析。

（*6）采用内插法求出样品的基频对称节点位置，并与理论值进行比较。

表 3-1 悬点或支撑点理论参考位置

n	1	2	3	4	5
x/l①	0.224	0.132	0.094	0.074	0.060
	0.766	0.500	0.356	0.277	0.227
		0.868	0.644	0.500	0.409
			0.906	0.723	0.591
				0.926	0.774
					0.940

① x 悬点或支撑点离开端点长度，l 为给定试件长度。

表 3-2 在 20℃时某些金属的弹性模量

金 属	弹性模量/$N \cdot m^2$	金 属	弹性模量/$N \cdot m^2$
铝	(7.000 ~ 7.100) ×1010	钨	(1.900 ~ 2.100) ×1011
铁	4.150 × 10^{11}	铜	(1.050 ~ 1.300) ×1011
金	7.900 ×1011	银	(7.000 ~ 8.200) ×1011
锌	8.000 ×1011	镍	2.050 ×1011
铬	(2.400 ~ 2.500) ×1011	合金钢	(2.100 ~ 2.200) ×1011
碳钢	(2.000 ~ 2.100) ×1011	康铜	1.630 ×1011

弹性模量值与材料结构、化学成分、加工制造方法有关，某些情况下，测量数值可能与表格中所列举的平均数值不同。

【注意事项】

（1）认真参阅教材，熟悉仪器使用，按信号源要求衰减后输出（＊使用功率输出，幅度调节器逆时针调节到头），以免烧坏换能器。

（2）注意按照实验步骤，先接线、后接通电源。

（3）仪器使用和调整要细心，轻轻按钮，谨防损坏。

【思考题】

（1）用声学共振法测定铜棒弹性模量的基本依据是什么，动态法测量有何特点?

（2）试件共振时，信号发生器频率和试件的固有频率是否完全一致?如何鉴别假振和准确共振?

【应用】（见附录 B-12）

实验35　声速的测定

声波是一种在弹性媒质中传播的纵波。声速是描述声波传播快慢的物理量，对声速的测量，尤其是对超声声速的测量是声学技术的重要内容，在医学、测距等方面都有重要意义。

【实验目的】

（1）学会用位相法测声速。

（2）利用李萨如图形测位相差。

【实验原理】

1. 位相法测声速

实验装置如图3-7所示。S_1、S_2是两个压电晶体换能器，一个用来发射声波，一个用来接受声波。假定以S_1发出的超声波经过一段时间传到S_2，S_1和S_2之间的距离为L，那么，S_1和S_2处的声波位相差$\varphi = 2\pi L/\lambda$，如果$L = n\lambda$（n为正整数），则$\varphi = 2n\pi$，若能测出位相差φ，就可得到波长，再用频率计测出波源的频率，则声速c可测得。

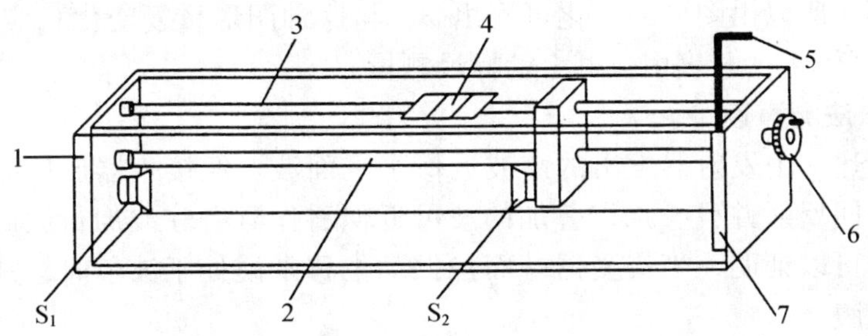

图3-7　位相法测声速的实验装置

1—有机玻璃水槽　2—螺杆　3—数显尺杆　4—数显表头　5—皮管　6—鼓轮

7—液体进出通道　S_1、S_2—压电陶瓷换能器

2. 用李萨如图形测位相差

将送给S_1的输入信号接至示波器X轴，S_2接收到的信号接至示波器Y轴。设输入X轴的入射波的振动方程为

$$x = A_1\cos(\omega t + \varphi_1)$$

则Y轴接收到的S_2波形其振动方程为

$$y = A_2\cos(\omega t + \varphi_2)$$

合成振动方程为

$$\frac{x^2}{A_1^2}+\frac{y^2}{A_2^2}-\frac{2xy}{A_1A_2}\cos(\varphi_2-\varphi_1)=\sin^2(\varphi_2-\varphi_1) \tag{3-25}$$

此方程轨迹为椭圆，椭圆长短轴和方位由位相差（$\varphi_2-\varphi_1$）决定。若 $\varphi=0$，则轨迹为图 3-8a 所示的直线，若 $\varphi=\pi/2$，则轨迹为以坐标轴为主轴的椭圆，如图 3-8b 所示，若 $\varphi=\pi$，则轨迹如图 3-8c 的直线。

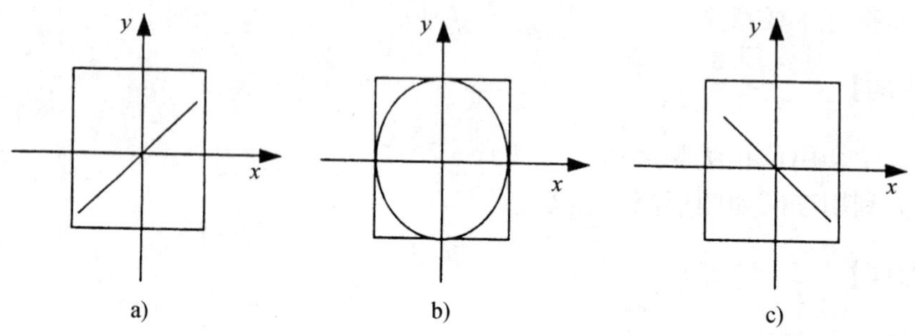

图 3-8 李萨如图形

因为 $\varphi=2\pi\dfrac{L}{\lambda}=2\pi\dfrac{L}{c}f$（$f$ 为超声波的频率），若 S_2 离开 S_1 的距离为 $L=S_2-S_1=\lambda/2$，则 $\varphi=\pi$，随着 S_2 的移动，随之而在 $0\to\pi$ 内变化，李萨如图形也随之而如图 3-8 中由图 a→图 b→图 c 的变化，φ 每变化 π，就会出现图 a 和图 c 的重复图形，所以由图形的变化可测出 φ，与这种图形重复变化相应的 S_2 移动的距离为 $\lambda/2$。L 的长度由仪器上的标尺测量。

3. 共振法测声速

如前所述，由发射器发出的声波近似于平面波。经接收器反射后，波将在两端面间来回反射并且叠加，叠加的波可近似看作具有驻波加行波的特征。由纵波的性质可以证明，当接受器端面按振动位移来说处于波节时，则按声压来说是处于波腹。

当发生共振时，接收器端面近似为波节，接收到的声压最大，经接收器转换成的电信号也最强，声压变化和接收器位置的关系可从实验中测出，当接收器端面移动到某个共振位置时，示波器上出现了最强的电信号，如果继续移动接收器，将再次出现较强的电信号，则两次共振位置之间的距离即为 $\lambda/2$（见图 3-9）。因此，只要测得相邻两波腹（或波节）的位置 x_n、x_{n+1}，即可得 $\lambda=2|x_{n+1}-x_n|$。

4. 时差法测声速

时差法测声速的基本原理是：

$$c=L/t \tag{3-26}$$

c 是声速；L 是声音传播的距离；t 是声音传播的时间。通过在已知的距离内测量声波传播的时间，从而计算出声波的传播速度。

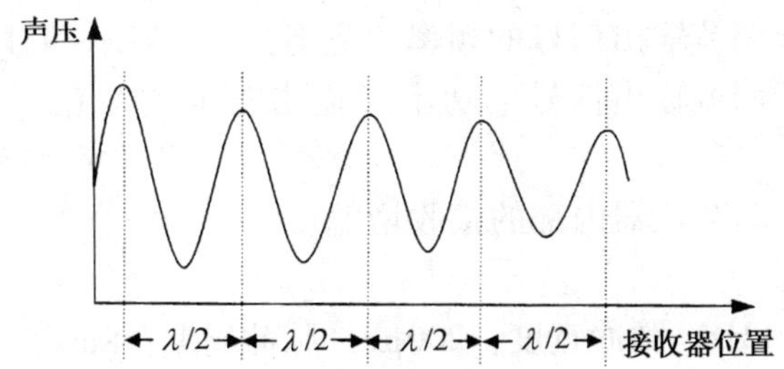

图 3-9　声压变化与接收器位置的关系

5. 超声波的发射与接收—压电换能器

发射或接收超声的器件叫超声换能器。换能的含义是把一种形式的能量，如声、光、电、热等形式之一，转换成另一种形式。超声换能器所转换的对象显然是超声，有些种类的换能器既可产生超声，又可不加改变而接收超声，这类换能器称为可逆超声换能器。

压电换能器是目前最常用的可逆超声换能器，它在发射和接收中都占有独特的地位。本实验采用压电陶瓷超声换能器来实现声压和电压之间的转换，这类声速测量仪是利用压电体的逆压电效应，即在信号发生器产生的交变电压下，使压电体产生机械振动而在空气中激发出声波，仪器采用锆钛酸铅（或钛酸钡）制成的压电陶瓷管，将它粘接在合金铝制成的阶梯形变幅杆上，并与信号发生器连接组成声波发生器，如图 3-10 所示。

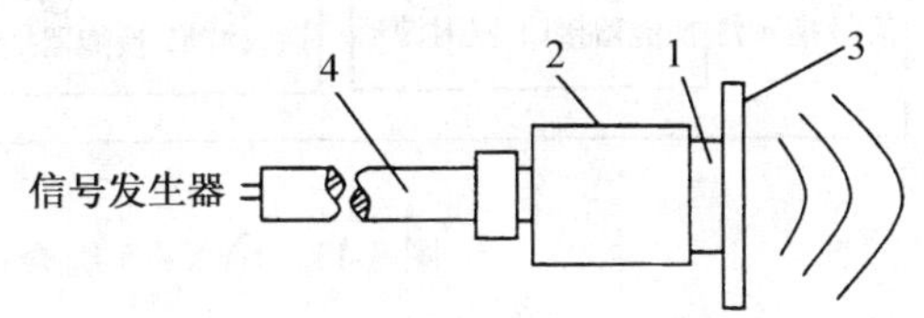

图 3-10　压电换能器

1—压电陶瓷管　2—变幅杆　3—增强片　4—缆线

压电陶瓷处于一交变电场时，会发生周期性的伸长与缩短。当交变电场频率与压电陶瓷管的固有频率相同时振幅最大。这个振动又被传递给变幅杆，使它产生沿轴向的振动，于是变幅杆的端面在空气中激发出声波。本仪器的压电陶瓷的振荡频率在 40kHz 左右，相应的超声波波长约为几毫米。它的波长短，定向发射性能好。而变幅杆端面直径（为扩大直径另加一个环行薄片）比波长大很多，可近似地认为在发射面远处的声波是平面波。

【实验仪器】

（1）4325 型示波器

（2）SVX—5 综合声速测试仪

调节旋钮的作用：

信号频率：用于调节输出信号的频率，范围为：25kHz～45Hz。

发射强度：用于调节输出信号电功率（输出电压最大 U_{P-P} 为18V，输出电压最大为：5W）。

接收增益：用于调节仪器内部的接收增益。

脉冲调制信号源：

信号频率：36.5kHz；脉冲宽度：200μs；脉冲周期：8ms。

计数定时器：定时范围：1μs～1s；分辨率：1μs。

（3）温度计

（4）SVX—5 型综合声速测试仪（见图3-11）

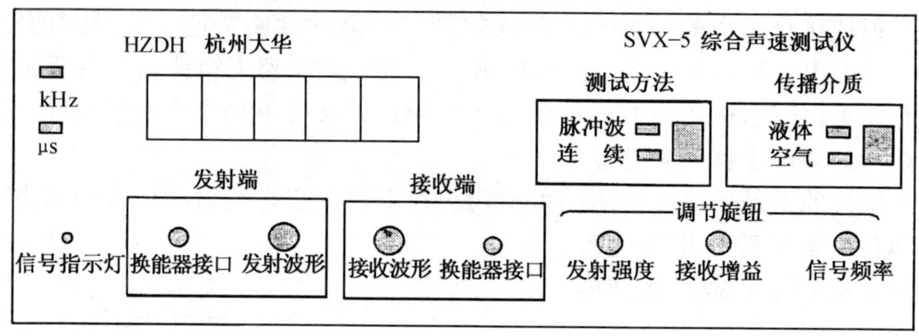

图3-11 SVX—5 综合声速测试仪

其技术特性为：

1）配对压电陶瓷换能器谐振频率为：（35±5）kHz；可承受的电功率大于10W；

2）两换能器之间的测试距离：50～320mm。

（5）电子数显横式标尺（见图3-12）

技术指标

分辨率：0.01mm 工作电源：锌银扣式电池1粒 型号 SR44 电压：1.55V

测量速度：≤1.5m/s 工作条件：温度0～+40℃；

功能：

1）任意位置置零。

2）任意位置米英制转换。

3）使用专用连接线，可将数据输入专用打印机。

4）接口工作方式：同步串行。

5）数据：二进制编码，宽度24位，每个数据发送两次，周期300ms（快显

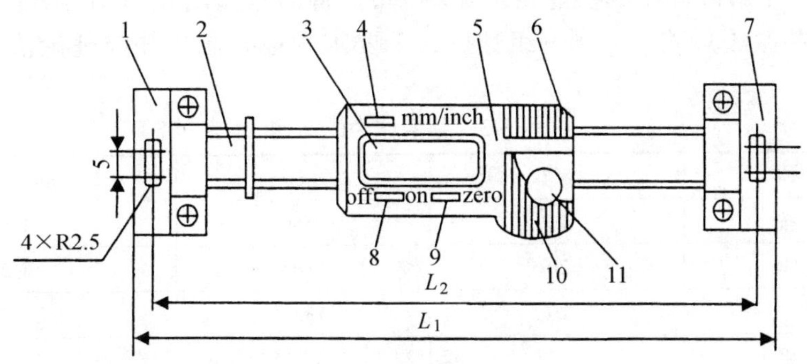

图 3-12　电子数显横式标尺

1—左支架　2—尺杆　3—显示屏（LCD）　4—米英制转换键（inch/mm）　5—尺框　6—数据输出口　7—右支架　8—开关键（ON/OFF）　9—置零键（ZERO）　10—电池盖　11—锌银扣式电池（SR44）

状态 20ms），传输时间 0.5ms。引线四根。自左至右依次为电源 -、数据 D、时钟 CP、电源 +。

6）数据脉冲幅度：0 电平≤0.2V，1 电平≥1.3V。

7）时钟 CP：90kHz，高电平有效。

【实验内容】

（1）按图 3-13 连好线路。将测试方法设置到连续波方式，测量声波在空气中的速度。将信号源的发射信号与压电换能器接受的信号分别接至示波器的 X、Y 输入端，了解一下压电陶瓷谐振频率 f，将信号输出频率调至 f 附近，将 S_2 靠拢 S_1，移动刻度鼓轮，使 S_2 缓慢离开 S_1，当示波器屏上出现图 3-8a 中 45°斜线时，记下此时的位置 x_1，继续缓慢移动 S_2，记下示波器上曲线由图 3-8 的图 a 变为图 c，再由图 c 变为图 a 时数显尺上的读数 x_2、x_3、…、x_{12}，同时记下相应的频率 f。

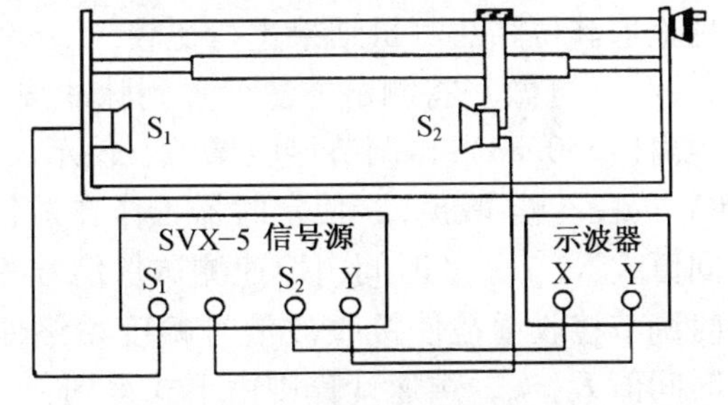

图 3-13　实验连线示意图

用逐差法处理数据，求出超声波的波长；求频率的平均值，由 $c=f\lambda$ 式计算声速。记下室温 t，根据理论公式 $c_{理}=c_0\sqrt{T/T_0}$ 计算声速。

其中 c_0 为 $T_0=273.15\text{K}$ 时的声速，$c_0=331.45\text{m/s}$，$T=t+273.15\text{K}$，最后求测量值与理论值的百分误差。

（2）（选做）将测试方法设置到连续波方式，测量声波在液体（水、油等）

中的速度。了解液体中的换能器谐振频率f，将信号输出频率调至f附近，用位相法（或共振法）测量一到三组数据，不要求用逐差法，并与理论值（见表3-3）比较。

表3-3　纯液体中的声速

液　体	t_0/℃	c/（m/s）	α[①]/［m/（s·K）］
苯　胺	20	1656	-4.6
丙　酮	20	1192	-5.5
苯	20	1326	-5.2
海　水	17	1510—1550	/
普通水	25	1497	2.5
甘　油	20	1923	-1.8
煤　油	34	1295	/
甲　醇	20	1123	-3.3
乙　醇	20	1180	-3.6

①　α为温度系数，对于其他温度t的速度可按公式$v_t=v+\alpha(t-t_0)$计算。

（3）（选做）将测试方法设置到连续波方式，用共振法测量声速。此时接至示波器Y_1、Y_2输入端，可在示波器上看到正弦波振幅的变化，移到第一次振幅较大处，再仔细调节频率f，使示波器上图形振幅达到最大，观察共振信号，记下共振时的频率f，按原理中所述的方法进行波长测量，并用逐差法计算速度，与理论值和位相法测量结果进行比较。

（4）（选做）将测试方法设置到脉冲波方式。将S_1和S_2之间的距离调到一定距离（≥50mm），再调节接收增益，使示波器上显示的接收波信号幅度在300～400V左右（峰-峰值），使定时器工作在最佳状态。记录此时的距离值和显示的时间值L_{i-1}，t_{i-1}（时间由声速测试仪信号源时间显示窗口直接读出）。移动S_2，同时调节接收增益使接收波信号幅度始终保持一致。记录此时的距离值和显示的时间值L_i，t_i，声速计算则由下式得到：

$$c_i=(L_i-L_{i-1})/(t_i-t_{i-1})$$

【预习思考题】

（1）位相法如何测声速？具体都测哪些物理量？

（2）什么是逐差法？它的优点是什么？在什么情况下才能使用它？

【思考题】

（1）怎样判断压电陶瓷处于共振状态？

（2）为什么换能器要在谐振频率条件下进行声速测定？

（3）分析实验结果误差的产生原因。

【注意事项】

（1）在测试槽内注入液体时一定要用液体进出通道。

（2）严禁将液体滴到数显尺杆和数显表头内，如若不慎将液体滴到其上，用 70℃以下的温度将其烘干。

【应用】（见附录 B-13）

实验 36　Chua's Circuit 混沌实验

非线性动力学、分岔以及混沌现象的研究是近 20 年来科学界研究的热门课题。混沌理论涉及物理学、数学、生物学、计算机科学、电子学以及经济学等领域，应用极为广泛，它与相对论以及量子力学同被列为 20 世纪最伟大的发现和科学传世之作。量子力学质疑微观世界的物理因果律，而混沌理论则紧接着否定了包括巨观世界拉普拉斯（Laplace）式的决定型因果律。

混沌现象与系统的非线性紧密相关，在非线性振荡电路中，往往伴随着混沌现象的出现。本实验通过 Chua's Circuit 观察到混沌的分形、单吸引子和双吸引子等现象，从而可以直观地了解混沌理论。

【实验目的】

（1）了解混沌产生的机理与特性。

（2）了解并观察混沌的分形。

（3）了解并观察混沌吸引子的自相似现象。

【实验原理】

在混沌理论提出前，经典动力学的传统观点认为：系统的长期行为对初始条件是不敏感的，即初始条件的微小变化对未来状态所造成的差别也是很微小的。20 世纪 70 年代法国气象学家 Edward Lorenz 在利用计算机预测天气时发现：天气的长期行为对初始条件非常敏感，即初始条件的微小变化对未来天气所造成的差别也是不可思议的，一只蝴蝶在巴西扇动翅膀，有可能会在美国的德克萨斯引起一场龙卷风。这就是混沌学中著名的“蝴蝶效应”。

混沌的原意是指无序和混乱的状态（混沌译自英文 Chaos）。目前，科学家给混沌下的定义是：混沌是指发生在确定性系统中的貌似随机的不规则运动，一个确定性理论描述的系统，其行为却表现为不确定性，不可重复，不可预测，这就是混沌现象。进一步研究表明，混沌是非线性动力系统的固有特性，是非线性系统普遍存在的现象。

牛顿确定性理论能够充分处理多维线性系统，而线性系统大多是由非线性系统简化来的。在现实生活和实际工程技术问题中，混沌是无处不在的：袅绕上升的烟雾、爆裂成狂乱的烟涡、风中来回摆动的旗帜、水龙头由稳定的滴漏变得凌乱等。混沌也出现在天气变化、高速公路上车群的拥塞、地下油管的传输流动中。不论以什么作为介质，所有的行为都遵循这条新发现的法则。这种体会也开始影响企业家对保险的决策、天文学家对太阳系的观测及政治学者讨论武力冲突压力的方式。

这些表面上看起来无规律、不可预测的现象，实际上有它自己的规律，混沌学的任务就是寻求混沌现象的规律，加以处理和应用。20世纪60年代混沌学的研究热悄然兴起，渗透到物理学、化学、生物学、生态学、力学、气象学、经济学以及社会学等诸多领域，成为一门新兴学科。

混沌理论有以下三个关键的概念：

（1）对初始条件的敏感依赖性

这一特征常被称作“蝴蝶效应（Butterfly Effect）”，这是一个比喻，它表明，混沌系统对其初始条件异常敏感，以至于最初状态的轻微变化能导致不成比例的巨大后果。依据混沌理论，一个小误差或差异是系统向着理想状态转化的基本因素。

此特征直接与不确定性及不可预测性相关。因为初始条件是不稳定和不为人知的，故不能预测这一不成比例的过程将产生什么效果。同样，对初始条件的敏感依赖性也包含着非线性特征，即系统某一部分中的微小混乱所产生的后果，能导致系统其他部分的巨大变化。故没有任何两种结果是相似的。

（2）分形（Fractals）

分形是著名数学家曼德尔布诺特（Mandelbrot，1980）创立的分形几何理论的重要概念，意为系统在不同标度下具有自相似性质。而自相似性则是跨尺度的对称性，它意味着递归，即在一个模式内部还有一个模式。从整体上看，分形几何图形是处处不规则的。例如，海岸线和山川形状，从远距离观察，其形状是极不规则的。在不同尺度上，图形的规则性又是相同的。上述的海岸线和山川形状，从近距离观察，其局部形状又和整体形态相似，它们从整体到局部，都是自相似的。由于系统特征具有跨标度的重复性，所以可产生出具有结构和规则的隐蔽的有序模式。由此，分形具有两个普通特征：第一，它们自始至终都是不规则的；第二，在不同尺度上，不规则程度却是一个常量。

（3）奇异吸引子（Strange attractors）

吸引子是系统被吸引并最终固定于某一状态的性态。有三种不同的吸引子控制和限制物体的运动程度：点吸引子、极限环吸引子和奇异吸引子（即混沌吸引子或洛仑兹吸引子）。点吸引子与极限环吸引子都起着限制的作用以便系统的性态呈现出静态的、平衡性特征，故它们也叫做收敛性吸引子。而奇异吸引子则与前二者不同，它使系统偏离收敛性吸引子的区域而导向不同的性态。它通过诱发系统的活力，使其变为非预设模式，从而创造了不可预测性。依此看来，宇宙也受到各种变量的束缚，这些变量对宇宙的活动加以限制，但并不总是允许人们作出简单的预测。总之，正是一个系统的两个相反行为（收敛性吸引子与奇异吸引子）之间的相互作用与张力触发了一个局部丰富多样的复杂的巨大模式。

Chua's Circuit 是如图 3-14 所示的一个非线性电路，由两个电容、一个电感、一个线性电阻和一个用运算放大器做成的非线性电阻组成，根据克希荷夫定律，可得到一微分方程组

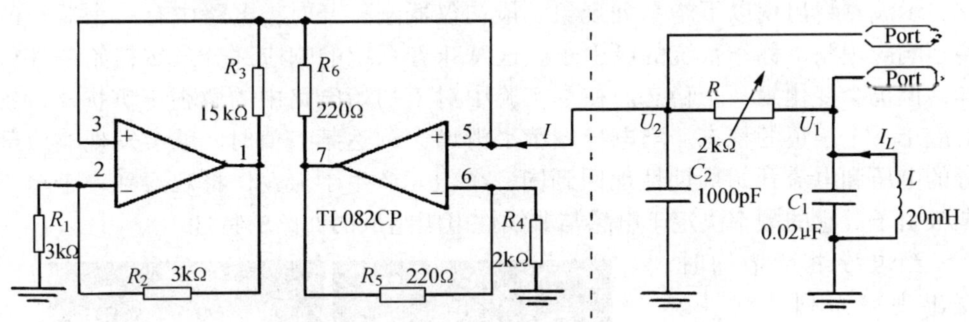

图 3-14 Chua's Circuit 非线性电路

$$
\begin{cases}
C_1 \dfrac{\mathrm{d}U_1}{\mathrm{d}t} = \dfrac{1}{R}(U_2 - U_1) + I_L \\
C_2 \dfrac{\mathrm{d}U_2}{\mathrm{d}t} = \dfrac{1}{R}(U_1 - U_2) - f(U_2) \\
L \dfrac{\mathrm{d}I_L}{\mathrm{d}t} = -U_1
\end{cases}
\tag{3-27}
$$

其中，$I = f(U_R) = G_b U_R + 1/2(G_a - G_b)(|U_R + B_P| - |U_R - B_P|)$，非线性电阻的 $U-I$ 特性曲线如图 3-15 所示，G_a、G_b 为斜率，$G_a = -\dfrac{R_2}{R_1 R_3} - \dfrac{R_5}{R_4 R_6}$，$G_b = -\dfrac{R_2}{R_1 R_3} + \dfrac{1}{R_6}$，转折点位于 $U_R = B_P = \dfrac{R_4}{R_4 R_5} E_{sat}$（$E_{sat}$ 是运放饱和电压）和 $U_R = -B_P$。

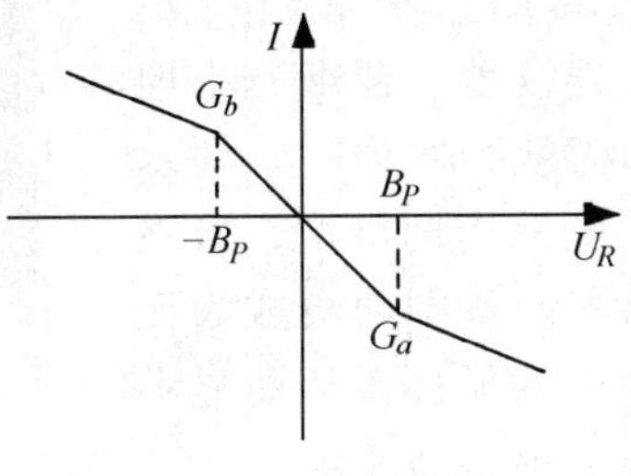

图 3-15 $U-I$ 特性曲线

这里非线性电阻与线性电阻相比，$U-I$ 特性曲线不再是一条直线。对系统来说，线性关系是互不相干的独立贡献，而非线性则是相互作用，正是这种相互作用，使得整体不再是简单地等于部分之和，而可能出现不同于“线性叠加”的增益或亏损。线性关系保持信号的频率成分不变，而非线性则使频率结构发生变化。只要存在非线性，哪怕是任意小的非线性，就会出现和频、差频、倍频等成分。非线性是引起行为突变的原因，对线性的微小偏离，一般并不引起行为突变，而且可以从原来的线性情况出发，用修正的线性理论去描述和理解。但当非线性大到一定程度时，系统行为就可能发生突变。非线性系统往往在一系列参量阈值（参量阈值指系统参量达到此临界值时才出现突变行为）上发生突变，每次突变都伴随着某种新的频率成分，系统最终进入混沌状态。

在 Chua’s Circuit 中，只要改变 C_1、C_2、R、L 等参数便可以观察到不同周期的周期轨道或混沌（chaos）轨道。该实验中保持 C_1、C_2、L 不变，随 R 的变化，示波器将出现以下一系列现象。最初仪器刚打开时，电路中有一个短暂的稳态响应现象，称作系统的吸引子。这意味着系统的响应部分虽然初始条件各异，但仍会变化到一个稳态。在本实验中对于初始电路中的微小正负扰动，各对应于一个正负的稳态。当电导继续平滑增大到达某一值时，就会发现响应部分的电压和电流开始周期性地回到同一个值，产生了振荡，将观察到一个单周期吸引子。它的频率决定于电感与非线性电阻组成的回路的特性。

当电导继续增加时，将出现一系列非线性现象，如图3-16所示。先是电路中产生了一个不连续的变化：电流各电压的振荡周期变成了原来的二倍，也称分岔。继续增加电导，还会发现二周期倍增到四周期，四周期倍增到八周期。如果精度足够，连续地、越来越小地调节时就会发现一系列永无止境地周期倍增，最终在有限的范围内会成为无穷周期的循环，从而显示出混沌吸引的性质。

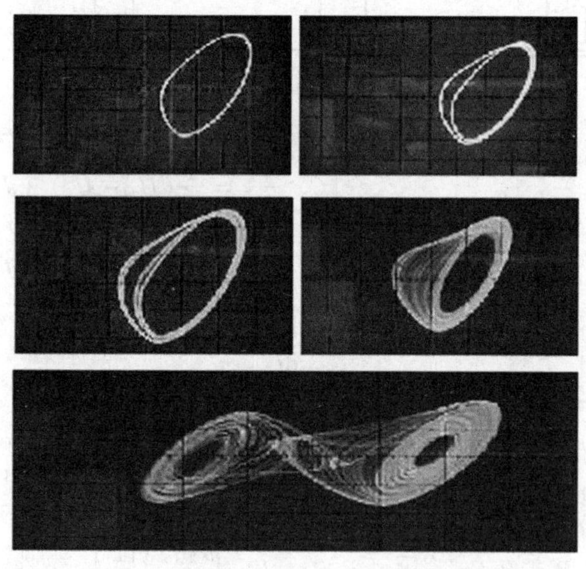

图3-16　具有不同吸引子的混沌现象

在实验中，很容易观察到倍周期和四周期现象。再有一点变化，就会导致一个单漩涡状的混沌吸引子。较明显的是三周期窗口。观察到这些窗口表明了得到的是混沌的解，而不是噪声。调节到最后，将看到吸引子突然充满了原本两个吸引子所占据的空间，形成了双旋涡混沌吸引子。

【实验内容】

（1）用示波器观察 Chua’s Circuit 的两路信号的垂直振动合成，调整 R，出现混沌现象，观察混沌的分形、奇异吸引子。

（2）调整 R，使示波器出现李萨如图形。缓慢改变 R，使图形逐趋混沌，描绘出不同阶段示波器的图形，并记录 R 的范围。

（3）观察图形随 R 的变化，比较图形在不同阶段时 R 的取值，得出结论，并指出图形出现混沌现象时其特点。

【预习思考题】

（1）列举日常中的混沌现象，并指出这些现象的分形、奇异吸引子。

（2）以海岸线和山川形状为例指出分形的特征。

【思考题】

（1）混沌产生的实质是什么?

（2）试述混沌理论和量子力学对粉碎决定性因果律的异同。

实验 37　光电效应和普朗克常量的测定

当一定频率的光照射在金属或其化合物表面上时，光的能量仅有部分以热的形式被金属吸收，而另一部分则转化为金属中某些电子的能量，使这些电子能从金属表面逸出，这种现象叫做光电效应（photoelectric effect)，所逸出的电子称为光电子。在光电效应中，光显示出了粒子性，通过本实验，有助于认识光的本质，对理解光电倍增管、光电二极管、光电池等光检测器件的工作原理也有很大的帮助。

1887 年赫兹在用两个电极做电磁波的发射与接收的实验中，发现当紫外光照射到接收电极的负极时，接收电极间更易于产生放电。此后不久，斯托列托夫对这一现象进行了长时间的研究，总结出了一系列实验规律，而经典的电磁波理论无法解释光电效应的实验规律。1905 年，爱因斯坦在普朗克量子假设基础上，给出了光电效应方程，成功地解释了光电效应的全部实验规律。1916 年，密立根以精确的光电效应实验证实了光电效应方程，并测定了普朗克常量，测量值与现在的公认值仅相差 0. 9%。爱因斯坦和密立根都因在光电效应等方面的杰出贡献，分别于1921年和1923年获得诺贝尔物理学奖。

【实验目的】

（1）了解光电效应的规律，加深对光的量子性的理解。

（2）自行调节光路，测量普朗克常量 h 并学会用作图法处理数据。

【实验原理】

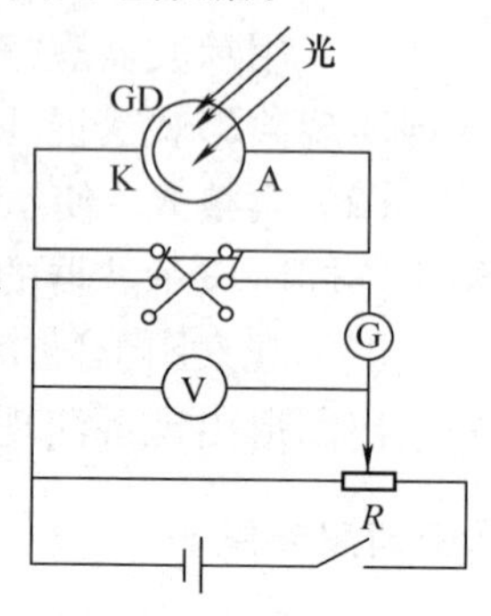

图3-17 光电效应实验原理图

光电效应的实验原理如图3-17所示。入射光照射到光电管阴极K上，产生的光电子在电场的作用下向阳极A迁移构成光电流，改变外加电压 U_{AK}，测量出光电流 I 的大小，即可得出光电管的伏安特性曲线。

光电效应的基本实验事实如下：

（1）对应于某一频率，光电效应的 I-U_{AK} 关系如图3-18所示。从图中可见，对一定的频率，有一电压 U_0，当 $U_{AK} \leqslant U_0$ 时，电流为零，这个相对于阴极的负值的阳极电压 U_0，被称为截止电压。

（2）当 $U_{AK} \geqslant U_0$ 后，I 迅速增加，然后趋于饱和，饱和光电流 I_m 的大小与入射光的强度 P 成正比。

（3）对于不同频率的光，其截止电压的值不同，如图3-19所示。

（4）作截止电压 U_0 与频率 ν 的关系如图3-20所示。U_0 与 ν 成正比关系。当入射光频率低于某极限值 ν_0（ν_0 随不同金属而异）时，不论光的强度如何，照射时间多长，都没有光电流产生。

（5）光电效应是瞬时效应。即使入射光的强度非常微弱，只要频率大于 ν_0，在开始照射后立即有光电子产生，所经过的时间至多为 10^{-9}s 的数量级。

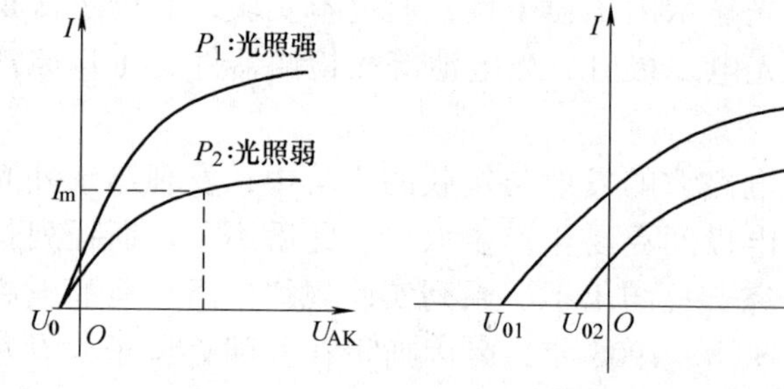

图3-18 同一频率不同光强时光电管的伏安特性曲线

图3-19 不同频率是光电管的伏安特性曲线

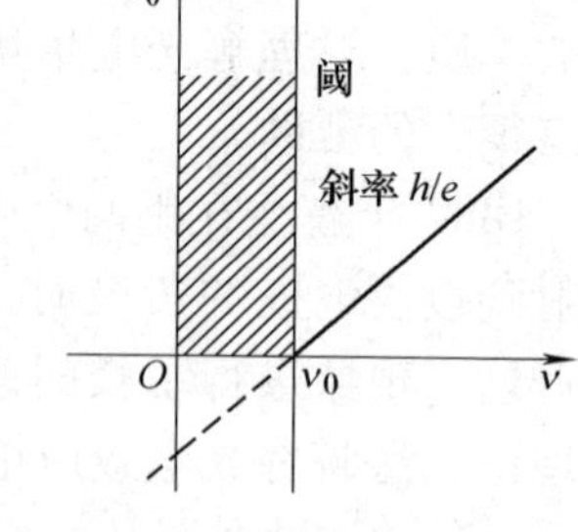

图3-20 截止电压 U_0 与入射光频率 ν 的关系图

(6) 按照爱因斯坦的光量子理论，光能并不像电磁波理论所想象的那样分布在波阵面上，而是集中在被称之为光子的微粒上，但这种微粒仍然保持着频率（或波长）的概念，频率为 ν 的光子具有能量 $E=h\nu$，h 为普朗克常量。当光子照射到金属表面上时，一次性地为金属中的电子全部吸收，而无需积累能量的时间。电子把该能量的一部分用来克服金属表面对它的吸引力，余下的就变为电子离开金属表面后的动能，按照能量守恒原理，爱因斯坦提出了著名的光电效应方程

$$h\nu=\frac{1}{2}m\nu_0^2+A \tag{3-28}$$

式中，A 为金属的逸出功；$\frac{1}{2}m\nu_0^2$ 为光电子获得的初始动能。

由上式可见，入射到金属表面的光频率越高，逸出的电子的动能越大，所以，即使阳极电位比阴极电位低，也会有电子落入阳极形成光电流，直至阳极电位低于截止电压，光电流才为零，此时有关系

$$eU_0=\frac{1}{2}m\nu_0^2 \tag{3-29}$$

阳极电位高于截止电压后，随着阳极电位的升高，阳极对阴极发射的电子的收集作用越强，光电流随之上升；当阳极电压高到一定程度，已把阴极发射的光电子几乎完全收集到阳极时，再增加 U_{AK}，I 不再变化，光电流出现饱和，饱和光电流 I_m 的大小与入射光的强度 P 成正比。

当光子的能量 $h\nu_0<A$ 时，电子不能脱离金属，因而没有光电流产生。产生光电效应的最低频率（截止频率）是 $\nu_0=A/h$。

将式（3-29）代入式（3-28）可得

$$eU_0=h\nu-A \tag{3-30}$$

此式表明，截止电压 U_0 是频率 ν 的线性函数，直线斜率 $k=h/e$，只要用实验方法得出不同的频率所对应的截止电压，求出直线斜率，就可算出普朗克常量 h。

爱因斯坦的光量子理论成功地解释了光电效应的规律。

【实验仪器】

ZKY-GD-3（ZKY—GD—4）型微机光电效应（普朗克常数）实验仪、计算机、示波器。

1. 仪器结构 ZKY—GD—4 型微机光电效应（普朗克常量）实验仪

由光电系统和主机两部份组成。光电系统包括：光电管暗箱、高压汞灯灯箱和电源，实验基准平台；主机为 GD—4 型智能光电效应实验仪，该实验仪由微电流放大器和光电管工作电源组成。实验仪的结构如图 3-21 所示，光电效应实验仪调节面板如图 3-22 所示。

2. 工作方式

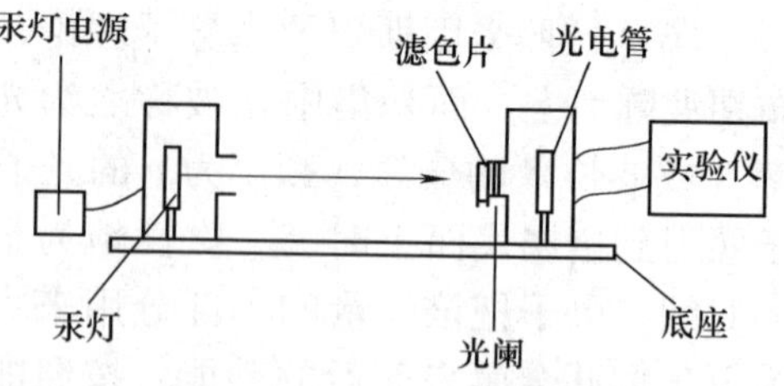

图3-21　仪器结构图

微机光电效应实验仪有三种工作方式：A手动测试、B自动测试、C联机测试。

（1）联机显示：计算机只能作为一个显示器使用，不能干预微机光电效应实验仪的运行，此时《计算机辅助实验系统软件》（简称软件）的工作方式适用于微机光电效应实验的A手动和B自动两种方式。

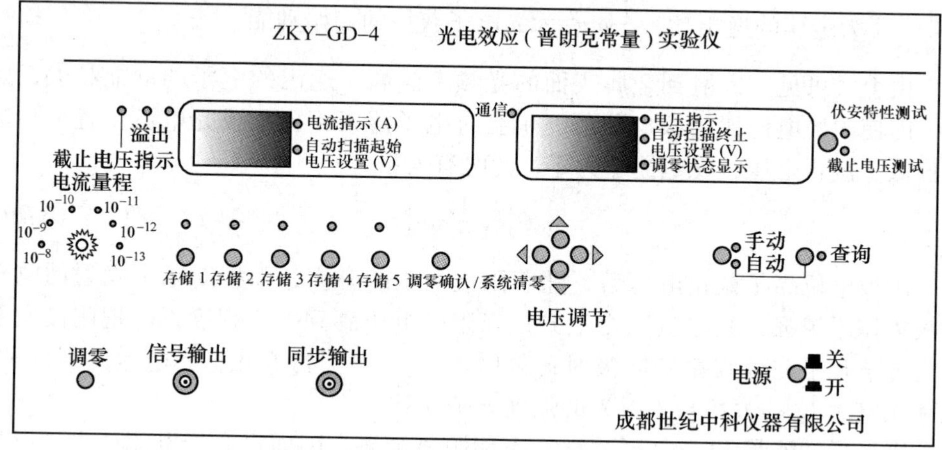

图3-22　光电效应（普朗克常量）实验仪调节面板

（2）联机测试：由计算机控制微机光电效应实验仪的运行，此时的《软件》的工作方式适用于微机光电效应实验仪的C联机测试方式。

手动/自动测试中也可选用示波器来动态显示曲线形成过程。

3. 后面板说明及连线方式

光电管工作电压直流输出接口，即蓝色接口为输出电压参考地；通信插座连接计算机；光电管微电流信号输入接口连接光电管暗盒的微电流输出接口。

4. 示波器的连接方式

将实验仪的“信号输出”、“同步输出”分别连接到示波器的“信号通道”和“外触发通道”，调节好示波器的同步状态和显示幅度，即可在示波器上看到光电管电流的实时变换曲线。

【实验内容】

1. 测试前的准备

测试仪及汞灯电源接通（汞灯及光电管暗盒遮光盖盖上），预热 20min。将汞灯暗箱光输出口对准光电管暗箱光输入口，调整光电管与汞灯距离约 40cm。

用专用连接线将光电管暗箱电压输入端与测试仪电压输出端（后面板上）连上（红—红，蓝—蓝）。

将"电流量程"选择开关置于所选档位，进行测试前调零。实验仪在开机或改变电流量程后，都会自动进入调零状态。调零时应将光电管暗箱电流输出端 K 与测试仪微电流输入端（后面板上）断开，旋转"调零"旋钮使电流指示为 000.0。调节好后，用高频匹配电缆将光电管暗箱电流输出端 K 与测试仪微电流输入端连接起来。按"调零确认/系统清零"键，进入测试状态。

若要动态显示采集曲线，需将实验仪的"信号输出"端口接到示波器的"Y"输入端，"同步输出"端口接到示波器的"外触发"输入端。示波器"触发源"开关拨至"外"，"Y 衰减"旋钮拨至约"1V/格"，"扫描时间"旋钮拨至约"20μs/格"。此时示波器将用轮流扫描方式显示 5 个存储区中存储的曲线，横轴代表电压 U_{AK}，纵轴代表电流 I。

2. 测普朗克常量 *h*

首先测量截止电压，"伏安特性测试/截止电压测试"状态键应为截止电压测试状态。"电流量程"选择开关置于 10^{-13} A 档，并调零。

（1）手动测量

将"手动/自动"置于手动模式。将 4mm 的光阑及 365.0nm 的滤色片装在光电管暗箱光输入口上，打开汞灯遮光盖。此时电压表显示 U_{AK}的值，单位为伏特；电流表显示与 U_{AK}对应的电流值 I，单位为所选的"电流量程"。用电压调节键↑、↓、←、→可调节 U_{AK}的值，←、→键用于选择调节位，↑、↓键用来调节值的大小。

从低到高调节电压（绝对值减小），观察电流值的变化，寻找电流为零时对应的 U_{AK}，以其绝对值作为该波长对应的 U_0 值，数据记入下面的表 1 中。为尽快找到值，调节时应从高位到低位，先确定高位的值，再顺次往低位调节。

依次换上 404.7nm、435.8nm、546.1nm、577.0nm 的滤色片，重复以上测量步骤。

观察 U_{AK}为负值时各谱线在选定的扫描范围内的伏安特性曲线，可选择实验仪与示波器相连或使用《软件》中的"联机显示"方式。

将 5 个截止电压输入微机进行数据处理并作图。

（2）自动测量

将"手动/自动"置于自动模式。此时电流表左边的指示灯闪烁，表示系统处于自动测量扫描范围设置状态，用电压调节键设置扫描起始和终止电压。

若只测截止电压，对各条谱线，建议扫描范围大致为：365nm，－1.90～

-1.50V；405nm，-1.60～-1.20V；436nm，-1.35～-0.95V；546nm，-0.8～-0.4V；577nm，-0.65～-0.25V。

实验设有5个存储区，每个区可存储500组数据，并有指示灯表示其工作状态。灯亮表示该区已存有数据，反之为空存储区。灯闪烁表示系统预先的或正在存储数据的存储区。

设置好扫描起始和终止电压后，按动相应的存储区按键，仪器将先清除存储区原有数据，大约30s后按4mV的步长自动扫描，并显示、存储相应的电压、电流值。

扫描完成后，仪器自动进入数据查询状态，查询指示灯亮，显示区显示扫描起始电压和相应的电流值。用电压调节键改变电压值，查阅在测试过程中，扫描电压为当前显示值时相应的电流值。读取电流为零时对应的 U_{AK}，以其绝对值作为该波长对应的 U_0 的值，把数据记入表1中。

表1 U_0- 关系数据记录表 光阑孔 Φ = mm

波长 λ_i/nm		365.0	404.7	435.8	546.1	577.0
频率 ν_i/（$\times 10^{14}$ Hz）		8.214	7.408	6.879	5.490	5.196
截止电压 U_{0i}/V	手动					
	自动					

按“查询”键，查询指示灯灭，系统回复到扫描范围设置状态，可进行下一次测量。

在自动测量过程中或测量完成后，按“手动/自动”键，系统回复到手动测试模式，模式转换前工作的存储区内的数据将被清除。

观察 U_{AK} 为负值时各谱线在选定的扫描范围内的伏安特性曲线，可选择实验仪与示波器相连或使用《软件》中的“联机显示”方式。

将5个截止电压输入微机进行数据处理并作图。

由实验数据得出 U_0-ν 直线的斜率，然后用 $h = ek$ 求出普朗克常量，并与公认值 h_0 比较，求出相对误差。

（3）联机测量

首先将“电流量程”选择开关置于 10^{-13} A 档，并调零。可选择“联机测试/联机显示”工作模式。

联机显示：人工设置并控制主机工作状态，“手动/自动”均可。由微机显示测试数据和测试曲线并打印实验报告（无需手工记录数据和画测试曲线）。

联机测试：微机设置并控制主机工作状态，通信指示灯闪烁，其他按键均被屏蔽。在电流、电压指示表上可观察到即时的测试电压值和光电管的极板电流值。其测量步骤为：

1）启动系统。查阅并熟悉各窗口的内容。

2）开始实验：打开数据采集窗口，进行联机测试，设置实验参数、数据采集等实验操作功能。

① 输入学生基本信息，选择工作方式（联机测试）和仪器号，输入密码，然后单击“下一步”进入参数设置窗口。

② 输入实验参数，选择工作方式和曲线编号，然后单击“设置”进入数据采集状态，根据提示“是否要立刻启动测试”，选择“是”，马上进行数据采集；否则，需手动启动测试（单击“数据通信—启动测试”或“启动”快捷键）。

③ 采集数据直到采集实验数据完毕。

④ 重复第②、③步至整个实验结束。

3）数据计算：用于计算普朗克常量。

单击“数据通信—数据计算”，弹出数据计算框，依次输入截止电压，单击“计算”，计算出普朗克常量和相对误差。

4）打印结果：单击菜单上的“数据通信—打印结果”，系统弹出打印预览窗口，然后单击打印即可打印实验报告。

5）数据保存：保存实验参数、数据及实验结果。单击菜单上的“数据通信—保存数据”，进行数据保存。

6）数据查询：单击菜单上的“数据通信—数据查询”，选择查询类型，然后输入查询条件，单击“查询”可查询到符合条件的做过的实验信息。

若实验仪与示波器相连，则在示波器上可看到测试波形；在计算机显示器上也能看到测试曲线。若同时想看 5 条反向伏安特性曲线，可将扫描电压范围设置的宽一些，也可根据需要随时中途结束该条谱线的测试。

找出 5 个谱线的截止电压并进行计算机数据处理。

3. 测光电管的伏安特性曲线

此时，“伏安特性测试/截止电压测试”状态键应为伏安特性测试状态。将“电流量程”选择开关置于 10^{-10} A 档，并重新调零。测伏安特性曲线可选用“联机显示/联机测试”两种模式之一，测量的最大范围为 -1V ~ 50V，自动测量时步长为 1V，仪器功能及使用方法如前所述。

仪器与示波器相连可以：

1）可同时观察 5 条谱线在同一光阑、同一距离下的伏安饱和特性曲线。

2）可同时观察某条谱线在同一光阑、不同距离（即不同光强）下的伏安饱和特性曲线。

3）可同时观察某条谱线在不同光阑（即不同光通量）、同一距离下的伏安饱和特性曲线。由此可验证光电管饱和光电流与入射光成正比。

（1）在同一距离下，选择某一光阑（如直径 2mm 的光阑）及某一滤色片

（如435.8nm）装在光电管暗箱光输入口上。从低到高调节电压，记录电流从零到非零点所对应的电压值并作为第一组数据，以后电压每变化一定值记录于表2。换上另一光阑（如直径4mm的光阑）和另一滤光片（如546.1nm），重复上述操作，绘制伏安特性曲线。

表2　I-U_{AK}关系数据记录表 U_{AK} =　V

435.8nm 光阑 2nm	U_{AK}/V									
	I/（$\times 10^{-11}$A）									
546.1nm 光阑 4nm	U_{AK}/V									
	I/（$\times 10^{-11}$A）									

（2）在U_{AK}为50V时，将“电流量程”选择开关置于10^{-10}A档，选择某一滤色片，记录光阑分别为2mm、4mm、8mm时对应的电流值于表3中，绘制两种波长及光强的伏安特性曲线，验证光电管饱和光电流与入射光成正比。

表3　I_M-P关系 U_{AK} =　V，L =　mm

435.8nm	光阑孔 Φ									
	I/（$\times 10^{-11}$A）									
546.1nm	光阑孔 Φ									
	I/（$\times 10^{-11}$A）									

（3）也可在U_{AK}为50V时，将“电流量程”选择开关置于10^{-10}A档，选择某一滤色片（如435.8nm，546.1nm），使用同一光阑，分别将不同距离对应的电流值记录于表4中，验证光电管饱和光电流与入射光成正比。

表4　U_{AK}关系　U_{AK} =　V，光阑孔 Φ =　mm

435.8nm	L/mm									
	I/（$\times 10^{-10}$A）									
546.1nm	L/mm									
	I/（$\times 10^{-10}$A）									

【注意事项】

（1）当仪器开机或变换电流量程时，都必须对实验仪进行调零。

（2）在仪器使用过程中，汞灯不宜直接照射光电管，也不宜长时间连续照射加有光阑和滤色片的光电管，以免减少光电管的寿命。

（3）更换滤色片时，必须先将光源出光孔遮住，更换完毕再打开。

（4）实验完成后，用光电管暗盒盖遮住其暗盒入射光口存放光电管。

（5）实验完成后，将光阑、滤色片放入盒中。

【预习思考题】

（1）什么是光电效应？光电效应有什么特性？

（2）说明光电效应在建立量子概念和光的波粒二象性方面的意义。

【思考题】

（1）实验测得的光电流特性曲线与理想的光电流特性曲线有何不同？为什么不同？

（2）为什么会出现反向光电流？如何减小反向光电流？

（3）光电流或截止电压随光源光强变化吗？对这些现象的解释与光的波动理论是否一致？

（4）你所测得的 h 值偏大还是偏小？试从实验现象中说明产生误差的原因。在实验中应如何减小误差？

实验 38　光栅光谱仪实验

光谱是人们认识和了解物质成分的一门古老的技术。今天已知的元素中有近 20% 是依靠光谱技术发现的，而光栅光谱仪是研究光谱的重要工具。

【实验目的】

（1）了解光栅光谱仪的基本原理及其应用。

（2）学习光栅光谱仪的使用方法，测绘不同物质的光谱图。

【实验原理】

1. 光谱仪器的基本组成

光谱仪器是进行光谱研究和物质光谱分析的装置。它的基本作用是测定被研究的光（所研究物质发射的、吸收的、散射的或受激发射的荧光等）的光谱组成，包括其波长、强度和轮廓等，其通用光路如图 3-23 所示。

入射光由狭缝入射经反光镜反射后照在准直物镜上，由准直物镜形成的准直光束又反射到衍射光栅上，光栅将入射光分成独立的光谱，再经物镜反射后形成不同颜色的狭缝的像，即光谱，可由 CCD 接收或经光电倍增管放大接收。

因此，光谱仪器至少应具备三种功能：

（1）可以将被研究的光按波长或波数分解开来。

（2）可以测定各波长的光所具有的能量，或能量按波长或波数的分布，即可以测量谱线的轮廓或宽度。

(3) 可以记录能量按波长或波数的分布，并以光谱图的方式显示出来。

2. 光谱仪器的基本特性

光谱仪器的主要基本特性：工作光谱范围、色散率、分辨率、光强度及工作效率等。

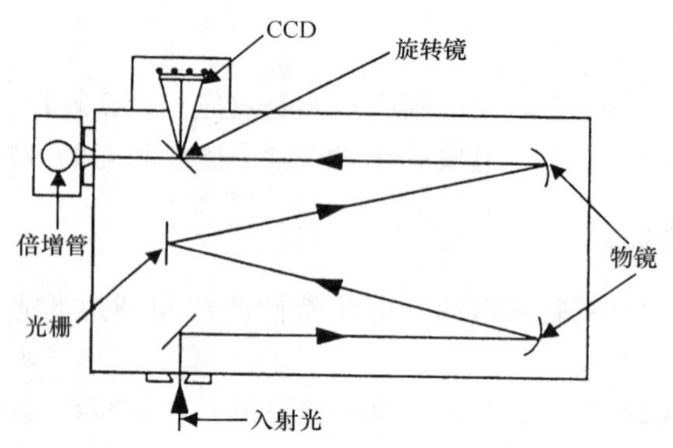

图 3-23 光栅光谱仪通用光路图

(1) 工作光谱范围 指使用光谱仪器所能记录的光谱范围。若改变光栅表面反射膜层的光谱反射率，反射式光栅可以用于整个光学光谱区。但光电倍增管的光谱灵敏度界限只能达到 850nm 左右，红外波段则要求改用热电元件作为接收器。

(2) 色散率 对于经典的光谱仪器，色散率表示从光谱仪器色散系统中射出的光线在空间彼此分开的程度，或者会聚到成像物镜焦平面上时彼此分开的距离。前者用角色散率表述，后者用线色散率表述。

(3) 分辨率 是表示光谱仪器分开波长极为接近的两条谱线的能力，是光谱仪器重要的性能指标。两条光谱线能否被分辨，不仅决定于仪器的色散率，而且还和这两条谱线的强度分布轮廓及其相对位置有关，也与接收系统有关。通常用瑞利（Rayliegh）提出的仅考虑衍射现象的分辨率——理论分辨率作为分辨率的判据。瑞利认为，当两条强度分布轮廓相同的谱线的最大值和最小值相重叠时，刚能分辨这两条谱线。根据瑞利准则，理论分辨率 R 为

$$R = \frac{\bar{\lambda}}{\delta\lambda}$$

其中，$\delta\lambda$、$\bar{\lambda}$ 分别为可被分辨的两谱线的波长差和两谱线的平均波长。

一般中、小型棱镜光谱仪的分辨率为 $10^3 \sim 10^5$，特大型棱镜光谱仪可达 1.4×10^5，衍射光栅光谱仪的分辨率可达 5×10^5，而干涉光谱仪的分辨率可高达 5×10^7。

3. 氢原子光谱

量子理论指出，原子的能级结构是由一系列分立的能级组成，各能级的能量则由原子本身确定。原子吸收了外界能量被激发到激发态上，处于激发态的原子是处在一个不稳定的状态，它必定通过一系列的跃迁过程返回基态。跃迁过程可分为辐射跃迁和无辐射跃迁两种。无辐射跃迁过程是原子通过其他渠道

（如原子间的碰撞等）释放能量回到基态能级上的。辐射跃迁是一个发光过程，在这一过程中原子从高能级跃迁到低能级时释放一个光子，当两个能级的能量差为 ΔE 时，光子频率必须满足

$$h\nu = \Delta E$$

对于氢原子，此式可以写成

$$\bar{\nu} = \frac{1}{\lambda} = R_H\left(\frac{1}{n_j^2} - \frac{1}{n_i^2}\right) \tag{3-31}$$

其中，R_H 为里德堡常数；n_i 为跃迁上能级的主量子数；n_j 为跃迁下能级的主量子数。不同的 n_j 对应于氢光谱中不同的线系。巴尔末线系跃迁的上能级和下能级为 $n_j = 2$，$n_i = 3$，4，5，6，…，分别对应于 H_α，H_β，H_γ，H_δ，H_ε，H_ξ。

【实验仪器】

全套设备由 WGD—3 型组合式多功能光栅光谱仪及配套软件、待测灯源、透镜、计算机及打印机组成。

1. WGD—3 型组合式多功能光栅光谱仪

WGD—3 型组合式多功能光栅光谱仪由光栅单色仪、接收单元、扫描系统、电子放大器、A/D 采集单元、计算机组成。如图 3-24 所示，光谱仪的探测器为光电倍增管，出射光经出射狭缝 S_2 到达光电倍增管。光信号被光电倍增管变为电信号后，首先经过前置放大器放大，再经过 A/D 变换，将模拟量转变成数字量，由计算机处理显示。

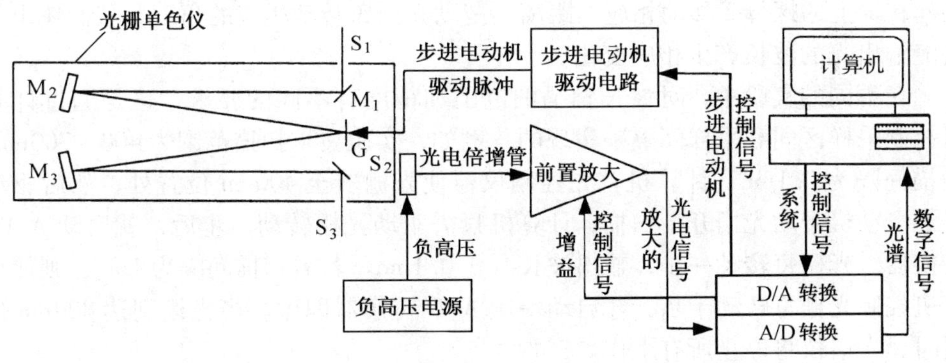

图 3-24　光谱仪的工作原理

S_1—入射狭缝　S_2—光电倍增管接收狭缝　S_3—观察口　M_1—反射镜

M_2—准光镜　M_3—物镜　G—平面衍射光栅

（1）光栅单色仪光学系统　光栅单色仪的光学系统采用的是切尔尼－特纳（Czerny－Turner）装置。光源发出的光束进入入射狭缝 S_1，S_1 位于反射式准直

物镜 M_2 的焦面上，通过 S_1 射入的光束经 M_2 反射成平行光束投向平面光栅 G，经光栅衍射后的平行光束经物镜 M_3 成像在出射狭缝 S_2 或观察口 S_3 处，在 S_2 处由光电倍增管接收，在 S_3 处可直接观察光谱。

入射狭缝 S_1、出射狭缝 S_2 均为直狭缝，宽度范围 0～2.5mm 连续可调；准直物镜 M_2、成像物镜 M_3 是两个曲率半径相同、曲率中心重合的小凹面反射镜，焦距均为302.5mm，相对孔径1/7；平面光栅采用1200条/mm的平面闪耀光栅，闪耀波长为500nm；波长扫描机构为正弦机构；工作波长范围为200～800nm；波长精度为±0.4nm；波长重复性为±0.2nm；杂散光≤10^{-3}。

（2）光栅单色仪波长扫描机构　在光谱仪器中，如果要显示和记录波长，则要求输出光束的波长按线性变化，以获得波长坐标为均匀刻度的光谱图。由于波长的变化与光栅的转角不成正比，所以需采用一定的机构来实现波长扫描。本仪器采用的是如图3-25所示的正弦机构。

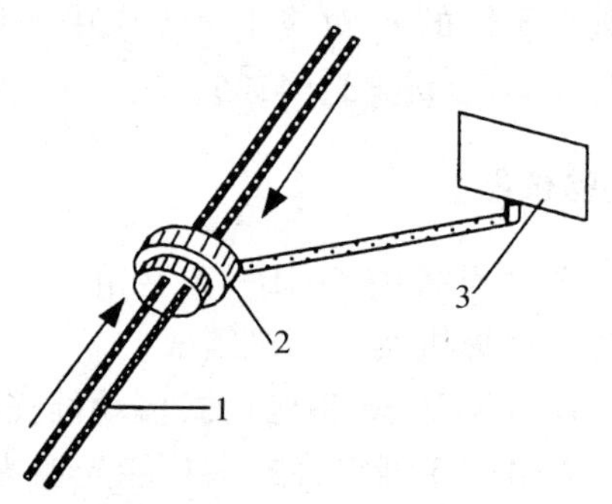

图3-25　正弦机构
1—丝杠　2—螺母　3—光栅

光栅单色仪通过转动光栅来实现波长扫描，而光栅的转动则由光栅扫描机构控制。光栅扫描机构由步进电动机、丝杠、驱动电路等组成，步进电动机控制丝杠转动，带动光栅转动。步进电动机在接收到驱动脉冲后，就转动对应的角度，带动丝杠1上的螺母2移动相应的距离，拖动光栅3转动相应的角度，从而使出射狭缝输出光的波长产生相应变化。

在不同的实验中，对波长扫描的范围和精度有不同的要求，这是通过计算机控制采样区间和采样间隔来实现的。例如，实验要求扫描范围为400～700nm，扫描间隔为0.1nm，计算机首先控制仪器使光栅转至400nm位置处，然后驱动步进电动机带动光栅开始扫描，计算机只需驱动光栅转动一步后，就启动A/D，转换器。光栅每转动一步，输出波长改变0.1nm。若需扫描间隔为1nm，则使计算机控制光栅每转动十步，才启动一次A/D转换器即可。当光栅到达800nm位置时，光谱仪将停止所有工作。

2. 系统连接及调节

（1）单色仪与光电倍增管、电气箱、计算机的连接如图3-26所示，光电倍增管直接挂于出射狭缝插板上，专用电缆线按A-A、B-B、C-C连接，计算机与打印机相连。

（2）选择所研究的光源　若选择氘灯或钨灯，可将其直接挂于入射狭缝 S_1 前的插板上；若选择汞灯或钠灯，则应尽量将其靠近入射狭缝，以取得最强的

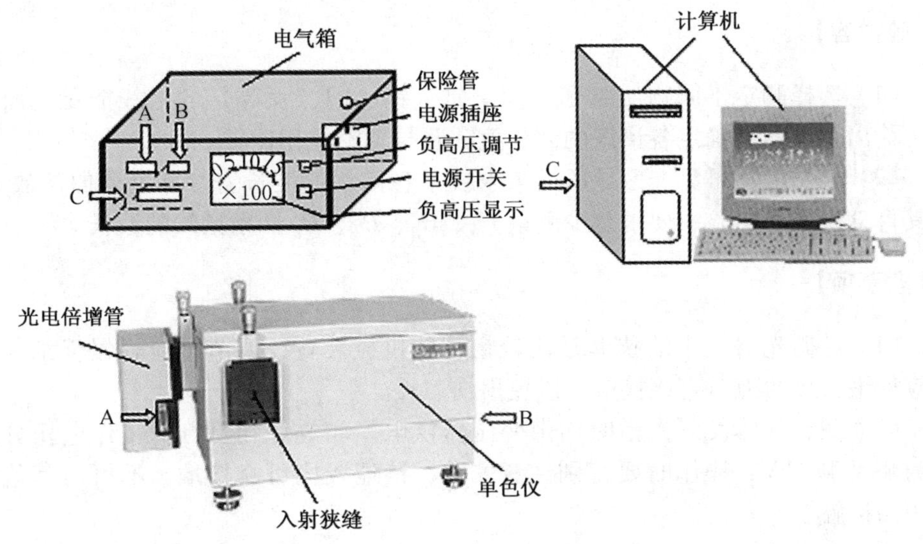

图3-26　实验仪器

入射光强；若选择氢灯或氦灯，则需变压器供电，氢灯和氦灯的工作电压分别为8kV和3kV，操作时要特别注意安全，同时需用透镜将光源成像在入射狭缝上，并均匀照亮整个狭缝，使入射光强达到最大值。

（3）仪器调节

1）狭缝调节：入射狭缝S_1和出射狭缝S_2均为直狭缝，宽度范围0～2.5mm连续可调，顺时针旋转为狭缝增大，反之减小，每旋转一周狭缝宽度变化0.5mm。为延长使用寿命，调节时应注意最大不超过2.5mm，不使用时，狭缝宜调节至0.1～0.5mm左右。

2）调节光电倍增管的负高压和前置放大器的增益：光电倍增管的负高压通过电气箱上“负高压调节”旋钮调节，前置放大器的增益通过软件工作界面设置。

3）为去除光栅光谱仪中的高级次光谱，在使用过程中可根据需要将备用的滤光片插入入射狭缝的插板上。滤光片的工作区间分别为：

白色滤光片：350～600nm；红色滤光片：600～800nm。

3. 软件使用说明

见补充说明3-1。

实验完毕后，应先退出控制程序，再关闭计算机，计算机将记录光栅当前所处的波长位置。如果非正常退出，下次进入控制程序时，计算机将对光谱仪进行初始化，重新对光栅进行定位。

【实验内容】

（1）选择测定不同物质（氢、氦、氖、钨、钠、汞等）的谱线能量，由打印机输出光谱图，确定各谱线的波长值，并与理论值相比较。

（2）根据氢在可见光区域的巴尔末线系各谱线的波长，计算里德伯常数 R_H 及其百分误差。实验中要求至少测量 H_α、H_β、H_γ、H_δ 四条谱线的波长。

【注意事项】

（1）光栅光谱仪中的狭缝是比较精密的机械装置，调节时应轻慢仔细，特别应杜绝狭缝两刀口直接接触，以免损伤刀刃。

（2）测定气体发射光谱时均由变压器供电。如氢灯和氦灯的工作电压分别约为8kV和3kV，操作时要特别注意安全，接地线应可靠接地，不可与其他实验用品接触。

（3）光谱测量完毕，应首先关闭电源。再换光源时，应先关闭电源。

【预习思考题】

（1）实验中的安全注意事项是什么？

（2）当所观测的谱线强度过低时应采取什么措施？

【思考题】

（1）入射狭缝和出射狭缝宽度对单色仪的分辨率有什么影响？

（2）光电倍增管的负高压对单色仪的分辨率有什么影响？

【应用】（见附录B-14）

【补充说明3-1】　《WGD—3组合式多功能光栅光谱仪控制处理软件》使用说明

1. 软件的安装

《WGD—3组合式多功能光栅光谱仪控制处理软件》已安装于计算机中。

2. 软件的启动

软件安装后，从“开始”菜单执行“程序”组中的“WGD—3”组，或双击“桌面”上“WGD—3组合式多功能光栅光谱仪控制处理软件”快捷键，即可启动该软件。

3. 操作方法

进入系统后，首先弹出《WGD—3组合式多功能光栅光谱仪控制处理软件》的界面，单击鼠标或键盘上的任意键，或等待5s后，马上显示工作界面，同时弹出一个对话框，让用户确认当前的波长位置是否有效、是否重新初始化。如果选择“确定”，则确认当前的波长位置，不再初始化；如果选择“取消”，则初始化，波长位置回到200nm处。

完成上述几步后，就可以在WGD—3软件平台上工作了（工作界面如图3-27所示）。工作界面由菜单栏、主工具栏、辅工具栏、工作区、状态栏、参数设置区以及寄存器信息提示区等组成。

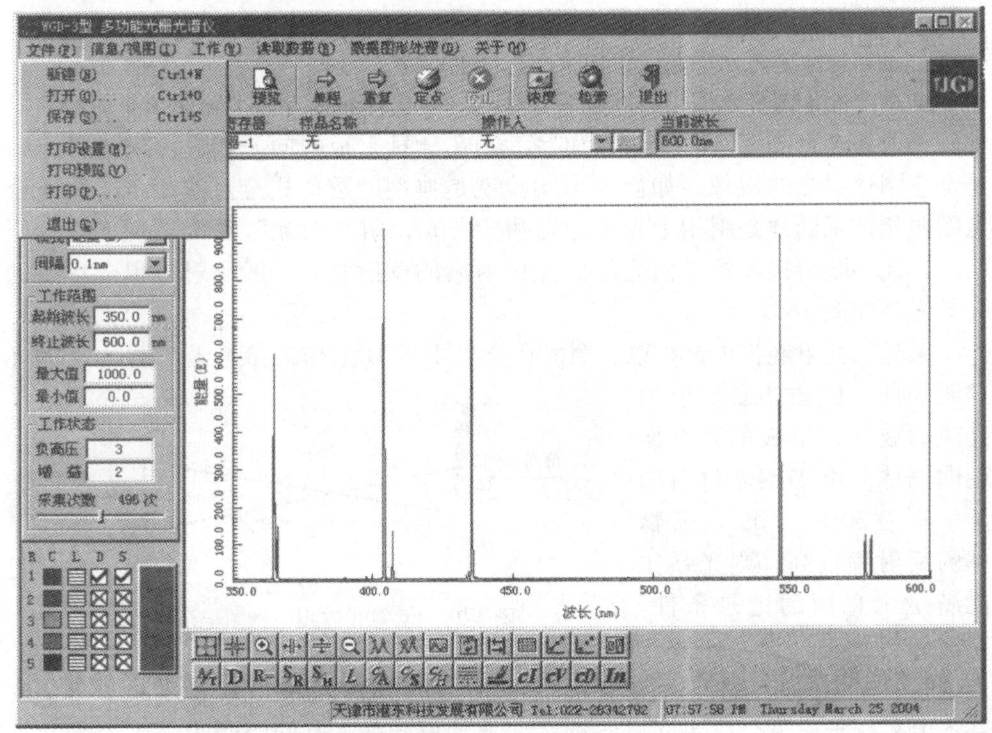

图3-27 计算机界面图

实验39 全息照相（2）

全息图按照不同的方法可进行不同的分类，如按物体光波到达全息干板时的波面形状，可分为夫琅和费全息图和菲涅耳全息图；按光路配置方式，可分为透射全息图和反射全息图；按全息干板上形成的条纹类型，可分为振幅型全息图和位相型全息图；按条纹间距与干板乳胶层厚度的关系，可分为平面全息图和体积全息图；按拍摄时物体的状态，可分为静态全息图和动态全息图，如此等等。

在前一个实验中，我们拍摄了透射式平面型全息图，在本实验中，将尝试拍摄反射式体积全息图。

【实验目的】

1. 掌握记录和再现反射式体积全息图的基本原理和方法。
2. 熟悉用半导体激光拍摄反射式全息照相图的基本方法。
3. 通过实验了解全息介质的有关特性。

【实验原理】

全息照相的理论分析请参见实验32。

透射式全息图记录时，物光和参考光在全息干板的同一侧，再现时研究的是全息图透射光的成像，如前一个实验就是典型的透射式全息照相。反射式全息图照相记录同样是用相干光作物光和参考光，用“白光”作为重现像时的照明光，此时眼睛接收的是白光经底片衍射后的反射光。一般反射体积全息图的记录光路如图3-28所示。

激光细光束经扩束镜扩束后照射在全息干板H上作为参考光，透过H的光照明物体，经物体漫反射的光成为物光，干板的乳剂面朝向物体。由于感光材料的透射率为30%～50%，若物体的反射率较高，则光强比能满足全息图的记录条件。在这种记录中，物光和参考光之间的夹角接近180°，因而在记录介质中能建立起驻波，所形成的干涉条纹基本上平行于记录介质表面，条纹实际上是层状的，其间距约为介质中光波长的一半，对于光的衍射作用与三维光栅的衍射一样。

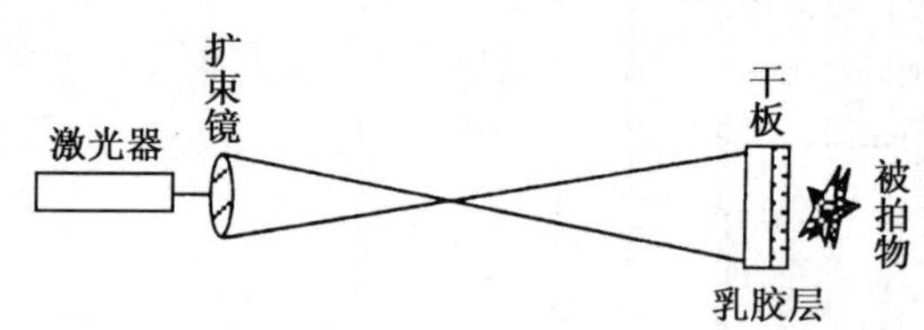

图3-28 反射式体积全息图记录光路

图3-29a以透射体积全息图为例，说明层状条纹是怎样形成的以及物光和参考光之间夹角与条纹间距的关系。设两相干平面波与干板表面法线成$\theta/2$角入射，它们在乳剂层中传播时将互相作用：两波峰相交时为相长干涉，干板被曝光，经处理后将产生高密度层面。这些层面称为布喇格平面，它平分两入射平面波之间的夹角。条纹面间距d满足衍射光相长干涉的布喇格条件，即$2d\sin(\theta/2)=\lambda$。对于反射体积全息图，$\theta\approx180°$，故布喇格平面基本上平行于介质表面，其间距$d=\lambda/2$，如图3-29b所示。

为了在再现时获得最大的亮度，每相邻两条光线之间的光程差δ应不大于照明光的一个波长。这个条件是为了获得最亮的再现像所应有的最佳再现角，令$\delta=\lambda$，则有

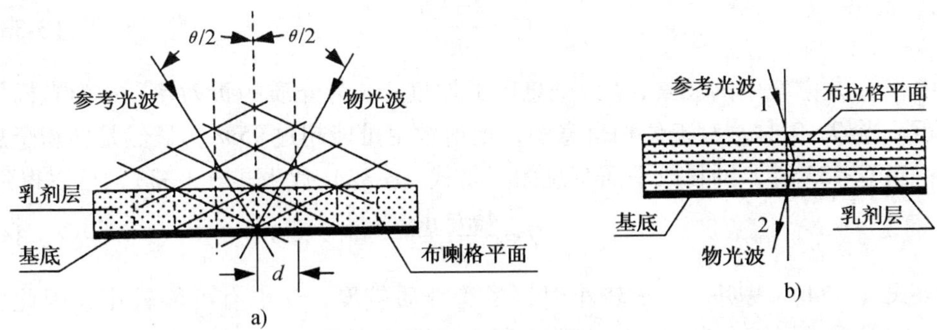

图3-29　体积全息图布喇格平面

a）透射体积全息图　b）反射体积全息图

$$\sin\varphi = \frac{\lambda}{2d} \tag{3-32}$$

这一关系式称为布喇格条件，式中 φ 称为布喇格角。如果在记录和再现时波长相同，则显然最佳再现角 φ 必须等于记录时的入射角 $\theta/2$。因此，当照明光束为单色光时，只有在某些特定的角度下才能观察到再现像；当照明光束为白光时，对于一个固定的观察角度，可以有某些特定的波长满足布喇格条件而产生再现像，其中只有一种波长的衍射效率为最高，这就是体积全息图的角度选择性和波长选择性。

记录反射式全息图时，物光和参考光分别从底片的正反两面进入感光层发生干涉。为了使物光有足够的强度，被摄物最好有金属光泽，且被摄物距底片不宜太远，以保证时间相干性。

反射全息图再现如图3-30b所示，可直接观察太阳光或线度较小的白炽灯光在底片上的反射光。

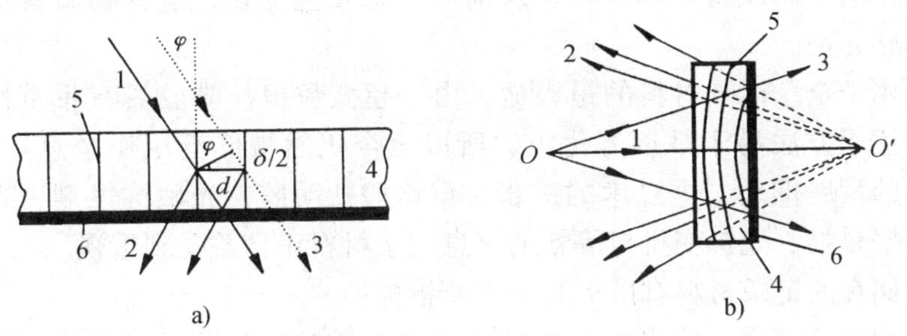

图3-30　体积全息图的再现

a）透射体积全息图　b）反射体积全息图

1—入射光　2—再现光　3—透射光　4—乳剂层　5—布拉格平面　6—基底

Klein 引入 Q 作为判断平面全息图和体积全息图依据的参量

$$Q=\frac{2\pi\lambda_a l}{nd^2} \tag{3-33}$$

式中，λ_a 是空气中的波长；l 为全息图的厚度；n 为介质的折射率；d 为光栅的间距。当 $Q>7$ 时，对于位相全息图，衍射效率可能超过 95%，显然是体积全息图；当 $Q<33$ 时，可看成平面全息图。将式（3-32）代入式（3-33），可以得到

$$Q=\frac{4\pi l\sin\varphi}{nd} \tag{3-34}$$

式（3-34）表明，当 φ 较小时，尽管介质较厚，Q 也有可能较小，因此也不一定能看成体积全息图。大多数体积全息图都有 $Q>>10$。

本实验具有很强的原理综合背景，全息记录介质是用来记录干涉图案并进行存储数据的，这些干涉图案是由两束激光在某种记录介质上相交来改变材料的光学特性所形成的。感光过程其实质是光化学反应过程。

光化学反应（photochemical reaction：photochemical reactions；photo-chemical reaction）：只有在光的作用下才能进行的化学反应，即反应物分子吸收光能以后引起的化学变化，亦称光反应（photoreaction）。例如，二苯甲酮和异丙醇都很稳定，它们接触时不发生反应，但在光作用下，可发生化学反应，亦称光化反应或光化作用。化学反应主要有光合作用和光解作用。光化反应在生物化学和有机化学中有着重要的意义。在有机反应中，利用一定波长的光使有机分子成自由基或使卤分子成卤原子，进行联合、卤化、环化以及加成等各种化学反应。

光敏剂（sensitizer）是光化反应中常用的一种物质，主要作用是：有些物质对光不敏感，不能直接吸收某种波长的光而进行光化学反应，如果在反应体系中加入另外一种物质，它能吸收这样的辐射，然后将光能传递给反应物，使反应物发生作用，而该物质本身在反应前后并未发生变化，这种物质就称为光敏剂，又称感光剂。

最早用于全息记录材料的是银盐，由于超微粒银盐乳胶具有重复性好、保存期长和使用方法易于掌握等优点，所以至今仍然被广泛用作全息记录材料。记录材料的发展推动了全息术的进步。重铬酸盐明胶、光敏抗蚀剂、光导热塑料、光致聚合物、光折变材料等新的全息记录材料正日益受到重视。

全息储存的记录材料有以下几个主要指标：

（1）感光灵敏度　感光灵敏度是指记录介质收到光照后，其响应的灵敏程度，一般定义为具有最大衍射效率时所需要的曝光量。在全息术中，记录介质的感光灵敏度表示为

$$S=\frac{\eta^{1/2}}{m\ (\nu)\ E} \tag{3-35}$$

式中，η 是衍射效率；m（ν）是曝光强度的条纹调制度；E 是平均曝光量。灵敏度的单位是 cm^2/mJ。记录材料的感光灵敏度直接影响到存储器的写入速度及写入过程的能耗。

（2）感光光谱范围　全息记录过程涉及光对记录介质的作用，每一种记录介质都有它特定的吸收带，只有波长处于介质吸收光谱区内的光子，才能对记录介质产生作用，这个能产生作用的光谱范围称为记录介质的感光光谱范围。

（3）分辨率　分辨率代表记录材料的分辨本领，是指它区分输入图像细节的能力，或它所能记录的光强空间调制的最小周期。分辨率是以每毫米分辨多少线对作为定量指标，单位为线对/mm。全息记录介质记录的是物光与参考光的干涉条纹，对分辨率要求较高。记录透射型全息图，要求分辨率达到 3000 线对/mm；记录反射型全息图，则要求分辨率为 5000 线对/mm。在全息存储中，要求记录介质的分辨率要大于全息图的分辨率。

（4）信噪比　信噪比是衡量感光材料中所记录信息失真程度和清晰度的指标。材料噪声过大将严重损害再现像的质量。记录介质的噪声通常来源于材料的缺陷和非均匀性造成的对输入信号的随机散射。

（5）调制传递函数 MTF　全息记录时，写入光的干涉条纹具有一定的调制度，而实际所记录的全息图无论是振幅型还是位相型，其调制度均会下降，即使对于同一种介质，全息图的调制度也会因空间频率不同而异。引入记录介质的调制传递函数 MTF 可以描述这种差异。记录介质的调制传递函数 m（ν）定义为全息图的振调制度或位相调制度 mh（ν）与条纹调制度 m（ν）之比。这里的 ν 表示条纹法线方向的空间频率 $1/\lambda$。

（6）特性曲线　特性曲线是用来描述与记录介质有关的一些物理量之间关系的曲线。类似与普通感光材料的 D-lg$E$ 曲线，全息术中的特性曲线常用 τ-E 曲线表示（见图 3-31），τ 表示显影后图像的振幅透射率，E 表示感光材料所承受的曝光量。全息存储中，如果记录介质在 τ-E 曲线的线性区内被曝光，则适当控制曝光量，可以使所记录的全息图具有均匀的衍射效率。

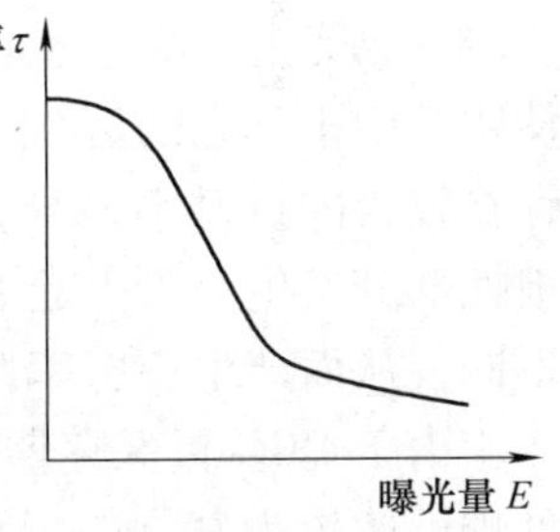

图 3-31　振幅透射率对曝光量的关系曲线

（7）重复性及保存期　全息记录材料的重复性是指信息可重复擦写的能力。保存期是指全息记录材料对记录信息的保存时间。

全息记录材料除采用上述指标评价外，还包括成本和使用的方便性（能否实时记录）等其他一些性能。

本实验中用的记录介质是光致聚合物，主要由单体、聚合体和光敏剂组成。

光致聚合是以化学方法产生自由基或离子引发单体分子来发生聚合的反应。光致聚合物中全息图的形成可定性描述为：记录光照射聚合物后，光敏剂被光子激发，随后产生引发曝光过程。然后，自由基引发空间非均匀分布的单体分子聚合，曝光量大的区域聚合分子浓度相应较大，并且自由单体向聚合浓度大的区域扩散，直至自由单体耗尽。最后采用均匀曝光处理进行定影，使残余的单体完全聚合，最终在介质内部形成位相型全息图。根据膜层厚度，可以是表面调制的浮雕型全息图，也可以是整层内折射率调制的全息图。

另外介绍一种常用的记录介质——重铬酸盐明胶（DCG）的成像机理：

重铬酸盐明胶光化学过程被描述为：作为感光敏化剂重铬酸盐溶解在明胶中，它以六价铬离子 Cr^{6+} 与明胶结合，形成 DCG 膜。曝光时，DCG 膜吸收光后使六价铬离子变为低价离子态。随后，与其附近的明胶分子的残基进行共价结合而形成交联，使明胶坚膜硬化。由于各区域曝光程度不同，这种交联的数量也随之不同。交联程度与 DCG 的溶胀、密度、折射率等性质密切相关。由于整个光化学反应发生在明胶内，交联作用也使得水洗显影时，未曝光部分不像软明胶那样被洗掉，而仅仅是洗去残留的重铬酸盐。同时，明胶也因吸收水分而溶胀，溶胀程度与曝光量成反比。最后，在异丙醇中浸泡脱水，并快速干燥，使曝光部分的折射率提高，从而制成了衍射效率很高（达 90%）的位相型全息图。

目前，人们对 DCG 的上述成像机理已普遍达成共识，但对其内部折射率调制的来源仍存在不同的见解。一种看法认为，由于与明胶的交联，曝光和非曝光区的明胶膜密度产生差异，导致其折射率调制；另一种看法则认为，由于与明胶在曝光区的高度交联，使 DCG 成为一体。明胶层的快速脱水产生的应力，使明胶中未曝光的区域产生微小的裂缝，由于裂缝的存在，在空气和明胶界面存在较大的折射率差异，即形成折射率调制；第三种看法是，由于明胶分子的极性部分发生交联引起 DCG 结构变化，导致曝光部分与未曝光部分的显影性质不同，从而产生折射率调制效应。

由于 DCG 板保存期短，一般均在使用前自行制备。DCG 板的制备、曝光和处理虽然较为复杂，但已经形成较为固定的操作程序。并且，在制备过程中，通过使用不同的敏化物（如重铬酸钾），并加入适量增感剂（如亚甲兰染料），可制成红敏重铬酸盐明胶板。另外，可以采用卤化银增感，用来补偿 DCG 全息材料感光度低和敏感波长范围窄的缺点，即利用卤化银乳胶高感和敏感波长范围宽的优点，先将全息图记录在卤化银乳胶层中，然后再加工获得卤化银敏化明胶（SHSG）全息图。

【实验仪器】

半导体激光全息实验仪（见补充说明3-2）、被摄物体、RSP—1型全息干板（见补充说明3-3）、异丙醇溶液、密封胶（如天津生产的双组份“Hy—914”快干胶）。

【实验内容】

（1）记录反射式全息图

光路设置如图3-32所示，整个实验过程可在日光灯下进行。

1）打开电器箱电源，按动“常开/定时”按钮，使之处于常开状态，激光输出。干板架上放置一毛玻璃。

2）调整激光头、被摄物、干板架（毛玻璃）之间的距离和位置，使毛玻璃、被摄物均处于激光束的均匀照射下，且物光和参考光的光程差尽量小。

3）按动“常开/定时”按钮，使之处于定时状态，按需要设置曝光时间，将干板架上的毛玻璃换成干板，其药膜面朝下。一般反射式全息图曝光时间在10～60s（具体参数选择还要根据环境湿度定）。

4）待系统稳定几分钟后，按动启动钮，激光输出，干板被曝光。曝光过程中不可触摸平台，不要随意走动和说话，不可开启红光。

（2）将曝光的全息干板进行适当的显影处理，并记录拍摄时间、冲洗时间等。冲洗全息干板用浓度分别为40%、60%、80%、100%的异丙醇溶液，冲洗时间要根据具体情况而定，若干板比较干燥，冲洗时间可相对长一些，若干板比较潮湿，冲洗前可先在100%的异丙醇溶液中冲洗一下。一般可用下列方法：

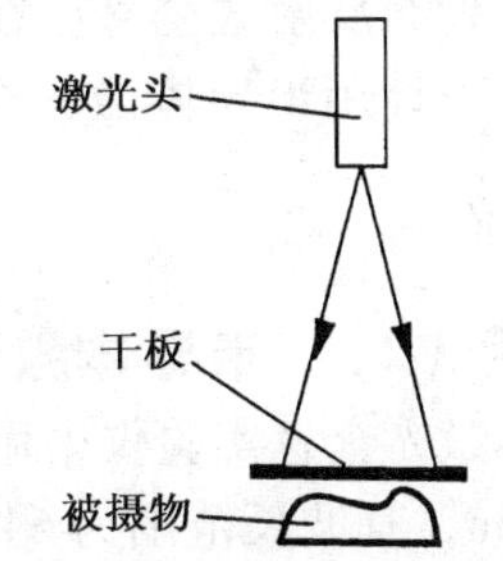

图3-32 反射式全息照相光路图

浸入纯净水中10～20s；浸入40%异丙醇中30～60s；浸入60%异丙醇中30～60s；浸入80%异丙醇中10～20s；浸入100%异丙醇中：干板逐渐发白，直至出现清晰、明亮的红色或黄绿色图像为止。

（3）取出干板，迅速用吹风机热风快速吹干直至全息图像变为金黄色清晰、明亮的图像。

（4）直接在日光下观察全息像，对所拍摄的全息照片的效果进行总结，分析成功与失败的原因，并与前一实验的结果相比较。

（5）封装：用干净的玻璃片覆盖全息板感光层面，用密封胶密封。

（6）自行设计实验条件和记录表格，并记录。

【注意事项】

（1）由于光强比无法通过光路来调整，故宜选择表面具有较高反射率且具有一定漫射性的物体作为目标（如首饰、纪念章、银币等），以提高再现像的质量。

（2）整个实验可在荧光灯下进行，但须严格控制红光。

（3）曝光前应待系统稳定几分钟，不要在室外有振动或有较大噪声时曝光，曝光时不要在室内走动或敲击全息台面，以免震动使干涉条纹模糊不清，影响衍射效率，严重时甚至不能记录干涉条纹。

（4）异丙醇溶液易挥发，实验时应随时用玻璃板盖好。较长时间不用时，宜用深色瓶密封保存。使用一段时间后可用多层细纱布过滤杂质后继续使用。

【预习思考题】

（1）如何观察再现像？

（2）试简要归纳说明平面透射式全息图和反射式体积全息图的异同点。

【思考题】

（1）为什么反射式全息可在太阳光或荧光灯下再现？

（2）试设计用半导体激光全息实验仪拍摄透射式全息图的光路，简要说明实验过程。

【补充说明3-2】 半导体激光全息实验仪

半导体激光全息实验仪采用长相干半导体激光作为光源，功率达25mW，相干长度约1m，其波长范围为640～660nm，使用寿命在2万h（小时）以上，具有体积小、寿命长、无需维护的特点，具有很强的抗震能力，无需专用防震平台。该实验仪可用于拍摄反射式、透射式全息图、全息光栅等，如图3-33所示。

（1）激光头中已装配有扩束镜，不需另配扩束镜。

（2）曝光时间的设置：

1）用“点位”按钮将小数点置于适当位置（可使个位数指示为1s或0.1s）。

2）按住各位数码管下的键，数码管将逐字跳动，当跳到所需值时，放开按钮。

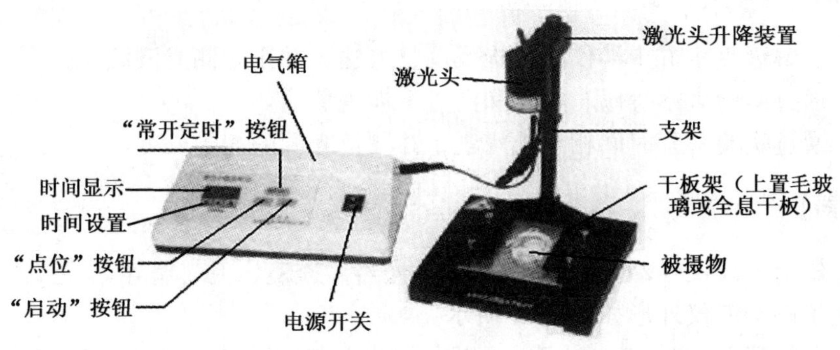

图3-33 半导体激光全息实验仪

【补充说明3-3】 RSP-1型全息干板

RSP—1型全息干板是国家自然科学基金资助的科研成果。它使用新型的光致聚合物材料，属于自由基聚合的非银盐感光材料，它不同于银盐感光材料，是一种位相型记录介质。

该板具有以下特点：

（1）感光波长在624~662nm之间，尤其对波长650nm的红光敏感。

（2）拍摄全息图时，整个操作过程中可在荧光灯下进行。

（3）衍射效率高，大于80%。

（4）分辨率高，大于4000线对/mm。

（5）灵敏度较高，约1mJ/cm^2。

（6）光噪声小，板面清晰、干净。

该实验仪采用半导体激光作为光源，完全克服了以He-Ne激光器作光源的全息设备的致命弱点，极大地改善了激光全息的实验条件。本实验尝试使用该仪器拍摄反射式全息照相图，若增加少许附件，也可以拍摄透射式全息图、全息光栅等。

实验40 用迈克尔逊干涉仪测量氦氖激光器波长

迈克尔逊干涉仪是历史上最著名的干涉仪，对近代物理学和计量技术的发展产生过重大影响。目前，根据迈克尔逊干涉仪原理的发展制成的各种精密仪器已广泛应用于生产和科技领域。

【实验目的】

（1）了解迈克尔逊干涉仪的结构及调整方法，并用它测光波波长。

（2）通过实验观察等倾、等厚和白光干涉现象。

（3）通过实验考察时间相干性问题，并测量光源的相干长度。

【实验仪器】

迈克尔逊干涉仪（250mm）、He-Ne 激光器、透镜、毛玻璃等。

迈克尔逊干涉仪外形如图 3-34 所示。

其中反射镜 M_2 是固定的，M_1 可以在导轨上前后移动，以改变 1、2 两束光的光程差。M_1 由精密丝杠 4 带动，其移动距离的毫米数可从仪器左侧毫米尺上读出，毫米以下的尾数由大转轮上方的读数窗口 11 和右侧的微动鼓轮 15 上读出；读数窗口 11 的最小读数为 10^{-2}mm，微动鼓轮 15 的最小读数为 10^{-4}mm，可估读到 10^{-5}mm。

M_1 和 M_2 背面各有三个螺钉 6，用来调节 M_1 和 M_2 的方向。M_2 的横支杆右端还连有水平拉簧螺钉 14 和竖直拉簧螺钉 16，转动螺钉 14 或 16 改变拉簧的拉力，使支杆发生微小形变，可对 M_2 的方向作更细微的调节。

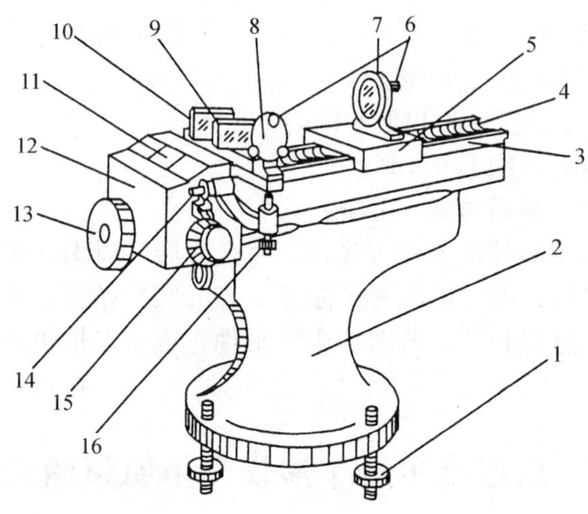

图 3-34 迈克尔逊干涉仪

1—底座调平螺钉 2—底座 3—导轨 4—精密丝杠 5—拖板 6—反射镜调节螺钉 7—可动反射镜 M_1 8—固定反射镜 M_2 9—补偿板 P_2 10—分束板 P_1 11—读数窗口 12—传动系统罩 13—粗调手轮（大转轮）14—水平拉簧螺钉 15—微动鼓轮 16—竖直拉簧螺钉

【实验原理】

1. 仪器的基本原理

迈克尔逊干涉仪的原理如图 3-35 所示。两平面反射镜 M_1、M_2，光源 S 和观察点 E（或接收屏）四者北东西南各据一方。M_1、M_2 相互垂直，M_2 是固定的，M_1 可沿导轨作精密移动。P_1 和 P_2 是两块材料相同、厚薄均匀相等的平行玻璃片（一般来自同一块材料）。P_1 的一个表面上镀有半透明的薄银层或铝层，形成半反半透膜，可使入射光分成基本相等的两光束，称 P_1 为分光板。P_2 与 P_1 平行放置，以保证两束光在玻璃中所走的光程完全相等且与入射光的波长无关，保证仪器能够观察单、复色光的干涉。称 P_2 为补偿板。P_1、P_2 与平面镜成 45°角。

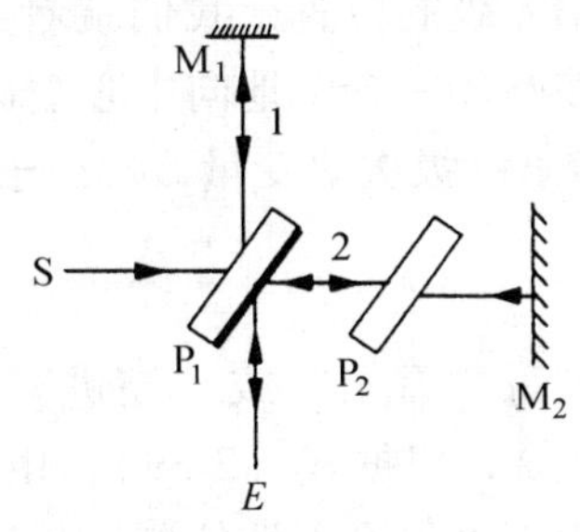

图 3-35　迈克尔逊干涉仪的基本光路

2. 干涉条纹的图样

由图 3-36 可知，M_2'是 M_2 被 P_1 反射所成的虚像。这样，迈克尔逊干涉仪所产生的干涉图样相当于由 M_1 和 M_2'之间空气“薄膜”所产生的干涉图样。

（1）等倾干涉图样　当 M_1 和 M_2' 平行时为等倾干涉。如图 3-35 所示，对于薄膜倾角 i 相同的各光束，从 M_1 和 M_2'两表面反射的光线的光程差相等，光程差 ΔL 为

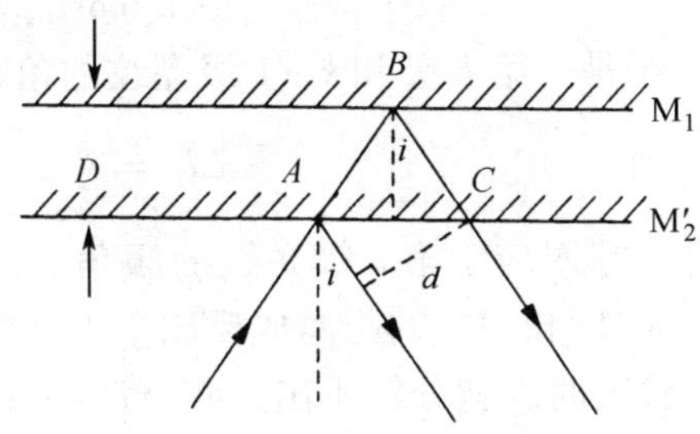

图 3-36　等倾干涉中的光程差

$$\Delta L = AB + BC - AD = 2d\cos i \tag{3-36}$$

式中，d 为 M_1 和 M_2'之间的距离。倾角 i 是光线与 M_1（或 M_2'）法线的夹角，干涉图样位于无限远。因此，若在图 3-35 中的 E 处放一个透镜，则在该透镜的焦平面上（或用眼睛在 E 处正对着 M_1 向无限远处调焦）就可观察到一组明暗相间的同心圆环。

对于第 k 级亮纹（1、2 两光束在分光板镀膜面上反射时无位相突变），有

$$\Delta L = 2d\cos i_k = k\lambda \tag{3-37}$$

这些干涉圆环的特点是：

1）圆心处干涉条纹的级次最高：圆心处 $i=0$，此处程差 $\Delta L = 2d$ 为最大。

设圆心是亮点，级次是 k，则 $\Delta L = k\lambda$，故

$$k = \frac{\Delta L}{\lambda} = \frac{2D}{\lambda} \tag{3-38}$$

当 M_1 和 M'_2 的距离 d 增大时，干涉圆环中心的级次就越来越高，即第 $k+1$ 级代替第 k 级的位置，我们就看到一个从中心冒出的干涉圆环；反之当 d 减小时，干涉圆环一个个地向中心缩进去。由式（3-38）可得 M_1 和 M'_2 的距离改变量 Δd 与条纹级次改变量 Δk 之间的关系

$$\Delta d = \Delta k \frac{\lambda}{2} \tag{3-39}$$

可见每“冒出”或“缩进”一个条纹时，d 就增加或减小半个波长。如果已知波长 λ，根据式（3-39），由冒出或缩进的条纹数就能计算出 d 的变化量，这就是用迈克尔逊干涉仪测量长度的原理。反之，已知 M_1 移动的距离 Δd 和条纹移动数目 Δk，也可以计算出波长 λ。

2）随距离 d 增大，条纹变密：由式（3-37），第 k 级和 $k+1$ 级亮条纹满足公式

$$2d\cos i_k = k\lambda$$
$$2d\cos i_{k+1} = (k+1)\lambda$$

于是，第 k 级和 $k+1$ 级亮纹的角距离 Δi_k 为

$$\Delta i_k = i_{k+1} - i_k = -\frac{\lambda}{2d} \cdot \frac{1}{i_k} \tag{3-40}$$

式中，i_k 对应于第 k 级亮纹的倾角。由式（3-40）看出，相邻两条纹的角距离 Δi_k 与 M_1 和 M'_2 的距离成反比。当 d 增大时，Δi_k 变小，干涉圆环越来越密。当 d 足够大时，就分辨不出这些干涉圆环了。所以在观察和测量时，d 应小些，即 M_1 到 P_1 的距离和 M_2 到 P_1 的距离应大致相等。

3）干涉圆环中心疏，边缘密：由式（3-37）还可看出，倾角 i_k 越大，条纹的角距离 Δi_k 就越小。在圆环中心，光垂直入射，倾角最小为零，越往外倾角越大，所以等倾干涉中心条纹间距大，越往外条纹越密。

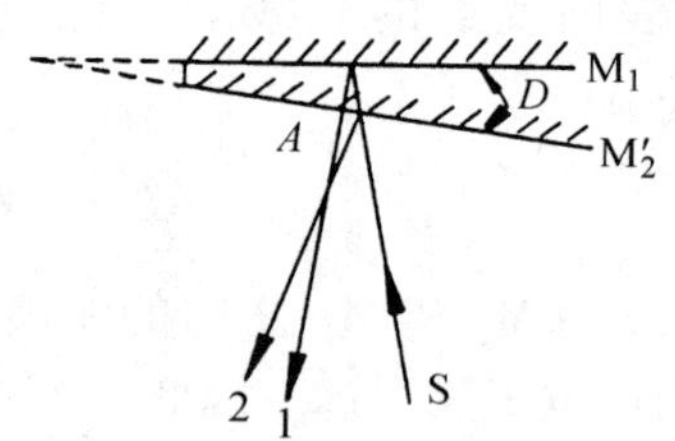

图3-37　等厚条纹定域于薄膜附近

（2）等厚干涉图样　当 M_1 和 M'_2 有一个很小的夹角时，如图3-37所示，产生等厚干涉条纹，条纹呈现在空气薄膜附近。此时从 M_1 和 M_2 反射的两束光程差可近似地用 $\Delta L = 2d\cos i = k\lambda$ 表示。

下面分几种情况加以讨论。

1）M_1 和 M'_2 相交处，由于 $d=0$，光程差为零，将观察到直线干涉条纹。在交线附近因 d 很小，光程差的大小主要取决于厚度 d，$\cos i$ 的影响很小，可忽

略不计。因此，观察到的是一组平行于 M_1 和 M'_2 交线的直线条纹。

2）离交线较远处，d 较大，干涉条纹变成弧形，且凸向 M_1 和 M'_2 的交线。从公式 $2d\cos i = k\lambda$ 可知：因 d 较大，$\cos i$ 对光程差的影响不能忽略，当 i 变大时，$\cos i$ 减小，要保持相同的光程差 ΔL，d 必须增大。干涉条纹的两端（i 大）就会弯向厚度增加的方向，中央（i 小）就凸向了厚度减小的方向，即条纹凸向 M_1 和 M'_2 的交线，如图 3-38。

3）当 M_1 和 M'_2 相交，且用白光照射时，则只能在 M_1 和 M'_2 交线附近看到为数不多的几条彩色干涉条纹。这种情况的出现是由于相邻条纹的间隔 Δi_k 正比于波长（见式（3-37）），且所有波长的中央条纹又在 $d=0$ 处重合，如图 3-39 所示，故只有零级明纹是白的（当 1、2 两束光无附加程差时），也只有与零级明纹相邻的暗纹是黑的；在它两侧的 ±1 级明纹带有彩色；较高级次的区域，不同波长的干涉条纹互相交错重叠，只能是模糊一片。

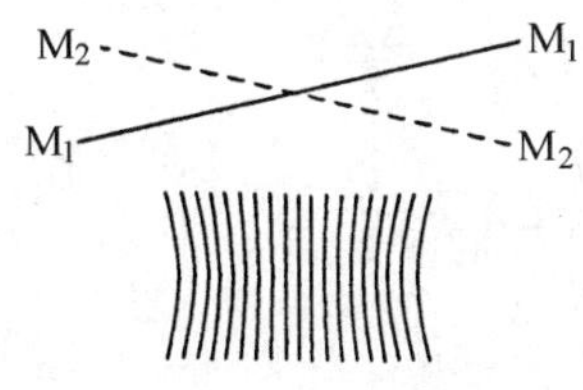

图 3-38　等厚干涉条纹

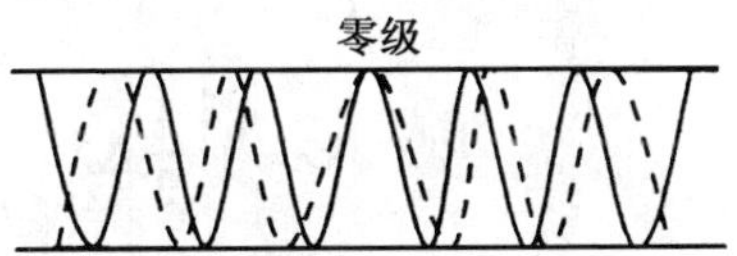

图 3-39　白光干涉条纹各波长的零级明纹相重合

（3）点光源产生的非定域干涉图样　用凸透镜会聚后的激光束，可以看成是一个很好的点光源。如图 3-40 所示，点光源 S 经 M_1 和 M_2 反射所成的虚像 S_1 和 S_2 相当于两个相干的点光源，它们发出的球面波在相遇的空间发生干涉，形成非定域干涉条纹。若把观察屏 E 放在不同的位置上，可看到圆、椭圆、双曲线、直线状的干涉图样。当观察屏垂直于 S_1 和 S_2 的连线放置时，屏上呈现一组同心圆环。当 M_1 和 M'_2 平行时，圆环的中心对应于光程差 $2d$，和等倾干涉图样相同，d 增加时，圆环一个个“冒出”；d 减小时，圆环一个个“缩进”。由此可计量长度或测波长。

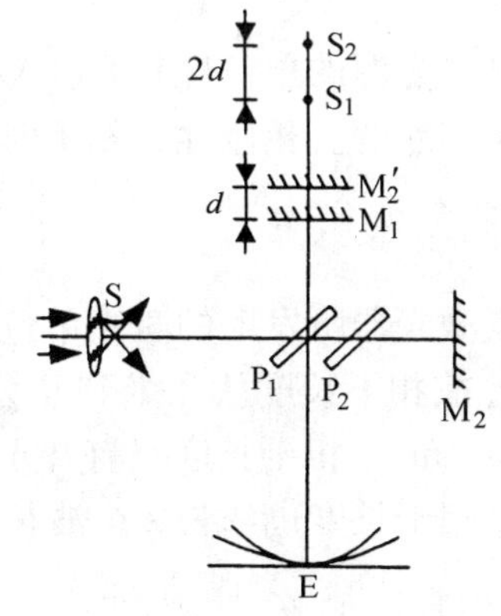

图 3-40　点光源干涉条纹的形成

3. 时间相干性问题

时间相干性是光源相干程度的一个描述，为简单起见，以入射角 $i=0$ 作为例子讨论，这时光束（1）和（2）的光程差 $\Delta L = 2d$。当 d 增加到某一数值 d'

后，原有的干涉条纹将变成一片模糊，$2d'$就叫做相干长度，用 L_m 表示。相干长度除以光速 c 就是光走过这段长度所需的时间，称为相干时间，用 t_m 表示。不同的光源有不同的相干长度和不同的相干时间。

光源存在一定的相干长度和相干时间有两种解释。一种解释是：实际光源发射的光波不是无穷长的波列，光波列的长度比相干长度小时，光束（2）已全部通过干涉区的被观察点，而光束（1）尚未达到该点，因此它们之间不能构成干涉。所以相干长度表征了波列的长度。另一种解释是：实际光源发射的单色光波不是绝对的单色光，而是有一个波长范围。假定光波的中心波长为 λ_0，谱线宽度为 $\Delta\lambda$，即光波实际上是由波长为 $\lambda_0-\Delta\lambda/2$ 到 $\lambda_0+\Delta\lambda/2$ 之间所有的波组成。干涉时，每个波长对应一套干涉条纹，随着 d 的增加，$\lambda_0-\Delta\lambda/2$ 到 $\lambda_0+\Delta\lambda/2$ 两套干涉条纹逐渐错开，直到错开一个条纹，干涉图样完全消失。
因为

$$L_m = k\left(\lambda_0+\frac{\Delta\lambda}{2}\right)=(k+1)\left(\lambda_0-\frac{\Delta\lambda}{2}\right) \tag{3-41}$$

$$k\lambda_0+\frac{k}{2}\Delta\lambda = k\lambda_0+\lambda_0-\frac{k}{2}\Delta\lambda-\frac{\Delta\lambda}{2}$$

$$k\approx\frac{\lambda_0}{\Delta\lambda} \tag{3-42}$$

把式（3-42）代回式（3-41）得

$$L_m\approx\frac{\lambda_0^2}{\Delta\lambda} \tag{3-43}$$

可见，光源的单色性越好，$\Delta\lambda$ 越小，相干长度就越长，所以上面的两种解释是完全一致的。相应地，相干时间

$$t_m=\frac{\lambda_0^2}{c\Delta\lambda} \tag{3-44}$$

氦氖激光器所发射的激光单色性很好，对632.8nm的谱线，$\Delta\lambda$ 只有 $10^{-7}\sim10^{-4}$nm，故相干长度从几米到几公里的范围。而普通的钠光灯、汞灯的 $\Delta\lambda$ 为 $10^{-2}\sim10^{-1}$nm，相干长度只有几十微米到几毫米。白炽灯发射的光，$\Delta\lambda$ 约为半个波长，相干长度也约为2个波长，故只能在 $d=0$ 附近看见很少几条彩色条纹。

【注意事项】

（1）调整各部件用力要适当，均匀缓慢，不可强旋硬扳。

（2）反射镜、分束板的光学表面不可用手触摸，不允许擦拭！

（3）测量时只能向一个方向旋转微动鼓轮移动 M_1，避免螺距差。

（4）使用完毕，应适当放松 M_1 和 M_2 背面的三个螺钉、水平拉簧螺钉和竖直拉簧螺钉，以免弹簧片、拉簧和支杆弹性疲劳。

【实验内容】

1. 观察非定域干涉条纹并测激光的波长（自行设计方案使得 $\Delta\lambda \leqslant 0.5\text{nm}$）

（1）使 He-Ne 激光束大致垂直于 M_2，见图 3-41，在 E 处放一接收屏，即可以看到两排激光光斑，每排都有几个光点，这是由于 P_1 与半反射面相对的另一侧的平玻璃面上亦有部分反射的缘故。调节 M_2 背面的三只螺钉，使两排中的两个最亮的光斑大致重合，则 M'_2 与 M_1 大致互相平行。

（2）用短焦距透镜扩展激光束，即能在屏上看到弧形条纹，再调节 M_2 的微调拉簧螺钉，使 M'_2 与 M_1 趋向严格平行，弧状条纹就逐渐转化为非定域的圆条纹了。

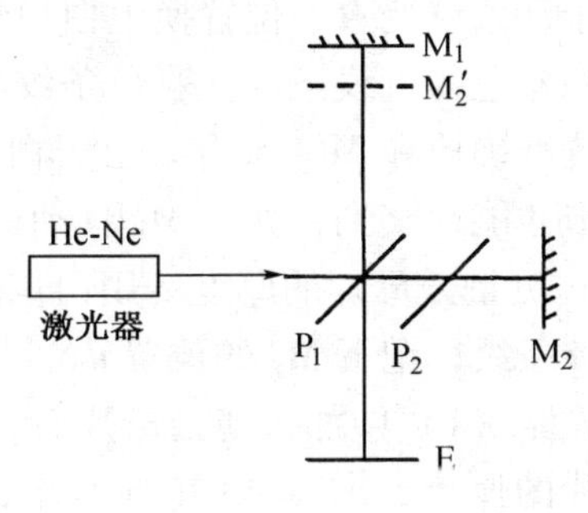

图 3-41　干涉光路

（3）转动 M_1 镜的传动系统使 M_1 前后移动，观察条纹的变化：从条纹的“冒出”或“缩进”说明 M_1、M'_2 之间的距离 d 是变大还是变小，观察并解释条纹的粗细、密度和 d 的关系。

（4）测量 He-Ne 激光光源的波长。转动微动鼓轮使 M_1 镜移动改变 d，用式（3-36）计算出 λ。

读数前先调整零点。转动微动鼓轮时，粗动手轮随着转动，但转动粗动手轮时，微动鼓轮并不随着转动。因此在读数前调整零点方法如下：将微动鼓轮沿某一方向（例如顺时针方向）旋转至零，然后以同方向转动粗动手轮使之对齐某一刻度。这以后，在测量时只能仍以同方向转动微动鼓轮使 M_1 镜移动，这样才能使手轮与鼓轮二者读数相互配合。

2.（选做）**观察等倾、等厚和白光干涉现象，并测云母片的厚度**

（1）观察等倾干涉条纹　把毛玻璃放在短焦距透镜的前面，使球面波经过漫透射成为扩展光源，必要时可加两块毛玻璃，见图 3-42。用聚焦到无穷远的眼睛直接观察可以看到圆条纹。进一步调节 M_2 的微动螺钉，眼睛上下左右移动观察时，各圆的大小不变，而仅仅是圆心随眼睛的移动而移动，这时看到的就是等倾条纹了。

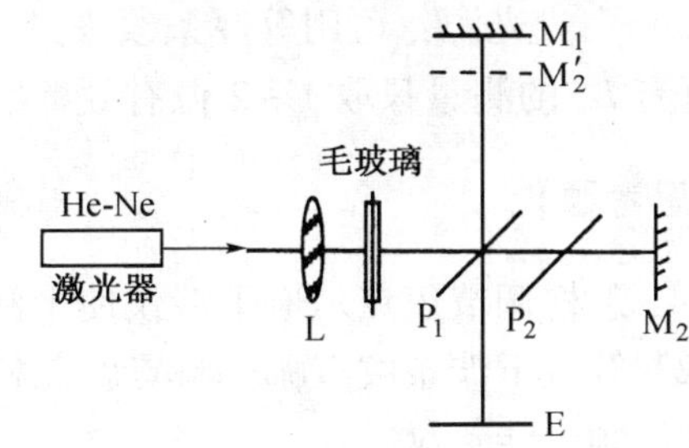

图 3-42　加毛玻璃的干涉光路

转动 M_1 镜的传动系统使 M_1 前后移动，观察条纹的变化规律（和非定域干涉的要求相同）。

（2）观察等厚和白光干涉条纹 用扩展光源（同（1））照明干涉仪，在 M_1、M'_2 大致重合的位置（圆条纹粗而疏时），调节 M_2 的微调拉簧螺钉，使 M_1 与 M'_2 有一很小的夹角，视场中出现直线干涉条纹。干涉条纹的间距与交角成反比。交角太大，条纹变得很密，甚至观察不到干涉条纹。条纹的间距取 1mm 左右，移动 M_1 镜，观察干涉条纹从弯曲变直再变弯曲。

在干涉条纹变直的位置换上白炽灯光源。缓慢地移动 M_1 镜，在某一位置可以观察到彩色的直线条纹。彩色条纹的对称中心就是 M_1、M'_2 的交线。此时 M_1 镜的位置准确地和 M'_2 重合。由于白光的干涉条纹只有数条，所以必须耐心细致地调节才能观察到，如果 M_1 移动得太快，就会一晃而过。

（3）测量云母片的厚度 用白炽灯作光源，当调节 M_1 与 M'_2 重合时，出现彩色干涉条纹，记下 M_1 的位置 d_0。

在光路（1）中加入薄云母片后，光程差将增加 $\delta' = 2d'(n' - n_0)$，其中 d' 为云母片的厚度，n_0 为空气折射率，$n_0 = 1.0003$，n' 为云母片折射率，$n' = 1.5647$。当调节 M_1 镜，再次出现彩色条纹时，M_1 移动的距离 d 抵消了由云母片插入引起的光程差，所以 $2dn_0 = d'(n' - n_0)$，由此便可得出云母片的厚度

$$d' = d\left(\frac{n'}{n} - 1\right)^{-1} \tag{3-45}$$

3. （选做）**观察和测量不同光源的相干长度**

（1）He-Ne 激光光源：可用非定域干涉条纹进行测量。

（2）Na 光光源：可用等倾干涉条纹进行测量。M_1 和 M'_2 重合的位置用白光干涉确定。测出 L_m，用式（3-43）计算出钠双线的波长差 $\Delta\lambda$，（钠光双线的平均波长 $\lambda_0 = 589.3\text{nm}$）。用式（3-44）计算出 t_m。

（3）白光光源：可用等厚条纹来进行测量，测出 L_m，并计算出 $\Delta\lambda$ 和 t_m。

所有 L_m 的测量只取 1 ~ 2 位有效数字。

【预习思考题】

（1）怎样调节迈克尔逊干涉仪使干涉条纹出现？

（2）等倾干涉条纹有哪些特点？怎样判断 M_1 和 M'_2 严格平行从而得到的是严格的等倾干涉条纹？

（3）怎样用点光源产生的非定域干涉圆条纹测定激光的波长？

【思考题】

（1）为什么观察激光非定域干涉时，通常看到弧状条纹？怎样从条纹形状

确定 S_1S_2 的连线方向？

（2）数干涉条纹时，如果数错了一条，会给这次测量波长值带来多大的误差？

（3）如果不用激光光源，从一开始就用钠光，试拟定调出等倾条纹的主要步骤。

【应用】（见附录 B-15）

实验 41　密立根油滴法测量电子电荷

著名的美国物理学家 Robert. A. Millikan 在 1909 年到 1917 年期间所做的测量微小油滴上所带电荷的工作，即油滴实验，是物理学发展史上具有重要意义的实验。这一实验的设计思想简明巧妙，方法简单，而结论却具有不容置疑的说服力，因此这一实验堪称为物理实验的精华、典范。Millikan 在这一实验工作上花费了近 10 年的心血，但取得了具有重大意义的结果：①证明了电荷的不连续性（具有颗粒性），所有电荷都是基本电荷 e 的整倍数。②测量并得到了基本电荷即电子电荷，其测量值的测量精度不断提高，目前给出的最好结果为

$$e = (1.6021892 \pm 0.0000046) \times 10^{-19}\mathrm{C}$$

正是由于这一实验的成就，Millikan 荣获 1923 年诺贝尔物理学奖。

近年来，根据这一实验的设计思想改进的用磁漂浮的方法测量分数电荷的实验，引起了广泛的注意，说明这是具有巨大生命力的实验。

【实验目的】

（1）验证电荷的量子性。

（2）测定电子的电荷值。

（3）学会作统计直方图。

【实验原理】

油滴法测量电子电量的基本原理是：根据带电油滴在电场和重力场中的运动和受力情况，计算其所带电量的大小。按油滴在电场和重力场中有匀速运动和静止两种平衡状态，其测量方法也有静态（平衡）测量法和动态（非平衡）测量法两种。

1. 动态测量法

一个质量为 m，带电量为 q 的油滴处在二块平行板之间（见图3-43），在平行板未加电压时，油滴受重力作用，下降一段距离后，油滴将作匀速运动，速度为

v_g，这时重力为 $m\boldsymbol{g}$、空气粘滞阻力 $\boldsymbol{F}_r$ 与空气浮力 $\boldsymbol{F}_a$ 三者达到平衡，即

$$m\boldsymbol{g} = \boldsymbol{F}_a + \boldsymbol{F}_r \quad (3\text{-}46)$$

设油滴密度为 ρ_1；油滴半径为 a；空气密度为 ρ_2；空气粘滞系数为 η，则上述三个力的大小可分别表示为

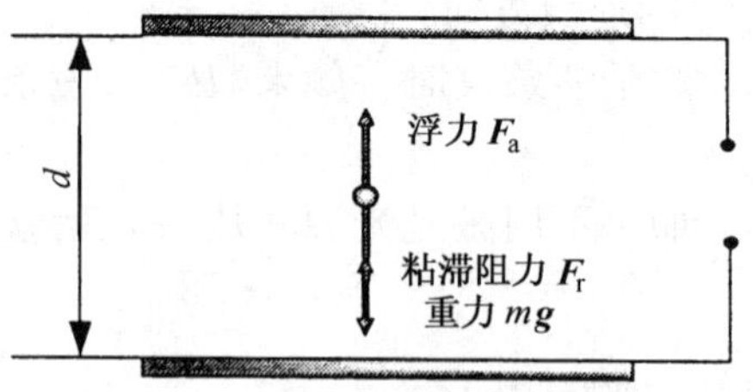

图 3-43　无电场时油滴受力图

$$mg = \frac{4}{3}\pi a^3 g\rho_1, \quad F_r = 6\pi\eta a v_g, \quad F_a = \frac{4}{3}\pi a^3 g\rho_2$$

代入式（3-46）得

$$\frac{4}{3}\pi a^3 g\rho_1 = 6\pi\eta a v_g + \frac{4}{3}\pi a^3 g\rho_2 \quad (3\text{-}47)$$

或

$$a = \left(\frac{9\eta v_g}{2(\rho_1 - \rho_2)g}\right)^{1/2} \quad (3\text{-}48)$$

若油滴处于电场中，且在电场的作用下可以使油滴以速度 v_E 匀速向上运动时，见图 3-44，电场力和以上三个力达到平衡，则

$$q\frac{U}{d} - \frac{4}{3}\pi a^3 g(\rho_1 - \rho_2) = 6\pi\eta a v_E \quad (3\text{-}49)$$

式中，U 为所加电场的电势差；d 为平板间距离。这样，结合式（3-48），得到

$$q = 9\sqrt{2}\pi\left[\frac{\eta^3}{(\rho_1 - \rho_2)g}\right]^{1/2}\frac{d}{U}(v_E + v_g)v_g^{\ 1/2} \quad (3\text{-}50)$$

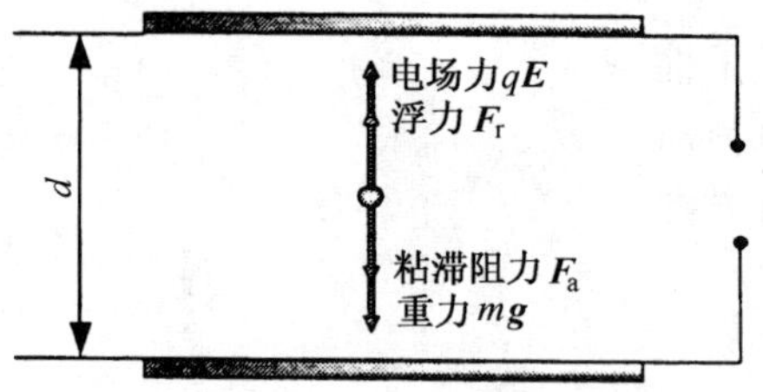

图 3-44　有电场时油滴受力图

至此，理论上可以由该公式得到油滴电荷量 q，但考虑到实验的具体情况，速度 v_E 和 v_g 可由通过一定距离 s 后与其所用的时间 t_E 和 t_g 表示，这样式(3-50)改写为

$$q = 9\sqrt{2}\pi\left[\frac{\eta^3 s^3}{(\rho_1 - \rho_2)g}\right]^{1/2}\frac{d}{U}\left(\frac{1}{t_E} + \frac{1}{t_g}\right)\frac{1}{t_g^{\ 1/2}} \quad (3\text{-}51)$$

上述的公式推导按两步进行，一是不加电场，得到有关油滴本身的参数，如油滴半径等；第二步，加上电场后，再得到其所带电量。这样，可避免在实验中使用几乎无法测量的油滴的质量或半径。

在上述的公式推导中，空气对于油滴的阻力简单地写为 $F_r = 6\pi\eta a v_g$，考虑到在实验中的油滴直径和空气分子的间隙相当，这时空气无法被看成连续介质，其粘滞必须作一修正，写成 $\eta' = \dfrac{\eta}{1+\dfrac{b}{pa}}$，$p$ 为空气压强，b 为修正常数，标准状态下 $b = 0.0823\text{N/m}$。这样，式（3-51）修正为

$$q = 9\sqrt{2}\pi\left[\frac{\eta^3 s^3}{(\rho_1 - \rho_2)g}\right]^{1/2} \frac{d}{U}\left(\frac{1}{t_E} + \frac{1}{t_g}\right)\frac{1}{t_g^{1/2}}\left(\frac{1}{1+\dfrac{b}{pa}}\right)^{3/2} \qquad (3\text{-}52)$$

2. 静态测量法

其出发点是使油滴在均匀电场中静止于某位置，即上式中的 $1/t_E = 0$，这样，式（3-50）为

$$q = 9\sqrt{2}\pi\left[\frac{\eta^3 s^3}{(\rho_1 - \rho_2)g}\right]^{1/2} \frac{d}{U}\frac{1}{t_g^{3/2}}\left(\frac{1}{1+\dfrac{b}{pa}}\right)^{3/2} \qquad (3\text{-}53)$$

3. 单位电荷的测量方法

为了测量油滴上带的电荷的最小单位 e，可以对不同的油滴分别测出其所带电荷值 q_i，它们应近似为某一最小单位的最大公约数，即为单位电荷。

实验中常采用紫外线、X 射线或放射源等改变同一油滴所带的电荷，测量油滴上所带的电荷的改变值 Δq_i，而 Δq_i 值应是单位电荷的整数倍，即

$$\Delta q_i = n_i e \qquad （其中 n_i 为一整数） \qquad (3\text{-}54)$$

也可用作图法求 e，根据式（3-54），e 为直线方程的斜率，通过拟合直线，即可求得 e 值。

【实验仪器】

实验仪器主要由油滴盒、CCD 电视显微镜、电路箱、监视器等组成，见图3-45。

电路箱内装有高压产生、测量显示等电路。底部装有三只调平手轮，面板结构如图 3-45 所示。由测量显示电路产生的电子分划板刻度与 CCD 摄像头的行扫描器严格同步。进入或退出分划板的办法是：按住“计时/停”按钮大于 5s 即可切换分划板。在面板上有两只控制平行板极电压的三档开关，S_1 控制上极板电压的大小。当 S_2 处于中间位置即“平衡”档时，可用电位器调节平衡电压。打向“提升”档时，自动在平衡电压的基础上增加 200 ~ 300V 的提升电压，打向“0V”档时，极板上电压为 0。

为了提高测量精度，油滴仪将 S_2 的“平衡”、“0V”档与计时器的“计时/停”联

动。在 S_2 由“平衡”打向“0V”档，油滴开始匀速下落的同时开始计时，油滴下降到预定距离时，迅速将 S_2 由“0V”档打向“平衡”档，油滴停止下落的同时停止计时。这样，在屏幕上显示的是油滴实际的运动距离及对应的时间。也可以不联动，拔去 S_2 的一个插头即可。

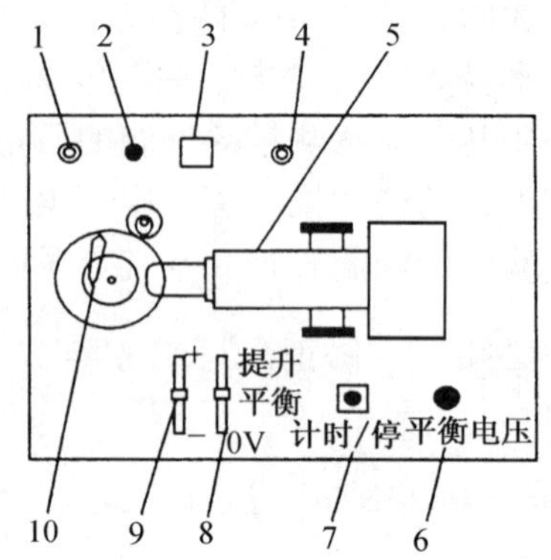

图 3-45 油滴仪面板图

1、4—视频电缆 2—指示灯 3—电源开关 5—显微镜 6—W 7—S_3 8—S_2 9—S_1 10—上电极压簧

由于空气阻力的存在，油滴是先经一段变速运动然后进入匀速运动的。但这变速运动时间非常短，小于 0.01s，与计时精度相当。所以可以看作当油滴自静止开始运动时，油滴是立即作匀速运动的，运动的油滴突然加上原平衡电压时，将立即静止下来。

油滴仪的计时器采用“计时/停”方式，即按一下开关，清零的同时立即开始计数，再按一下，停止计数，并保存数据。计时器的最小显示为 0.01s，但内部计时精度为 1μs，也就是说，清零时刻仅占用 1μs。

油滴盒结构见图 3-46。

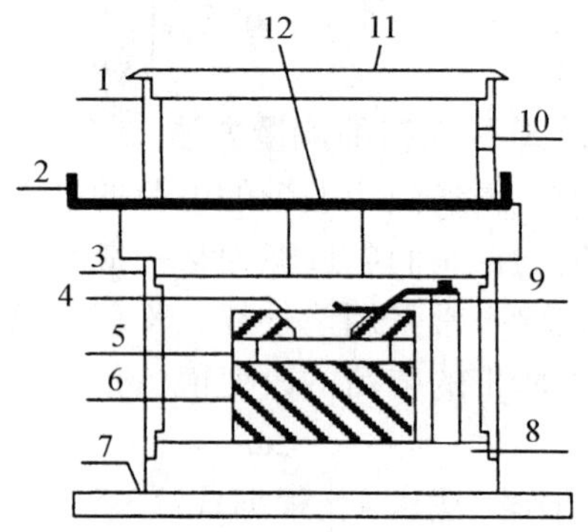

图 3-46 油滴仪构造图

1—油雾杯 2—油雾孔开关 3—防风罩 4—上电极 5—油滴盒 6—下电极 7—座架 8—油滴盒基座 9—上电极压簧 10—喷雾口 11—上盖板 12—油雾孔

油滴盒是由两块经过精磨的金属平板、中间垫以胶木圆环构成的平行板电容器，上下电极板间的不平行度、板极间的误差在 0.01mm 以下。在上电极板中心有一个 0.4mm 的油雾落入孔，在胶木圆环上开有显微镜观察孔、照明孔和一个备用孔。备用孔在采用紫外线等手段改变油滴的电荷量时启用。

在油滴盒外套有防风罩，罩上放置一个可取下的油雾杯，杯底中心有一个落油孔和一个挡片，用来开关落油孔。

在照明座上方有一个安全开关，当取下油雾杯时，平行电极就自行断电。

技术指标：

平均相对误差：<3%　　平行极板间距离：(6.00 ± 0.01) mm

板极电压：+、0、-可选，DC 0~700V 可调　　提升电压：200~300V

数字电压表：(0 ~ 999 ± 1) V　　数字毫秒计：(0 ~ 99.99 ± 0.01) s

电视显微镜：总放大倍数 60 ×（9″监视器、标准物镜）

分划板刻度：垂直视线场 2mm，分 8 格，每格值为 0.25mm

电源：~220V、50Hz

【注意事项】

在上电极上方有一个可以左右拨动的压簧，注意，只有将压簧拨向最边位置，方可取出上电极！照明灯在照明座中间位置。

【实验内容】

(1) 首先调节仪器的调平螺钉，将平行电极板调到水平，使平衡电场方向与重力方向平行以免引起实验误差。

(2) 照明光路不需调整，CCD 显微镜对焦只需将显微镜筒前端和底座前端对齐，开始喷油，再微调显微镜筒，直至聚焦清楚。在使用中，调焦范围不宜过大，取直径 1mm 以内的油滴为准较好。

(3) 将油从油雾杯旁的喷雾口喷入，荧屏的视场中将出现大量清晰的油滴。加上平衡电压，改变其大小和极性，驱散不需要的油滴，练习控制其中一颗油滴的运动。

(4) 采用平衡法正式测量。将已调好的油滴用 S_2 控制移到“起跑线”上（荧屏上显示分划板刻度线，其每格垂直距离为 0.25mm），按 S_3（计时/停），让计时器停止计时，然后将 S_2 拨向“0V”，油滴开始匀速下落的同时，计时器开始计时，到“终点”时，迅速将 S_2 拨向“平衡”，油滴立即静止，计时也随之停止。荧屏上显示出平衡电压值和油滴下落的时间（仪器附有数据处理软件，但忽略了空气浮力的影响）。

(5) 计算电荷的基本单位，并选取一个油滴计算所带电荷的标准偏差 $\Delta q/q$。选择适当的油滴（体积适中）并测量油滴上所带的电荷。

【思考题】

(1) 怎样判断油滴所带的电荷比较少？

A. 速度快的油滴带电较少　　B. 速度慢的油滴带电较少

C. 带电多少与速度快慢无关　　D. 以上说法均不正确

(2) 应选什么样的油滴进行测量？

A. 速度比较快的油滴（受布朗运动影响比较小）

B. 速度比较慢的油滴（便于测量）

C. 带电荷量比较小的油滴（便于求得电子电荷）

D. 带电荷量比较大的油滴（测量误差较小）

（3）为什么向油滴雾室喷油时，一定要使电容器的两平板短路？

A. 使油滴不至于很快跑出观察区域 B. 不至于使油滴带过多的电荷

C. 避免仪器的损坏

D. 可以造成无电场环境，测量油滴匀速下降的速度

（4）上题平衡电压的换向开关至于何处？

A. “+” B. “-”

C. “0” D. 无论置于何处于实验均无影响

（5）以下哪一项不是对实验结果造成影响的主要因素？

A. 对空气粘滞系数的修正

B. CCD 摄像头的分辨率和显微镜的物理分辨率不耦合

C. 油滴的选取代表性不足，造成最小公约数计算困难

D. 人工计时主观误差较大

（6）用 CCD 成像系统观测油滴比直接从显微镜中观测有诸多优点，下列并非其优点的是：

A. 可以增加有效位数

B. 避免眼睛疲劳，增加了主观判断的准确性

C. 视野宽广，图像鲜明

D. 观察省力，节省实验时间

【应用】（见附录 B-15）

实验 42 单摆法测重力加速度系统误差的修正

单摆实验是一个经典的实验。伽利略用单摆测量了重力加速度。在单摆法测量重力加速度的实验中，存在着许多影响精密测量的因素，应考虑这些影响因素，修正系统误差。

【实验目的】

（1）观测单摆周期与摆幅等的关系。

（2）学会精密测量时系统误差的分析及修正。

（3）精确测定当地的重力加速度。

【实验内容】

（1）用振动理论分析单摆周期 T 与摆幅 s 的关系，摆长 l、摆角 θ、摆球质

量 m、摆动次数 n 等对结果的影响，考虑怎样测量才能将其影响降到最低。

（2）从理论上分析和推导单摆法测重力加速度中的系统误差对测量结果的影响；导出修正系统误差后可行的测量公式。

（3）设计修正各项系统误差的实验方案并精确测定重力加速度。

1）说明测量方法，拟定具体的实验步骤。

2）自选并组装实验仪器，进行测量。

3）记录并处理实验数据，要求有四位有效数字，测定值与标准值比较，百分误差必须小于 0.1%。

4）给出重力加速度的精确测量结果并对测量结果进行分析讨论。

【实验仪器】

单摆、计时-计数-计频仪，其余自选。

【提示】

在用单摆测量重力加速度的实验中，假定单摆是由一个不计体积、质量为 m 的质点悬挂在一根无质量、不可伸长、摆长为 l 的细线上构成的。在摆角 θ 很小而且忽略空气粘滞阻力和浮力的情形下，推导出单摆的振动周期 T 和摆长 l 与重力加速度 g 有如下关系

$$T = 2\pi\sqrt{\frac{l}{g}} \tag{3-55}$$

显见，利用此式测量重力加速度是存在系统误差的。这是因为：

（1）实际上并不存在如此理想的单摆，即摆球不可能当做一个不计体积的质点，摆线是有质量且总是有一定的弹性。

（2）单摆的周期 T 与摆角 θ 的关系，只有在取零级近似时，式（3-55）才成立。

（3）空气的浮力与粘滞阻力的影响也应加以充分的考虑。

因此，要更精确地测量重力加速度 g，就必须进行系统误差的修正。

【讨论题】

（1）实际实验装置中单摆的摆重心难以准确确定，直接测量摆长 l 有困难，用什么方法进行测量可以解决此问题？

（2）如果摆球是半径 $r = 2.0\text{cm}$ 的铁制小球，悬线是由铜丝做的，其长 $l = 100.0\text{cm}$，直径 $d_0 = 0.4\text{mm}$，弹性模量 $E = 1.2 \times 10^{11}\text{N/m}^2$，在摆球从水平位移 $s = 10.0\text{cm}$ 处开始摆动的情况下，粗略估计一下由于摆长的变化（假定摆长的平均变化量为最大变化量的一半）可能给周期测定带来的误差有多大？

（3）如果认为光电门的触发器是在完全挡光的时刻而动作的，假定光电门的宽度为1mm，摆球的振幅为2.5cm，摆长为100cm，由此，如果测量周期是以单摆从左边向右摆动开始计时测定的左半周期$(1/2)T_{左}$和从右边向左摆动开始计时测定的右半周期$(1/2)T_{右}$相加而得，即周期$T=(1/2)T_{左}+(1/2)T_{右}$，则对T的测量会带来多大误差？在本实验中为了不影响结果，振幅不宜少于多少？如果测T是利用多个周期或整个周期，则又怎样？

实验43　粘滞性阻尼常数的测定

【实验目的】

（1）了解描述振动系统阻尼特性参量的意义。

（2）学习用不同的方法测量粘滞性阻尼系数的大小。

【实验要求】

在气垫导轨上设计两种不同的方法测定粘滞性阻尼系数。

（1）说明测量粘滞性阻尼系数的实验方法并推导计算公式。

（2）拟定实验操作程序。

（3）对两种方法所得测量结果进行分析比较。

【实验仪器】

气垫导轨、计时-计数-测速仪，其余自选。

【提示】

在气垫导轨的有关实验中，当滑块在气垫导轨上运动时，由于气垫的漂浮作用，滑块在运动过程中不受滑动摩擦力的作用，但仍要受到粘滞性摩擦阻力的作用，该阻力是由于滑块与导轨之间的气层彼此相对运动而产生的一种内摩擦力。由气体内摩擦理论可知，当滑块的运动速度不太大时，这种粘滞性摩擦阻力可认为由下式决定

$$F=\eta\frac{\Delta v}{\Delta d}A \tag{3-56}$$

式中，$\Delta v/\Delta d$表示滑块和导轨之间气层的速度梯度；A是滑块与导轨之间气层的面积；η是空气的内摩擦系数。

上式表明，滑块受到的粘滞性阻力和气垫的速度梯度、滑块和导轨间气层的接触面积及空气的粘滞系数成正比。当滑块在导轨上作定向运动时，和导轨

接触处的气层定向运动速度为零，而和运动滑块底面相接触处的气层定向运动速度就等于滑块的运动速度。Δd 表示滑块和导轨之间的气层厚度，也就是滑块在垂直于导轨表面方向的漂浮高度。于是，速度梯度可以改写为

$$\frac{\Delta v}{\Delta d}=\frac{v}{d} \tag{3-57}$$

式中，v 为滑块定向运动速度；d 为垂直于导轨表面方向上滑块的漂浮高度。把式（3-57）代入式（3-56）得

$$F=\eta\frac{A}{d}v \tag{3-58}$$

在一定的实验条件下，上式中的 A、d、η 都是不变的常量。因此，可以认为粘滞性阻力 F 和滑块的速度 v 成正比。若考虑力的方向，则有

$$F=-bv \tag{3-59}$$

式中

$$b=\eta\frac{A}{d} \tag{3-60}$$

称为粘滞性阻尼系数。

粘滞性阻力对滑块运动的影响是引起附加的速度损失。为对由于粘滞性摩擦阻力的存在所引起的附加速度损失进行修正，必须解决粘滞性阻尼系数的测定问题。

【讨论题】

（1）试讨论由于粘滞性摩擦阻力的存在，在用动态法调平气轨时，测得滑块通过相距为 x 的两个光电门的挡光时间 Δt_1 和 Δt_2 相等，是否表明导轨已调平？应该怎样调节才能达到水平？

（2）用两种方法测得的阻尼系数 b 不等，原因何在？你能否对此作出解释？

实验 44　扭摆法测定物体的转动惯量

转动惯量是刚体转动时惯性大小的量度，是表明刚体特性的一个物理量。刚体转动惯量除了与物体的质量有关外，还与转轴的位置和质量分布（即形状、大小和密度分布）有关。如果刚体形状简单，且质量分布均匀，可以直接计算出它绕特定转轴的转动惯量。对于形状复杂，质量分布不均匀的刚体，例如机械部件、电动机转子和枪炮的弹丸等，计算将极为复杂，通常采用实验方法来测定。

转动惯量的测量一般都是使刚体以一定形式运动，通过表征这种运动特征的物理量与转动惯量的关系，进行转换测量。本实验使物体作扭转摆动，由摆

动周期及其他参数的测定计算出物体的转动惯量。

【实验目的】

用扭摆测几种不同形状物体的转动惯量和弹簧的扭转常数，并与理论值比较。

【实验要求】

（1）熟悉扭摆的构造、使用方法以及转动惯量测试仪的使用方法。

（2）测定扭摆的仪器常数（弹簧的扭转常数）K。用何种测量方法可使K的误差相对较小？

（3）测定塑料圆柱、金属圆筒、木球与金属细长杆的转动惯量，并与理论值比较，求百分误差。

【实验仪器】

（1）扭摆（见图3-47）、细金属杆以及杆上两块可以自由移动的金属滑块，其余自选。

（2）转动惯量测试仪。

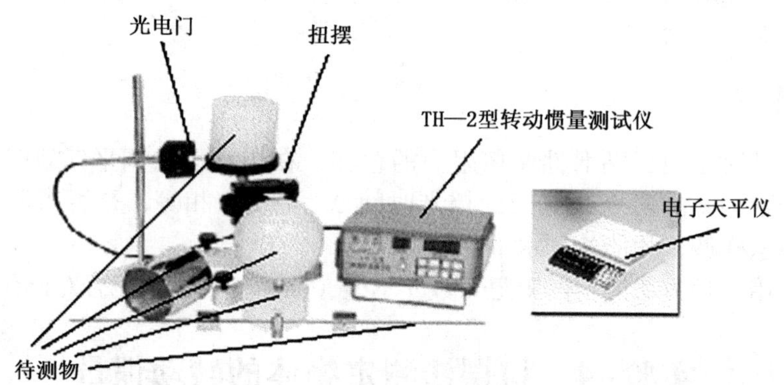

图3-47 试验装置示意

由主机和光电传感器两部分组成。主机采用新型的单片机作控制系统，用于测量物体转动和摆动周期，以及旋转体的转速。能自动记录、存储多组实验数据并能够精确地计算多组实验数据的平均值。

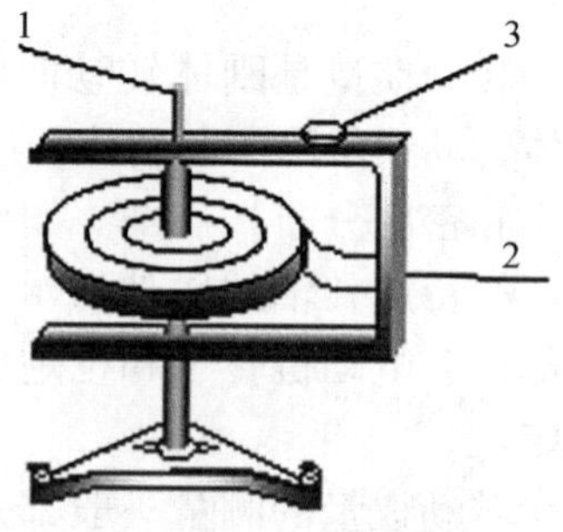

图3-48 扭摆示意图

光电传感器主要由红外发射管和红外接收管组成，将光信号转换为脉冲电信号，送入主机工作。

【提示】

扭摆的构造如图 3-48 所示，在垂直轴 1 上装有一根薄片状的螺旋弹簧 2，用以产生恢复力矩。在轴的上方可以装上各种待测物体。垂直轴与支座间装有轴承，以降低摩擦力矩。3 为水平仪，用来调整系统平衡。

将物体在水平面内转过一角度 θ 后，在弹簧的恢复力矩作用下，物体就开始绕垂直轴作往返扭转运动。根据胡克定律，弹簧受扭转而产生的恢复力矩 M 与所转过的角度 θ 成正比，即

$$M = -K\theta \tag{3-61}$$

式中，K 为弹簧的扭转常数。根据转动定理

$$M = J\beta$$

式中，J 为物体绕转轴的转动惯量；β 为角加速度。由上式得

$$\beta = \frac{M}{J} \tag{3-62}$$

令 $\omega^2 = K/J$，忽略轴承的摩擦阻力矩，由式（3-61）、式（3-62）得

$$\beta = \frac{\mathrm{d}^2\theta}{\mathrm{d}t^2} = -\frac{K}{J}\theta = -\omega^2\theta$$

上述方程表示扭摆运动具有角简谐振动的特性，角加速度与角位移成正比，且方向相反。此方程的解为

$$\theta = A\cos(\omega t + \varphi)$$

式中，A 为谐振动的角振幅；φ 为初相位角；ω 为角速度。此谐振动的周期为

$$T = \frac{2\pi}{\omega} = 2\pi\sqrt{\frac{J}{K}} \tag{3-63}$$

由式（3-63）可知，只要实验测得物体扭摆的摆动周期，在 J 和 K 中任何一个量已知时即可计算出另一个量。

理论分析证明，若质量为 m 的物体绕通过质心轴的转动惯量为 J_0，当转轴平行移动距离 x 时，则此物体对新轴线的转动惯量变为 $J_0 + mx^2$。上述结论称为转动惯量的平行轴定理。

【注意事项】

（1）光电探头不能置放在强光下，以确保计时准确。当室内光线较强时，挡光体应以较快的速度通过光电传感器窗口，本次挡光才有效。所以测量时，若摆角过小，则仪器可能漏计挡光次数，若摆幅过大，则有可能超出弹簧的线性弹性范围。

（2）弹簧的扭转常数 K 值不是固定常数，与摆动角度有关。为了降低实验时由于摆动角度变化带来的系统误差，在测量同一刚体时应采用相近的摆角。

（3）光电门宜放置在挡光杆平衡位置处，挡光杆不能和它相接触，以免增大摩擦力矩。

（4）在安装待测物体时，应将支架全部套入扭摆主轴，并旋紧止动螺钉，否则扭摆不能正常工作。

【讨论题】

（1）如果多次重复测量某一物体转动周期时所得到的测量值完全一样，说明什么问题？

（2）分析所测塑料圆柱体、金属圆筒及木球转动惯量理论值与测量值之间的差异。

（3）如何用本装置来测定任意形状物体绕特定轴的转动惯量？

【补充说明3-4】　TH—2型转动惯量测试仪及使用说明书

1. 产品介绍

TH—2型转动惯量测试仪（见图3-49）可用于测量物体转动和摆动的周期以及旋转体的转速，能自动记录、存储、处理多组实验数据，并能精确计算出多组实验数据的平均值。

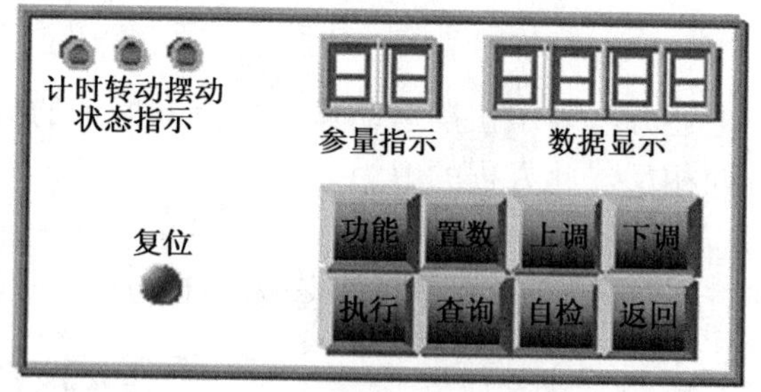

图3-49　TH—2型转动惯量测试仪面板图

2. 使用说明

（1）开机后扭摆指示灯亮，显示“P1——”，若情况异常（死机），可按复位键，即可恢复正常。按键“功能”、“置数”、“执行”、“查询”、“自检”、“返回”有效。开机默认状态为“扭摆”，默认周期数为10。

（2）功能选择

1）按“功能”键：可以选择扭摆、转动两种功能（开机及复位默认为扭摆）。

2）置数：按“置数”键，显示“$n=10$”，按“上调”键，周期数依次加1，按“下调”键，周期数依次减1，周期数只能在1～20范围内任意设定，再按“置数”键确认，显示“F1 end”或“F2 end”。周期数一旦预置完毕，除复位和再次操作外，其他操作均不改变预置的周期数。

3）执行：以扭摆为例。将刚体水平旋转约90°后让其自由摆动，按“执行”

键，即时仪器显示“P1 000.0”，当被测物体上的挡光杆第一次通过光电门时开始计时，同时，状态计时的计时灯亮，随着刚体的摆动，仪器开始连续计时，直到周期数等于设定值时，停止计时，计时指示灯随之熄灭，此时仪器显示第一次测量的总时间。重复上述步骤，可以进行多次测量。本机设定重复测量次数最多为 5 次，即（P1、P2、P3、P4、P5）。执行键还具有修改功能，例如要修改第三组数据，按执行键直到出现“P3 000.0”后，重新测量第三组数据。

4）查询：按“查询”键，可知每次测量的周期（C1 ~ C5）以及多次测量的周期平均值 CA 及当前的周期数 n，若显示“NO”，则表示没有数据。

5）自检：按“自检”键，仪器应依次显示“$n=N-1$”，“$2n=N-1$”，“SO GOOD”，并自动复位到“P1——”，表示单片机工作正常。

6）返回：按“返回”键，系统将无条件地回到最初状态，清除当前状态的所有执行数据，但预置周期数不变。

7）复位：按“复位”键，实验所得数据全部清除，所有参量恢复初始时的默认值。

（3）显示信息说明

P1——：初始状态；

$n=N-1$：转动计时的脉冲次数 N 与周期数 n 的关系

$2n=N-1$：计时的脉冲次数 N 与周期数 n 的关系，$n=10$：当前状态的预置周期数

F1 end：扭摆周期预置确定　　F2 end：转动周期预置确定

Px 000.0：执行第 x 次测量（x 为 1 ~ 5）Cx $xxx.$ x：查询第 x 次测量（x 为 1 ~ 5，A）

SO GOOD：为自检正常

【注意事项】

（1）在使用过程中，若遇强磁场等原因而使系统死机，请按“复位”键或关闭电源重新启动。但以前的一切数据都将丢失。

（2）为提高测量精度，应先让扭摆自由摆动，然后按“执行”键进行计时。

（3）因人眼无法直接观察仪器工作是否正常，因此可用遮光物体往返挡光光电探头发射光束通路，检查计时器是否开始计数和到达预定周期数时是否停止计数。

3. 仪器使用方法

（1）调节光电传感器在固定支架上的高度，使被测物体上的挡光杆能自由往返地通过光电门，再将光电传感器的信号传输线插入主机输入端（位于测试仪背面）。

（2）开启主机电源，“摆动”指示灯亮，参量指示为“P_1”、数据显示为“- - - -”。

（3）本机设定扭摆的周期数为10，如要更改，可参照仪器使用说明功能选择3，重新设定。更改后的周期数不具有记忆功能，一旦切断电源或按“复位”键，便恢复原来的默认周期数。

（4）按“执行”键，数据显示为“000.0”，表示仪器已处在等待测量状态，此时，当被测的往复摆动物体上的挡光杆第一次通过光电门时，仪器即开始连续计时，直至仪器所设定的周期数，便自动停止计时，由“数据显示”给出累计的时间，同时仪器自行计算周期 C_i 予以存储，以供查询和多次测量求平均，至此，P1（第一次测量）测量完毕。

（5）按“执行”键，“P1”变为“P2”，数据显示又回到“000，0”，仪器处在第二次待测状态，本机设定重复测量的最多次数为5次，即（P1，P2，…，P5）。通过“查询”键可知各次测量的周期值 C_i（$i=1$，2，…，5）以及它们的平均值CA。

【应用】（见附录B-17）

实验45 将微安表改装成温度表

【实验目的】

（1）掌握用热敏电阻测量温度的基本原理和方法。

（2）学习采用不平衡电桥把微安表改装成温度表。

【实验要求】

（1）根据实验室提供的热敏电阻温度特性参数，合理选取线路参数，利用不平衡电桥把微安表改装成热敏电阻温度表。要求微安表零数时的温度对应于0℃，满刻度时的温度对应于100℃，间隔5℃标定一个点，画出温度表的刻度盘（一般表盘圆弧所对应的圆心角为90°）。

（2）画出改装成的温度表的实际线路图，标出参数值，并说明其使用方法。

【实验仪器】

自选。

【提示】

材料对电流显示电阻，电阻（或电阻率）与材料及材料所处的外部条件有关。磁敏电阻的电阻率随磁场的变化而变化，压敏电阻的电阻率随压力的变化而变化。温度也是影响电阻率的因素，物体电阻率或电阻随温度变化的现象，称为电阻温度效应。电阻测温是在温度测量领域内被广泛应用的一种测量方法。

金属的电阻率是由传导电子的散射引起的。一般认为与温度有关的散射主要来源于晶格上金属离子的热振动，随着温度的升高，散射的几率加大，金属的电阻率也随之增大，电阻温度系数为正。纯金属的电阻率在一定温度范围内与温度呈线性关系，大多数纯金属的电阻温度系数约为 0.004/℃，也就是温度每升高 1℃，电阻率约增加 0.4%。利用金属导体电阻随温度变化的热致电阻效应，可制成电阻温度计来测量温度。铂电阻性能稳定，常用作标准温度计，适于 −200～500℃范围的温度测量；铜电阻温度计适于 −50～150℃范围的温度测量；锗半导体温度计常用于低温测量等。

有些合金，如康铜（镍铜合金）和锰铜，电阻温度系数非常小，常用这类合金线来绕制标准电阻，例如常用的电阻箱。

随着温度的降低，某些金属、合金及化合物的电阻率在某一特定温度 T_C，电阻率突然降至近乎零，这称为超导现象。

大多数半导体和绝缘材料的载流子浓度随温度的升高而增大，这类材料具有负的电阻温度系数，并且电阻率随温度的变化比金属的更大。用半导体材料制成的热敏电阻，其阻值随温度的升高而迅速下降，就是因为半导体中的载流子数目随着温度的升高而按照指数规律增加（忽略载流子所受阻力也增大的影响），热敏电阻的阻值按照指数规律迅速减小，其变化规律为

$$R_T = A\mathrm{e}^{\frac{B}{T}} \tag{3-64}$$

式中，A、B 为材料特性常数；T 为热力学温度。如果用$\frac{1}{R}\cdot\frac{\mathrm{d}R}{\mathrm{d}T}$作为电阻温度系数 α 的定义，则由上式可得

$$\alpha = -B/T^2 \tag{3-65}$$

由此可知，热敏电阻的电阻温度系数是与温度有关的。

作为理想的感温元件，热敏电阻的阻值随温度的微小变化会发生很大的改变，同时还具有体积小、热容量小和电阻率大等特点，这在各方面都有着广泛的应用，例如在灵敏温度计、稳压器、自动控制和远距离测量仪器中。此外，热敏电阻还可以通过测量温度间接地测量其他物理量，如制成湿度计、风速计、气压计等。

用热敏电阻测量温度，常采用不平衡电桥电路。如图 3-50 所示，R_T 为热敏

电阻，采用微安表代替单臂电桥（惠斯登电桥）桥路中的检流计，根据基尔霍夫定理有（忽略电源内阻）

$$\left.\begin{aligned} &I_1R_1 - I_gR_g - I_2R_2 = 0 \\ &I_2R_2 + (I_2 - I_g)R_s - E = 0 \\ &I_gR_g + (I_1 + I_g)R_T - (I_2 - I_g)R_s = 0 \end{aligned}\right\} \quad (3\text{-}66)$$

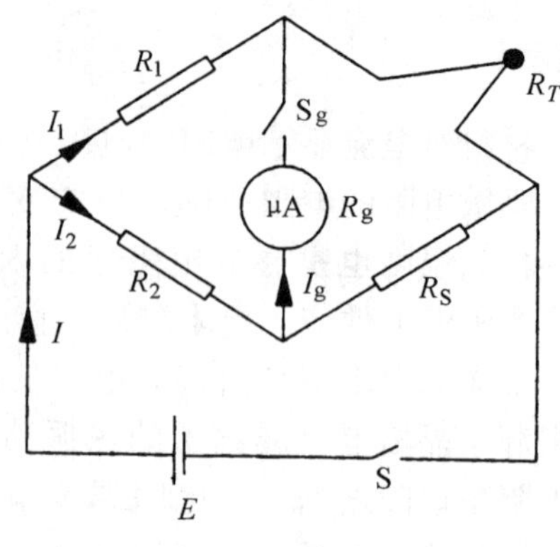

图3-50 电桥电路

解此方程组，得到不平衡电流

$$I_g = \frac{(R_1R_s - R_2R_T)E}{R_g(R_1 + R_T)(R_2 + R_s) + \Delta} \quad (3\text{-}67)$$

式中，$\Delta = R_1R_2R_s + R_1R_2R_T + R_1R_TR_s + R_2R_TR_s$。可知，当$R_1R_s = R_2R_T$，电桥达到平衡。

由上述可知，桥路中微安表的指针偏转量、热敏电阻的阻值和温度，任意两者之间都存在着一一对应关系，该对应关系与电路参数和热敏电阻材料特性有关。设计确定微安表偏转量和热敏元件温度值的具体对应关系并在微安表刻度盘上标出后，用相同特性参数的热敏元件作为测温传感探头，微安表就被改成为温度表。由于不平衡电流随温度的变化是非线性的，所以改装后的温度表表盘刻度是非均匀的。

实际设计温度表时，需要确定微安表零刻度值（此时电桥平衡）和满量程时所对应的温度值，即需要确定温度表的测量范围，该测量范围由具体的实验要求确定。为方便调节，设计过程中采用电阻箱代替热敏电阻，电阻箱直接取热敏电阻在相应温度时的阻值。

如图3-50所示，实验线路中常加上一个分压电路。适当调节分压电路，可以近似线性地改变同一热敏电阻阻值下微安表的偏转量，这既可以用于确定温度表的测量范围，又可以弥补由于电源电动势的下降所造成的影响。

若采用检流计代替微安表，可以在电桥的平衡位置附近获得高精度的温度测量。

热敏电阻既可以测量温度，又可以控制温度。温度的控制与温度的测量相似，只需将桥路处的电信号取出，经放大器放大后送至加热电压的控制器，由控制器根据取出电信号的方向和大小进行温度的调节和控制。

注意到热敏电阻的温度系数为负，而金属电阻的温度系数为正，利用这一点进行温度补偿，便可以使总电阻在一定温度范围内近似保持恒定。

【讨论题】

（1）你怎样在图3-50所示实验线路中实现多量程测量？

（2）为了提高温度表的灵敏度，可以如何改进线路？

（3）怎样尽量使得由微安表改装成的温度表表盘刻度趋于均匀？

实验46　用电位差计校准电流表

【实验目的】

（1）设计简单的控制电路。

（2）掌握用电位差计校准电表的方法。

【实验要求】

自行设计用UJ—31型电位差计校准微安表的实验。

1. 设计为完成该实验的控制电路和测量电路

（1）叙述电路设计的基本思想。

（2）画出实验电路图并给出电路中元器件参数的合理取值。

2. 校准微安表

（1）叙述校准实验方法。

（2）拟定具体的实验步骤。

（3）按所设计的电路组装实验仪器。

对所校准的微安表在量程范围内校准10个点，作出校准曲线并确定该表的等级。

【实验仪器】

UJ—31型电位差计、检流计，其余自选。

【提示】

电表的读数值与准确值之间的差异用标称误差表示，它包括了电表在构造上的各种不完善的因素所引入的误差。为了确定标称误差，先用电表和一个标准表同时测量一定的电流（或电压），称为校准，校准的结果得到电表各个刻度的绝对误差，选取其中最大的绝对误差除以量程，即为该电表的标称误差。故

$$\text{标称误差} = \frac{\text{最大绝对误差}}{\text{量程}} \times 100\% \tag{3-68}$$

根据电表标称误差的大小，电表分为不同的等级。电表等级常用一个圆圈标在电表的面板上。例如⓪.⑤表示该表为0.5级，其标称误差不大于0.5%。在实际使用中，由电表的级别即可确定电表的基本误差限。

本实验校准微安表的方法，是以电位差计经转换测量而得到的电流值 I_s 作为校准值，分别读出微安表各个指示值 I_x 和对应的校准值 I_s，得到该刻度的修正值 $\delta I_x = I_s - I_x$，然后以 I_x 为横轴，δI_x 为纵轴，画出该表的校准曲线。校准曲线一般两校准点之间用直线连接，整个图形是折线状，如图3-51所示。以后在使用该表时，可根据电表的校准曲线修正读数值。通过校准，找出该表的最大基本误差，$\Delta I = \delta I_{max}$，由式(3-65)即可确定出该表的等级。

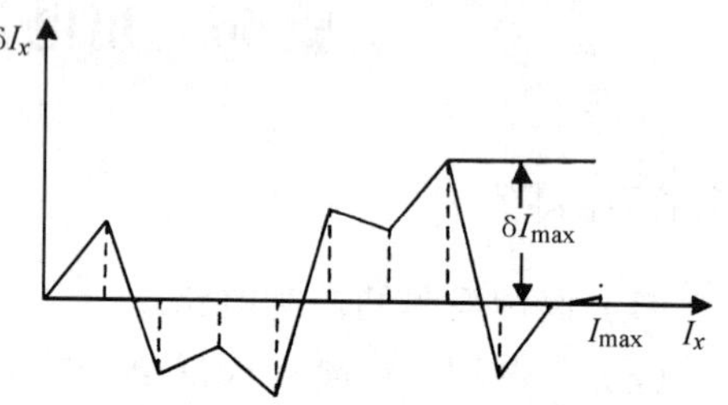

图3-51　校正曲线

在实际中，电表的校准是一项细致的工作，国家标准中有严格的检定规程。如第一次使被测量由小逐渐变大，第二次使被测量由大变小；对检定装置也有严格要求，如0.5级表的检定装置误差应小于电表基本误差限的1/5等。

【注意】

在设计时应根据实验要求，从调节范围、细调程度、调节的均匀性、仪器的量程等方面考虑。为了使设计更全面合理，可从以下几方面考虑：

（1）电位差计是用来测量电压或电动势的，而本实验中需要测量电流，故需要作一定的转换。

（2）根据电流调节范围的要求，确定控制电路是采用分压还是限流。

（3）根据校准电流的最大值、电位差计量程等因素考虑，选取标准电阻及控制电路的电源。

（4）一般控制电路总要求其调节的线性程度较高，结合负载 R_L 之值，合理选取滑线变阻器的全电阻 R_0 值。

（5）根据校准到1/10个格子的要求，考虑加接细调变阻器。

【讨论题】

（1）试设计用电位差计校准毫伏表的电路。毫伏表内阻 R_g 约1500Ω，量程为100mV，表盘等分为100个格子。画出电路图并标出各参数值。

（2）用电位差计校准电表时，必须先校准电位差计工作电流，这是为什么？

（3）UJ—31型电位差计的仪器误差如何估算？电表在使用时，如何估算其基本误差限？在实际当中，应如何根据要求选用电表的级别和量程？电表的量程选用不当会产生什么结果？

【补充说明 3-5】　UJ—31 型电位差计

电位差计在实际中常被做成箱式仪器，UJ—31 型低电势直流电位差计是其中的一种，其基本原理都是相同的。图 3-52 所示是 UJ—31 型电位差计的原理图，它适合于测量较低的直流电动势或电压，如果配用标准电阻，也可以测量电流或电阻值。

图 3-53 所示是 UJ—31 型电位差计的面板图，其上各旋钮、开关及调节盘的名称、作用及操作介绍如下：

（1）测量转换开关 S_2（面板中用 K_2 表示）：校准工作电流时应旋至“标准”位置，测量时应旋至“未知 1”或“未知 2”位置，不用时旋至“断”位置。

（2）量程变换开关 S_1（面板中用 K_1 表示）：用来改变量程，测量前应预先选定，未知电压 = 测量盘读数 × 倍率（1 或 10 倍），当在 ×10 档时，量程为 171mV，读数盘最小分度值为 10μV，游标尺示度值为 1μV；当在 ×1 档时，量程为 17. 1mV，读数盘最小分度值为 1μV，游标尺示度值为 0. 1μV。

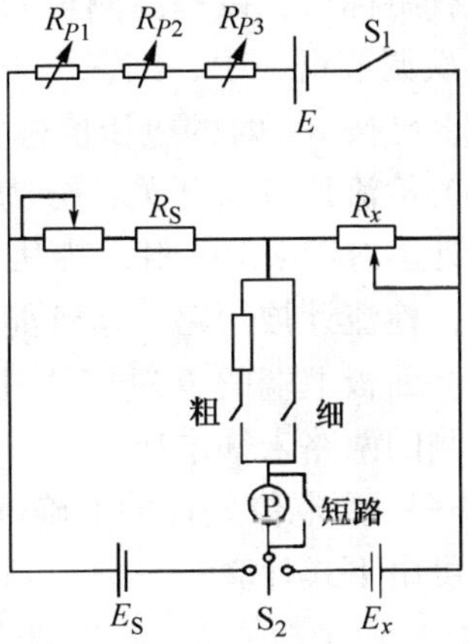

图 3-52　UJ—31 型电位差计原理图

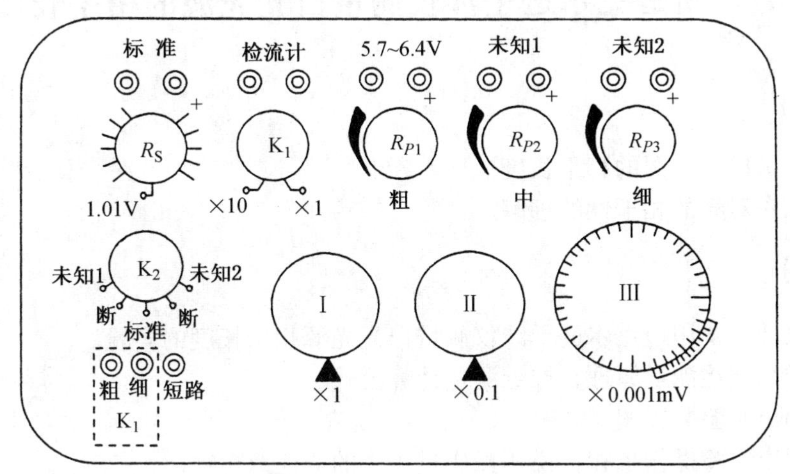

图 3-53　UJ—31 型电位差计面板图

（3）温度补偿盘 R_S：校准前应根据室温求出标准电池的电动势 E_S，再将盘旋至对应位置，该盘已直接按电动势值标定了分度，其目的是为了修正标准电池的电动势随温度的微小变化而引入的误差。

（4）工作电流调节盘 R_{P1}、R_{P2}、R_{P3}：校准工作电流时，根据先粗后细的顺序，依次调节粗、中、细三个盘，使检流计指零，这时工作电流校准值为 $I_0 = 10.000\text{mA}$。

（5）测量读数盘Ⅰ、Ⅱ、Ⅲ：测量未知电压时用此来调节读数，并在第Ⅲ盘上装有游标尺，以提高测量的分辨率。测量时将 K_2 旋至"未知 1"或"未知 2"，依次调节粗、中、细三个盘，使检流计指零，从盘上即可读出待测电压值。读数盘上已按 ×1 时的电压值标定分度，可直接读数。

（6）检流计按钮开关：分为粗、细、短路，操作时应先按"粗"按钮，这时检流计串有 10kΩ 电阻，待几乎指零后再按下"细"按钮调节。按下"短路"按钮时，检流计被短路，指针能很快停住。

（7）面板上端的五对接线柱从左到右依次接入标准电池、检流计、直流电源和待测的两路未知电压。

UJ—31 型电位差计的准确度等级为 0.05 级，在温度为 15～25℃时，其基本误差限可由下式计算

$$\Delta = \pm(0.05\% U_x + 0.5\Delta U)$$

式中，U_x 为测量盘示值；ΔU 为测量盘的最小分度值，在 ×10 时取 10μV，在 ×1 时取 1μV。

实验 47　用迈克尔逊干涉仪测量白光光源的相干长度

【实验目的】

（1）测量白光光源的相干长度。

（2）加深对光的相干性的理解。

【实验要求】

自行设计一个用迈克尔逊干涉仪测量白光光源相干长度的实验。

（1）详细叙述测量原理，推导测量计算公式。

（2）画出实验装置图。

（3）拟定实验操作步骤，说明操作过程中的应注意事项。

（4）数据的记录与处理。

（5）测量结果及误差分析。

【实验仪器】

迈克尔逊干涉仪一套，其余所需器件根据设计要求自选。

【提示】

相干长度是光源时间相干性或单色性的一种量度，它在相干光学中是一个很重要的概念。

对于一个半宽度为 $\Delta\lambda=\lambda_2-\lambda_1$ 的准单色光来说，其相干长度为

$$L=\frac{\lambda_1\lambda_2}{\Delta\lambda} \tag{3-69}$$

如果光源波长的半宽度 $\Delta\lambda$ 很小，则其中心波长 $\overline{\lambda}\approx\sqrt{\lambda_1\lambda_2}$，这样，该准单色光源的相干长度可表示为

$$L=\frac{\overline{\lambda}^2}{\Delta\lambda} \tag{3-70}$$

此式表明，光源的中心波长 $\overline{\lambda}$ 越长，半宽度 $\Delta\lambda$ 越小，它的相干长度 L 就越长，相干性就越好。

He-Ne 激光器所发射的激光波长 $\lambda=632.8\text{nm}$，其半宽度 $\Delta\lambda$ 只有 $10^{-7}\sim10^{-4}\text{nm}$，具有很好的单色性，相干长度有几米到几公里的范围；普通的钠光灯、汞灯的 $\Delta\lambda$ 均为零点几纳米，相干长度只有一两个厘米；而白炽灯发出的光的半宽度 $\Delta\lambda\approx\lambda$，其相干长度为波长数量级。

【讨论题】

（1）如何迅速而正确地调出白光干涉条纹？

（2）本实验中所测量得到的白光相干长度与估计值的差异如何？试详细说明产生这种差异的主要原因。

实验 48　用迈克尔逊干涉仪测量压电陶瓷的电致伸长系数

【实验目的】

（1）了解压电陶瓷的电致伸缩特性。

（2）测量压电陶瓷在准线性区的电致伸长系数。

【实验要求】

自行设计一个用迈克尔逊干涉仪测量压电陶瓷的电致伸长系数的实验。

（1）叙述测量原理，推导计算公式。

（2）画出实验装置示意图。

（3）拟定实验操作步骤。

（4）记录测量数据，并分别用线性回归法与作图法处理数据。

（5）测量结果及误差分析。

【实验仪器】

迈克尔逊干涉仪一台，其余所需仪器根据设计要求自选。

【提示】

压电陶瓷是由一种多晶结构的压电材料（如钛酸钡、锆钛酸铅等）制成的。它在一定的温度下经极化处理后具有压电效应。

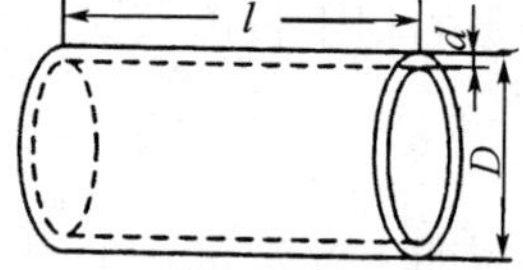

图 3-54 管型压电陶瓷

图3-54所示的呈管形的压电陶瓷，当在其内、外表面加上电压时，内、外表面间便形成特定的电场，这时压电陶瓷将会在纵向发生形变。如果用 s 表示胁变，E 表示压电陶瓷中的电场强度，α 为压电陶瓷在准线性区的电致伸长系数，则

$$s = \alpha E \tag{3-71}$$

若加在压电陶瓷内、外表面上的电压为 U 伏，压电陶瓷的长为 l，厚度为 d，长度的增量为 Δl（l、d、Δl 均以毫米为单位），则当 d 很小时有

$$s = \frac{\Delta l}{l} = \frac{\alpha U}{d} \tag{3-72}$$

所以

$$\alpha = \frac{\Delta l}{l} \cdot \frac{d}{U} \tag{3-73}$$

它表示单位长度、厚度为 d 的样品，在内、外表面所加的电压为1V时的伸长量。当样品选定以后，可由产品规格知道它的 l 和 d，必要时也可用游标卡尺量得，电压 U 可直接测量。因此，只要测出 Δl，即可由式（3-70）计算出该压电陶瓷的电致伸长系数 α。由于电压的变化引起长度 l 的变化量 Δl 很小，通常可用迈克尔逊干涉仪进行测量。

【讨论题】

（1）为使实验测量数据有较好的重复性，在操作过程中应该注意哪些问题？

（2）压电陶瓷的电致伸缩特性在技术上有何实际应用？试举例说明之。

实验 49　金属细丝直径的测量

【实验目的】

（1）利用光的干涉与衍射原理测量金属细丝的直径。

（2）加深对光的波动性的理解。

【实验要求】

设计分别用光的干涉与衍射原理测量金属细丝直径的实验。

（1）说明测量原理，推导计算公式。

（2）画出实验光路图与装置图。

（3）合理选择测量工具并拟定实验操作步骤。

（4）记录、处理测量数据。

（5）对两种方法所得测量结果进行分析比较。

【实验仪器】

He-Ne 激光器、待测金属细丝，其余所需仪器设备根据设计要求自选。

【提示】

测量诸如金属细丝直径这样的细度，可以使用游标卡尺、千分尺等较精密的机械式工具，也可以使用读数显微镜、工具显微镜、阿贝比长仪等精密光学仪器。利用这些工具或仪器进行微小细度测量，方法简单，直观性强，还能满足对测量结果精度的要求，是行之有效的。

除此之外，还可以利用光的波动说中有关光的干涉或光的衍射原理，并借助于上述的某些工具或仪器，甚至用精度低劣的毫米分度直尺，对微小细度进行测量。用这种方法测量，同样具有上述的优点，而且当被测件的线度越细微，测量结果的精度越高。这往往是其他方法所无法达到的。因此，它在高精度测量中更显示出独特的作用。

【讨论题】

（1）当被测的金属丝很细（譬如说它的直径 $d \leqslant 0.1\text{mm}$）时，能否用千分尺或工具显微镜测量直径？为什么？

（2）在实验操作过程中还可采取什么具体措施以提高测量精度？

实验 50 用分光计测反射光的偏振特性

【实验目的】

(1) 用分光计测定反射光的偏振特性随入射角的变化关系，验证菲涅尔公式。

(2) 加深对光的偏振性的理解。

【实验要求】

设计一个验证菲涅尔公式的实验。

(1) 叙述实验原理，推导出实验所用的公式。

(2) 由实验室提供的自选仪器组装实验装置。

(3) 拟定实验操作程序。

(4) 记录、测量数据，分别用作图法与最小二乘法处理数据。

(5) 实验结论与误差分析。

【实验仪器】

分光计，其余所需器件按设计要求自行选定。

【提示】

当一束单色光以一定的入射角射到非金属的介质表面时，其反射光的偏振化程度随入射角的变化而变化。当入射角为布儒斯特角 i_B 时，反射光与折射光相互垂直，且反射光的电矢量振动方向垂直于入射面，即反射光为线偏振光。此时，若用一偏振片去检验，当旋转偏振片时，可看到某一位置是消光的。在入射角偏离布儒斯特角时，入射光为部分偏振光；旋转偏振片时，只看到透出的光有强弱的变化，而没有消光现象。由菲涅尔公式可知

$$\frac{A'_{\parallel}}{A_{\parallel}} = \frac{\tan(i-\gamma)}{\tan(i+\gamma)} \tag{3-74}$$

$$\frac{A'_{\perp}}{A_{\perp}} = \frac{\sin(i-\gamma)}{\sin(i+\gamma)} \tag{3-75}$$

式中，$A'_{\parallel}$ 表示反射光电矢量振动的水平分量；$A_{\parallel}$ 表示入射光电矢量振动的水平分量；$A'_{\perp}$ 表示反射光电矢量振动的垂直分量；$A_{\perp}$ 表示入射光电矢量振动的垂直分量。i 为入射角；γ 为折射角。

实验上无法直接对光的振幅的幅值进行检测。但由于光的强度与光矢量的

振幅密切相关，用光电转换器件很容易实现对光的强度的测量。因此，可以从实验上对菲涅尔公式进行验证。

【讨论题】

（1）试详细分析在实验过程中有哪些因素影响测量结果。

（2）利用你所设计的实验装置，能否研究金属表面的反射规律？为什么？

实验 51　用光栅观测斜入射光线的衍射

【实验目的】

（1）观察斜入射光线通过光栅的衍射现象，加深对光栅衍射规律的理解。

（2）通过实验进一步掌握用光栅测量光波波长的各种测量手段。

【实验要求】

自行设计一个用光栅测量斜入射光线的衍射光波波长的实验。

（1）斜入射光线与光栅法线成 60°角，推导出满足该状态下的光栅方程。

（2）详细叙述测量原理，导出测量计算公式。

（3）拟定实验操作步骤，说明操作过程中光栅法线与斜入射光线成 60°角的调节方法。

（4）画出测量光路示意图。

（5）列出测量表格（注明公式中各符号的意义），记录测量数据、测量结果。

【实验仪器】

分光计一台、低压汞灯光源一个、透射式平面光栅（300 条/mm、600 条/mm）两个。

【提示】

实验必须满足夫琅和费衍射条件，即入射光与衍射光都必须为平行光。

当入射光不是垂直照射在光栅上，而是与光栅的法线成 θ 角时，光栅方程 $(a+b)\sin\varphi = k\lambda$ 不能直接用来描述斜入射时的衍射状态，请对光栅方程进行修正。

测定低压汞灯经光栅衍射后第一级和第二级的绿光衍射角，计算出绿光波长。汞灯绿光的波长标准值为：$\lambda_{标} = 546.1\text{nm}$，求出百分误差，写出测量结果的标准形式。

光栅的种类很多，有透射光栅和反射光栅、平面光栅和凹面光栅、黑白光栅和正弦光栅、一维光栅、二维光栅、三维光栅等等。光栅方程 $(a+b)\sin\varphi=k\lambda$ 虽是针对透射光栅建立的，但同样适用于反射光栅。由于光栅是一个重要的光学元件，因此光栅可用于研究复色光谱的组成，进行光谱分析，还可以通过光栅获得特定波长的单色光。

【讨论题】

(1) 实验必须保证的条件是什么？如何调节？

(2) 调好分光计后，将望远镜对准平行光管，然后望远镜从该位置逆时（顺时）针向光栅法线转动，在靠近法线位置前，从望远镜中看见的是衍射光还是复合光？

(3) 实验中如何观察、区分入射光和衍射光在光栅法线同侧、异侧的衍射现象？用实验装置简图表示出你观察到的同侧、异侧衍射光线的具体位置。

(4) 光栅光谱与棱镜光谱的重要区别是什么？

实验52 全息光学透镜的制作

【实验目的】

(1) 学习制作全息光学透镜的基本原理和实验方法。

(2) 进一步加深对光学全息术的理解。

【实验要求】

自行设计一个制作全息光学透镜的实验。

(1) 说明制作全息光学透镜的基本原理。

(2) 设计实验光路图（说明各光学元件的布局、参数的选择以及具有的拍摄条件等）。

(3) 拟定实验操作程序，说明操作过程中应注意的事项。

(4) 对所制作的全息光学透镜进行测试，对测试结果进行分析。

【实验仪器】

按设计要求由自己选定实验中所需仪器及光学元器件。

【提示】

如图 3-55 所示，点光源 S 发出波长为 λ 的单色光通过圆孔时将产生衍射。根据菲涅尔-惠更斯原理，要确定该点光源所发出的光波到达对称轴上任意一点 P 所产生振动的振幅可采取如下的方法求得：设想将点光源到达圆孔处的波阵面分成许多环形带，使

$$r_1 - r_0 = r_2 - r_1 = \cdots = r_k - r_{k-1} = \frac{\lambda}{2}$$

那么任何两相邻环带对应部分所发出的次波到达 P 点的光程差均为 $\lambda/2$，即相位差 π。也就是它们在 P 点产生振动的方向相反，这样分割成的带称为菲涅尔半波带。若圆孔含有 k 个半波带，并假定 a_1、a_2、…、a_k 分别为第 1 个、第 2 个、…、第 k 个半波带在 P 点产生振动的振幅的绝对值，则 P 点合振动的振幅为 $A_k = a_1/2 \pm a_k/2$（k 为偶数时取“ - ”号，k 为奇数时取“ + ”号）。如果将 k 为偶数（或为奇数）序号的带用不透光的纸或其他物体遮住，那么相邻两个透光部分的相位差为 2π，因此 P 点的合振动将加强，且为 $A_k = \sum a_{2k+1}$（或 a_{2k}），此时组成了一个菲涅尔衍射波带片。由理论推导可得出第 k 个环带的半径 ρ_k 满足下式

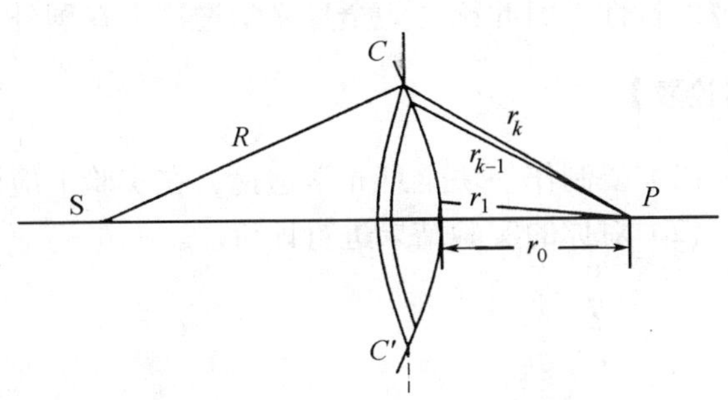

图 3-55　菲涅尔圆孔衍射

$$\rho_k^2 = k\lambda \frac{Rr_0}{R + r_0} \tag{3-76}$$

式中，R 为点光源至圆孔的距离；r_0 为圆孔至 P 点的距离。

若

$$\frac{1}{R} + \frac{1}{r_0} = \frac{1}{f} \tag{3-77}$$

则有

$$\rho_k^2 = k\lambda f \tag{3-78}$$

当一个点光源 S 照明上述的波带片且只考虑第一级衍射时，形成的影像有两个，如图 3-56 所示：一个是虚像 I，+1 级衍射波看起来是由 I 点发散的；另一个是实像 I'，-1 级衍射波会聚至 I'。由此看出，菲涅尔波带片是一个具有聚焦性质的衍射光栅，它既是一个正透镜，又是一负透镜。式（3-77）就是它的成像公式，f 就是它的焦距。

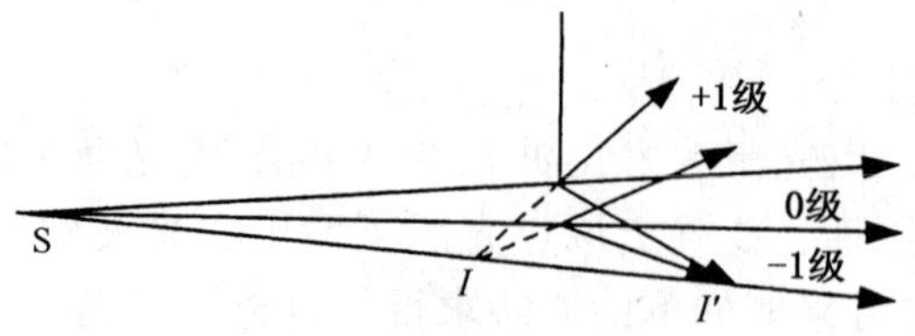

图3-56 波带片的聚焦特性

用全息照相的方法也可以制作上述的菲涅尔衍射波带片，由于它具有透镜成像的特性，因此称之为全息光学透镜，在国外科技文献中称为HOE元件。

【讨论题】

（1）要制作一块全息光学透镜，在实验上应注意些什么问题？

（2）对你的实验结果进行评价。

第 4 章　小课题实验

小课题实验选题原则为一个人或几个人在以下提供的小课题中选择，或者自选课题，经实验室批准后，可借助实验室的仪器在实验室完成，完成时间为 10 ~ 20 学时。

课题实验 1　用全息干涉法研究物体的微小振动

课题实验 2　用光电法（或其他方法）测量转速（如电风扇）

课题实验 3　用光学干涉法测量物体的振动频率

课题实验 4　用 CCD 来记录全息干涉条纹，并用计算机再现原像

课题实验 5　利用气垫导轨来实现多普勒方法测速

课题实验 6　测定角速度或角加速度（可用霍尔片）

课题实验 7　超声测速

课题实验 8　用 CCD 传感器测量液体的浓度

课题实验 9　液位控制

课题实验 10　制作全息光栅

第5章 军事系列物理实验

引 言

高技术的发展正在军事领域引发深刻的变革，现代军事高技术的发展和新军事变革都离不开人和武器这两个重要因素。二者中间，人占主导地位。

新一代军人的创新能力的培养是至关重要的。哈佛大学前校长陆登庭在北京大学演讲时也指出："在迈向新世纪的过程中，一种最好的教育就是有利于人们具有创新性，使人们变得更善于思考，更有追求的理想和洞察力，成为更完善、更成功的人。"

武器军事是现代军事高科技发展的理论先导和基础。物理学新概念、新理论及新研究方法向其他学科的转移，极大地促进了高新技术，特别是高科技军事技术的发展，雷达技术、红外技术、核技术、信息技术、军事航天技术、指挥自动化技术等，无不与物理学理论、基本方法密切相关。

物理学的突破为未来军事开辟了前景。物理学研究前沿的最新成果，直接对技术科学产生决定性的影响，并与邻近学科共同提供相应的理论和试验方法，孕育出在原理、结构、功能和杀伤破坏机理上与传统武器不同的新型武器。

物理实验是学员大学时代的第一门实验课程，涵盖了力学、热学、声学、光学、电磁学及近代物理等与现代军事高技术密切相关的所有分支，是一门系统而又完整的重要实践课程。在夯实基础的前提下补充军事高技术元素，在实验过程中积累军事高技术知识，从低年级阶段开始逐步培养不断创新的意识，学会探求真理的方法，扩展原创空间，是军事院校物理实验课程内容的重要方面，不失为军队创新教育模式的有效探索。因此，与现代军事技术相结合的物理实验，是军队人才培养的至关重要的一环，将成为学员学习军事高技术的创新实践基地。

实验53 混沌加密通信实验

自1990年美国海军实验室的Pecora和Carroll发现在一定条件下混沌系统可以实现同步之后，利用混沌和混沌同步实现保密通信已经成为近年来保密通信技术的研究热点和混沌应用研究竞争最为激烈的领域。现在的混沌保密通信大致分为三大类：第一类是直接利用混沌进行保密通信；第二类是利用同步的混沌进行保密通信；第三类是混沌数字编码的异步通信。

美国陆军实验室率先与马里兰大学合作研究了第一类混沌的通信。第二类混沌同步通信是当前国际上研究的一大热点，迄今已经提出和发展了同步混沌通信三大保密技术：混沌掩盖、混沌调制和混沌键控三种技术。

此外，由于混沌信号具有宽带、类噪声难以预测的特点，并且对初始状态十分敏感，能产生性能良好的扩频序列，因而在混沌扩频通信领域中有着广阔的应用前景。美国、俄罗斯、英国、德国、意大利、日本、加拿大、瑞士等国家的科学家都参与了激烈的竞争。而我国学者也开始研究新的混沌系统，竞相发展有效的信号处理和信息保密等通信技术。

【实验目的】

通过实验了解混沌数字加密和通信的原理和方法。

【实验原理】

混沌现象是非线性系统中出现的确定性的、类随机的过程。它是非周期的、有界的、但不收敛的过程，并对初始条件极为敏感。根据混沌序列对初始条件的敏感性，可用于多址通信：它的类噪声特性可提高通信系统的保密性；它的能够准确再生的特点可以用于混沌掩盖和信号恢复。混沌保密通信的基本思想是利用混沌信号作为载波，将传输信号隐藏在混沌载波之中，或者通过符号动力学分析赋予不同的波形以不同的信息序列，在接收端利用混沌的属性或同步特性解调出所传输的信息。因此，收发双方序列发生器需要有相同的初始值。

在同步混沌通信三大保密技术中，混沌掩盖技术属于混沌模拟通信技术，混沌参数调制和混沌键控技术属于混沌数字通信技术。

1. 混沌掩盖技术

混沌掩盖又称混沌遮掩或混沌隐藏，是较早提出的一种混沌保密通信方式。其基本思想是在发送端利用混沌信号作为一种载体来隐藏信号或遮掩所要传送的信息，在接收端则利用同步后的混沌信号进行去掩盖，从而恢复出有用信息。

2. 混沌参数调制

混沌参数调制技术的基本思想是：利用发送端所传输的信号来调制混沌系统的参数，在接收端利用混沌同步信号提取出相应的混沌系统参数，进而恢复出所传输的信号。

3. 混沌键控技术

混沌键控技术的实现主要可分为两类：一种是利用所发送的数字信号调制发送端混沌系统的参数使其在两个值中切换，信息便被编码在两个混沌吸引子中，接收端由两个相同类型的混沌系统构成，其参数分别固定为这两个值之一。在信息发送间隔内，通过检测各混沌系统的同步误差，判决出所发送信息。在混沌键控技术中，由于解调一般是通过对误差信号的判别来实现的，因而无法得到最优的判决门限。另一方面，利用混沌系统在实现同相同步的同时，还可以实现反相同步以及奇异非混沌吸引子同步等方式实现混沌键控通信。

4. 混沌扩频通信

由于混沌信号具有宽带、类噪声、难于预测的特点，并且对初始条件十分敏感，因而可以产生性能良好的扩频序列。混沌系统对初始条件和参数十分敏感是指，当给一个混沌系统两个非常接近的初始条件或参数时，系统经过几次迭代后，输出的结果可以完全不相关。也就是说，初始条件的微小变化，就能产生完全不相关的信号。从而可以非常方便地产生大量的不相关信源。另外，由于从序列的有限长度不可能导出系统的初始条件，从而起到了通信保密的作用。混沌序列具有 M 序列一样的随机特性，但其产生较 M 序列方便，仅需模型参数和初始条件，不需进行任何存储，同时，混沌序列是非周期序列，具有逼近于高斯白噪声的统计特性、理想的自相关特性、互相关特性、高保密性和强抗干扰特性等，并且混沌序列数目众多，更适合于作扩频通信的扩频码。因此，我们用混沌序列取代 M 序列进行扩频通信，建立系统模型图。

5. 混沌掩盖技术

在混沌掩盖技术中，掩盖方式主要有相乘、相加或加乘结合这几种方式，可以表示为

相乘： $$s_i(t)=s(t)x(t)$$

相加： $$s_i(t)=s(t)+x(t)$$

比例加乘： $$s_i(t)=(1+ks(t))x(t)$$

相加方法：假设 $x(t)$ 为发送机的输出混沌信号即传输信号，$s(t)$ 为要传送的信息信号。经过混沌掩盖后，$s_i(t)=s(t)+x(t)$成为新的传输信号，接收端与 $x(t)$ 同步的混沌信号被解调出：$s_0=s_i-x(t)=s(t)+x(t)-x(t)=s(t)$，即可恢复信息信号，实现混沌掩盖的目的。

只有通过混沌同步解调，才可以得到发送的信息信号并由此达到保密的效果。这种通信方式的实现程度完全依赖于混沌系统同步的实现程度。实现混沌同步的方法有：驱动-响应同步法、主动-被动同步法、基于耦合的同步法、误差反馈同步法、自适应同步法、DB 同步法（又称差拍同步法）、神经网络同步方法、变量反馈微扰同步法以及冲击同步法等等。由上可知，对保密通信来说，传输信号的幅值一般都较小，这样才可以保证混沌信号不偏离原有的混沌轨迹。但是，由于传输信号的幅值较小，会导致该方案容易受到信道噪声的干扰，另外，它是利用非线性动力学预测技术将掩盖在混沌信号下的传输信号提取出来，

因此，还不能提供高质量的通信服务。这种方案只适用于慢变信号，对快变信号和时变信号还不能很好地处理。

KDLHN-1 型无线混沌保密通信实验仪是国防科技大学理学院研制的混沌原理实验仪器，用于混沌应用实验。

本仪器演示了作为最早一代混沌掩盖保密通信方法的实验过程。

掩盖法是利用混沌函数掩埋信号达到保密通信的目的，我们使用的是典型的 Logistic 函数，通信示意图如图 5-1 所示。

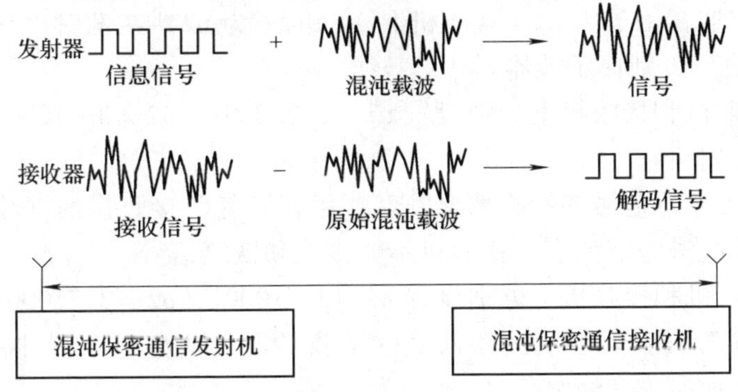

图 5-1　通信示意图 2000M

【实验仪器】

实验装置各部分功能如图 5-2 所示。

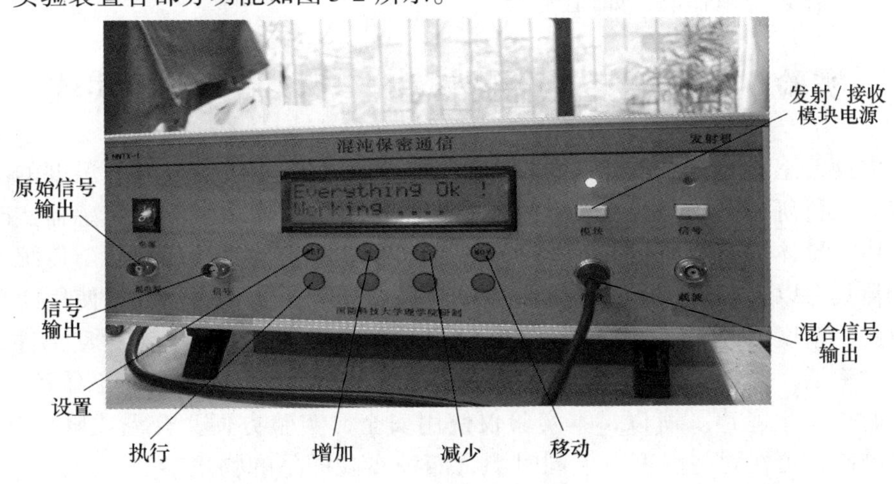

图 5-2　实验仪器面板图

【实验内容】

1. 非混沌状态的通信

发射机混沌初因子为 $u1$，接收机混沌初因子为 $u2$，在发射机和接收机上的混沌“信号端”分别接示波器。

（1）在发射机和接收机上分别设置 $u1=2.5$，$u2=2.8$，先打开接收机，再打开发射机。

（2）观察示波器信号的接收情况，发现：尽管发射、接收机的混沌系数差得很多，但由于系统没有进入混沌态，接收机仍能很好地接收和恢复信号。

2. 混沌态通信实验

发射机混沌初因子为 $u1$，接收机混沌初因子为 $u2$，在发射机和接收机上的混沌“信号端”分别接示波器。

1）在发射机和接收机上分别设置 $u1=3.710001$，$u2=3.710002$，先开接收机，再打开发射机。

2）观察示波器信号的接收情况发现：尽管发射、接收机的混沌系数差得很小，但由于系统进入混沌态，接收机不能接收和恢复信号。

3）在发射机和接收机上分别设置 $u1=3.710001$，$u2=3.710001$，先开接收机，再打开发射机。观察示波器信号的接收情况：两个进入混沌系统的发射、接收机能很好地接收和恢复信号。

【思考题】

（1）什么是李亚普诺夫指数，如何测量？

（2）什么是拓朴熵，如何测量？

实验54　温度传感器特性和半导体制冷温控实验

温度传感器的特性测量是高校理工科中的一个基本物理实验。温度的测量和控制在科研和生产实践上具有重要意义。本实验仪器采用温度传感器实时测量，由半导体制冷器控制温度的变化，形成温度可调的实验环境，与传统的温控相比具有以下特点：①可以把温度降至室温以下；②精确温控：使用闭环温控电路，精度可达±1℃；③高可靠性：制冷组件为固体器件，无运动部件，因此失效率低，寿命大于二十万小时；④工作时无噪声：与机械制冷系统不一样，工作时不产生噪声。所以，本实验仪使用安全，实验方便，升温或降温快速，控温精确，可在同一温度点上同时测量四种实验样品的物理参数，因此，有利于不同样品的参数对比。

【实验目的】

（1）了解和测量材料（如金属）电阻与温度的关系。

（2）求热敏电阻的经验公式。

【实验原理】

1. 半导体制冷与制热

半导体制冷器是由半导体所组成的一种冷却装置，于 1960 左右才出现，然而，其理论基础 Peltier effect 可追溯到 19 世纪。图 5-3 是由 X 及 Y 两种不同的金属导线所组成的封闭线路。

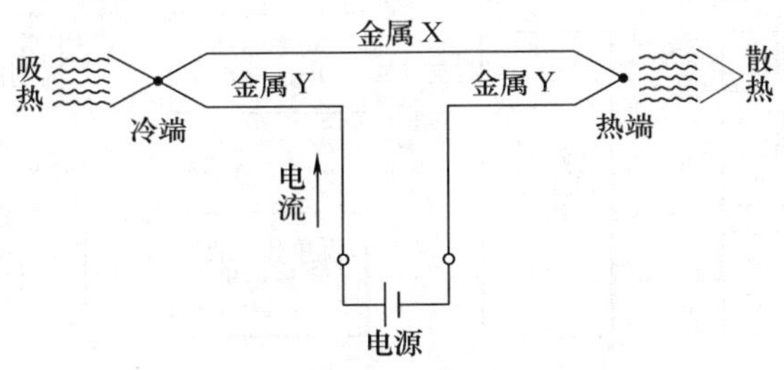

图 5-3　两种不同的金属导线所组成的封闭线路

通上电源之后，冷端的热量被移到热端，导致冷端温度降低，热端温度升高，这就是著名的 Peltier effect。该现象最早是在 1821 年，由一位德国科学家 Thomas Seeback 首先发现，不过他当时作了错误的推论，并没有领悟到其背后真正的科学原理。到了 1834 年，一位法国表匠，同时也是兼职研究该现象的物理学家 Jean Peltier，才发现背后真正的原因，这个现象直到近代随着半导体的发展才有了实际的应用，也就是“制冷器”的发明（还不叫半导体制冷器）。图 5-4 为半导体制冷器的结构，它由许多 N 型和 P 型半导体的颗粒交替排列而成，而 NP 之间以一般的导体连接成一完整线路，通常是铜、铝或其他金属导体，最后由两片陶瓷片像夹心饼干一样夹起来，陶瓷片必须绝缘且导热良好。

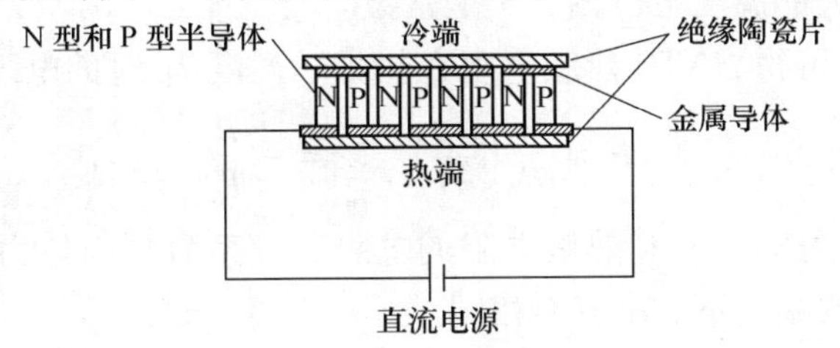

图 5-4　半导体制冷器结构

2. 温度控制原理

实验样品室结构如图 5-5 所示，将半导体制冷片一面（热端）与铝质散热器紧贴，并用风扇强行散热，使其与环境温度接近。另一面（冷端）与实验样品室紧贴，实验样品室用铝质良导热材料，并装上温度传感器。温度传感器测量实验样品室的温度，由该温度与仪器设定的温度相比较，通过微型处理器确定半导体制冷片的工作方式，即制冷方式或制热方式。由温度差确定制冷或制热的策略，即在不同的温度差值下，输出不同的制冷或制热功率，并以适当的速度改变温度的变化，从而实现实验样品室的温度控制，保持温度的稳定。

半导体制冷片的制冷和制热工作方式由输入电流的方向确定，如图5-4所示，即由其引线两端所加的电压正负决定。其制冷或制热功率与输入电流的大小成正比，通过控制其两端的电压，即控制半导体制冷或制热的功率。

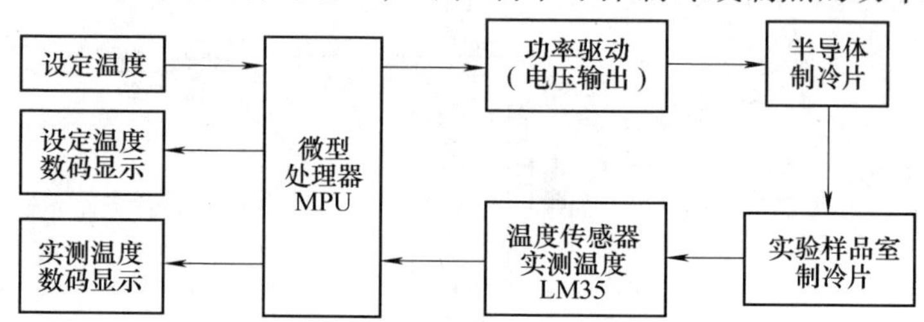

图5-5 实验样品室结构图

3. NTC电阻器的温度系数（负温度系数）**——温度特性**

NTC热敏电阻通常由Mg、Mn、Ni、Cr、Co、Fe、Cu等金属氧化物中的2～3种均匀混合物压制后，在600～1500℃温度下烧结而成，由这类金属氧化物半导体制成的热敏电阻，具有很大的负温度系数，在一定温度范围内，NTC热敏电阻的阻值与温度关系满足下列经验公式

$$R = R_0 e^{B\left(\frac{1}{T}-\frac{1}{T_0}\right)} \tag{5-1}$$

式中，R为该热敏电阻在热力学温度T时的电阻值；R_0为热敏电阻处于热力学温度T_0时的阻值；B是材料的常数，它不仅与材料的性质有关，而且与温度有关，在一个不太大的温度范围内，B是常数。

由式（5-1）可得，NTC热敏电阻在热力学温度T_0时的电阻温度系数α，即

$$\alpha = \frac{1}{R_0}\left(\frac{dR}{dT}\right)_{T=T_0} = -\frac{B}{T_0^2} \tag{5-2}$$

由式（5-2）可知，NTC热敏电阻的电阻温度系数是与热力学温度的平方有关的量，在不同的温度下，α值不相同。

对式（5-1）两边取对数，得

$$\ln R = B\left(\frac{1}{T}-\frac{1}{T_0}\right) + \ln R_0$$

在一定温度范围内，$\ln R$与$\frac{1}{T}-\frac{1}{T_0}$成线性关系，可以用作图法或最小二乘法求得斜率$B$的值，并由式（5-2）求得某一温度时NTC热敏电阻的电阻温度系数

α。

4. 热敏电阻器 PTC 的温度系数（正温度系数）**——温度特性**

PTC 热敏电阻具有独特的电阻-温度特性，这一特性是由其微观结构决定的。当温度升高超过 PTC 热敏电阻突变点温度时，其材料结构发生了突变，它的电阻值有明显变化，可以从 10Ω 变化到 10^7Ω，PTC 热敏电阻的温度大于突变点温度时的阻值随温度变化符合以下经验公式

$$R = R_0 e^{A(T-T_0)} \tag{5-3}$$

式中，T 为样品的热力学温度；T_0 为初始温度；R 为样品在温度 T 时的电阻值；R_0 为样品在温度 T_0 的电阻值；A 的值在某一温度范围内近似为常数。对陶瓷 PTC 热敏电阻，在小于突变点温度时，电阻与温度的关系满足式（5-3），为负温度系数热敏电阻；在大于突变点温度时，满足特定的关系，为正温度系数热敏电阻，此突变点温度常称为居里点，而对有机材料 PTC 热敏电阻，在突变点温度上下均为正温度系数性质，但是，其常数 A 也在突变点发生了突变，即 A 值在温度高于突变点后明显激增。

5. 集成温度传感器的特性——温度特性

AD590 集成电路温度传感器是由多个参数相同的晶体管和电阻组成。当在该器件的两引出端加有一定直流工作电压时（一般工作电压可在 4.5～20V 范围内），它的输出电流与温度满足以下关系

$$I = B\theta + A$$

式中，I 为其输出电流，单位 μA；θ 为摄氏温度；B 为斜率（一般 AD590 的 B = 1μA/℃，即如果该温度传感器的温度升高或降 1℃，那传感器的输出电流增加或减少 1μA）；A 为零摄氏度时的电流值，该值恰好与冰点的热力学温度 273K 相对应（一般对市售 AD590，其值从 273～278μA 略有差异）。利用 AD590 集成电路温度传感器的上述特性，可以制成各种用途的温度计。采用非平衡电桥可以制作一台数字式摄氏温度计，即当 AD590 器件为 0℃时，数字电压显示值为“0”，而当 AD590 器件处于 θ（℃）时，数字电压显示值为“θ”。

【实验仪器】

仪器面板如图 5-6 所示。

连接实验装置和实验仪器间的连线：A）用双头 DC 插头线连接风扇；B）用立体声连线连接测温探头；C）用双叉红线和黑线连接半导体制冷片，红线连接红接线柱（即 + 极），黑线连接黑接线柱（即 – 极），务请正确连接。

（1）确认上述连线准确后接通电源，仪器设定温度指示为 20.0℃，测量温度指示环境温度，由于半导体制冷片的作用，测量温度指示值会缓慢接近设定温度指示。但因环境温度和设定温度的差异，实际控制的温度值（即测量温度

指示值）和设定温度有0~1.0℃不等的差距。

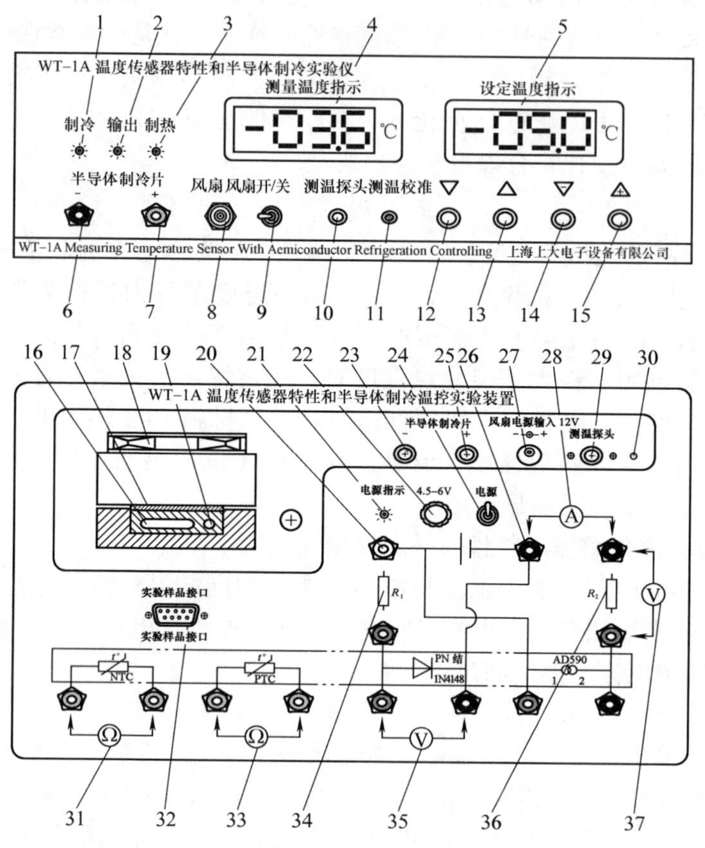

图5-6　实验仪器面板图

1—制冷工作指示灯　2—电压输出指示灯，输出电压高时较亮　3—制热工作指示灯　4—测量温度指示窗　5—设定温度指示窗　6—制冷片工作电压输出负接线柱　7—制冷片工作电压输出正接线柱　8—风扇电源插座　9—风扇电源开关　10—测温探头插座　11—测温探头校准电位器　12—温度设定按钮，按一下变化-5℃　13—温度设定按钮，按一下变化+5℃　14—温度设定按钮，按一下变化-0.1℃，连续按快速变化　15—温度设定按钮，按一下变化+0.1℃，连续按快速变化　16—样品放置室　17—半导体制冷片　18—铝型材散热风扇　19—测温温控传感器　20—样品测量辅助电源正（+）接线柱　21—辅助电源指示灯　22—电源电压调节　23—半导体制冷片输入负（-）接线柱　24—辅助电源开关　25—半导体制冷片输入正接线柱，测温传感器连接插座　26—样品测量辅助电源负（-）接线柱　27—风扇电源输入插座　28—实验样品　AD590电流测量接线柱，测量采样电阻电压降时应短接　29—测温温控传感器连接插座（立体声插座）　30—温度校正电位器孔　31—NTC电阻测量接线柱　32—实验样品接口插座，供连接实验样品　33—PTC电阻测量接线柱　34—PN结限流电阻1kΩ，可外接　35—PN结电压测量接线柱　36—AD590采样电阻1kΩ，可外接　37—AD590采样电阻电压测量接线柱

（2）在设定温度指示窗下有四个调节按钮，用于设定目标温度，但不宜频繁从高温到低温或从低温到高温改变。

（3）放实验样品于实验装置的铝样品室中，可在铝槽中放一些变压器油以利导热。一般需保温 10 ~ 20min 以上，才有可能使实验样品的温度内外达到一致。四种实验样品焊装在同一块印制电路板上，四种元件引线处设有图案和文字标识，PN 结为 1N4148 二极管；AD590 为电流型集成温度传感器；PTC 为正温度系数热敏电阻；NTC 为负温度系数热敏电阻。

（4）实验时应读取测量温度指示窗内温度值，且该温度必须保持一定的时间。实验中可适当调高或调低 0.1 ~ 2.0℃ 温度补偿环境温度的散热，可读取实验温度为整数。

（5）当测量实验样品的温度特性时，一般选择 0、5、10、15、20、25、30、35、40、45、50、55、60、65、70℃ 的温度点进行测量实验。

（6）实验时风扇开关处在打开位置，确认风扇正在转动中。

【注意事项】

在仪器通电前，必须连接好仪器和实验装置的控温测温连线（双头立体声插头线），方可接通电源；在电源接通时，不得插拔该连线。

使用万用表测量电流后再测电压必须认清万用表测量孔为非电流测量孔，以避免烧坏万用表保险丝。

【实验内容】

四种实验样品装于同一块印制电路板中，放置实验样品时注意将实验样品放入铝质样品室，样品引脚不弯折、卡住铝壁，可在同一温度点上同时测量四种实验样品的物理参数，因此，有利于不同样品的参数对比。注意实验样品引线脚间的样品名称。

PN 为半导体二极管，型号为 1N4148，正极红导线/负极黑导线；AD590 为集成电流型温度传感器，型号为 AD590，正极红导线/负极黑导线；NTC 为负温度系数热敏电阻，型号为 MF52E102G310，黄导线；PTC 为正温度系数热敏电阻，型号为 MZ11A-50A，绿导线。

1. 测量 NTC 热敏电阻器的电阻与温度关系特性，计算热敏电阻材料常数 B

（1）热敏电阻 NTC 插入实验样品室，适当加入变压器油，当仪器测量保温箱中的温度保持不变时，改变仪器温控设定的温度，每当温度达到稳定时，测量相应的一组 θ_i 与 R_i 的值，要求温度从 0 ~ 60℃ 范围内测出 8 ~ 10 组数据，用公式 $T=273.15+\theta$，把摄氏温度 θ 换算成热力学温度 T。

（2）最小二乘法求出温度在 0 ~ 60℃ 范围内的材料常数 B。

（3）用式（5-3）计算NTC热敏电阻在温度$\theta=20.0$℃时的电阻温度系数。

实验时，放NTC样品电阻于实验样品室中，设定仪器温度为0～60℃，每一温度点保温时间不少于10min，用数字万用表相应的电阻档测量在该温度点时的电阻。如图5-7a所示，对于电阻变化较小，或需精密的测量，可用图5-7b所示的电桥法测量。当然也可用图5-7c的伏安法测量，选择适当的工作电流，以减小实验样品自身的温升影响。

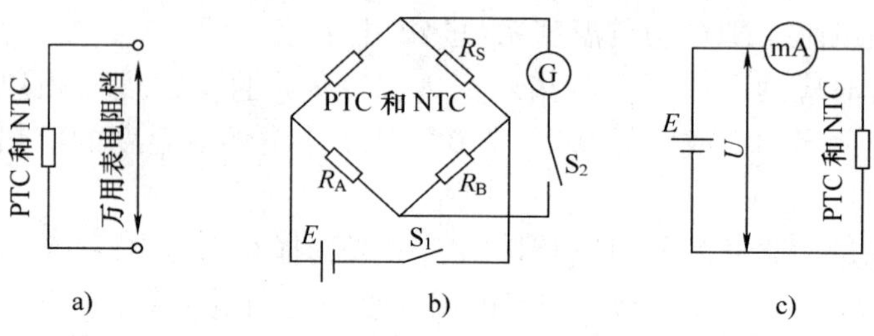

图5-7　实验电路

图5-7中的R_A、R_B、R_S为电阻箱，NTC或PTC热敏电阻，实验测量时，先在常温下测量其电阻，然后放于样品保温槽中，通过半导体温控，测量在0℃、10℃、20℃、30℃、40℃、50℃、60℃、70℃时的电阻，并作R_A-T图。

2. PTC热敏电阻器的电阻与温度关系特性，计算热敏电阻材料常数*B*

（1）把热敏电阻PTC插入实验保温箱中，可适当加入变压器油，当仪器测量保温箱中的温度保持不变。

（2）改变仪器温控设定的温度，每当温度达到稳定时，测量相应的一组θ_i与R_i的值，要求温度从0～60℃范围内测出8～10组数据，用公式$T=273.15+\theta$，把摄氏温度θ换算成热力学温度T。

（3）用最小二乘法求出温度在0～60℃范围内的材料常数B。

（4）用式（5-3）计算PTC热敏电阻在温度$\theta=20.0$℃时的电阻温度系数。

实验时，放PTC样品电阻于实验样品室中，盖上塑料盖，设定仪器温度为0～60℃，每一温度点保温时间不少于15min，用数字万用表相应的电阻档测量在该温度点时的电阻。

对于电阻变化较小，或需精密的测量，可用图5-7b所示的电桥法。

3. 测量AD590集成电路温度传感器的电流*I*与温度*θ*的关系

（1）按图5-8接线（AD590的正负极不能接错），测量AD590集成电路温度传感器的电流I与温度θ的关系，取样电阻R的值为1000Ω。

（2）改变仪器温控设定的温度，每当温度达到稳定时，测量相应的一组电流I与温度θ，要求温度从0～60℃范围内测出8～10组数据，用公式$T=273.15+\theta$，把摄氏温度θ换算成热力学温度T。

（3）把实验数据用最小二乘法进行直线拟合，求斜率 B、截距 A 和相关系数 r。

（4）制作量程为 0 ~ 50℃范围的数字温度计。

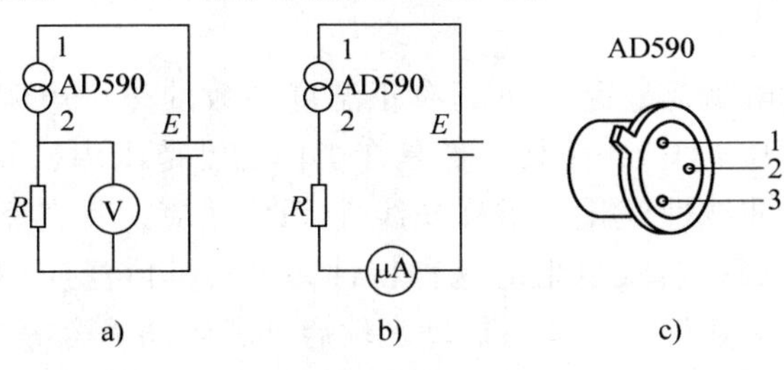

图　5-8

在图 5-8 中，图 a 用电压表测量采样电阻的电压降。采样电阻为 1kΩ，调节仪器稳压电源输出电压为 5.00V，选择合适量程测量采样电阻电压，换算成相应的温度。图 b 直接用电流表测量流过 AD590 的电流。限流电阻为 1000Ω，调节仪器稳压电源输出电压为 5.00V，选择合适量程测量流过的电流，换算成相应的温度。图 c 为 AD590 引脚，1 为 V +；2 为 V -；3 为空脚，接外壳。

【预习思考题】

（1）测量时，流过 NTC 热敏电阻的电流应小于 300μA，为什么？如何保证实验条件？

（2）若玻璃温度计的温度示值与实际温度有差异，对实验结果有何影响？

（3）PTC 热敏电阻与 NTC 热敏电阻在电阻-温度特性方面有哪些区别？各有哪些应用？

（4）电流型集成电路温度传感器有何特性？与半导体热敏电阻、热电偶比较有何优越性？

【思考题】

（1）用 AD590 集成电路温度传感器制作热力学温度计，画电路图，说明调节方式。

（2）如果 AD590 集成电路温度传感器的灵敏度不是严格的 1.000μA/℃，而是略有差异，请考虑如何改变 R_2 值，使数字式温度计测量误差减少？

【应用】

1. 广泛应用的热敏电阻

热敏电阻是一种电阻值对温度敏感的电阻器件，在温度变化时，它的电阻值会按照预期的规律来变化。一般来说，它的电阻会随着温度的上升而减少。在某些用热敏电阻作为电路保护元件的应用中，会使用正温度系数的热敏电阻，但在温度控制、温度补偿等应用中，则广泛地使用负温度系数热敏电阻。

（1）PTC 热敏电阻　这是一种具有正温度系数的热敏电阻，其主要构成材料为陶瓷钛酸钡（$BaTiO_3$），主要特点是在工作温度范围内，其电阻率随温度的增加而增加，且呈非线性变化，俗称非线性 PTC 效应，其典型温度特性曲线如图 5-9 所示。利用 PTC 热敏电阻的这种特性，可将其广泛应用于各类家用电器中用于过流保护、过热保护、延时启动、软启动、自动消磁等。

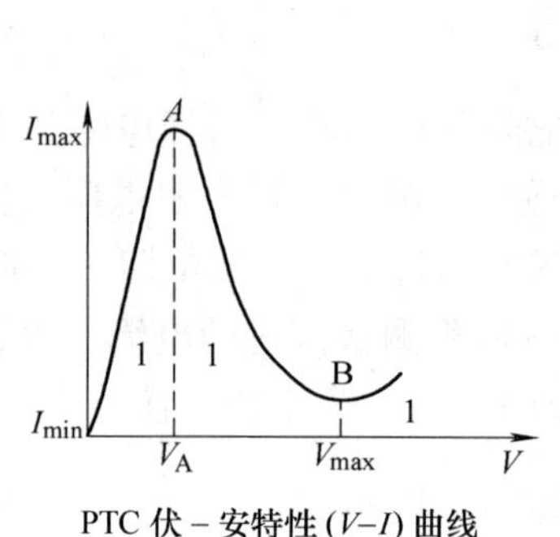

PTC 伏－安特性 (V–I) 曲线

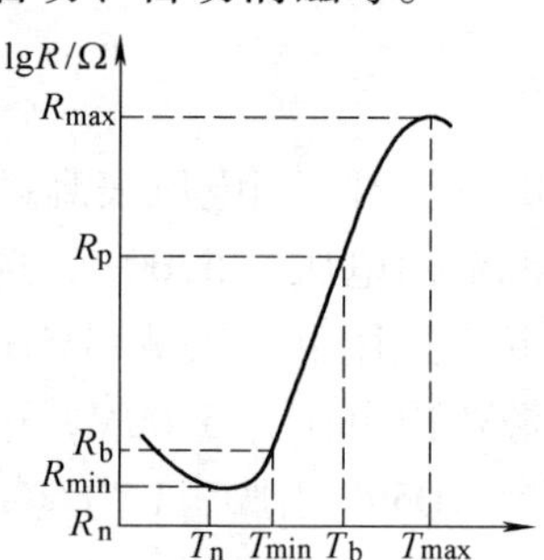

PTC 电阻－温特性 (R–T) 曲线

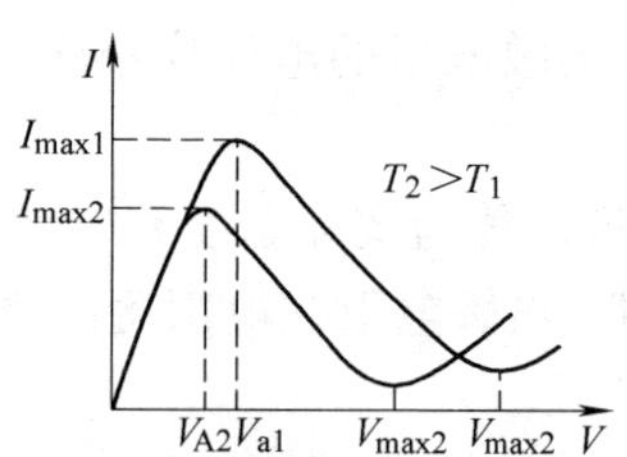

PTC 电流－时间特性 (I–t) 曲线

图 5-9　几种曲线

（2）NTC 负温度系数热敏电阻　这是一种以过渡金属氧化物为主要原材料制造的半导体陶瓷元件，属于负温度系数热敏电阻范畴。它们有一个额定的零功率电阻值，当其串联在电源回路中时，就可以有效地抑制开机浪涌电流，并且在完成抑制浪涌电流作用以后，利用电流的持续作用，将 NTC 热敏电阻的电阻值下降到非常小的程度。

2. 半导体制冷

与机械制冷相比，半导体制冷不需要制冷剂，所以没有污染源；因没有旋转部件，所以工作时没有震动、噪声，使用寿命长。另外，半导体制冷片热惯性非常小，所以反应时间短，可以将多个半导体制冷片串联或并联组合成大功率的制冷系统。主要应用领域有：在军事方面，导弹、雷达以及潜艇的红外线探测、导航系统等；在医疗方面，冷力、冷合、白内障摘除片、血液分析仪等；在实验室装置方面，冷阱、冷箱、冷槽、电子低温测试装置、各种恒温、高低温实验仪片；在专用装置方面，石油产品低温测试仪、生化产品低温测试仪、细菌培养箱、恒温显影槽、电脑等；在日常生活方面，空调、冷热两用箱、饮水机、电子信箱等。

实验55　微光夜视技术实验

【实验目的】

通过实验观察和研究，了解微光夜视仪器的结构及工作原理。

【实验原理】

1. 发展概况

第二次世界大战后期，德军、美军开始使用步枪夜间瞄准镜。

在1965~1967年间，美军将第一代被动式微光夜视仪，即手持式“星光镜”用于越南战场。在20世纪90年代，美国在制造重量轻、外形薄和体积小的第三代夜视仪方面取得了新进展。1998年飞行员夜视镜演示性样机长度约38mm（最短达22mm），产品重量为200~300g。飞行员既可透过像增强器观看地物，又可用肉眼观看仪表面板及地图。在紧急着陆时，弹射装置会自动将夜视镜移位，以免妨碍飞行员的应急行动。

美国陆军于1997年开始装备新式M4卡宾枪，这种步枪重约2.767kg，使用与北约通用的5.56mm子弹。在白天可配用供近战瞄准的光学瞄准镜，夜间则配用轻型热瞄镜。在此之前，只有坦克等重型武器平台配备热瞄镜，为轻武器配备夜视瞄准镜将有助于增强步兵夜战能力。

1997年，驻香港部队向媒体展示：我国新一代5.8mm班用机枪配有微光夜视瞄准镜（二代像增强管）。

2. 微光夜视技术

国外将“夜视技术”简称为3L技术（“Low Light Level Technique”，直译为“低光平技术”）。夜视仪器是人眼在低照度条件下视物的助视器，夜视技术装备不仅供目视，而且可作为火控、制导系统捕获和跟踪目标的传感器。

夜视技术装备可分为被动成像和主动成像两大类。被动式夜视器材在观察时不改变夜间目标原有的发光状态和照明条件。主动式成像探测器材需配用人工照明光源（或微波源）。主动式夜视镜的缺点是红外探照灯极易被敌方夜视器材发现。微光像增强器、微光电视摄像管和电荷耦合摄像器是三种夜间观察效果最好、应用最广的被动式夜视观瞄器材。

现装备数量最多的夜视器材是微光夜视仪和微光电视。热成像仪、激光成像雷达和微波成像雷达等属于广义夜视器材（这类观瞄器材可昼夜两用）。有时外军笼统地将热成像技术（Thermal Imaging，缩写TI）和微光夜视技术（Image Intensification，缩写II）合称为“夜视成像技术”。

微光夜视仪由成像物镜、像增强器和高压电源及目镜组成。在漆黑的夜晚，自然界存在肉眼不可觉察的微光（夜天微光）。微光夜视仪收集被景物反射的夜天微光形成图像，利用像增强器实现景物亮度增强，并把不可见光图像转换为可见光图像，是夜间观察效果最好的被动式助视仪器。

微光夜视仪使景物亮度增强的功能是靠像增强管实现的。影响夜视仪有效作用距离的主要因素是像增强器性能的高低。像增强技术已成为微光夜视技术的代名词，国外给微光成像技术起了个言简意赅的雅号“I^2”（英文全文：Image Intensification，缩写为II或I^2）。

准确地说，微光成像系统是一个电光系统，分别采用光学和电子技术实现亮度增强，仪器含两大核心部件。

（1）集光成像部件：物镜收集目标所反射的夜天微光，在像增强器的阴极面形成目标的像。物镜和目镜组成视角放大系统。

（2）波长转换与亮度增强部件：像增强器由封装在圆柱形真空管内的光阴极、电子透镜和可见光荧光屏三部分组成，具有图像亮度增强和波长转换双重功能。

像增强管外接一个高压电源。此外，还带有防强光的滤光片和物镜罩（或可控快门）。

人们把低照度条件下能清晰成像的电视摄像器材称为“微光电视”，有时简称为LLLTV（英文“低光平电视”的缩写）。为了提高微光灵敏度，通常需将电视摄像管（电真空管或电荷耦合摄像器）同像增强管组合使用。

3. 微光夜视器材成像的特点

微光夜视仪的主要优点是：①隐蔽性好，不易暴露观察者；②结构轻巧、耗电少。

微光电视的特点是：

（1）电视摄像信号可以传输到远方，图像可多屏幕显示，供多人观看。

（2）电荷耦合摄像器具有工作电压低（≤15V）、成像分辨本领高和体积小等优点，是最具发展前途的固体摄像器件。在技术文献中称它为CCD（英文全称Charge Coupled Device、Charge Coupled Image）。

在20世纪70年代，仙童公司研制出2048×128像素的CCD器件，冷却到

$-40℃$时可在星光下摄像（环境照度10^{-3}lx（勒［克斯］））。美军把小巧的电视摄像器（直径约10～20mm的薄片）和无线电发射机装在155mm的炮弹内，抛射到敌方阵地，在照明弹配合下，能在3min左右获取纵深14km的敌方阵地摄像情报。

微光像增强器材不能在“全黑”环境下正常工作。通常不能透过雾（或烟）进行观察。

4. 夜视仪的成像质量和有效视距

通常采用一定照度条件下夜视仪的临界分辨本领和有效作用距离，以及视场和景深等指标综合评价各类夜视器材的微光成像性能。

（1）微光夜视仪观察效果评价方法　分辨本领是评价夜视仪分辨景物细节能力的重要指标。对于几何外形及亮度、反衬度一定的目标，夜视仪分辨本领越好，则图像细节越清晰，有效观察距离也越远。

1）发现、识别与看清目标：根据对清晰程度的要求，观察和辨别军事目标分四种等级。

发现：根据目标与背景之间的反衬度不连续性，探测出可能含有军事意义的目标。例如，观察夜空时，当觉察到背景上有突变的粗略轮廓时，称为发现目标。

定位：发现目标，并能判别目标的概略位置。

识别：根据目标的轮廓，能产生目标尺寸比例的概念，能区分目标种类。

看清：通过观察目标的细节特征，能分清目标的性质及类型。例如坦克的不同型号、国籍等。

2）微光夜视仪成像分辨本领：目标发现和识别概率是目标等效条形图案（用靶标线对数表示）的函数。操作员分“发现、定位、识别和看清”四个层次鉴别目标。

定量评价夜视仪成像质量（成像分辨本领）的常用方法是：用等间隔的、黑白相间的条纹图案作为靶标，通过测试者对靶标板上条纹的辨认，确定仪器的临界分辨本领。在给定距离处设靶，不断减小条纹宽度，当观察者无法辨认条纹图案的黑白差异时，则达到了夜视器材在该距离的临界分辨本领。

（2）微光夜视仪的最大作用距离

1）有效作用距离：定义为在一定的清晰度下按一定清晰等级看到指定目标的最大距离。影响夜间观察效果的主要因素是环境照度、仪器性能和人眼的视力等。

2）几种微光夜视仪的作用距离

夜视仪的观察效果与夜天光的强弱及目标的类型密切相关。表5-1列出了用几种微光夜视器材观察不同战术目标的实验数据。

表5-1 几种微光夜视器材的室外观察距离

夜视器材		夜间观察条件		有效观察距离/m		
国别	夜视器材名称	环境及照度	观察对象	发现	识别	看清
中国	远距离微光观察仪 ××××型（一代管）	星月皆无，有乌云阴夜、枯草地，远处有山	站立单兵 吉普车 坦克、卡车	900 1100 1100	500 900 900	200 400 400
美国	远距离微光观察仪 （二代） 瓦洛公司9885型	月光，照度0.1lx	站立单兵 吉普车 坦克、卡车	1441 2457 5871		
美国	远距离微光观察仪 （二代） 瓦洛公司9885型	星光，照度0.001lx	站立单兵 吉普车 坦克、卡车	1075 1719 4100		
瑞士	微光夜视仪	有星光的夜晚，草高约10cm的开阔地	普通军装，站立 穿迷彩服，站立 普通军装，曲身 穿迷彩服，曲身	720 350 670 300	540 280 470 250	300 150 260 120
瑞士	微光夜视仪 RDS	3/4月光，开阔地，地面平视观察	穿迷彩服，站立 汽车（未伪装） 汽车（迷彩伪装）	400 2100 1200	300 1450 800	170 1000 500

注：表中部分数据摘引自《云光技术》1996年2期：P1和《应用光学》1984年6期：P5

【实验仪器】

微光夜视仪（夜视瞄准镜）、带像增强器的微光摄像器、可调节波长和强度的近红外照明光源、计算机、频闪灯。

【实验内容】

（1）安排夜间实物观察。

（2）在暗室中作“人工目标”的观测实验，研究微光成像规律。

（3）运动目标夜间成像实验。

【预习思考题】

（1）微光夜视仪的工作原理是什么？

（2）微光夜视仪有何特点？

【思考题】

(1) 微光夜视仪和微光电视有何不同点?

(2) 微光夜视仪有何用途? 举例说明。

实验 56　透射式超声波成像实验

声波是一种弹性波，超声波是频率在 $2\times10^{4}\sim10^{12}$ Hz 的声波。超声波具有方向性好、穿透力强、易于产生和接收等特点，并且能够在所有弹性介质中传播，因此，超声波广泛应用在生产和人们生活中。

超声波有三大类应用：第一类是用作检测，用来探查和测量材料以及自然界的一些非声学量。例如，海洋中的探测、材料的无损检测、医学诊断、地质勘探等。第二类应用是用作大功率处理，就是用来改变材料的某些非声学性质，例如，超声手术、超声清洗、超声雾化、超声加工、超声焊接以及超声金属成型等。第三类应用是制造表面波电子器件，例如，振荡器、延迟器、滤波器等。

层析成像（Computedtomography 简称 CT）技术是指通过从物体外部检测到的数据重建物体内部（横断面）信息的技术，也叫计算机辅助断层成像技术。当 CT 应用的能量波为超声波时，就称为超声层析成像（UCT）。透射型 CT 的超声发射器和接收器位于被测介质的两侧，根据接收透射的超声波来得到介质的信息。它要求围绕物体不断地旋转发射器和接收器来得到不同方向上的超声波。重建理论中的射线理论相当于在无散射条件下将超声射线的传播路径看做直线，即忽略介质的不均匀性对声场的影响，这给成像带来了较大的不便和误差。

【实验目的】

(1) 掌握透射式超声成像的测量方法。

(2) 通过实验结果分析，了解透射式超声成像的优缺点和工业前景。

(3) 以实验目标样品为例，通过实际操作，进行一定的测量训练。

【实验原理】

1. 压电效应

压电效应是居里兄弟发现的。有些单晶和多晶陶瓷材料在应力（压力或张力等）作用下产生应变时，晶体中就产生极化或电场，这种效应称为压电效应。相反地，当晶体处于电场之中时，由于极化作用，在晶体中就产生应变或应力，这种效应称为逆压电效应。正、逆压电效应统称为压电效应。

2. 超声换能器

根据压电效应制成。它是使其他形式的能量转换成超声能量（称为发射换能器）或使超声能量传换成其他易于检测的能量（称为接收换能器）。本实验使用的是声电、电声换能器。当一个电脉冲作用到探头上时，探头就发射超声脉冲。反之，当一个超声脉冲作用到探头时，探头就产生一个电脉冲。

3. 超声成像

换能器发射端产生超声波经过水，由于水的粘滞性，造成质点之间的内摩擦，从而使一部分声能转换为热能；另一方面，由于水的热传导，水的稠密部分和稀疏部分之间进行热交换产生吸收衰减。然后，在经过被测物体时在被测物体的边缘产生强烈的散射衰减，改变后的超声波又通过换能器被检测到，并可对其进行处理与分析。通过设定阀值就可以选读出需要的电压段，通过电脑定标得到的函数就可以得到这段跃变电压平均值所对应的位置。再采集各角度下的边缘位置，实验过程中由计算机自动生成数据文件，最后由成像程序调用此数据文件生成图像，从而得到被探测对象的各界面图像。

【实验仪器】

实验装置见图5-10，主要由以下部分组成：

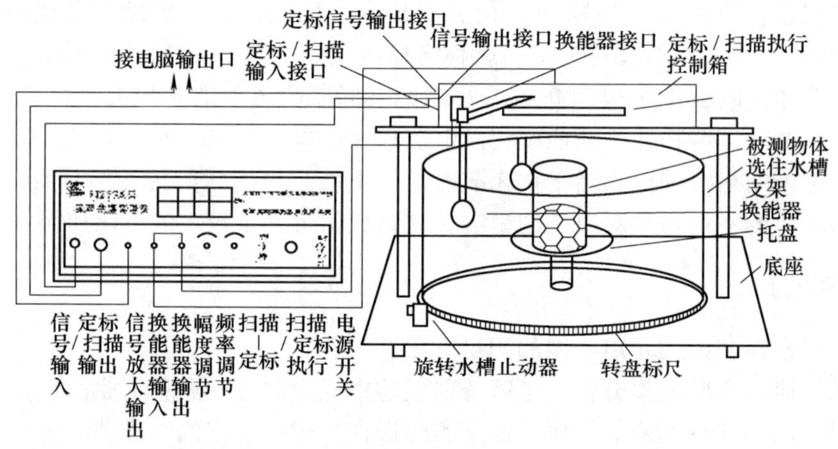

图5-10　实验装置

1. 实验水槽

图中的托盘上放置被测物体。支架上设有转动装置，拉开旋转水槽止动器，可以把水槽按刻度旋转任意角度。两个换能器固定在滑杆上，并保证正面相对，由电动机驱动，进行扫描和定标，由换能器接出的信号与超声波测试仪的脉冲端相接，换能器的位置通过转换电路形成电压信号，送入计算机进行实时图像处理。

2. 超声成像实验仪

超声成像实验仪是整个 CT 实验的基础，它通过发射电路以及接收电路与换能器（即石英晶振片）相连。由于石英晶体的压电效应，使得它可以把机械波与振荡电路所产生的连续脉冲进行转换。在发射端，电路中的高频方波连续地通过晶体，由于逆压电效应，晶体表面也就相应地产生机械振动，于是，带动空气或水也随之振动，形成超声波；在接收端，由压电效应把机械振动波转换成电信号。由于换能器的良好性质，它所发出的超声波非常窄，使得其精度可达到毫米级。

3. 分压电路

在实验中，需要换能器在跃变电压时的位置信息，这就需要把位置信息转换成可供计算机处理的电信号。我们采用一个专门的同步机构，使滑块与分压电路相连，滑块移动时，相对应的分压比也同步变化，从而获得与位置相对应的分压信号，建立定标函数。当滑杆在行进过程中发生跃变时，计算机采集此位置处对应的电信号，然后由定标程序将电压转换为标杆位置。

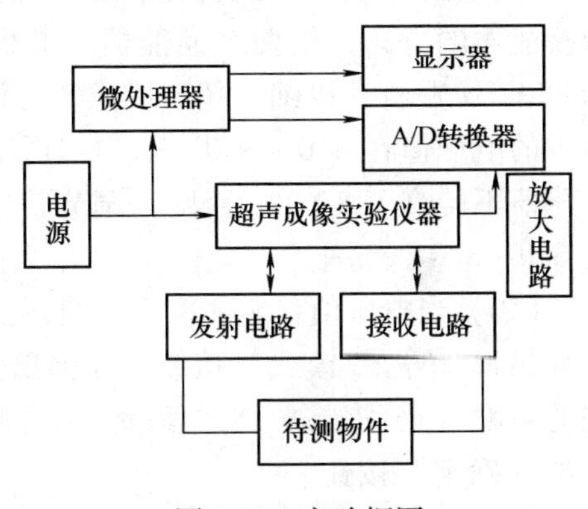

图 5-11　实验框图

4. 数据采集（见图 5-11）

数据采集系统用计算机中的 A/D 卡完成自动数据采集。推杆从左至右推动一次，扫描系统只记录头两次进入阈值范围内的地址数据平均值 A1 和 A2，返回时也是一样，获得地址数据平均值 B1 和 B2。共得到 4 个数据。计算机默认将 A1、B2 求平均和 A2、B1 求平均所得数值记为透射物件的两个边缘地址。

【实验内容】

（1）实验连线。按图 5-10 所示进行连线，将超声成像实验仪的传感器与两换能器之间连通；信号输出、定标/扫描输出与控制器插孔连接（因插孔接口不一样，所以是不会插错的），A/D 采集卡的一端接标定电压，有红标记一端信号放大输出。

（2）将空玻璃瓶（横截面为正方形）置于圆托盘上（为保证扫描中玻璃的厚度几乎一致，摆放时令其一个面与两换能器平面平行），并保证在整个实验中不被移动。打开超声层析成像实验的计算机辅助软件。

（3）单击“开始实验”按钮。

（4）把标定/扫描键选择拨到定标位置，单击“定标”按钮。

(5) 按软件下行的提示将标尺移到指定位置，按定标/扫描执行键，换能器自动将标尺移到指定位置处停止，单击“确定”按钮。

(6) 单击“下一步”按钮，并重复步骤(5)。

(7) 单击“确定”按钮，完成定标。把定标/扫描选择键拨到扫描位置，换能器自动移回0mm处。

(8) 观察“定标数据拟合图”。若“定标数据拟合图”的线性特征明确，则单击“扫描”按钮，否则重复步骤(3)。

(9) 在弹出的“接受换能器最大值调节”对话框中，单击“开始读数”，调节换能器的方向，使两个换能器端面保持平行。然后，调节实验议的输出频率为850kHz左右，再细调超声成像实验议的“输出幅度”旋钮，使软件读数窗口显示的电压值在6.0~8.0V范围，再细调频率，使这个电压为最大。注意：该电压值不得高于8.0V，否则，调节“输出幅度”旋钮，使该电压减小，并保持在6.0~8.0V范围。

(10) 当电压值稳定30s后，“按停止读数”，进行确定低点和高点的阈值。

(11) 单击“模式”按钮，在弹出的“模式选择”对话框中输入转盘每次转到的角度（必须能被180°整除），选择不同的模式（这里仅取10°，6°，3°），单击“确定”按钮。

(12) 单击“开始扫描”按钮，按提示转动转盘至指定角度，再单击“确定”按钮，按定标/扫描执行键后，让换能器自动来回采样。若采样成功，则显示“本步骤完成”，并显示采集的数据；单击“确定”按钮实现自动存储数据。

(13) 重复步骤(12)。

(14) 单击“确定”按钮，单击“成像”按钮。

(15) 保存图像。

实验57　水下超声定位实验

振动频率高于20kHz的声波称为超声波。超声波是一种弹性机械波，它在水中可实现远距离传播，具有方向性强、反射性强和功率大的特点。声纳是现代大型水面舰艇及潜艇上不可缺少的电子设备之一，可以很好地实现人工超声波的发射和接收，其主要功能是：搜索和跟踪水下目标（潜艇、水雷），对目标进行敌我识别，测定水下目标的运动要素，以供反潜武器射击指挥用。本文介绍的水下超声定位演示仪利用了渡越时间测距及方向角检测法进行定位，运用单片机进行处理和控制，并利用软件进行实验数据的处理和分析，从而通过实验进一步认识水下超声定位的原理。

【实验目的】

掌握超声定位的原理和测量方法。

【实验原理】

超声波探测物体的位置是通过同时测距和测角来确定的。超声波测距的方法较多，例如渡越时间测距法、声波幅值测距法、相位测距法，它们有各自的特点，但用的最多的是渡越时间测距法。本实验就是采用超声波**渡越时间测距法**。其工作原理如下：

从超声波发射器发出的超声波，经水介质传播到接收器的时间，即为**渡越时间**。渡越时间与水中的声速 v 相乘，就是声波传输的距离。由于在该仪器中，利用单片编程把传输时间除以了 2，因此，数码显示器显示的时间就是探测器到被测物的时间 t，其探测到的距离

$$l = vt \tag{5-4}$$

超声波的传播速度受介质温度影响最大，超声波速度 v 与环境温度 T 的关系可由以下经验公式给出

$$v = 4 \times 331.4 \times \sqrt{(T + 273.16)/273.16} \tag{5-5}$$

同时该温度下的速度 v 也可利用逐差法通过实测的方法求得，而目标的角度测量可直接从换能器的方向旋转刻度盘读取。

【实验仪器】

实验装置为 GPS 水下超声定位实验仪，如图 5-12 所示。水下超声定位仪的电路结构组成如图 5-13 所示，整个系统由 89C51 系列单片机来控制。启动测量时，由单片机每隔 20ms 发出数个 1MHz 的超声波，驱动超声波发射器的功率电

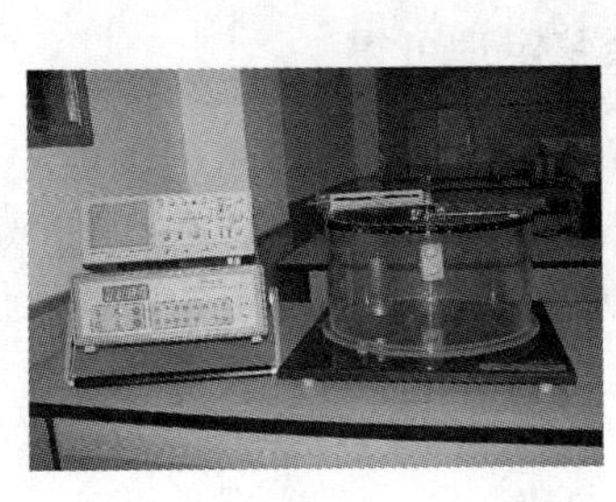

图 5-12　GPS 水下超声定位实验仪

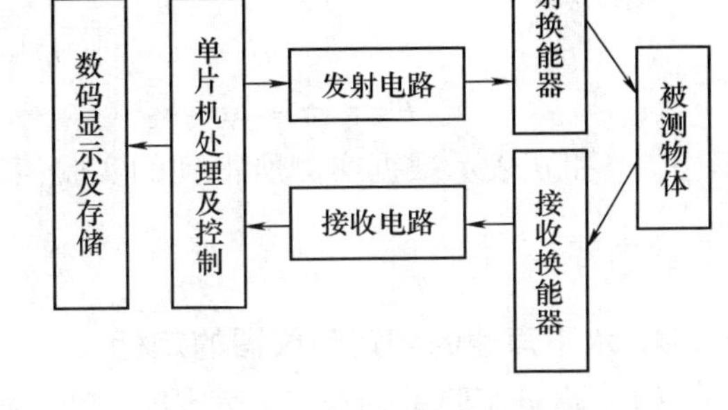

图 5-13　水下超声定位仪的电路结构图

路发射出超声脉冲，同时启动单片机的计时器，当该脉冲到达被测目标时，发生反射，经水的传播被超声波接收器接收，再由放大电路进行滤波放大，使单片机产生中断，计数停止，数码显示器显示测得的时间，并由单片机将该数据进行存储，同时从换能器的旋转盘读取方向角度值，由此实现定位的功能。数显控制面板如图 5-14 所示。

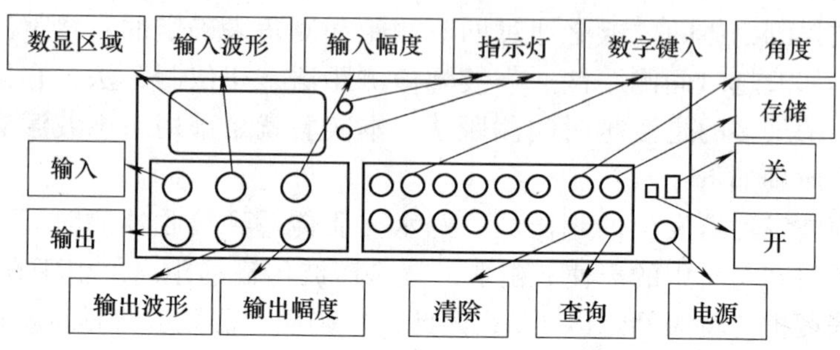

图 5-14　仪器控制面板功能图

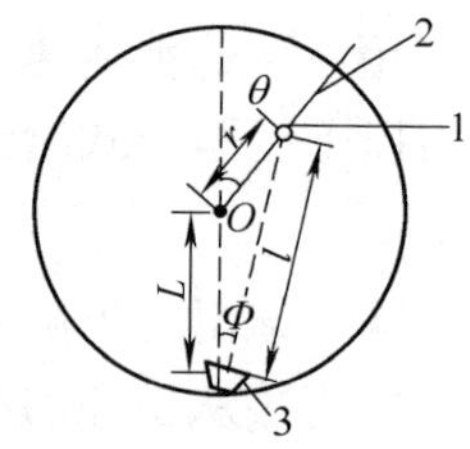

图 5-15　实验模拟装置的结构与坐标关系图

实验模拟装置由圆柱体容器以及安装在容器壁上的探测传感器等附件组成，其结构与坐标系如图 5-15 所示，被测物 1 挂在具有丝杆装置可使其沿容器半径方向作径向移动的横梁 2 上，即被测物可位于横梁任一位置。同时，横梁 2 可以绕容器中心 O 旋转，3 是换能器与可读取方向角度值的旋转盘。仪器的横梁转动角度 θ 的变动范围是 $-90°\sim90°$，换能器转动角度范围也是 $-90°\sim90°$，被测物在圆柱半径方向可以在 0 到 18.0mm 之间变化。首先，在初始时刻，当换能器置于 $\Phi=0°$时，仪器横梁也处在 $\theta=0°$位置，即在同一直径上，此时可以利用经验公式求取 v（亦可利用逐差法测出超声波的波速）。利用测量仪测出回波的时间 t，从而可求出探测器到圆柱体容器中心的长度 $L=v\times t$，从而完成仪器的定标。然后，我们利用被测物 1、换能器 2 的位置与角度以及圆柱体容器中心 O 三点构成的三角形，根据余弦定理可得

$$r' = \sqrt{L^2 + l^2 - 2Ll\cos\Phi} \tag{5-6}$$

$$\theta' = \pi - \arccos[(L^2 + r'^2 - l^2)/(2r'L)] \tag{5-7}$$

其中，r'和 θ'表示根据实测所得到的实验值。这便完成了目标的定位。

【实验内容】

1. 水下声速的测定和仪器的定标

（1）测量实验室的温度，利用式（5-5）算出当前温度下声波在水中的传播速度。

（2）定标：用仪器中所带的被测物 1 挂在圆柱体容器中心下的螺钉上，测量时间，计算长度 L，记入声速测定数据表。

（3）转动横梁 2，使 Φ 和 θ 在 0°时，被测物每移动 10.0mm 测量一次时间，至少测量 10 次，即记入如下所示的声速测定数据表，可得移动 1mm 所需的时间为 $t=90\times10^{-6}$s。

声速测定数据表

逐差法	r/mm	50.0	60.0	70.0	80.0	90.0	100.0	110.0	120.0	130.0	140.0
	t/（10^{-6}s）	124	130	137	144	150	157	164	170	177	184
经验公式	实验室温度 T/℃						$v=4\times331.4\times\sqrt{(T+273.16)/273.16}$				

定标：$L=v\times t=1497\times90\times10^{-6}\text{m}=13.47\text{cm}$（其中 v 为计算得到的值）

2. 目标运动轨迹的追踪

（1）被测物作直线运动。

（2）被测物作圆周运动。

实验 58　碰撞打靶实验

物体间的碰撞（从宏观物体的天体碰撞到微观物体的粒子碰撞）是自然界中普遍存在的现象；单摆运动和平抛运动是运动学中的基本内容；能量守恒与动量守恒是力学中的重要概念。这些力学研究的基础课题，有着丰富的物理内容，吸引着许许多多的学者进行深入研究，寻找新的发现、新的应用领域，解释自然现象。

本实验研究两个球体的碰撞及碰撞前后的单摆运动和平抛运动，并应用已学到的力学定律去解决打靶的实际问题，特别是从理论分析与实践结果的差别上，研究实验过程中能量损失的原因，自行设计实验去分析各种损失的相对大小，从而更深入地理解力学原理，提高分析问题、解决问题的能力。

【实验目的】

（1）设计测量二球碰撞的能量损失。

（2）运用已学到的力学定律来解决打靶的实际问题。

【实验原理】

如图 5-16 所示，整个运动过程分为三个阶段：①撞击球 A 运动到被撞球 B 之前作单摆运动；②A、B 两球进行完全弹性碰撞；③被撞球 B 以一定的水平速度作平抛运动。下面进行逐一的分析（设A球质量为m_1，B球质量为m_2）。

（1）撞击球A在下摆至最低点的过程中，机械能守恒，即

$$m_1 g\Delta h = m_1 g(h-y) = \frac{1}{2}m_1 v^2 \quad (5\text{-}8)$$

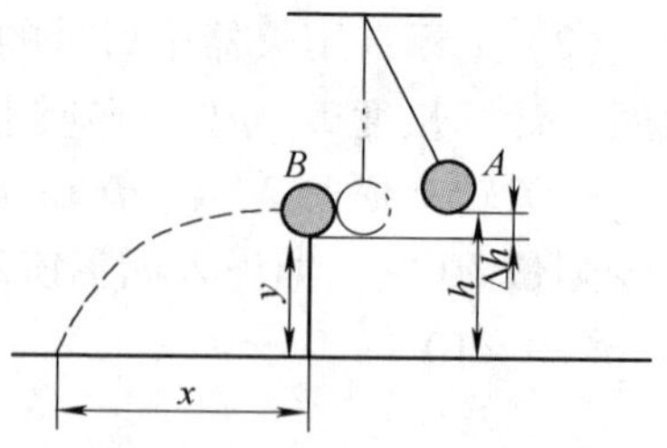

图5-16 碰撞示意图

（2）撞击球A与被撞球B发生完全弹性碰撞（正碰），动量守恒，则$m_1 v = m_2 v'$，所以

$$v' = \frac{m_1}{m_2}v \quad (5\text{-}9)$$

（3）被撞球B以初始速率v'作平抛运动

$$x = v't \quad y = \frac{1}{2}gt^2 \quad (5\text{-}10)$$

由式（5-8）、式（5-9）和式（5-10）知，如果给定y值，x和h的关系为

$$x = \frac{2m_1}{m_2}\sqrt{y(h-y)} \quad (5\text{-}11)$$

当两球质量相等，即$m_1 = m_2$时，有

$$x = 2\sqrt{y(h-y)}$$

$$h = y + \frac{x^2}{4y} \quad (5\text{-}12)$$

式中，x为靶心位置；y为被撞球下落的高度；h为撞击球离平面的高度；Δh为撞击球与被撞球高度差的理论值。

当被撞球的高度为y，撞击球与被撞球高度差的理论值为Δh时，被撞球实际击中靶纸的位置为$x_1 < x$，由式（5-10）、式（5-11）得$v' = x/\sqrt{2y/g}$，由此得碰撞系统在整个运动过程的能量损失应为

$$\Delta E = \frac{1}{2}mv'^2 - \frac{1}{2}mv_1'^2 = \frac{1}{2}m\left(\frac{x}{\sqrt{\frac{2y}{g}}}\right)^2 - \frac{1}{2}m\left(\frac{x_1}{\sqrt{\frac{2y}{g}}}\right)^2 = mg\left(\frac{x^2 - x_1^2}{4y}\right)$$

由此，若使被撞球击中靶心，撞击球的初始高度应调高至h_1位置，使得

$$mgh_1 - mgh = \Delta E = mg\left(\frac{x^2 - x_1^2}{4y}\right) \quad \Delta h = h_1 - h = \frac{x^2 - x_1^2}{4y} \quad h_1 = h + \frac{x^2 - x_1^2}{4y}$$

【实验仪器】

实验装置见图5-17，打靶过程见图5-18。在图5-17中：

1—系绳立柱，共2根。

2—绳栓部件，调节绳索有效工作长度。

3—绳栓部件，定位绳索系点高度。

4—被碰撞球体：采用铁球、铝球、铜球三种同体积不同材质的球体。

5—升降台：放置被撞击球，调节被碰撞球体的高度。

6—水平直尺：用于测量被撞击球作平抛运动到工作台面的水平（x 方向）距离。

7—放置靶心点：实验者可用纸等画图作靶心，以检验碰撞结果。

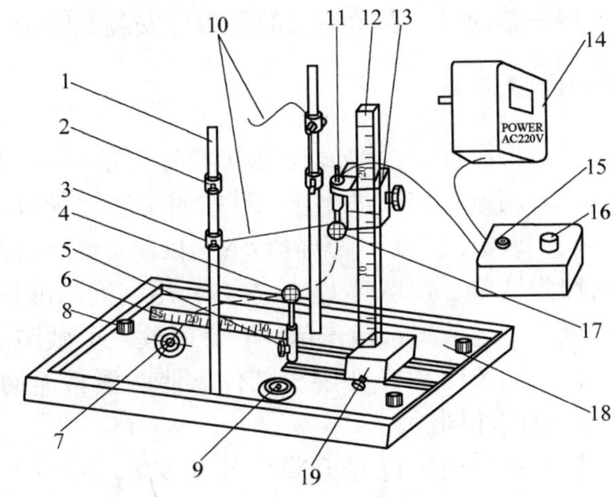

图 5-17　碰撞打靶实验装置示意图

8—底脚旋钮：用于调节仪器水平，共 3 个。

9—气泡水准仪：用于检验工作台面水平。

10—绳：2 根系绳使碰撞钢球在一定垂直平面内作圆周运动。

11—电磁铁：吸住或释放系绳钢球。

12—垂直标尺：测量系绳钢球高度位置。

13—升降架：调节系绳钢球高度。

14—电磁铁电源变压器：输入电源为 AC220V，50Hz。

15—电源接通指示灯：装于电磁铁控制盒上。电磁铁释放时灯熄灭。

16—按钮开关：装于电磁铁控制盒上，按下时指示灯熄灭，电磁铁释放。

17—系绳钢球：钢球上两绳索各系于立柱的绳栓部件上。

18—仪器底座。

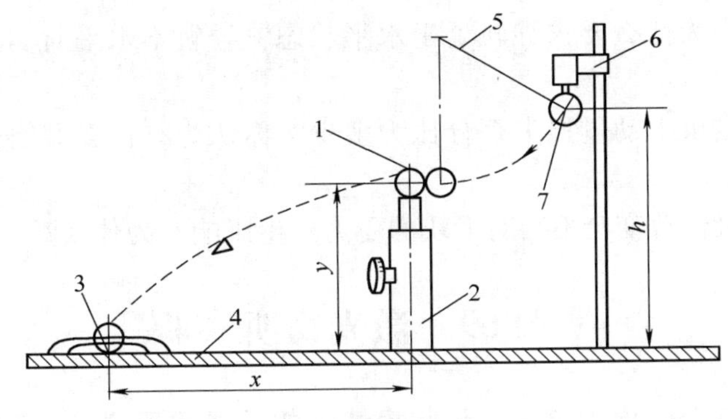

图 5-18　碰撞打靶过程示意图

19—移动尺：调节系绳的张力，安装升降架。

【实验内容】

（1）用游标卡尺测量实验用球的直径，4种球，每种测量5次并记录。

（2）用电子秤称量上述用球的质量并记录数据。

（3）调节图5-17中升降台的高度 y，被撞击球为铜球时 y 为11cm左右，被撞击球为铁球、铝球时13cm左右，用气泡水准仪调仪器水平，此时，升降杆上面可以稳定地放置被撞击球。若难以放置可微调水平。

（4）调节图5-17中绳栓部件，使两根系绳的有效长度相等，系绳点在两立柱上的高度相同。

（5）调节图5-17中升降架的高度 h，实验中可改变 h 值，高度17～25cm，记录高度值。

（6）调节图5-17中水平移动架，使撞击球的系绳恰好拉直，球被吸住于电磁铁上。

（7）放置好实验靶心，按电磁铁断电按钮实验碰撞打靶。

【预习思考题】

（1）什么是单摆？什么是平抛运动？平抛运动中，动能与势能是如何相互转换的？

（2）什么是弹性碰撞？什么样的碰撞可看做是弹性碰撞？是否有真正的弹性碰撞？

（3）实验中如两质量不同的球有相同的动量，是否也可具有相同的动能？如果不等，哪个大？

【思考题】

（1）实验中为什么要求导轨处于水平状态？导轨不水平对实验结果有何影响？

（2）实验结果中动量损失百分比为多少？你认为有什么原因会引起这样的损失？

（3）磁体极性改变会不会对滑块的受力产生影响？为什么？

实验59 激光窃听实验

监听在战争中被称为窃听，是刺探情报的重要手段之一，其应用在军事、政治乃至日常生活中都非常广泛，从官方的情报人员、警察人员、议员、公务员，到民间和工业界的情报人员、私家侦探等，都越来越多地借助窃听手段获取情报。例如：为了得知敌方相互之间的联络内容，把电线接在敌人通话线路上进行窃听，以掌握主动权；在破案过程中，公安人员为了掌握破案线索，把微型无线话筒放在犯罪嫌疑人经常出没的地方，监听他们的谈话内容，以掌握确凿的证据等等。

窃听的方法和技术种类繁多，各有利弊。最原始的方法是所谓“蹲墙根”，现在可以借助一些电子放大器提高窃听效果，但其前提是必须能接近墙根或窗户，这样，对窃听者而言风险很大；另外一种办法是把微型录音机提前隐藏在房间内，利用声控的方法，当有人讲话时自动录音，事后取回。其难点是需要内线帮助秘密安放和取出，所以局限性较大。目前使用较多、较普遍的窃听方法是使用电子窃听器（微型音频发送器），将音频发射出去。窃听者持音频接收器在一定距离外，以同样的频率接收信号，还原成声音。随着技术的发展，窃听器的体积可以做得小而又小，可方便地隐蔽在房间的几乎任何地方。但是，如果借助于无线电侦测仪，就可以侦测出窃听器的准确位置；或者使用线路平衡分析仪，能很容易地检测出隐藏在电话线路中或电话机内的窃听器。总而言之，窃听要求相当隐蔽，应不易被对方发现，所以需要有各种巧妙的方法与技术。

【实验目的】

（1）学习和掌握激光监听的基本原理。

（2）学会 LCR—1 光通信接收实验仪的使用方法。

【实验原理】

激光窃听器的工作原理是：窃听者将激光发射机对准窃听目标的门窗玻璃发射不可见的激光束，射到玻璃上的激光随着玻璃的震动形成调制的激光信号并且反射回来（见图 5-19）。激光接收机把收到的反射激光束过滤，并转换成电信号，由放大均衡器对电信号整形放大，滤除噪声，然后经过准确调谐，通过耳机转换成声音。

激光窃听装置由发射机和接收机组成。发射机发出激光，照射被窃听目标处的窗玻璃。经玻璃反射后，光束被会聚到光电探测器上。当被窃听者说话时，声波在空气中传输，会对玻璃产生声压。受声波的影响，玻璃会产生变形，使得激光在入射方向不变的情况下，入射角、反射角发生了变化。

用光的反射定律、折射定律以及菲涅尔公式可以计算反射光强的大小，菲涅耳公式表示反射波、折射波与入射波的振幅和位相关系。

1. *S* 波（垂直于入射面分量）**的菲涅耳公式**

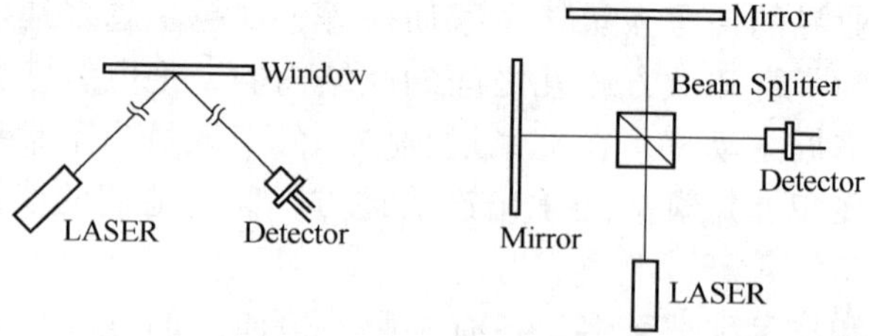

图 5-19　可用于探测声波的激光光路

S 波的振幅反射系数 r_s 为

$$r_s = \frac{A'_{1s}}{A_{1s}} = -\frac{\sin(\theta_1 - \theta_2)}{\sin(\theta_1 + \theta_2)} = \frac{n_1\cos\theta_1 - n_2\cos\theta_2}{n_1\cos\theta_1 + n_2\cos\theta_2} \tag{5-13}$$

2. P 波（平行于入射面分量）的菲涅耳公式

P 波的振幅反射系数 r_p 为

$$r_p = \frac{A'_{1p}}{A_{1p}} = \frac{\tan(\theta_1 - \theta_2)}{\tan(\theta_1 + \theta_2)} = \frac{n_2\cos\theta_1 - n_1\cos\theta_2}{n_2\cos\theta_1 + n_1\cos\theta_2} \tag{5-14}$$

反射光的强度取决于反射率

$$\rho = (A'/A)^2$$

式中，A 和 A' 分别为入射光和反射光的振幅。

当不考虑介质的吸收和散射时，根据能量守恒关系，$\rho + \tau = 1$。

按菲涅耳公式，反射光电场分量垂直和平行于入射面的振幅分量不同，因而两个分量的反射率也不同，它们的值分别为

$$\rho_s = r_s^2$$

$$\tau_s = \frac{n_2\cos\theta_2}{n_1\cos\theta_1}t_s^2$$

$$\rho_p = r_p^2$$

$$\tau_p = \frac{n_2\cos\theta_2}{n_1\cos\theta_1}t_p^2$$

当入射波电矢量取任意方位角 α 时

$$\begin{aligned}\rho_\alpha &= \rho_s\sin^2\alpha + \rho_p\cos^2\alpha \\ \tau_\alpha &= \tau_s\sin^2\alpha + \tau_p\cos^2\alpha\end{aligned} \tag{5-15}$$

在空气-玻璃界面反射时，设 $n_2 = 1.5$，$n_1 = 1$，$\rho_n = 0.043$，约 4% 的光能量被反射。

当入射角很小时，折射定律可写作 $i_1/i_2 \approx n_2/n_1$，此时

$$\rho = \rho_s \approx \rho_p = \left(\frac{n_2 - n_1}{n_2 + n_1}\right)^2 \tag{5-16}$$

激光窃听发射装置由半导体激光器以及光学系统组成。半导体激光器发出

连续的近红外光！波长大约在 850nm 附近。选择这个波长的主要原因是：红外光是不可见光，不容易被监听对象所察觉；红外光有着很好的大气传输特性。

【实验仪器】

激光监听实验仪器见图 5-20 所示。

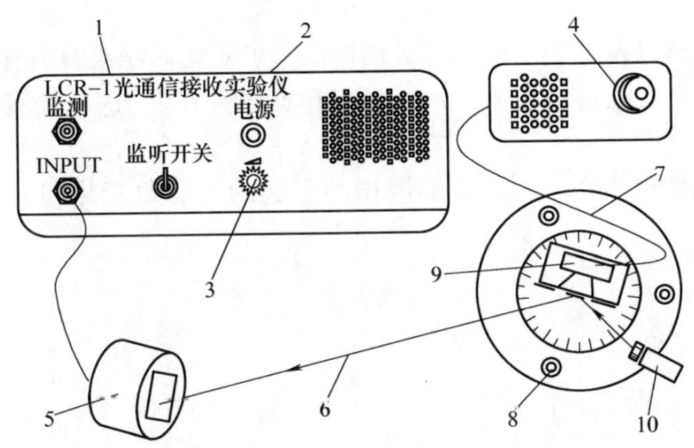

图 5-20　激光监听仪器和实验光路示意图

1—监听接收机　2—监听接收机扬声器开关　3—扬声器音量
4—收音机　5—硅光电池　6—监听或监测可见激光束光路
7—底盘　8—水平调节旋钮　9—被监听机箱　10—激光器

【实验内容】

(1) 调节激光器高度和射向被监听机箱上镜面的角度，让激光照在小镜子上，经反射后照在硅光电池 5 上，硅光电池距被监听机箱 9 的距离为 4m 以上，激光光斑可调节激光器发光处的直纹螺母，使光斑为最小，微调光路也可调节水平调节旋钮 8。

(2) 连接硅光电池和 LCR—1 光通信接收实验仪，然后敲击塑料箱，在光通信接收实验仪的扬声器上应能听到敲击声。

(3) 仔细调节激光器射向被监听机箱上镜面的角度，使从 LCR—1 光通信接收实验仪的扬声器中听到收音机播放的声音最清晰为止。

(4) 仔细调节光斑在硅光电池上的位置和角度，直到 LCR—1 光通信接收实验仪的扬声器中所听到收音机播放的声音最清晰为止。

(5) 适当减小收音机音量，拉开机箱和硅光电池的距离，直到听不到声音为止，测量出距离。

(6) 重复以上实验，可改变一个量后研究其他因素的影响。

【预习思考题】

（1）在实验中，入射角取大些或取小些？各有什么优缺点？为什么？

（2）不用激光，改用其他光源（如电灯光），也可用来窃听吗？

【思考题】

（1）激光器以及硅光电池离开玻璃窗的远近对实验结果各有什么影响？

（2）用这个方法进行窃听，声音是否有点“失真”，这些失真主要由哪些原因引起的？

（3）根据实验估算一下，玻璃因振动引起的入射角变化和入射点移动究竟有多大？

第6章　物理虚拟实验室

计算机技术的高速发展，使人类社会进入了信息时代。教育作为社会发展的一个重要支柱，实现现代化是必然趋势。作为教育现代化的一个重要标志，计算机多媒体教学有了很大的发展。

计算机虚拟实验是计算机多媒体教学的一个崭新的领域。它通过计算机把实验设备、教学内容、教师指导和学生的操作有机地结合在一起。虚拟实验更加强调实验的设计思想和实验方法，更加强调对学生自主学习能力的培养。通过计算机虚拟实验，可以使学生对物理思想、实验方法、仪器结构及设计原理等有更加深刻的理解，从而达到培养实验技能、学习物理知识的目的，从而提高物理实验的水平。

计算机网络的迅猛发展又为多媒体教学提供了更为广阔的空间。网络课程是通过网络表现的某门学科的教学内容及实施的教学活动的总和，它包括两个组成部分：按一定的教学目标、教学策略组织起来的教学内容和网络教学支撑环境，其中网络教学支撑环境特指支持网络教学的软件工具、教学资源以及在网络教学平台上实施的教学活动。开放式网络实验教学打破了传统的封闭式教学模式，可以让学生在网上完成具体实验，既方便学生学习又降低实验成本。学生可以根据实验的具体内容选取必要的实验器材，按照实验设计方案组织实验，并在实验过程中根据实验操作记录实验现象或实验数据。在操作过程中对于误操作或操作不当的情况，网络系统应及时给予警告或纠正，对于可能会造成严重后果的违章操作，记录下其操作过程，教师或实验管理人员根据情况决定是否停止学生的实验。

1. 物理虚拟实验室运行环境

（1）硬件环境（服务器端）

最低配置：PⅢ以上 CPU 处理器，256 兆内存，硬盘有 1G 以上磁盘剩余空间，100M 以太网卡。

推荐配置：双 PⅢ以上 CPU 处理器，512 兆内存，RAID 硬盘阵列卡，20G 以上磁盘剩余空间，100M 以太网卡。

网络终端：PⅡ以上 CPU 处理器，64 兆内存，50M 磁盘剩余空间，1024 × 768 分辨率以上的显卡和显示器，10M 以太网卡。

（2）软件环境

操作系统软件：Microsoft Windows 98 以上或 Linux 操作系统。

数据库平台软件：Oracle 8.0。

浏览器软件：标准IE（5.0以上）浏览器或Netscape（4.3以上）浏览器。

支持软件和插件：Microsoft Media Player 7.0以上，Macromedia Flash player 6.0，COM插件。

2. 物理虚拟实验室登录

在浏览器地址栏中输入物理虚拟实验室网址：phyvlab. gfkd. mtn，即可进入如图6-1所示的物理虚拟实验室主页，选择相应的功能链接，进入相应的功能区。对于第一次进入物理虚拟实验室的用户，为了正确显示和浏览，必须先下载和安装相应插件。

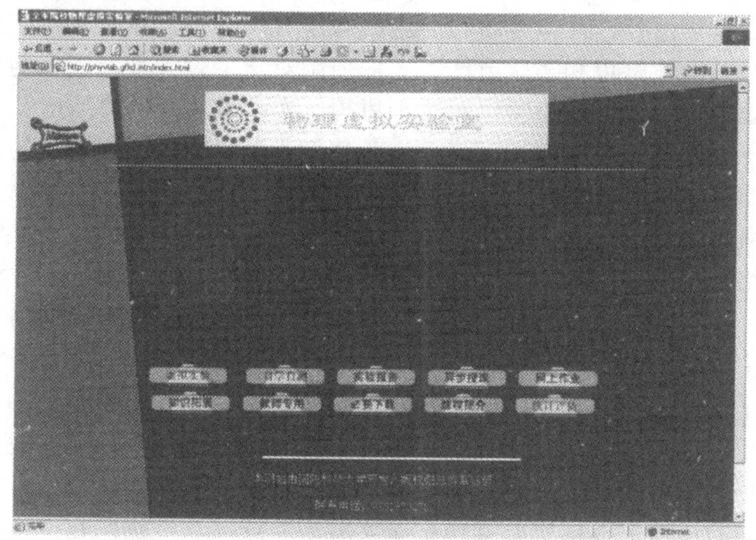

图6-1 物理虚拟实验室主页

3. 物理虚拟实验室

在虚拟实验室内提供了力学、热学、电磁学、光学和近代物理实验平台，并提供有相应的虚拟实验仪器，如示波器、干涉仪等，学生可以按照实验要求完成各类虚拟实验，并在实验报告环节完成实验报告，提交服务器供教师批改。

（1）实验预习 这是实验教学中的第一个环节，实验预习包含有对实验内容、实验方法、实验仪器的了解。在这个环节中，将实验相关的内容以文字、图像、动画、课件等方式通过网页发布，学生可以先在计算机上熟悉仪器设备，模拟操作和预习实验，并可通过交互方式提出问题并解答。为了检查学生的预习效果，对于学生的实验方案设计和预习思考题解答，教师和实验管理人员通过网络及时进行收集整理，以决定学生可否进行实验。

为进入具体实验的实验预习环节，首先进入“虚拟实验”项目，在其中选择相应的实验单元，进入实验内容列表，选择具体实验。在具体实验页面中，有以下内容供选择：

1）实验内容预习——实验目的、原理、方法等。

2）异步授课——实验中教员讲解。

3）仪器介绍——实验仪器介绍。

4）实验要求——实验的具体要求及注意事项。

5）预习检查——检查预习效果以确定能否进行实验。

（2）教师讲授　学生可以通过网络以视频点播的方式观看教学水平较高的教师针对具体实验进行的讲解。学生在教师讲授过程中有什么问题，可暂停视频文件的观看，提出相应的问题，提交系统或教师以便及时给予回答。

（3）虚拟实验　选择虚拟实验功能项，即可进行虚拟实验的操作。

力学、热学实验。首先按照实验要求选择实验类型，确定实验参数，然后按下【开始实验】按钮，系统将根据所设定的参数进行实验，最后显示和记录实验结果。

电磁学实验。首先要进行仪器调整，从仪器库中选择必要的实验仪器；然后根据实验要求，连接实验线路，调整仪器状态；最后开通电源，系统进行实验并记录数据。

光学和近代物理实验。选择实验仪器并将其放置在适当位置，调整实验线路，按下【开始实验】按钮，观察实验现象并记录实验数据。

（4）实验检查　主要目的是对学员的实验效果进行检验，学员操作完成一个具体实验后，输入必要的数据，将学生的实验数据进行自动分析，并根据具体情况对学生的实验提出具体的建议和指导。具体操作方法是：进入实验数据检查页面，输入实验记录数据即可在线得到实验结果的评价以及对实验的建议。

（5）实验报告环节　实验报告是学生完成实验测量后的分析和总结，是学生实验素质培养的一个重要方面。学生的实验报告应独立完成，通过网络发送给教师，类似于传统教学中的环节，教师批改后将批改结果通过网络发还给学生。教师也可根据情况，在网上进行实验讲评。

附　录

附 录 A

A-1　中华人民共和国法定计量单位

我国的法定计量单位包括：

（1）国际单位制的基本单位（见附表 A-1-1）。

（2）国际单位制的辅助单位（见附表 A-1-2）。

（3）国际单位制中具有专门名称的导出单位（见附表 A-1-3）。

（4）国家选定的非国际单位制单位（见附表 A-1-4）。

（5）由以上形式构成的组合形式的单位。

（6）由词头和以上单位所构成的十进倍数和分数单位（见附表 A-1-5）。

附表 A-1-1　国际单位制的基本单位

量的名称	单位名称	单位称号	量的名称	单位名称	单位称号
长　度	米	m	电　流	安[培]	A
质　量	千克(公斤)	kg	物质的量	摩[尔]	mol
时　间	秒	s	发光强度	坎[德拉]	cd
热力学温度	开[尔文]	K			

附表 A-1-2　国际单位制的辅助单位

量的名称	单位名称	单位称号
平面角	弧　度	rad
立体角	球面度	sr

附表 A-1-3　国际单位制中具有专门名称的导出单位

量的名称	单位名称	单位称号	其他表示示例	备　注
频　率	赫[兹]	Hz	s^{-1}	
力:重力	牛[顿]	N	$kg \cdot m. s^{-2}$	1 达因 = 10^{-5}N
压力;压强;应力	帕[斯卡]	Pa	N/m^2	
能量;功;热	焦[耳]	J	$N \cdot m$	1 尔格 = 10^{-7}J
功率;辐射通量	瓦[特]	W	$J \cdot s^{-1}$	1 尔格/秒 = 10^{-7}W
电荷量	库[仑]	C	$A \cdot s$	1 静库仑 = 10^{-9}/2.98C

（续）

量的名称	单位名称	单位称号	其他表示示例	备　注
电位;电压;电动势	伏[特]	V	W/A	1 静伏特 = 2.993×10^2 V
电　容	法[拉]	F	C/V	
电　阻	欧[姆]	Ω	V/A	
电　导	西[门子]	S	A/V	
磁通量	韦[伯]	Wb	V · s	
磁通量密度;磁感应强度	特[斯拉]	T	Wb/m^2	1Gs = 10^{-4}T
电　感	亨[利]	H	Wb/A	
摄氏温度	摄氏度	℃		
光通量	流[明]	lm	cd · sr	
光照度	勒[克斯]	lx	lm/m^{-2}	
放射性活度	贝可[勒尔]	Bq	s^{-1}	
吸收剂量	戈[瑞]	Gy	J/kg	
剂量当量	希[沃特]	Sv	J/kg	

附表 A-1-4　国家选定的非国际单位制单位

量的名称	单位名称	单位称号	换算关系和说明
时　间	分 [小]时 天(日)	min h d	1min = 60s 1h = 60min = 3600s 1d = 24h = 86400s
平面角	[角]秒 [角]分 度	(″) (′) (°)	1″ = (π/648000) rad(π 为圆周率) 1′ = 60″ = (π/10800) rad 1° = 60′ = (π/180) rad
旋转速度	转每分	r/min	1r/min = (1/60)/s
长　度	海　里	n mile	1n mile = 1852m(只用于航程)
速　度	节	kn	1kn = 1n mile/h = (1852/3600) m/s (只用于航行)
质　量	吨 原子质量单位	t u	1t = 10^3kg 1u ≈ 1.660540×10^{-27}kg
体　积	升	l	1l = 1dm^3 = $10^{-3}$$m^3$
能	电子伏	eV	1eV ≈ 1.602177×10^{-19}J
级　差	分　贝	dB	
线密度	特[克斯]	tex	1tex = 1g/km

附表 A-1-5 用于构成十进倍数和分数单位的词头

所表示的因素	词头名称	英文	词头符号	所表示的因素	词头名称	英文	词头符号
10^{1}	十	deca	da	10^{-1}	分	deci	d
10^{2}	百	hecto	h	10^{-2}	厘	centi	c
10^{3}	千	kilo	k	10^{-3}	毫	milli	m
10^{6}	兆	mega	M	10^{-6}	微	micro	μ
10^{9}	吉[咖]	giga	G	10^{-9}	纳[诺]	nano	n
10^{12}	太[拉]	tera	T	10^{-12}	皮[可]	pico	p
10^{15}	拍[它]	peta	P	10^{-15}	飞[母托]	femto	f
10^{18}	艾[可萨]	exa	E	10^{-18}	阿[托]	atto	a

A-2 一些常用的物理数据表

附表 A-2-1 基本物理常数 1986 年国际推荐值

物理量	符号	数值	单位	不确定度
真空中光速	c	2.99792458×10^{8}	m/s	（精确）
真空磁导率	μ_0	$4\pi\times10^{-7}$	H/m	（精确）
真空电容率	ε_0	$8.854187817\times10^{-12}$	F/m	（精确）
牛顿引力常数	G	$6.67259(85)\times10^{-11}$	$N\cdot m^2/kg^2$	128
普朗克常数	h	$6.6260755(40)\times10^{-34}$	J·s	0.60
基本电荷	e	$1.60217733(49)\times10^{-19}$	C	0.30
精细结构常数，$\alpha=\frac{e^2}{4\pi\varepsilon_0 hc}$	α	$7.29735308(33)\times10^{-3}$	1	0.045
里德堡常数，$R_\infty=\frac{e^2}{8\pi\varepsilon_0 a_0 hc}$	R_∞	$10973731.534(13)$	m^{-1}	0.0012
玻尔半径，$\alpha/4\pi R_\infty$	a_0	$0.529177249(24)\times10^{-10}$	m	0.045
电子质量	m_e	$0.91093897(54)\times10^{-30}$	kg	0.59
电子荷质比	$-e/m_e$	$-1.75881962(53)\times10^{11}$	C/kg	0.30
质子质量	m_p	$1.6726231(10)\times10^{-27}$	kg	0.59
质子荷质比	e/m_p	$95788309(29)$	C/kg	0.30
中子质量	m_n	$1.6749286(10)\times10^{-27}$	kg	0.59
阿伏伽德罗常数	L,N_A	$6.0221367(36)\times10^{23}$	mol^{-1}	0.59
法拉第常数	F	$96485.309(29)$	C/mol	0.30
摩尔气体常数	R	$8.314510(70)$	J/(mol·K)	8.4
玻尔兹曼常数，R/N_A	k	$1.380658(12)\times10^{-23}$	J/K	8.5

注：括弧内的数字是不确定度值，与主值的末位取齐。

转换因子

$1\,eV=1.602\times10^{-19}\,J$

$1\,\text{Å}=10^{-10}\,m$

1 原子质量单位 $u=1.661\times10^{-27}\,kg$

附表 A-2-2　在 20℃时常用固体和液体的密度

物　质	密度ρ/(kg/m^3)	物　质	密度ρ/(kg/m^3)
铝	2698.9	水晶玻璃	2900～3000
铜	8960	窗玻璃	2400～2700
铁	7874	冰(0℃)	880～920
银	10500	甲　醇	792
金	19320	乙　醇	789.4
钨	19300	乙　醚	714
铂	21450	汽车用汽油	710～720
铅	11350	弗利昂-12	1329
锡	7298	(氟氯烷-12)	
水银	13546.2	变压器油	840～890
钢	7600～7900	甘　油	1260
石英	2500～2800	蜂蜜	1435

附表 A-2-3　在标准大气压下不同温度的水的密度

温度 t/℃	密度ρ/(kg/m^3)	温度 t/℃	密度ρ/(kg/m^3)	温度 t/℃	密度ρ/(kg/m^3)
0	999.841	17	998.774	34	994.371
1	999.900	18	998.595	35	994.031
2	999.941	19	998.405	36	993.68
3	999.965	20	998.203	37	993.33
4	999.973	21	997.992	38	992.96
5	999.965	22	997.770	39	992.59
6	999.941	23	997.538	40	992.21
7	999.902	24	997.296	41	991.83
8	999.849	25	997.044	42	991.44
9	999.781	26	996.783	50	988.04
10	999.700	27	996.512	60	983.21
11	999.605	28	996.232	70	977.78
12	999.498	29	995.944	80	971.80
13	999.377	30	995.646	90	965.31
14	999.244	31	995.340	100	958.35
15	999.099	32	995.025		
16	998.943	33	994.702		

附表 A-2-4　在海平面上不同纬度处的重力加速度

纬度ψ/(°)	g/(m/s^2)	纬度ψ/(°)	g/(m/s^2)	纬度ψ/(°)	g/(m/s^2)
0	9.78049	35	9.79746	65	9.82294
5	9.78088	40	9.80180	70	9.82614
10	9.78204	45	9.80629	75	9.82873
15	9.78394	50	9.81079	80	9.83065
20	9.78652	55	9.81515	85	9.83182
25	9.78969	60	9.81924	90	9.83221
30	9.79338				

注:表中所列数值是根据公式

$g=9.78049(1+0.004288\sin^2\psi-0.00006\sin^2\psi)$算出的,其中$\psi$为纬度。

附表 A-2-5 固体的线膨胀系数

物质	温度或温度范围/℃	$\alpha_l \times 10^{-6}$℃$^{-1}$	物质	温度或温度范围/℃	$\alpha_l \times 10^{-6}$℃$^{-1}$
铝	0～100	23.8	锌	0～100	32
铜	0～100	17.1	铂	0～100	9.1
铁	0～100	12.2	钨	0～100	4.5
金	0～100	14.3	石英玻璃	20～200	0.56
银	0～100	19.6	窗玻璃	20～200	9.5
钢(碳0.05%)	0～100	12.0	花岗石	20	6～9
康铜	0～100	15.2	瓷器	20～700	3.4～4.1
铅	0～100	29.2			

附表 A-2-6 在20℃时某些金属的弹性模量 E

金属	吉帕(GP_a)	牛顿·米$^{-2}$(N·m^{-2})	金属	吉帕(GP_a)	牛顿·米$^{-2}$(N·m^{-2})
铝	70.00～71.00	$7.000 \sim 7.100 \times 10^{10}$	锌	800.0	8.000×10^{10}
钨	415.0	4.150×10^{11}	镍	205.0	2.050×10^{11}
铁	190.0～210.0	$1.900 \sim 2.100 \times 10^{11}$	铬	240.0～250.0	$2.400 \sim 2.500 \times 10^{11}$
铜	105.0～130.0	$1.050 \sim 1.300 \times 10^{11}$	合金钢	210.0～220.0	$2.100 \sim 2.200 \times 10^{11}$
金	79.00	7.900×10^{10}	碳钢	200.0～210.0	$2.000 \sim 2.100 \times 10^{11}$
银	70.00～82.00	$7.000 \sim 8.200 \times 10^{10}$	康铜	163.0	1.630×10^{11}

注：弹性模量的值跟材料的结构、化学成分及加工制造方法有关，因此在某情况下，E 的值可能跟表中所列的平均值不同。

附表 A-2-7 固体的比热容

物质	温度/℃	比热容		物质	温度/℃	比热容	
		kcal/(kg·K)	kJ/(kg·K)			kcal/(kg·K)	kJ/(kg·K)
铝	20	0.214	0.895	镍	20	0.115	0.481
黄铜	20	0.0917	0.380	银	20	0.056	0.234
铜	20	0.092	0.385	钢	20	0.107	0.447
铂	20	0.032	0.134	锌	20	0.093	0.389
生铁	20	0.13	0.54	玻璃	20	0.14～0.22	0.585～0.920
铁	20	0.115	0.481	冰	20	0.43	1.797
铅	20	0.0306	0.130	水	20	0.999	4.176

附表 A-2-8 液体的比热容

物质	温度/℃	比热容	
		kcal/(kg·K)	kJ/(kg. K)
乙醇	0	2.30	0.55
	20	2.47	0.59
甲醇	0	2.43	0.58
	20	2.47	0.59
乙醚	20	2.34	0.56
水	0	4.220	1.009
	20	4.182	0.999

（续）

物　　质	温度/℃	比　　热　　容	
		kcal/(kg·K)	kJ/(kg. K)
弗利昂-12	20	0.84	0.20
变压器油	0～100	1.88	0.45
汽油	10	1.42	0.34
	50	2.09	0.50
水银	0	0.1465	0.0350
	20	0.1390	0.0332
甘油	18		0.58

附表 A-2-9　某些金属和合金的电阻率[①]及其温度系数

金属或合金	电阻率/μΩ·m	温度系数/℃$^{-1}$	金属或合金	电阻率/μΩ·m	温度系数/℃$^{-1}$
铝	0.028	42×10^{-4}	锌	0.059	42×10^{-4}
铜	0.0172	43×10^{-4}	锡	0.12	44×10^{-4}
银	0.016	40×10^{-4}	水银	0.958	10×10^{-4}
金	0.024	40×10^{-4}	武德合金	0.52	37×10^{-4}
铁	0.098	60×10^{-4}	钢(0.10～0.15%碳)	0.10～0.14	6×10^{-3}
铅	0.205	37×10^{-4}	康　铜	0.47～0.51	$(-0.04\sim+0.01)\times10^{-3}$
铂	0.105	39×10^{-4}	铜锰镍合金	0.34～1.00	$(-0.03\sim+0.02)\times10^{-3}$
钨	0.050	48×10^{-4}	镍铬合金	0.98～1.10	$(0.03\sim0.4)\times10^{-3}$

① 电阻率跟金属中的杂质有关,因此表中列出的只是20℃时电阻率的平均值。

附表 A-2-10　不同温度时干燥空气中的声速　（单位:m/s）

温度/℃	0	1	2	3	4	5	6	7	8	9
60	366.05	366.60	367.14	367.69	368.24	368.78	369.33	369.87	370.42	370.96
50	360.51	361.07	361.62	362.18	362.74	363.29	363.84	364.39	364.95	365.50
40	354.89	355.46	356.02	356.58	357.15	357.71	358.27	358.83	359.39	359.95
30	349.18	349.75	350.33	350.90	351.47	352.04	352.62	353.19	353.75	354.32
20	343.37	343.95	344.54	345.12	345.70	346.29	346.87	347.44	348.02	348.60
10	337.46	338.06	338.65	339.25	339.91	340.43	341.02	341.61	342.20	342.78
0	331.45	332.06	332.66	333.27	333.87	334.47	335.07	335.67	336.27	336.87
-10	325.33	324.71	324.09	323.47	322.84	322.22	321.60	320.97	320.34	319.72
-20	319.09	318.45	317.82	317.19	316.55	315.92	315.28	314.64	314.00	313.36
-30	312.72	312.08	311.43	310.78	310.14	309.49	308.84	308.19	307.53	306.88
-40	306.22	305.56	304.91	304.25	303.58	302.92	302.26	301.59	300.92	300.25
-50	299.58	298.91	293.24	297.56	296.89	296.21	295.53	294.85	294.16	293.48
-60	292.79	292.11	291.42	290.73	290.03	289.34	288.64	287.95	287.25	286.55
-70	285.84	285.14	284.43	283.73	283.02	282.30	281.59	280.88	280.16	279.44
-80	278.72	278.00	277.27	276.55	275.82	275.09	274.36	273.62	272.15	272.15
-90	271.41	270.67	269.92	269.18	268.42	267.68	266.93	266.17	265.42	264.66

附表 A-2-11 在常温下某些物质相对于空气的光的折射率

物质 \ 波长	H_α 线 (656.3nm)	D 线 (589.3nm)	$H_{\alpha\beta}$ 线 (486.1nm)
水(18℃)	1.3314	1.3332	1.3373
乙醇(18℃)	1.3609	1.3625	1.3665
二硫化碳(18℃)	1.6199	1.6291	1.6541
冕玻璃(轻)	1.5127	1.5153	1.5214
冕玻璃(重)	1.6126	1.6152	1.6213
燧石玻璃(轻)	1.6038	1.6085	1.6200
燧石玻璃(重)	1.7434	1.7515	1.7723
方解石(寻常光)	1.6545	1.6585	1.6679
方解石(非常光)	1.4846	1.4864	1.4908
水晶(寻常光)	1.5418	1.5442	1.5496
水晶(非常光)	1.5509	1.5533	1.5589

附表 A-2-12 常用光源的谱线波长表 (单位:nm)

一、H(氢)	447.15 蓝	589.592(D_1)黄
656.28 红	402.62 紫蓝	588.995(D_2)黄
486.13 绿蓝	388.87 蓝紫	五、Hg(汞)
434.05 蓝	三、Ne	623.44 橙
410.17 蓝紫	650.65 红	579.07 黄
397.01 蓝紫	640.23 橙	576.96 黄
二、He(氦)	638.30 橙	546.07 绿
706.52 红	626.65 橙	491.60 绿蓝
667.82 红	621.73 橙	453.83 蓝
587.56(D_3)黄	614.31 橙	407.73 蓝紫
501.57 绿	588.19 黄	404.66 蓝紫
492.19 绿蓝	585.25 黄	六、He-Ne
471.31 蓝	四、Na(钠)	632.8 橙

参 考 文 献

[1] 杨俊才. 大学物理实验[M]. 长沙:国防科技大学出版社,1994.
[2] 吕斯骅. 大学物理实验[M]. 北京:北京大学出版社,2002.
[3] 丁慎训,张连芳. 物理实验教程[M].2版,北京:清华大学出版社,2002.
[4] 吴泳华,霍剑青,熊永红. 大学物理实验[M]. 第一册. 北京:高等教育出版社,2001.
[5] 袁冬媛,徐富新. 大学物理实验教程[M].2版. 长沙:中南大学出版社,2002.
[6] 张兆奎,缪连元,张立. 大学物理实验[M].2版. 北京:高等教育出版社,2001.
[7] 朱荣华,王莉. 现代技术中的物理学[M]. 北京:高等教育出版社,2003.
[8] 曹正东,何雨华,孙文光. 大学物理实验[M]. 上海:同济大学出版社,2003.
[9] 郭奕玲,沈慧君. 物理学史[M]. 北京:清华大学出版社,1993.
[10] 蒋作民,等. 角度测量[M]. 北京:机械工业出版社,1995.